国家出版基金资助项目
“十三五”国家重点出版物出版规划项目
现代土木工程精品系列图书·建筑工程安全与质量保障系列

混凝土早期性能与评价方法

Performances and Evaluation Methods of Early Age Concrete

高小建　杨英姿　编著

哈爾濱工業大學出版社
HARBIN INSTITUTE OF TECHNOLOGY PRESS

内 容 提 要

本书主要对混凝土早期性能及评价方法进行了较系统的总结，主要内容包括新拌混凝土的流变性与评价方法、混凝土早期强度与评价方法、混凝土早期收缩变形与开裂、混凝土的气孔结构与性能、混凝土早期热性能和其他早期性能与评价方法等，详细介绍了混凝土早期性能方面的作用机理、影响因素和测试方法。

本书选题独特，内容丰富，理论与实践相结合，可读性强，既可作为从事土建结构设计、现场施工、材料检测、工程监理等人员的理论学习资料，也可作为土木工程材料专业方向的本科生、研究生、教师的参考教材以及相关专业科研人员的科研技术资料。

图书在版编目(CIP)数据

混凝土早期性能与评价方法/高小建，杨英姿编著.
—哈尔滨：哈尔滨工业大学出版社，2021.6
建筑工程安全与质量保障系列
ISBN 978-7-5603-9312-4

Ⅰ.①混… Ⅱ.①高…②杨… Ⅲ.①混凝土—性能检测—评价法 Ⅳ.①TU528.04

中国版本图书馆CIP数据核字(2021)第016835号

策划编辑　王桂芝　苗金英
责任编辑　张　颖　那兰兰　马　媛　谢晓彤
出版发行　哈尔滨工业大学出版社
社　　址　哈尔滨市南岗区复华四道街10号　邮编150006
传　　真　0451-86414749
网　　址　http://hitpress.hit.edu.cn
印　　刷　辽宁新华印务有限公司
开　　本　787mm×1092mm　1/16　印张16　字数380千字
版　　次　2021年6月第1版　2021年6月第1次印刷
书　　号　ISBN 978-7-5603-9312-4
定　　价　98.00元

国家出版基金资助项目

建筑工程安全与质量保障系列

序

党的十八大报告曾强调“加强防灾减灾体系建设，提高气象、地质、地震灾害防御能力”，这表明党和政府高度重视基础设施和建筑工程的防灾减灾工作。而《国家新型城镇化规划(2014—2020年)》的发布，标志着我国城镇化建设已进入新的历史阶段；习近平主席提出的“一带一路”倡议，更是为世界打开了广阔的“筑梦空间”。不论是国家“新型城镇化”建设，还是“一带一路”伟大构想的实施，都迫切需要实现基础设施的建设安全与质量保障。

哈尔滨工业大学出版社出版的《建筑工程安全与质量保障系列》图书是依托哈尔滨工业大学土木工程学科在与建筑安全紧密相关的几大关键领域——高性能结构、地震工程与工程抗震、火灾科学与工程抗火、环境作用与工程耐久性等取得的多项引领学科发展的标志性成果，以地震动特征与地震作用计算、场地评价和工程选址、火灾作用与损伤分析、环境作用与腐蚀分析为关键，以新材料/新体系研发、新理论/新方法创新为抓手，为实现建筑工程安全、保障建筑工程质量打造的一批具有国际一流水平的学术著作，具有原创性、先进性、实用性和前瞻性。该系列图书的出版将有利于推动科技成果的转化及推广应用，引领行业技术进步，服务经济建设，为“一带一路”和“新型城镇化”建设提供技术支持与质量保障，促进我国土木工程学科的科学发展。

该系列图书具有以下两个显著特点：

(1)面向国际学术前沿，基础创新成果突出。

哈尔滨工业大学土木工程学科面向学术前沿，解决了多概率抗震设防水平决策等重大科学问题，在基础理论研究方面取得多项重大突破，相关成果获国家科技进步一、二等奖共9项。该系列图书中《黑龙江省建筑工程抗震性态设计规范》《岩土工程监测》《岩土地震工程》《土木工程地质与选址》《强地震动特征与抗震设计谱》《活性粉末混凝土结构》《混凝土早期性能与评价方法》等，均是基于相关的国家自然科学基金项目撰写而成，为推动和引领学科发展、建设安全可靠的建筑工程提供了设计依据和技术支撑。

(2)面向国家重大需求，工程应用特色鲜明。

哈尔滨工业大学土木工程学科传承和发展了大跨空间结构、组合结构、轻型钢结构、预应力及砌体结构等优势方向，坚持结构理论创新与重大工程实践紧密结合，有效地支撑了国家大科学工程500 m口径巨型射电望远镜(FAST)、2008年北京奥运会主场馆国家体育场(鸟巢)、深圳大运会体育场馆等工程建设,相关成果获国家科技进步二等奖5项。该系列图书中《巨型射电望远镜结构设计》《钢筋混凝土电化学研究》《火灾后混凝土结构鉴定与加固修复》《高层建筑钢结构》《基于OpenSees的钢筋混凝土结构非线性分析》等,不仅为该领域工程建设提供了技术支持,也为工程质量监测与控制提供了保障。

该系列图书的作者在科研方面取得了卓越的成就,在学术著作撰写方面具有丰富的经验,他们治学严谨,学术水平高,有效地保证了图书的原创性、先进性和科学性。他们撰写的该系列图书,反映了哈尔滨工业大学土木工程学科近年来取得的具有自主知识产权、处于国际先进水平的多项原创性科研成果,对促进学科发展、科技成果转化意义重大。

中国工程院院士

2019年8月

前 言

混凝土是当今全世界使用量最多的人造材料，据统计，每年用量高达75亿m^3，在可预期的未来几十年里，混凝土仍将是最重要的土木工程材料。由于我国仍处于高速建设阶段，是世界上混凝土生产和使用量最多的国家，年消耗量占全世界的60%左右。混凝土具有材料来源广泛、制造简单、性能可调控范围大等优势，广泛应用于各类土木工程，如工民建筑、水利工程、路桥工程、市政工程、国防工程等领域，是保障国家基础建设和国民经济最重要的土木工程材料。近年来，我国混凝土材料技术发展迅速，相关理论与学术研究深入、系统，特别是在某些应用技术方面已达到了国际领先水平。可以说，混凝土是一种组成最简单、微细结构最复杂的复合材料，经历了200多年的发展历史，仍存在学术争议。近年来，各种化学外加剂、纳米材料、纤维材料等的引入，为混凝土性能调控提供了更多的可能性，但也使本来复杂的混凝土组成结构的研究难度增加。另外，需要强调的是，混凝土学科与技术是以试验和经验为基础，测试仪器与评价方法对于混凝土材料的研究和应用具有重要作用。从应用角度来说，人们只关注硬化后混凝土的性能即可；而混凝土材料的特点是由具有可施工操作性的塑性材料逐渐发展成为具有强度的固体材料，因而各项性能随着龄期不断发展变化。像很多生命体一样，早龄期阶段混凝土性能处于快速发展中，在此阶段的各项性能直接或间接地影响硬化混凝土的长期性能。因此，我们撰写了《混凝土早期性能与评价方法》这本书，对于早龄期混凝土的流变性、早期强度、收缩变形与开裂、气孔结构与性能、早期热性能等进行了较系统的论述，既可作为从事土建结构设计、现场施工、材料检测、工程监理等人员的理论学习资料，也可作为土木工程材料专业方向的本科生、研究生、教师的参考教材以及相关专业科研人员的科研技术资料。

本书主要由哈尔滨工业大学高小建、杨英姿教授撰写，参与撰写工作的还有刘雨时副教授和陈智韬工程师。本书具体撰写分工如下：高小建负责第1、2、4章，杨英姿负责第5章，刘雨时负责第3、6章，陈智韬负责第7章。另外，博士研究生张俊逸、任苗、陈铁峰、桑源等参与了资料收集、整理等工作。

本书在撰写过程中收集整理了很多国内外前辈、同行的研究成果和实践经验，并给出了主要文献的出处，但也难免对于个别研究成果和学术观点没有提及与引用，在此对相关同行专家表示诚挚的谢意。

由于作者水平有限，虽经过多次修改，但不足之处在所难免，敬请各位读者和专家学者批评指正。

作 者

2020年8月

目　录

第1章　概　述

广义上来说，混凝土是由无机的、有机的或有机无机复合的胶凝材料将散粒状的骨/集料颗粒胶结成整体的一类复合材料。根据所用胶凝材料、骨料种类以及使用功能等不同，混凝土种类繁多。当前全世界使用量最多、应用最为广泛的水泥混凝土，是指由水泥、颗粒状骨料（砂、石）、水以及化学外加剂和掺合材料/矿物外加剂按适当比例配合，经均匀搅拌、密实成型和养护硬化而成的固体材料，通常人们提到的混凝土材料均指水泥混凝土。

本章将主要介绍混凝土材料的基本特性、混凝土早期性能的概念和早期性能的重要性。

1.1　混凝土的基本特性

与其他人造材料相比，混凝土能在土木工程中得到广泛应用，而且未来若干年仍将是全世界最主要的土木工程材料，这主要是与水泥混凝土所具有的以下特性直接相关。

(1)混凝土的原材料是地表非常丰富的砂、石、水及由黏土和石灰石烧制的水泥，除水泥外其他三种材料几乎是最廉价的材料。因此，造价低、原材料获取容易是其他人造材料所无法比拟的。近些年来，随着高性能混凝土的普及和环保意识的增强，在混凝土中掺入大量的工业废渣，如粉煤灰、矿渣粉、煤矸石粉、尾矿粉等，既减少了工业废渣造成的环境污染，又节省了水泥用量、降低了混凝土的造价，还可以实现混凝土某方面性能的改善，如流动性、水化温升、耐久性等。此外据测算，混凝土的能耗为440～770(kW·h)/m^3，水泥的能耗为1 300(kW·h)/t，钢材的能耗为8 000(kW·h)/t，钢筋混凝土的能耗为800～3 200(kW·h)/m^3，预应力混凝土的能耗为700～1 700(kW·h)/m^3；不同材料承受1 000 t荷载的1 m高柱体制造所需能耗分别为：素混凝土70 L油，黏土砖210 L油，钢材320 L油。由此可见，在常见的工程材料中，混凝土的能耗是较低的。但是，值得注意的是，近年来随着混凝土技术的不断发展，各种原材料的种类越来越多，组成更加复杂，不同特性和功能的混凝土层出不穷。因此，混凝土是一类典型的多组分、多物相的固体复合材料。

(2)尽管混凝土在表观上看材料组成简单，但在微细观层面上，混凝土的组成和结构非常复杂。混凝土中含有许多分布不均的固体成分（包括不同种类的晶体和非晶体水化产物、未水化矿物、惰性颗粒）以及形状和大小不同的孔隙（气孔、毛细管和凝胶孔），这些孔隙又部分或全部被碱性孔溶液所充满。因而，对于理解和控制材料性质所常用的结构与性质之间的对应关系并不适用，例如，对于相对均质且不太复杂的人造材料（如钢、塑料等）适用的固体力学和材料科学的一些方法，对混凝土并不能解决问题。因此，混凝土的所有宏观性能和技术指标都要以不同的试验测试获得；而试验技术和手段的进步也带动了混凝土研究水平的提高。

(3)与其他材料相比,混凝土材料的结构和性质不是静态的、一成不变的,而是随着环境条件和时间处于动态变化中,可以说混凝土是有“生命”的。混凝土中的主要组成部分水泥石以及水泥石一骨料界面过渡区会随着养护时间不断增强,这种变化的根源在于胶凝材料中各种矿物与水发生水化反应,形成越来越多的水化产物,使结构密实度提高,强度也随之增长。从混凝土的整个服役龄期来看,在不同外界环境作用下,混凝土中的各组分也会出现退化,如冻融和盐类侵蚀导致的裂缝形成和水泥石水化产物分解等。在适当环境条件下,水泥石中的水化产物还会再发生结晶和组织结构重构,因而赋予了混凝土一定的愈合微裂缝的能力。因此,混凝土在不同环境条件和不同龄期阶段表现出不同的性质。和其他生命体类似,较早龄期混凝土的组织结构脆弱,很容易受到环境和外力影响而破坏,而且早期阶段形成的各种微缺陷会影响混凝土的长期服役性能。从这个角度来说,研究早龄期混凝土的性能和结构形成过程至关重要。

(4)尽管混凝土科学是以试验和经验为基础,但是通过调整各组成材料的品种及数量,仍可获得不同性能(强度、耐久性)的混凝土材料以满足工程上的不同需求。混凝土拌合物具有良好的可塑性,可根据工程需要浇筑成各种形状、尺寸的构件及构筑物。混凝土具有较高的抗压强度,且与钢筋有良好的兼容性,因而通常以钢筋混凝土形式出现,从而弥补了混凝土自身抗拉、抗折强度低的缺点,使混凝土能够适应于各种复杂的工程结构。性能良好的混凝土具有很高的抗冻性、抗渗性、耐腐蚀性等,使得混凝土在长期使用过程中仍能保持原有性能。混凝土的主要缺点是自重大、抗拉强度低、呈脆性、易开裂,并且在施工中影响质量的因素较多,质量波动较大。特别是对于现代混凝土来说,原材料种类并不局限于传统的水泥、砂、石和水,各种矿物掺合料、化学外加剂、纳米材料、纤维等均在混凝土中得到一定的应用,人们对混凝土性能调控的技术方法越来越多,混凝土已经逐渐发展成为一类高技术含量的工程材料。

1.2 混凝土早期性能的概念和研究范畴

1.2.1 混凝土早期性能的概念

根据 Mehta 在专著《混凝土:微观、性能和材料》中的观点,“早期”仅指在整个混凝土设计服役年限中最开始的一个极为短暂的时间段。在这个阶段内需要对混凝土进行一系列操作,如搅拌、运输、浇筑、振捣密实、表面抹平、养护、脱模等。对于混凝土材料来说,到底多早才算早期阶段,不同学者提出了不同的看法。根据瑞典水泥和混凝土研究院 Bergstrom 的观点,时间并不是判断“早”的很好的度量方法。这主要是由于混凝土强度和其他性能发展与所用的水泥种类、外加剂、环境温度等因素有关。同时,和混凝土的用途也有很大关系,比如快速修补用混凝土材料的强度可能在几个小时或数天内就能达到设计目标值,而普通混凝土一般以 28 天为标准评估是否达到设计强度。因而,水化程度可能是比较合理的一个度量“早”的指标,但是它又很难与应用中混凝土的各种操作联系起来。为了更好地指导混凝土实际工程应用,也可以以某一特定性能指标为度量对混凝土是否处于“早期”进行判断,当所关心的性能指标没有达到目标水平之前均可定义为“早期”。比如混凝土拆模时需要抗压强度至少达到15 MPa,就可以认为在没有达到15 MPa之前的混凝土均处于“早期”阶段;而对于采用滑模施工的混凝土则没有拆模强度的要求,因而对于“早期”概念的理解完全不同。由此可见,针对不同原材料和配合比,不同施工方式和不同环境条件的混凝土,“早期”的界限存在较大差异。对于实验室制备的普通混凝土来说,通常所说的“早期”是指开始的24 h或48 h。

通常来说,普通混凝土的凝结时间为6～10 h,拆模时间为1～2天,因此将最开始的1～2天定义为早龄期是较为合理的。在实际工程应用中,为了降低大体积混凝土早期水化温升,采用掺加大量矿物掺合料和添加缓凝剂等方法使混凝土初凝时间延长,胶凝材料水化温峰降低、温峰出现时间推迟,这时混凝土的初凝时间可能达到18 h甚至更长。为了减小混凝土温度降低速率,控制混凝土内外温差不大于20 ℃,从而减轻混凝土温度变形开裂,混凝土的拆模时间也会推迟到7天或更晚。通常来说,对于大体积混凝土,要求保温保湿养护的时间一般不少于14天。对于以低水胶比、掺加矿物掺合料为主要特征的高性能混凝土来说,为了预防早期开裂,一般要求混凝土的养护时间不少于14天。由此可见,对于混凝土早期阶段的定义很难形成明确、统一的观点,而且“早期”本身就是一个相对的概念,也会因考察的时间尺度不同而不同。但是,从当前混凝土工程应用和保证施工质量角度来说,似乎定义14天为早期较为合理。

因此,可以将早期定义为混凝土根据配合比设计将各种原材料混合搅拌时开始,先后经历具有流动性的拌合物、凝结硬化开始具有强度,直到14天龄期的这段时间。在此阶段的新拌和硬化混凝土所具有的所有物理、力学或化学性质都称为混凝土的早期性能。混凝土在早期会先后经历输送、浇筑、密实、抹面、养护等一系列操作,而这些操作的难易程度或作用效果与混凝土所具有的不同性质有关。因此,混凝土的早期性能包括很多方面,如流变性、气泡结构、凝结速率、热学特性、强度发展规律、收缩开裂等。

1.2.2　早期性能的研究范畴

1. 工作性与流变性

工作性,也称为和易性,是指新拌混凝土易于施工操作(拌合、运输、浇灌、捣实)并能获得质量均匀、成型密实的混凝土的性能。工作性是一项综合的技术性质,包括流动性、黏聚性和保水性等三方面的含义。流动性是指混凝土拌合物在本身自重或施工机械振捣的作用下,能产生流动并均匀密实地填满模板的性能。从流变学角度来讲,表征塑性体变形或流动条件的特征参数是屈服剪切应力,当剪切应力超过屈服值时,材料发生塑性变形,产生流动。表征液体流动速度的物理参数是黏度,当剪切应力一定时,黏度越小,流动速度就越快。然而混凝土拌合物是一种非匀质的材料,既非理想的液体,又非弹性体或塑性体。它的流动性能很难用一个物理参数来表示,因此流动性完全是从工程实用的角度,表征拌合料浇筑振实难易程度的一个参数。流动性大(或好)的拌合物较易浇筑振实。黏聚性是指混凝土拌合物在施工过程中其组成材料之间有一定的黏聚力,不致产生分层和离析的性质。保水性是指混凝土拌合物在施工过程中,具有一定的保水能力,不致产生严重的泌水现象。

混凝土拌合物的流动性、黏聚性和保水性三者之间既互相联系,又互相矛盾。如黏聚性好的混凝土则保水性一般也较好，但流动性可能较差；当增大流动性时，如果原材料或配合比不合适，黏聚性和保水性容易变差。按拌合物流动性，可将混凝土分为干硬性混凝土、半干硬性混凝土、塑性混凝土、流动性混凝土、高流动性混凝土、流态混凝土等。干硬性混凝土拌合物流动性按维勃稠度大小，可分为四级：超干硬性(≥31 s)、特干硬性(21～30 s)、干硬性(11～20 s)、半干硬性(5～10 s)。不同施工方式和密实工艺要求混凝土对应的流动性指标也不尽相同。

混凝土工作性能的变化，从根本上是流变性的改变，然而两者之间的相对关系还没有完全统一的观点。通常来说，流变性主要以实验室研究为主，而工作性主要用于指导工程实践。无论对于流变性还是工作性，国内外出现了多种不同的测试手段和仪器装置，但各种测试方法均存在一定的优缺点。

2. 热性能

混凝土的热性能反映了其主要成分——水泥浆体(包括水泥、水、化学和矿物混合物)和骨料，以及它们的混合比例和化学组成。水泥早期的水化放热作用是混凝土的基本热学数据的重要来源。这些数据对于预知混凝土构件内部温度、诱发的应力和应变分布、避免早期开裂是至关重要的。水化热因水泥水化作用而产生，对于尺寸较大的构筑物，由于水泥水化产生的热量不易散失，内部温度升高，与其表面温差过大，会产生较大的温度应力而导致裂缝。因此，对于大型基础以及堤坝等大体积混凝土工程，水化热是水泥混凝土一个相当重要的性能。水泥水化放热的周期相对较长，但大部分的热量释放是发生在开始的 3 天内，特别是在水泥浆体发生凝结、硬化的初期阶段。水化热大小以及放热速率，首先取决于水泥的矿物组成，不同熟料矿物的水化热大小及放热快慢不同，因此可通过调整熟料矿物组成来配制低热或中热水泥。水化热不仅与矿物组成有关，而且还与水泥的细度、水灰比、养护温度等因素有关。实际上，凡能够加速水泥水化的因素，均能相应地提高放热速率，影响水泥的水化热，从而影响构筑物的温升。

除了水化放热量和放热速率以外，混凝土的其他热物理参数，包括热膨胀系数、导热系数等也会随着水泥水化进程而不断变化。这些参数既和混凝土早期温度开裂密切相关，也对冬季施工过程中混凝土的温度场依时演变和温度应变/应力产生重要影响，因此也是混凝土早期性能中需要关注的研究内容。

3. 收缩与开裂

混凝土的体积变形通常表现为收缩变形，而收缩变形的根本原因既包括混凝土中胶凝材料的水化反应，又包括外部环境温度和湿度的变化。根据混凝土收缩产生的时间和机理不同，可将混凝土早期收缩分为塑性收缩、温度收缩、自收缩和干燥收缩。对于长龄期混凝土来说，还包括碳化收缩。

对于早龄期混凝土来说，根据混凝土原材料、配合比和外界环境条件不同，几种收缩的相对大小和影响程度各不相同；而混凝土最终变形往往是不同类型收缩的综合结果。对于不受任何约束的自由混凝土试件来说，收缩是无害的，甚至可以使混凝土微结构更加致密，长期性能改善。但由于混凝土中的水泥石与骨料因弹性模量不同而产生相互约束，距离结构物表面不同深度处混凝土层、混凝土材料与钢筋之间，混凝土构件之间均会产生相互约束，当约束状态中混凝土因收缩产生的约束应力超过混凝土的抗拉极限时，就会导致裂缝的产生。即使某些裂缝尺寸较小，对混凝土力学性能影响不显著，也会诱发后期混凝土宏观裂缝的产生，对混凝土结构的长期耐久性产生不利影响。因此，研究混凝土收缩变形的主要目的是为了预防混凝土开裂。由于早期混凝土处于结构形成阶段，早期混凝土收缩对外部环境因素变化更加敏感，而早期阶段混凝土收缩的测试难度较大，因此相关研究相对于传统的混凝土长期干燥收缩研究较为滞后。另外，混凝土早期收缩的机理研究还存在不同观点，不同学者提出的混凝土早期收缩和开裂的测试方法也各有千秋。

4. 气泡结构

众所周知，混凝土在搅拌和振捣密实过程中或多或少会引入气泡，通常这些气泡的存在对混凝土性能不利，要尽可能消除或减少。国内外相关研究者提出的掺消泡剂、真空搅拌、真空脱水等技术方法都是为了通过减少混凝土中存在的气泡量实现强度的提高。但是，对于严寒地区混凝土的耐久性设计中非常重要的抗冻性，则要通过外掺引气剂在混凝土中形成大量微细、封闭的小气泡，这些气泡会对混凝土力学性能产生一定负面影响，但却显著提高了混凝土的抗冻耐久性。在关于混凝土抗冻耐久性与气泡参数之间关系的研究方面，往往是针对硬化混凝土中的气泡结构进行分析研究，而对新拌混凝土中的气泡结构研究较少。

近年来，随着测试手段的进步，新拌混凝土中的气泡结构研究成为可能。新拌混凝土中气泡结构会随着外界环境条件(包括温度、气压、静停时间和振捣操作等)的变化而发生变化，气泡的存在会影响混凝土的流变性或工作性，反过来新拌混凝土的流变性也会影响气泡存在的稳定性。新拌混凝土中的气泡结构与硬化混凝土中的气泡结构之间的关系，可以为优选材料、优化配合比、改进施工工艺提供科学依据。因此，早期混凝土的气泡结构也是本书重点介绍的内容。

5. 力学性能

当水泥、水、骨料、外加剂、矿物掺合料与水等混合均匀之后，是一种相当黏稠的悬浮体。早期混凝土组成和微结构随着时间的延长是连续变化的。随着水泥水化反应的进行，其状态从流动的液体转变为具有一定强度和硬度的固体材料。十几个小时后，混凝土变得坚硬，变成固体，随后强度会持续增长。这种由液相到固相的转变及强度持续增长的现象对施工过程极其重要，决定了施工速度、模板拆除时间、施加预应力的时间和预制构件出养护窑的时间等。此时，水泥的水化程度决定了早期或硬化混凝土的几乎所有力学和物理性质。

通常来说，混凝土强度的传统检测方法是根据规定的取样方法，制作标准立方体试件，然后在规定的温度和湿度环境下养护28天，按照标准试验方法测得试件的抗压强度来评定结构构件的混凝土强度。但是，使用试件测得的混凝土力学指标，往往与实际工程中混凝土的实际强度值之间存在一定的差别。因此，直接快速地在结构上检测混凝土早期力学性能的现场检测技术，已经成为混凝土质量日常管理的重要手段，从而为保证施工质量提供重要支持。

1.3 混凝土早期性能的重要性

混凝土结构的使用周期往往是几十年甚至上百年，最开始的十几天所占的比例微乎其微，似乎可以忽略不计，但是早期性能会对混凝土的长期性能产生直接或间接的影响。比如，当新拌混凝土流变性(或工作性)不合理，与施工方法和密实工艺不匹配时，便会发生混凝土局部振捣不密实、空洞、离析、泌水等施工缺陷，不但影响结构承载力，还会影响混凝土结构耐久性；当早期混凝土的热学性能控制不好时，可能会引起混凝土温度开裂、混凝土早期冻害破坏等问题；当混凝土早期收缩和开裂控制措施不力时，便会在混凝土中形成宏观或细观裂缝，有害介质更容易侵入；当混凝土早期力学强度达不到设计要求时，便会产生构件拆模过早、棱角损坏，甚至工程事故。

由此可见，从对混凝土工程质量和长期耐久性的影响来说，混凝土的早期性能是至关重要的。因此，混凝土的早期性能不但直接影响此阶段对混凝土的操作难易程度，更会对混凝土的整个寿命周期服役性能产生重要影响。

本章参考文献

[1] MEHTA P K, MONTEIRO P J M. Concrete: microstructure, properties, and materials[M]. New York: The McGraw-Hill Companies, Inc., 2006.

[2] ROUSSEL N. Understanding the rheology of concrete[M]. Cambridge: Woodhead Publishing, 2012.

第2章　新拌混凝土的流变性与评价方法

新拌混凝土的工作性直接影响搅拌、运输、浇筑和密实的难易程度与施工质量，并对混凝土结构强度与长期耐久性产生重要影响，因此混凝土生产与制备过程中要随时跟踪混凝土工作性的变化，以便及时调整混凝土配合比。全世界已有的混凝土工作性的测试方法很多，但均是基于经验和定性判断。新拌混凝土可以被看作一种由不同种类、不同形状和性质的固体颗粒与水构成的高浓度悬浮液，从流变学角度进行研究具有科学性，可以揭示相关内在机理。本章将介绍流变学基本理论、混凝土的流变性及其影响因素、流变性的测试方法、流变学的工程应用等方面内容。

2.1　流变学基本理论

2.1.1　流变学的基本概念

“流变”(rheology)一词来源于古希腊哲学家赫拉利突斯(Heraolitus)所说的“万物皆流”，其正式概念是由宾汉姆(Bingham)在1928年为了表征液体的流动和固体的变形现象而首次提出的。流变学是一门有关材料在外力和环境作用(如温度、电场、磁场、辐射等)下流动或者变形规律的科学，作为力学学科的一个新兴分支，其具有实践性强、理论深奥的特点。如今，流变学已广泛应用于材料、化工、生物、医药、地质、食品、土木等领域。流变学的主要研究内容为物体由于各种原因引起的随时间发展的变形与应力的关系：对于固体材料而言，是研究其变形的规律；而对于液体物质来说，则需要掌握其流动的规律。无论是针对固体，还是液体的流变学研究，都离不开时间这一重要因素。因此，在研究材料流变性时，需要描述材料在某一瞬间应力与变形的定量关系，这种关系一般以流变方程式的形式表示。

变形是一种主要与固体相关的性质，指对某一物体施加外力后，其内部各部分的形状和体积发生变化的情况。对固体施加外力时，固体内部存在一种与外力相对抗的内力，这种在单位面积上存在的内力被称为应力(stress)。当除去外力后，固体又会具有恢复原状的倾向性，这种恢复原状的性质被称为弹性(elasticity)。相应地，可恢复的一部分变形被称为弹性变形，不可恢复的一部分变形被称为塑性变形。

流动是液体和气体的主要性质之一，指物质在外力作用下产生宏观运动的体现，被视为一种不可逆的变形过程。作为与固体相对应的物质形态，液体和气体总称为流体。流体由大量的、不断地做热运动且无固定平衡位置的分子构成，它的基本特征是没有一定形状但具有流动性。当流体的形状发生改变时，流体各层之间存在一定的运动阻力，即流动的难易程度与这种性质有关，这种性质被称为黏性(viscosity)。实际上，某些物质对外力表现为弹性和黏性双重特性(简称为黏弹性)，这也是水泥基材料流变性的重要特征之一。

作为流体重要的物理性质，黏性是决定流动状态的内在因素之一。生活中，当观察河水流动时，会发现尽管水流方向一致，但水流速度却不同：中心处的水流最快，而靠近河岸的水流较慢。当流速不太快时，可以将流动的液体视为互相平行移动的液层，这样的流动状态称为层流。由于各层的速度不同，会形成速度梯度 $\mathrm{d}u/\mathrm{d}y$（图 2.1），这是层流的基本特征。因为有速度梯度存在，流动较慢的液层会阻碍流动较快的液层的运动，各液层之间存在剪切力，即内摩擦力，这就是流体具有黏性的表现。因此，黏性是流体的内摩擦特性。为了使液层维持一定的速度梯度运动，必须对它施加一个与流动阻力相等的反向力。在单位液层面积 A 上所需施加的这种力称为切变应力或剪切应力，单位为 $\mathrm{N/m^2}$；速度梯度称为切变速度或剪切速率，单位为 $\mathrm{s^{-1}}$。切变应力与切变速度是表征体系流动性质的两个基本参数。

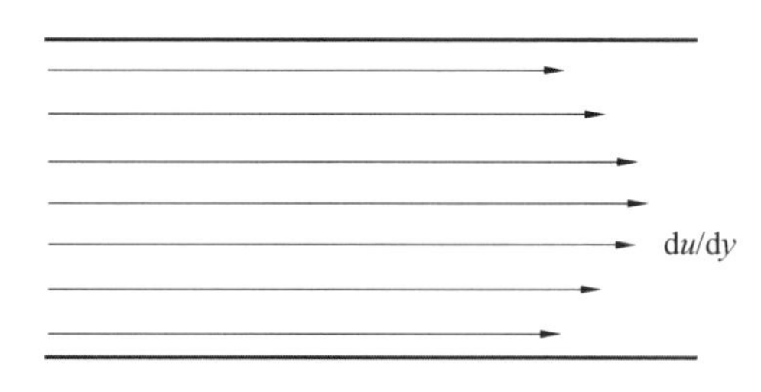

图 2.1 河水流动时各液层的速度差异

牛顿（Newton）在 1687 年所著的《自然哲学的数学原理》中提出了黏性定理，并且经过了后人的验证：流体的内摩擦力（剪切力）T 与速度梯度 $\frac{U}{h}=\frac{\mathrm{d}u}{\mathrm{d}y}$ 成比例，与液层的接触面积 A 成比例，与流体性质有关，与接触面上的压力无关，即

$$T=\mu A\frac{\mathrm{d}u}{\mathrm{d}y} \tag{2.1}$$

以应力的形式表示为

$$\tau=\mu\frac{\mathrm{d}u}{\mathrm{d}y} \tag{2.2}$$

式中 $\frac{\mathrm{d}u}{\mathrm{d}y}$ 为速度在液层法线方向的变化率，称为速度梯度；μ 为黏度或黏度系数，是表示流体黏性的物理常数，Pa · s。式(2.1)、式(2.2)称为牛顿内摩擦定律。

众所周知，当固体在弹性范围内发生变形时符合胡克定律（Hooke's law），即材料所受外力与变形量成正比，应力－应变之间的关系为瞬时响应。类似地，当液体流动符合牛顿内摩擦定律时，材料所受剪切应力与剪切速率也成正比，但流动的过程是一个时间过程，只有在一段有限时间内才能观察到材料的流动，流动与变形之间的关系见表 2.1。大多数材料（如橡胶、石油、沥青等）表现出复杂的力学性质，既能流动，又能变形，既有黏性，又有弹性；变形过程中会发生黏性损耗，而流动时又有弹性记忆效应，黏弹性结合，流动、变形共存。对于这类材料，仅用牛顿定律与胡克定律已无法全面描述其复杂力学响应规律，必须发展一门学科——流变学对其进行研究。流变性就是指物质在外力作用下的弹性和黏性的双重特性。

表 2.1　流动与变形之间的关系

类别	研究对象	性质	能量	形变	记忆效应	符合定律	时效性
流动	液体	黏性	耗散能量	永久产生	无	牛顿定律	时间过程
变形	固体	弹性	储存能量	可以恢复	有	胡克定律	瞬时效应

广义而言，流动与变形是两个紧密相关的概念，在时间长河中，万物皆流，万物皆变。流动为广义的变形，而变形是广义的流动，两者差别在于外力作用时间的长短及观察时间的不同。例如：山，经历长久的地质年代可以发生流动；水，在突然施加短暂外力情况下可表现为弹性体；物质本身固有的弹性和黏性这一对内在性质因外力作用时间而相互转化。

2.1.2　流变模型与流变性

所有材料的流变模型都可以用三种基本模型元件通过不同的串联及并联方式组合而得到。模型元件分为三种：弹性元件、黏性元件和塑性元件，分别代表理想弹性体（胡克体）、理想黏性体（牛顿体）和理想塑性体（圣维南体）。

弹性元件（图 2.2）可以用弹簧表示，主要用于描述弹性变形，其本构方程为

$$\sigma=E\varepsilon \tag{2.3}$$

式中，如果以 σ 表示压应力或拉应力，ε 表示压应变或拉应变，则 E 为弹性模量；如果以 σ 表示剪切应力，ε 表示剪切应变，则 E 为剪切弹性模量。σ 和 ε 的值一一对应，σ 保持一定，则 ε 值也将保持一定，反之亦然；应力 σ 撤除后，应变 ε 值恢复至 0。

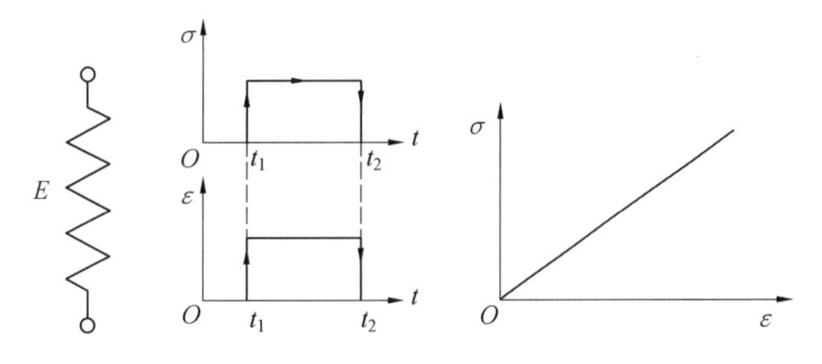

图 2.2　弹性元件

黏性元件（图 2.3）可以用黏壶表示，即一个带孔活塞在充满牛顿液体的圆筒中运动，主要用于描述牛顿流体黏性流动，其本构方程为

$$\sigma=\eta\dot{\varepsilon} \tag{2.4}$$

式中，σ 为应力；η 为黏度系数，简称黏度；$\dot{\varepsilon}$ 为应变速率。σ 和 ε 的值无直接关系，而是与 $\dot{\varepsilon}$ 一一对应，σ 保持恒定时，ε 值随时间不断增长；应力 σ 撤除后，应变 ε 值不可恢复，保持原来值不变。

塑性元件（图 2.4）可以用摩擦元件或滑块来表示，主要用于描述塑性体的变形，其本构方程为

$$\begin{cases}\varepsilon=0, & \sigma<\sigma_0\\ \varepsilon\neq 0, & \sigma\geqslant\sigma_0\end{cases} \tag{2.5}$$

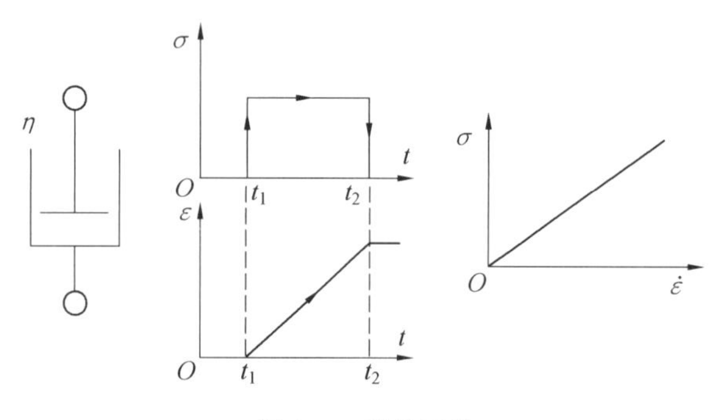

图 2.3 黏性元件

式中，当拉力 σ 小于滑块之间的摩擦力最大值(极限应力)σ_0，变形值 ε 为 0；当拉力 σ 大于滑块之间的摩擦力最大值 σ_0 时，变形值 ε 可为任意值，直到无穷大；当拉力从物体上撤除后，变形不可恢复，保持原值不变。

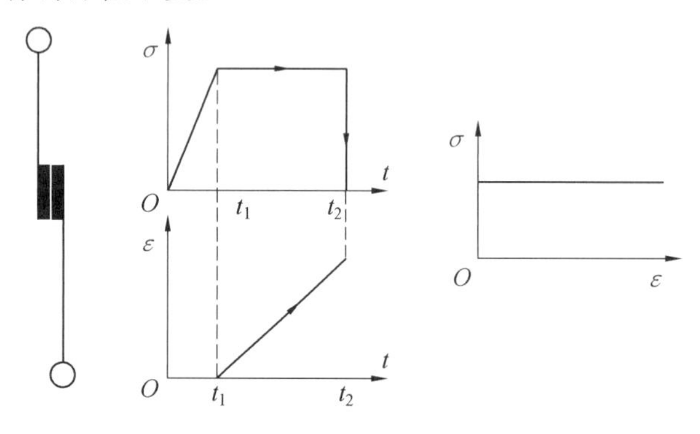

图 2.4 塑性元件

根据流变模型，可以得到描述材料流变性的本构方程，即流变方程，据此便能够解释或预测材料的流变性。常见的几种流变模型包括麦克斯韦模型(Maxwell model)、开尔文模型(Kelvin model)、伯格斯模型(Burgers model)和宾汉姆模型(Bingham model)等。

麦克斯韦模型由弹性元件(胡克体)和黏性元件(牛顿体)串联而成，如图 2.5(a)所示。麦克斯韦模型的本构方程为

$$\dot{\varepsilon}=\dot{\varepsilon}_{\mathrm{H}}+\dot{\varepsilon}_{\mathrm{N}}=\frac{\sigma}{\eta}+\frac{\dot{\sigma}}{E}$$

可以得到一定应力条件下的应变－时间关系(蠕变现象)，或得到一定应变条件下的应力－时间关系(应力松弛)。麦克斯韦模型表征同时具有弹性和黏性的材料，由于黏性元件的串联，在任何微小外力的作用下，变形将无限增加。因此，麦克斯韦体在本质上是液体，如果 $E\to\infty$，则麦克斯韦体转为牛顿流体；如果 $\eta\to\infty$，则麦克斯韦体转为胡克体。

开尔文模型由弹性元件和黏性元件并联而成，如图 2.5(b)所示。开尔文模型的本构方程为

$$\dot{\varepsilon}+\frac{E}{\eta}\varepsilon=\frac{\sigma}{\eta}$$

在外力作用下，两个元件的应变是相等的，而总应力为两个元件应力之和。开尔文体在本质上属于固体，而非液体，如果使开尔文体的应变保持为常数，应力也为常数，则开尔

文体为一种非松弛体。

伯格斯模型由一个开尔文体和一个麦克斯韦体串联而成，是一个四元件模型，如图 2.5(c)所示。伯格斯模型的本构方程为

$$\sigma+\left(\frac{\eta_1}{E_1}+\frac{\eta_2}{E_2}+\frac{\eta_1}{E_2}\right)\dot{\sigma}+\frac{\eta_1\eta_2}{E_1E_2}\ddot{\sigma}=\frac{\eta_1\eta_2}{E_2}\ddot{\varepsilon}+\eta_1\dot{\varepsilon}$$

可见，在任何微小外力作用下，材料变形将无限增加。因此，伯格斯体在本质上也是液体。

宾汉姆模型是指由塑性元件与黏性元件并联后，再与弹性元件串联而成的流变模型，如图 2.5(d)所示。当 $\sigma\leqslant\sigma_f$ 时，宾汉姆体呈现弹性固体的性质，此时的本构方程为$\sigma=E\varepsilon$；当 $\sigma>\sigma_f$ 时，宾汉姆体发生流动，又呈现液体的性质，此时它的本构方程为

$$\dot{\varepsilon}=\frac{\dot{\sigma}}{E}+\frac{1}{\eta}(\sigma-\sigma_f)$$

该临界值 σ_f 定义为屈服剪切应力，只要应力超过屈服剪切应力后，材料的变形随时间无限增大，实质为液体。

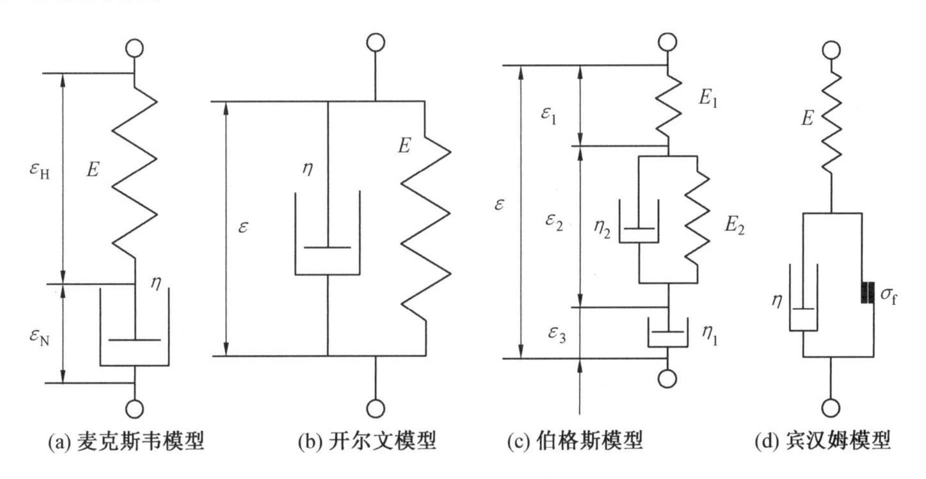

图 2.5　几种常见的流变模型

除了上述流变模型公式以外，对一些常见物体流变性的描述还能以曲线形式表示，如剪切应力与剪切速率关系曲线、黏度随剪切速率变化曲线等，称为流变曲线。流变曲线同样反映材料与时间因素有关的应力及应变现象的变化规律，即流变性。一些典型的流变曲线如图 2.6 所示，将在下一小节中结合相应的流体进行详细介绍。

2.1.3　牛顿流体和非牛顿流体

牛顿流体(Newtonian fluid)是指黏度不受剪切速率影响的一部分流体，如水、乙醇等纯液体，轻质油等低分子化合物溶液，以及低速流动的空气等。牛顿内摩擦定律给出了流体在简单剪切流动条件下剪切应力与剪切应变的关系(式(2.2))，符合该定律的流体都统称为牛顿流体。牛顿流体的剪切应力和剪切应变率呈线性关系，斜率即为牛顿流体的黏度 μ，其在一定的温度和压力下是常数。

除了牛顿流体外，自然界和工程界还有许多液体的流变性不符合牛顿内摩擦定律，这类流体统称为非牛顿流体(non－Newtonian fluid)，如血液、泥浆、油墨、牙膏等高分子聚

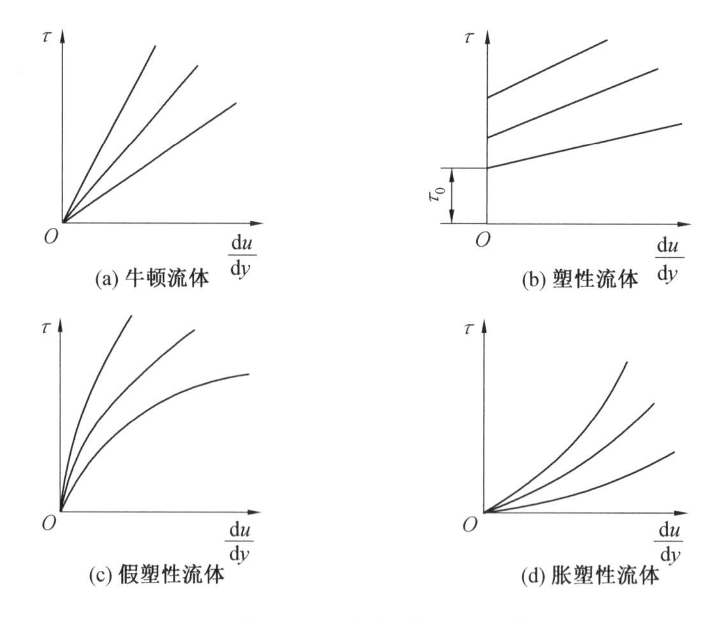

图 2.6　一些典型的流变曲线

合物浓溶液或悬浮液。非牛顿流体的剪切应力与剪切应变之比不是固定值，该比值定义为在该剪切应变下流体的表观黏度(apparent viscosity)。常见的非牛顿流体可以分为时变性非牛顿流体和非时变性非牛顿流体。非时变性非牛顿流体的表观黏度只与剪切应变(或剪切应力)有关，而与剪切作用的持续时间无关，这类是应用较多的非牛顿流体，主要有宾汉姆流体(Bingham fluid)、假塑性流体(pseudo－plastic fluid)和胀塑性流体(dilatant fluid)。时变性非牛顿流体的表观黏度函数不仅与应变速率有关，而且与剪切作用的持续时间有关，主要包括触变性流体(thixotropic fluid)、流凝性流体(rheopetic fluid)以及黏弹性流体(viscoelastic fluid)。

宾汉姆流体也称为塑性流体，其流变方程为

$$\tau=\tau_0+\eta\frac{\mathrm{d}u}{\mathrm{d}y} \tag{2.6}$$

式中，τ_0 为屈服剪切应力，Pa；η 为塑性黏度，Pa・s。

宾汉姆流体的流变曲线是有初始应力的直线，其流动特点是当剪切应力超过屈服剪切应力($\tau>\tau_0$)时才开始流动，而流动过程中剪切应力和剪切应变呈线性关系。宾汉姆流体一般为含有固相颗粒的多相液体，作为分散相的颗粒之间有较强的相互作用，在静止时形成网状结构，只有剪切应力足以破坏网状结构以后，流动才能进行，恰好能破坏网状结构时的剪切应力即是屈服剪切应力。对于一些宾汉姆流体可以通过改变分散相表面的物理化学性质，达到推迟网状结构形成、减弱颗粒间联系的效果，从而减小屈服剪切应力，以增强流动性，这一点有较大的实际应用价值。宾汉姆流体在工业中应用广泛，一些高浓度悬浮液，如软膏、面团、淤泥、新拌水泥砂浆等，在适当条件下可表现出宾汉姆流体的行为特点。

假塑性流体也称为剪切稀化流体，其流变方程为

$$\tau = k\left(\frac{\mathrm{d}u}{\mathrm{d}y}\right)^n, \quad n<1 \tag{2.7}$$

式中，k 为稠度系数，$\mathrm{N \cdot s^n/m^2}$；n 为流变指数。

假塑性流体的流变曲线，大体上是通过坐标原点并向上凸起的曲线。随着剪切应变的增大，表观黏度降低，流动性增大，表现出剪切变稀。假塑性流体大多是含有长链分子结构的高分子聚合物熔体和高聚合物溶液，以及含有细长纤维或颗粒的悬浮液。由于长链分子或颗粒之间的物理化学作用，形成某种松散结构，随着剪切应变的增大，结构逐渐被破坏，长链分子沿流动方向定向排列，使流动阻力减小，表观黏度降低。多数非牛顿流体，如某些高分子聚合物溶液、原油、人的血液、醋酸纤维素、沙拉酱食品等都是假塑性流体。某些情况下，假塑性流体的流变曲线可表现为一条不通过坐标原点且凹向剪切速率轴的曲线，曲线与剪切应力轴的交点为 τ_0，此时流体兼具有屈服特性和假塑性流体的一些特性，故称为屈服假塑性流体。

胀塑性流体也称为膨胀性流体或剪切稠化流体，其流变方程为

$$\tau = k\left(\frac{\mathrm{d}u}{\mathrm{d}y}\right)^n, \quad n>1 \tag{2.8}$$

式中，k 为稠度系数，$\mathrm{N \cdot s^n/m^2}$；n 为流变指数。

胀塑性流体的流变曲线大体上是通过原点并向下凹的曲线。随着剪切应变增大，表观黏度增大、流动性降低，表现出剪切稠化。对于剪切稠化的一种解释是，胀塑性流体多为含很高浓度、不规则形状固体颗粒的悬浮液，此种悬浮液在低剪切应变时不同粒度的颗粒排列较密，但随着剪切应变的增大，使颗粒之间空隙增大，存在于空隙间起润滑作用的液体数量不足，导致流动阻力和表观黏度增大。一些高浓度挟砂水流、阿拉伯树胶溶液、某些状态下的自密实混凝土混合料等表现出剪切稠化的现象。类似地，一些胀塑性流体也可能同时具有屈服特性，流变曲线与剪切应力轴交点为屈服剪切应力 τ_0，此时可以用赫谢尔－巴尔克莱模型（Herschel－Bulkley model）统一描述塑性流体（$n=1$）、屈服假塑性流体（$n<1$）或者屈服胀塑性流体（$n>1$），简称 H－B 模型。该模型在针对现代水泥基材料流变性的研究中应用比较广泛，其流变方程为

$$\tau = \tau_0 + k\left(\frac{\mathrm{d}u}{\mathrm{d}y}\right)^n \tag{2.9}$$

时变性非牛顿流体的表观黏度与剪切作用的持续时间有关，其原因在于这类流体受剪切作用，内部结构的调整需要一个时间过程。在恒定的剪切应力或剪切速率作用下，触变性流体的表观黏度随着剪切作用持续时间延长而减小，并在应力消除以后表观黏度又随时间逐渐恢复。触变性物料在生产生活中占有重要地位，例如：常见的油墨、油漆、钻井泥浆等，一般要求具有良好的触变性。流凝性流体也称为反触变流体，其表观黏度随剪切作用时间而逐渐增加，当剪切消除后，表观黏度又逐渐恢复，这类流体在实际生活中比较少见。黏弹性流体同时兼有黏性液体和弹性固体的双重性质，哪种性质的表现程度取决于外力作用时间的长短，一些高聚物熔融体、蛋清、人类的唾液等都是常见的黏弹性流体。

黏弹性流体可以表现出纯黏性流体所没有的特殊现象。例如，转轴在黏弹性流体中快速旋转时，黏弹性流体将会沿转轴向上爬升，液面内高外低，或者当转轴为空心管时出现管内液面上升的现象，这种爬杆现象称为魏森贝格效应（Weissenberg effect）；而对于

牛顿流体，由于离心力作用，液面成为外高内低的凹形。又如，黏弹性流体由容器内细管挤出后，流体的直径大于细管直径，这是由露出塑模时的应力变化所引起，这种挤出胀大现象也称为巴拉斯效应(Barus effect)；而牛顿流体由细管流出时，却会形成射流收缩现象。再如，将浸没于黏弹性流体中的吸管在抽吸过程中缓慢拔出液面，可以看到虽然管子已不再插入液体，液体仍会源源不断地从杯中流进管内，形成无管虹吸(tubeless siphon)现象；甚至更简单些，没有导管的情况下将装满黏弹性流体的烧杯微倾，使液体流下，该过程一旦开始就不会中止，直到杯中液体流光；但是牛顿流体进行虹吸试验时，只要将吸管提离液面，虹吸就会立即停止。

在分析流变性时，应特别注意区分触变性流体与假塑性流体。假塑性流体的表观黏度随剪切应力的增大而减小，而触变性流体的表观黏度随剪切应力作用的持续时间延长而减小。同样地，也不能把胀塑性流体与反触变性流体混为一谈，前者的表观黏度随剪切应力的增加而增加，后者的表观黏度随剪切应力持续时间的延长而增加。

2.2 混凝土的流变性及其影响因素

2.2.1 混凝土的流变性概述

水泥净浆、砂浆和混凝土都是复杂的多相混合物，从加水开始，水泥颗粒就一直发生水化反应，伴随着水泥浆体的凝结硬化，体系的黏、弹、塑性也不断演变，可以从最初的黏弹性或黏塑性为主，逐渐向最终的弹塑性体方向发展，这是其他材料少有的特点。要精确地预测和表征混凝土全寿命期间的流变性能及其时变规律非常困难，目前，对于水泥基材料流变学的研究还主要集中于新拌状态下的早期流变性，其在实际工程中有重要的应用价值。

新拌混凝土是一种具有流动性的液体材料。与普通液体完全不同，混凝土是由不同尺寸(纳米到厘米级)、不同形状、不同性质(有机与无机、活性与非活性)的颗粒与水形成的悬浮液。混凝土不一定能自动流动或填充，需要不同的外力作用才可以流动并填充模具，因此需要以不同的密实方式施工。“不自流淌”对于某些特殊用途非常有用，如喷射混凝土、滑模施工混凝土等。静停时间会使新拌混凝土的流变性能发生显著变化，其中某些变化可以通过再次搅拌恢复原始状态(如絮凝结构形成后再次打破)，但另一些变化则不能被恢复(如水泥颗粒的溶解和水化)，这些都直接影响混凝土的浇筑方式和施工质量。

大量试验研究发现，新拌混凝土实测流变曲线与一些简单的流变方程较为符合，宾汉姆模型(Bingham model)和赫谢尔—巴尔克莱流体模型被认为是表征新拌混凝土流变性能最常用、也是最贴近的两个模型。通常情况下，普通混凝土的流变性接近于宾汉姆模型；而大流动性混凝土和自密实混凝土常具有一定程度的剪切稀化或剪切稠化以及触变性等典型非牛顿流体特征，与H—B模型更为接近。此外，也有一部分学者针对现代高流动性混凝土采用传统宾汉姆模型表征流变性能时可能得到负屈服剪切应力值的情况，引入了含有二阶项的改进宾汉姆模型(modified Bingham model)，即

$$\tau=\tau_0+\eta\frac{\mathrm{d}u}{\mathrm{d}y}+c\left(\frac{\mathrm{d}u}{\mathrm{d}y}\right)^2 \tag{2.10}$$

式中，τ_0 为屈服剪切应力，Pa；η 为塑性黏度，Pa・s；c 为二阶项系数，$Pa \cdot s^2$。

研究认为，改进宾汉姆模型与 H—B 模型相比，不含指数变量，也没有低剪切速率时的局限性，因此适用于表征具有剪切增稠行为的混凝土材料的流变性。

综上所述，屈服剪切应力和塑性黏度（或稠度系数）是混凝土流变学研究中最基本的两个物理参数。屈服剪切应力是混凝土初始流动需要的最小剪切应力，由水泥颗粒间的胶体相互作用、刚性连接形成的凝聚网状结构以及骨料颗粒间的摩擦阻力、嵌挤锁结等接触力而产生，与颗粒的粒径形貌、表面粗糙度以及减水剂的分散作用有关。屈服剪切应力决定了新拌混凝土是否会在施加的应力下开始或停止流动，影响混凝土材料的静态稳定和流动填充性能。塑性黏度是稳定剪切速率下剪切应力与剪切速率的比例系数，由胶体颗粒间黏聚力、布朗力、液相基质的流体动力及对颗粒的拖曳力等形成，反映了新拌混凝土在剪切应力作用下发生变形的快慢。塑性黏度越小，相同剪切应力作用下混凝土的流动速度就越快，塑性黏度对混合料的动态稳定性和泵送、浇筑、振捣等状态下的施工性能影响很大。

2.2.2　基本组成材料对混凝土流变性的影响

混凝土是一种由水泥、矿物掺合料、水、骨料和化学外加剂等组成的复合材料，其流变性取决于体系内的每一组分的比例以及它们之间的相互作用。下面就各因素对新拌混凝土流变性的影响分别展开介绍。

1. 颗粒堆积状态对流变性的影响

新拌混凝土是由不同尺寸和性质的固体颗粒与水构成的悬浮液，其内部固体颗粒的尺寸及分布会直接影响堆积状态，进而影响流变性。一定空间内，颗粒的堆积密实度（填充体积分数）φ 是指颗粒物体积 V_s 与堆积体的宏观体积 V_p 的比值，空隙率 p 则是指颗粒间隙体积 V_v 与总体积 V_p 的比值，故有 $\varphi+\pi=1$。另外，颗粒的堆积密度 γ 定义为固体颗粒的质量与堆积体积的比值，比堆积密实度更容易测定；堆积密度 γ 与颗粒表观密度 γ_s、密实度 φ 之间的关系为 $\gamma=\gamma_s\varphi$。在对颗粒堆积模型进行分析计算时，根据颗粒的尺寸将其分类为相同尺寸颗粒堆积和不同尺寸颗粒堆积。对于前者，相同尺寸颗粒堆积又可分为单粒径球体颗粒的堆积和相同尺寸非球体颗粒的堆积。这些堆积状态的密实度也有较大差异。

在平面二维空间上，等直径圆片处于三角形堆积分布时填充最为密实，填充面积可高达 $\pi/(2\sqrt{3})=0.91$。在三维空间，等粒径球体的最简单堆积是立方体堆积，此时对应的填充密实度为 $\pi/6=0.523\ 6$；而最常见的两种具有最高密实度的堆积方式是面心立方体堆积和面心六方体堆积，密实度高达 $\pi/(3\sqrt{2})=0.740\ 4$。在实际应用中，颗粒往往处于随机无规则堆积状态，此时密实度与填充方式有关，等径球形颗粒的随机紧密堆积密实度理论上为 0.64，而在松散堆积时密实度为 0.60 左右。颗粒数量也会在一定程度上影响填充密实度，对于相等粒径球体，随机紧密堆积状态的实际密实度近似为(0.64～0.37)×

$N^{-1/3}$（N 为颗粒数量）；当容器的容积并不能远远大于球体粒径时，边壁效应还会进一步降低密实度。此外，球体无规则随机堆积的密实度也会随着颗粒尺寸减小而降低，有研究认为尺寸为 320 μm、148 μm 和 50 μm 的等径球体在杯中的随机填充密实度分别约为 0.63、0.62 和 0.58。

对于相同尺寸非球体颗粒的堆积状态，由于其相较于球体有更多的复杂参数（形状、尺寸、取向等），因而分析和建模也更加复杂。非球体颗粒在规则堆积状态下的密实度可以比球体更高，例如平行排列的砖块可达到 100% 密实度；但是在随机排列情况下，非球体颗粒的填充密实度通常会小于球体颗粒，特别是颗粒的尖锐程度对填充密实度有较大影响，大长径比的细长颗粒的随机堆积密实度比较低。对于新拌混凝土而言，表面光圆的卵石骨料填充密实度接近于 0.60，而碎石骨料填充密实度为 0.50～0.57。

一般情况下，不同尺寸颗粒体系的填充密实度明显高于单尺寸颗粒。对于不同尺寸的球体颗粒，阿波罗堆积（Appolonian packing）符合最紧密的基本原则：较大球体颗粒之间的空隙先尽可能被大半径的球体填充，这时内部填充的球体与周边大球体表面接触；如此反复无限填充，内部球体的尺寸越来越小，数量越来越多，填充密实度趋向于最大值 1。这是一种完全理想的状态，理想混凝土的颗粒组成也与此接近。当球形颗粒的直径分布范围从 $d_{\min}$ 到 $d_{\max}$ 时，阿波罗堆积的密实度为

$$\varphi^{\mathrm{app}}=1-(d_{\min}/d_{\max})^{d-d_{\mathrm{f}}}$$

式中，d_{f} 为分形维数；d 为空间维度。根据数值模拟研究结果显示，在二维空间内建议取值 $d_{\mathrm{f}}=1.305$，三维空间内建议取值 $d_{\mathrm{f}}=2.474$。

实际工程中，新拌混凝土的颗粒组成不可能逐级筛选以满足阿波罗堆积的条件。有研究发现，多尺寸颗粒混合堆积体系的填充密实度远大于单粒级颗粒的堆积，而且颗粒尺寸的相互差别越大，混合堆积的密实效果越显著。一般情况下，更多粒级的颗粒混合会得到更高的填充密实度，这些都为新拌混凝土的颗粒级配设计提供了理论依据。但是，考虑不同尺寸颗粒之间的相互影响，不合理的粒径组合也可能导致堆积密实度降低。例如，当小颗粒填充到大颗粒之间的空隙时，如果小颗粒不够小，会将大颗粒推开，称为松散效应；大颗粒埋入小颗粒体时，接近大颗粒附近的小颗粒填充密实度会降低，该现象称为边壁效应。

颗粒的堆积状态对水泥基材料流变性有很大影响，颗粒物的存在使液体层之间发生运动的轨迹更加复杂。球体颗粒分散于牛顿液体中，当颗粒体积分数较低时（$\varphi<2\%$），颗粒之间的距离很远，相互几乎没有影响。这时尽管悬浮体溶液仍然符合牛顿流体规律，但是黏度值 μ 将会按下式提高：

$$\mu(\varphi)=\mu_0(1+2.5\varphi)\quad(\varphi<2\%)\tag{2.11}$$

式中，μ_0 为液体分散介质的原始黏度。

随着球体颗粒体积分数增大，颗粒间的相互影响作用逐渐加强，颗粒物填充浓度越高时，表现出来的黏度也越大。对于非胶体颗粒在牛顿液体中形成的悬浮液来说，此时还存在准稀溶液范围的牛顿流体规律，但黏度与颗粒所占体积分数的关系发生变化，可用下式表达：

$$\mu(\varphi)=\mu_0(1-\varphi/\varphi_{\mathrm{m}})-2.5\varphi_{\mathrm{m}}\quad(2\%\leqslant\varphi<55\%)\tag{2.12}$$

该式适用于颗粒填充体积分数大于等于 2%、小于 55% 的情况，φ_m 为颗粒可能达到的最大填充体积分数。当球体颗粒填充体积分数接近于 φ_m，即达到最高范围时，体系的黏度接近于无穷大。因此，颗粒体积分数达到最高时(完全密实填充)，整个结构被塞满，材料表现为固体，牛顿流体中相对黏度与固体体积分数的关系如图 2.7 所示。对于均一的球体，如果简单倾倒到容器中，颗粒的填充体积分数为 55% 左右，通过振动，填充体积分数可增加到 64% 左右。当颗粒尺寸分布较宽(不同颗粒组合搭配)时，填充体积分数明显高于均一球体的填充体积分数(约 60%)；若颗粒尺寸在几微米到几毫米的范围内分布，最大填充体积分数可高达 90% 或 95%。因此，还没有一个合适的方法可以确定 φ_m 的值。

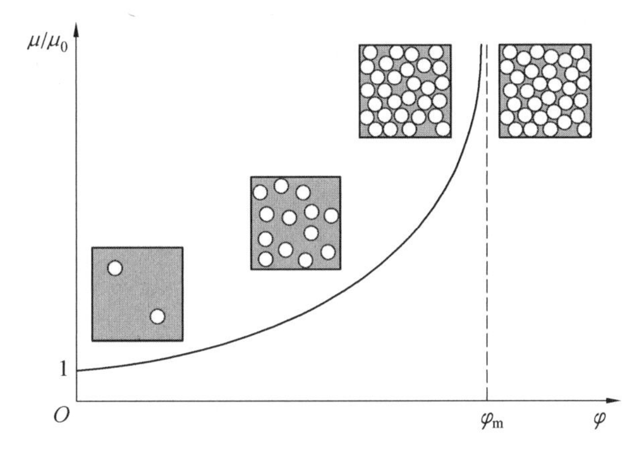

图 2.7　牛顿流体中相对黏度与固体体积分数的关系

颗粒体积填充分数较高时，材料的流变行为主要取决于颗粒之间的相互作用。即使是惰性非胶体的不规则形状颗粒分散在牛顿流体中，由于颗粒间的碰撞、摩擦等接触力，整个体系原有的牛顿流体特征也可能转变为非牛顿流体特征。流动过程中部分颗粒由于受外力影响，还会表现出颗粒空间分布不均匀，例如过振造成的新拌混凝土离析、泌水等现象，此时悬浮液不同部位的流变性还会存在局部差异。因此，上述流变参数计算方程只是从理论上阐释了颗粒堆积状态对流变性的影响机理，预测结果将会与实际新拌混凝土存在差异。

2. 基本组成材料对混凝土流变性的影响

对于水泥胶凝材料颗粒而言，其形成网络结构所需要的固体颗粒数量临界值非常低(几乎为 0)，因此随着单位体积内颗粒数量的增多，水泥浆体屈服剪切应力显著提高。水泥浆体在新拌混凝土中起到润滑骨料和提供流动性的作用，根据其功能可以划分为两部分：一部分浆体附着在骨料表面形成包裹层，另一部分浆体用于填充骨料颗粒之间的空隙，后者也称为富余浆体。水泥浆体自身流变性和富余浆体体积分数都会很大程度影响新拌混凝土的流变性。富余浆体的厚度取决于水泥浆体体积(水灰比和水泥用量)和骨料性质(体积分数、粒径形貌、比表面积等)。当骨料级配和堆积状态固定时，增加水泥浆体用量相对降低了骨料体积分数，增加了颗粒间的空隙和浆体包裹层厚度，减小了骨料颗粒间的相互作用和摩擦阻力，从而降低了屈服剪切应力和塑性黏度，改善了流动性，也能明显降低骨料级配不良带来的负面影响。

在固液体积分数一定的情况下，由于水泥原材料的理化性质和矿物组成不同，水泥浆体也会表现出不同的流变性质。一般情况下，水泥颗粒越细，单位体积内颗粒数量越多，随着胶凝材料比表面积的升高，浆体内部颗粒间距减小，颗粒之间的接触点和摩擦力增大，会导致水泥浆体自身的屈服剪切应力和黏度值都增大。比表面积相同的水泥，C_3A含量越高，浆体屈服剪切应力初始值越高，随时间的增长也越显著，这可能与快速形成的网络结构和C_3A对外加剂强烈的吸附性有关。有研究发现，高C_3A含量水泥的标准稠度需水量增加；而高烧失量、高碳酸盐含量和高C_3S含量的水泥需水量较高。此外，当水泥的SO_3含量在正常范围(2.5%～3.5%)内变化时，浆体的屈服剪切应力和黏度值所受影响较小。其他条件相同时，水泥碱含量越高时，浆体的屈服剪切应力和黏度值越低。水泥的上述性质是影响浆体流变性的主要因素，实际应用时还需要考虑它们之间的耦合影响，但普遍认为高C_3A含量、高比表面积、高碱含量、低SO_3含量的水泥会降低混凝土的工作性能。

作为现代混凝土中重要的辅助胶凝材料，矿物掺合料对流变性的影响也引起了人们的重视。粉煤灰具有球形颗粒和光滑表面，掺入混凝土后发挥出“滚珠效应”，能显著降低屈服剪切应力和塑性黏度。高活性矿渣由于玻璃体含量较高，掺入后混凝土保水性和黏聚性变差，大部分研究认为其降低了屈服剪切应力和塑性黏度；但由于不同矿渣的形貌不规则、粒径差异较大等复杂因素，也有研究发现磨细矿渣粉在低掺量时可以提高混凝土的塑性黏度。硅灰的颗粒极细，比表面积极高，能够起到填充固体颗粒空隙、改善体系级配的效果，增加胶凝体系的堆积密度，对外加剂还有吸附性；因此，掺入硅灰提高了混凝土的屈服剪切应力和塑性黏度，对于早期和后期强度还有明显提升作用，故常作为增黏剂用于对均质性和黏聚性有较高要求的泵送、喷射、水下浇筑等特殊环境下的混凝土施工。石灰石粉是一种惰性掺合料，水化效应比较微弱，研究发现其在水溶液中Zeta电位显著高于水泥，且水泥与石灰石粉颗粒之间相互作用力远远低于水泥颗粒之间的相互作用力，因而水泥浆体中的絮凝结构大幅减少，浆体中的颗粒湿堆积密实度提高，释放更多自由水，并增加颗粒表面水膜层厚度，导致浆体屈服剪切应力和塑性黏度降低。此外，一些其他具有疏松多孔微结构和吸附性的矿物掺合料，包括偏高岭土、硅藻土、沸石粉等，会导致屈服剪切应力和塑性黏度提高。对于水泥和上述矿物掺合料构成的三元胶凝材料体系，浆体流变性能的影响因素分析可以从单位体积颗粒数量、水膜厚度、比表面积、颗粒填充体积分数等多角度展开。一般情况下，浆体的屈服剪切应力和塑性黏度均随着粉体的比表面积增加和颗粒表面水膜厚度变薄而增大，不同矿物掺合料一水泥体系的水膜厚度与流变性能如图2.8所示。特别指出，当大掺量磨细矿物掺合料在加入新拌混凝土后，悬浮液体系中存在大量细小颗粒物，填充体积分数很高，此时还容易出现剪切稠化现象。

骨料在混凝土中起到支承骨架的作用，普通混凝土中骨料体积占75%以上，即使是自密实混凝土骨料体积也在60%以上。流变学观点认为，15 mm以上粒径或表面粗糙的骨料颗粒能够阻碍混凝土的流动，使得混凝土的屈服剪切应力和塑性黏度明显高于水泥浆体。浆骨比是指水泥浆体质量与骨料体积之比，一般骨料含量越低、浆骨比越大，拌合物的屈服剪切应力和塑性黏度越低。砂率是指砂的质量占粗细骨料总质量的百分比，对粗骨料之间的填充空隙和总比表面积影响较大。当砂率过小时，虽然集料总比表面积减

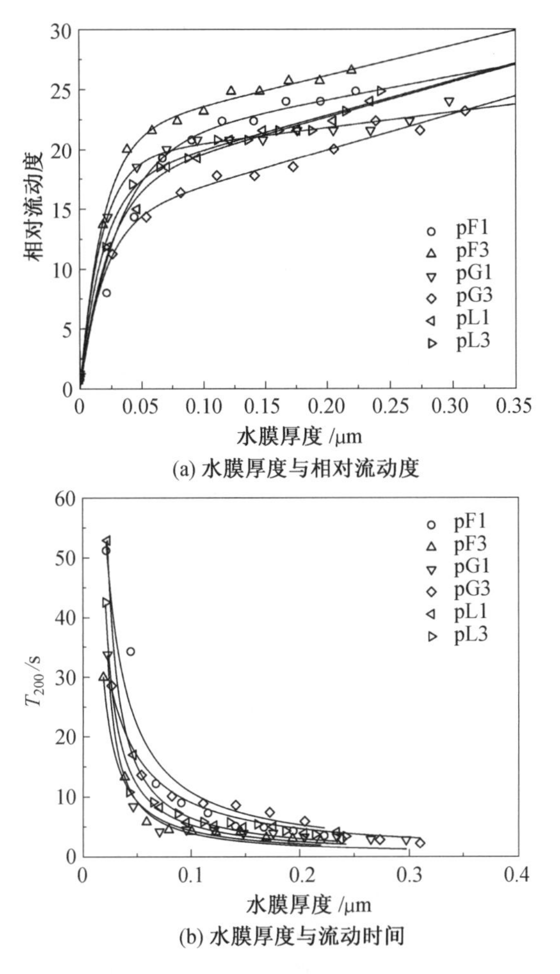

(a) 水膜厚度与相对流动度

(b) 水膜厚度与流动时间

图 2.8　不同矿物掺合料一水泥体系的水膜厚度与流变性能

少，但砂浆量不足，不能在粗集料周围形成足够砂浆层并起到润滑作用，从而拌合物流动性偏低，甚至严重影响混凝土的黏聚性和保水性。因此，一方面，在较低范围内提高砂率能够提高粗骨料的堆积密实度，也能更好地润滑粗骨料，使混凝土的屈服剪切应力降低，流动性和塑性黏度提高；另一方面，砂率增大的同时集料总表面积也随之增大，需要的水泥净浆包裹量增多，所以砂率超过一定范围后，屈服剪切应力和塑性黏度都会发生显著升高，砂率对新拌混凝土流变参数的影响如图 2.9 所示。因此，在固定水灰比、浆骨比不变的情况下，需要确定合理的砂率以满足流变性要求。骨料形貌特征对流变参数亦有较大影响，多棱角骨料一般具有无定型形状和粗糙表面，比表面积增加、体系内自由水降低，同时棱角形状不利于颗粒流动，增加了摩擦阻力，从而使混凝土塑性黏度和屈服剪切应力提高；通过调整粗细骨料的颗粒级配，降低骨料颗粒间空隙和骨料比表面积，从而实现包裹骨料表面的浆体用量减少、富余浆体增多，起到对新拌混凝土流变性能调控的作用。另外，如果骨料的含泥量超标，大量外加剂以插层吸附的形式进入泥土，将造成混凝土的流动性出现严重损失。

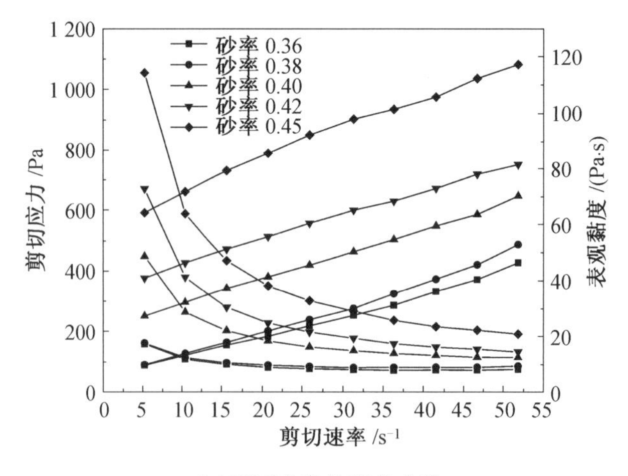

(a)不同砂率的流变曲线

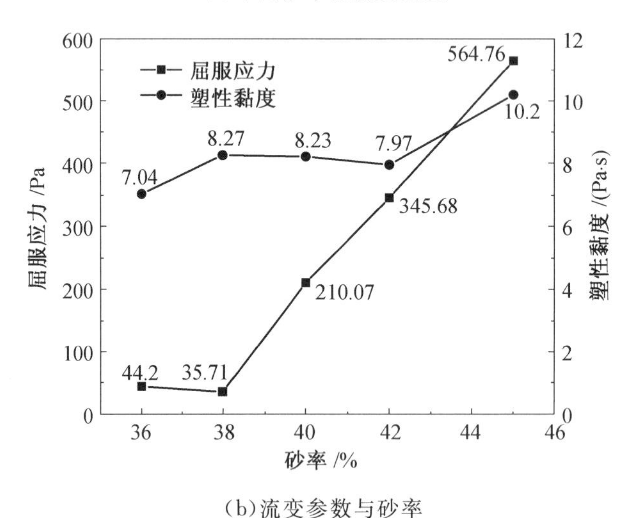

(b)流变参数与砂率

图 2.9 砂率对新拌混凝土流变参数的影响

2.2.3 外加剂对混凝土流变性的影响

化学外加剂常用于改善混凝土各项性能，如工作性、泵送性、凝结性、体积稳定性、力学性能及耐久性能(如抗冻融性)，具有掺量低、效果显著的特点。常用外加剂包括减水剂、早强剂、引气剂、防冻剂、黏度改性剂、阻锈剂、缓凝剂、速凝剂、膨胀剂等，混凝土外加剂的普及应用为一些特殊混凝土的制备和施工提供了条件，如高流动性混凝土、高强混凝土、水下浇筑混凝土和喷射混凝土等。在上述外加剂中，减水剂和黏度改性剂主要用于调整新拌混凝土的早期流变性能，它们对流变参数的影响也最为明显，下面对其进行重点介绍。

1. 减水剂对混凝土流变性的影响

减水剂又称为塑化剂(superplasticizer，SP)，是指在保持混凝土坍落度基本相同的条件下，能大幅度减少拌合用水量的化学外加剂。根据减水率的高低，可以将混凝土减水剂分为三类:普通减水剂(＞8%)、高效减水剂(＞14%)和高性能减水剂(＞25%)。与前两类减水剂相比,高性能减水剂具有更好的减水效果以及坍落度保持性能、较小的干燥收缩率,同时伴有一定引气功能。

常见的普通减水剂有木质素磺酸盐、羟基羧酸盐、多元醇类等。木质素磺酸盐常用的有木钙、木钠和木镁,加入不同类型的调凝组分,可制得不同类型的减水剂;常见的多元醇类减水剂包括糖蜜、糖钙等,缓凝效果显著。20 世纪 60 年代以后,出现了以萘磺酸盐甲醛缩合物和磺化三聚氰胺甲醛缩合物为代表的高效减水剂,与此同时,高效减水剂与水泥适应性的问题和混凝土坍落度损失问题开始得到重视。20 世纪 90 年代前后出现了分散效果更好的氨基磺酸盐和脂肪族磺酸盐高效减水剂,它们的减水率有时可高达 30%。高性能减水剂一般是指聚羧酸减水剂(Polycarboxylate Superplasticizer,PCE),也被称为超塑化剂,它不仅减水率高(可高达 40%以上),而且具有掺量低、坍落度保持能力好、硬化混凝土收缩小、含碱量低以及清洁环保等特点,成为目前实际工程中应用最为广泛的减水剂。

水泥颗粒遇水后矿物相便开始快速溶解,在没有添加外加剂的情况下,浆体中呈现如图 2.10 所示的絮凝状固体颗粒团簇。絮凝结构形成的原因包括:不同水泥矿物在水化过程中所带电荷不同,水泥颗粒由于异性电荷相吸引倾向于互相黏连;也可能是由于颗粒在浆体中做热运动,期间棱角处发生碰撞摩擦而结合;还可能是由于颗粒间的范德瓦耳斯力而结合等。发生絮凝时,颗粒聚集体及其内部包裹的大量游离水类似于整个固体,此时浆体流动性很差。加入减水剂以后,它能定向吸附在水泥胶体颗粒表面,形成单分子或多分子吸附膜层,降低了颗粒表面能,使之易于分散;吸附后水泥颗粒表面带有同性电荷,静电斥力也会破坏浆体中的絮凝结构,释放出大量自由水;减水剂分子上的亲水基团还会吸附极性水分子,增强润滑作用,使水泥颗粒之间易于流动。对聚羧酸减水剂而言,其聚合物由众多支链枝接在主链上形成梳形的分子结构,主链吸附锚固在水泥颗粒上,支链展开伸入分散介质形成空间位垒,阻碍胶体颗粒团聚,称为位阻效应。研究发现,萘系减水剂对水泥的分散作用主要来源于静电斥力;而聚羧酸减水剂具有羧基阴离子的静电排斥力和立体侧链的空间位阻效应的双重效应,并且后者在分散水泥颗粒时起主导作用,如图2.11所示,因此聚羧酸减水剂的减水率更高。

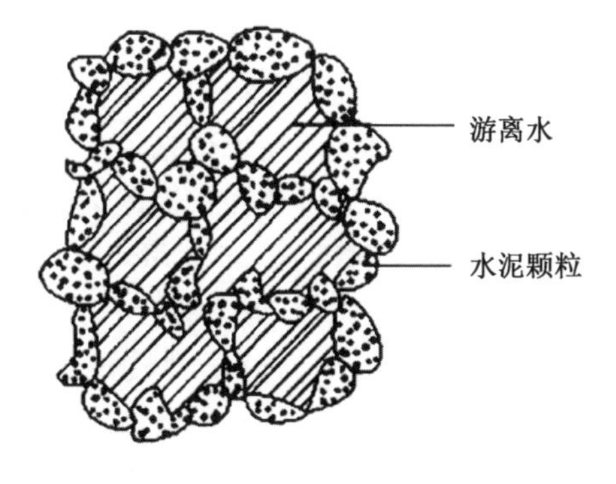

图 2.10　水泥颗粒絮凝结构

减水剂能极大地降低新拌混凝土的屈服剪切应力,且浆体屈服剪切应力随减水剂掺量增加而快速下降。无论是高效减水剂还是高性能聚羧酸减水剂,都存在一个饱和掺量,

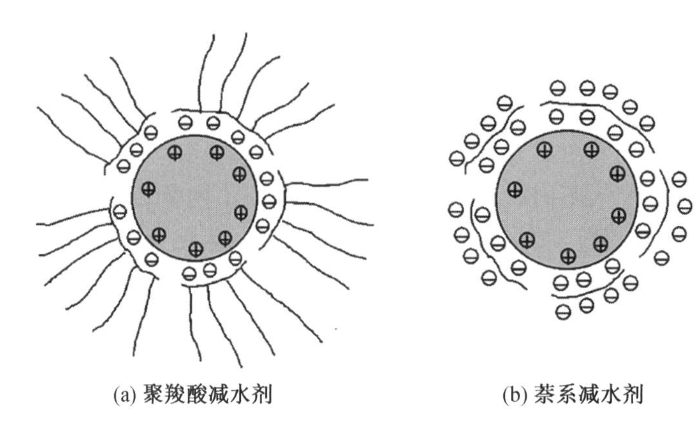

图 2.11　减水剂分子在水泥颗粒表面的吸附与分散效应

超过该用量后，屈服剪切应力不再降低。一般混凝土的塑性黏度受减水剂用量的影响很小，有时还会出现掺入减水剂后黏度轻微增大的现象，这可能与普通减水剂分子的吸附分散作用在高 pH 的浆体中容易受到抑制，或者大分子量减水剂之间发生交联缔合有关。近年来，通过对分子结构的设计改性已经成功制备出具有明显降黏效果的聚羧酸减水剂。还有研究发现，适当延迟掺入减水剂的时间(15 min 左右最佳)，能够更好地降低剪切应力和黏度，提高流动性保持能力，增强塑化效果。这是由于 C_3A 矿物(Zeta 电位为正)对减水剂吸附量大，占水泥主要成分的 C_3S 矿物(Zeta 电位为负)便没有足够的减水剂去吸附和分散，并且 C_3A 早期水化剧烈，水化产物中还可能包裹一些减水剂致其失效，而在水泥加水后 10 min 内，C_3A 消耗的速率最快。

事实上，对于成分固定的水泥，聚羧酸减水剂的减水效率取决于水泥颗粒对其的吸附量和吸附后分散效果的强弱，而这些性质最终又由减水剂的分子结构决定，包括分子质量、离子基团的种类和百分含量、侧链密度以及侧链长度等。不同分子构型的聚羧酸减水剂对新拌混凝土的流变性会产生不同的影响，例如：主链上离子基团含量高、侧链长度短的聚羧酸，吸附速度快，混凝土的初始流动性好而保坍性差；离子基团含量低、具有长侧链结构的聚羧酸，初始分散能力较弱，但是具有较好的流动性保持能力。

2. 黏度改性剂对混凝土流变性的影响

由于高性能减水剂的广泛应用，现代混凝土的主要特征之一就是大流动性，以满足泵送或自密实施工的需要。另外，减水剂掺量偏高也带来了一定的副作用，新拌混凝土容易发生离析和泌水现象，硬化后严重影响外观质量和长期耐久性能。针对这一问题，人们探索将一种新型化学外加剂——黏度改性剂(Viscosity-Modifying Admixtures，VMA)应用于新拌混凝土，在保证混凝土自由流动的同时，提高黏度和材料稳定性。黏度改性剂的主要成分是一些具有亲水性且可溶于水的长链高分子物质，根据来源可分为天然高分子物质(淀粉、威兰胶、黄原胶、天然橡胶、植物蛋白等)、半合成高分子物质(改性淀粉及其衍生物，如羟丙基甲基纤维素、羧甲基纤维素等纤维素醚类物质、海藻酸丙二醇酯等)以及人工合成高分子物质(聚氧化乙烯、聚丙烯酰胺、聚丙烯酸/聚乙烯醇共聚物等)，它们也被称为增稠剂，在食品、化妆品、洗涤剂、乳胶、印染、医药、橡胶、涂料等行业应用非常广泛。其中，常用于水泥混凝土的黏度改性剂有纤维素醚衍生物、威兰胶、定优胶和聚丙烯酰胺等。

黏度改性剂一般具有较强的亲水性，也会或多或少地在水泥颗粒表面吸附。黏度改性剂的作用机理如图 2.12 所示，黏度改性剂分子含有大量极性基团，可以通过氢键与自由水分子缔合，产生体积膨胀，提高了体系中液相的黏度。同时，相邻黏度改性剂的长链分子之间会由于范德瓦耳斯力有靠近趋势，甚至相互缠绕，束缚限制了其间自由水的移动，高浓度时甚至出现凝胶状物质。黏度改性剂分子中的离子基团还会与水泥表面的钙离子发生相互作用，吸附在水泥颗粒表面，并增大了颗粒粒径和运动阻力。需要特别注意的是，聚合物浓度较高时，可能在更多的聚合物与颗粒之间不断连接形成具有一定刚度的网络结构，这种桥接效应与减水剂分散效应刚好相反，将生成非常多的絮凝结构，内部包含大量自由水。此外，黏度改性剂还会与减水剂争夺水泥颗粒表面的吸附结合位点，影响减水剂作用效果，在相同流动性下需要更高的减水剂使用量。因此，除了应严格控制其用量以外，最好选用吸附性较弱的黏度改性剂，这样就能与减水剂发挥出组合协同效应，获得屈服剪切应力较低而塑性黏度较高的新拌混凝土。

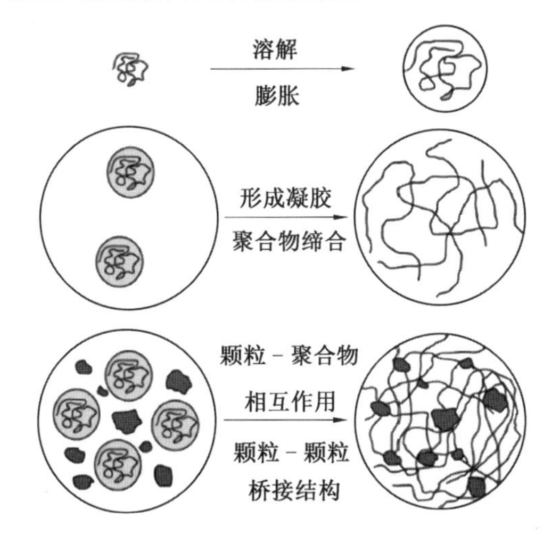

图 2.12　黏度改性剂的作用机理

大部分黏度改性剂即使在用量很低的条件下（小于胶凝材料质量的千分之一），也能达到非常明显的黏度提升效果，同时，混凝土的屈服剪切应力也伴有一定程度提高，故表观黏度相同时，混凝土对减水剂需求量增加。不同的黏度改性剂对流变参数的影响也存在差异，有研究发现：纤维素醚有效提高了砂浆的塑性黏度，但屈服剪切应力增长不明显，而威兰胶对屈服剪切应力的增长更为有效。少数黏度改性剂甚至在极低的掺量范围内可降低新拌浆体屈服剪切应力，因此，合理选择黏度改性剂的类型和掺量，与减水剂配合可以制备出高流动性的稳定浆体。

由于聚合物分子与水泥颗粒之间形成了絮凝结构，加入黏度改性剂还会增强水泥浆体的触变性，该特征在和减水剂复合使用时更加明显。这种高触变性有利于预防混凝土混合料在静停期间由于骨料级配不合理而发生离析、泌水或表面沉降等现象，也有助于在较低的胶凝材料用量下制备出各项性能均达到要求的自密实混凝土。此外，含有黏度改性剂的水溶液以及水泥浆体还表现出剪切稀化的流变行为，这是由于聚合物与颗粒形成的桥连网络在高速剪切作用下解体破坏，以及相互交织的聚合物长链分子沿剪切方向定向排列。因此，黏度改性剂可以使水泥浆表现为低速剪切时的高黏度和高速剪切时的相对低黏度，这种特性不会随高效减水剂的掺量变化而改变。工程实践中，黏度改性剂主要用于改善大流态水泥基材料在低剪切速度下的黏聚性，以提高浆体在外加压力下的稳定性，减少压力泌水，并保证在高剪切速率条件下（如搅拌、泵送、振捣）新拌混凝土具有较低的流动阻力。

3. 引气剂对混凝土流变性的影响

引气剂是一种表面活性剂，溶于水后加入混凝土拌合物内，在搅拌过程中能引入大量微小气泡，提高硬化混凝土的抗冻融能力。在静态的新拌混凝土中，这些气泡容易吸附在水泥颗粒上，起到微弱的桥连效应；然而当混凝土流动时，大量细小的气泡却对固体颗粒起到了“滚珠润滑”作用。所以很多学者认为，掺入引气剂明显降低了新拌混凝土的塑性黏度，但是仅仅稍微降低了屈服剪切应力；而对于胶凝材料用量较高的混凝土，气泡桥连效应更为明显，引气剂还会提高屈服剪切应力。另外，最近有研究发现，塑性黏度参数对于新拌混凝土在快速流动时其内部气泡的稳定性至关重要，经过相同的高速剪切或者高频振捣操作后，具有较高黏度的流态拌合物硬化后将获得更理想的气孔结构。

2.2.4 纤维对混凝土流变性的影响

纤维混凝土具有抗裂、高延性、抗冲击、高韧性、抗疲劳和抗高温爆裂等特性，是现代混凝土的一个重要分支和发展方向。对于新拌混凝土来说，纤维可以看作针状颗粒，增大了悬浮液体系流动时的阻力，但纤维比普通骨料的比表面积大得多，掺入后对流变性的影响也更明显。纤维混凝土拌合物通常为高浓度的悬浮液，纤维之间以及纤维与颗粒之间的作用力决定了它们形成的网络结构形式。纤维之间的相互作用可以简单地划分为以下四种：①在稀溶液状态下，纤维可以自由旋转，互不干扰；②在半稀状态下，以纤维与流体间相互作用为主；③在掺量较高的半稠状态下，纤维旋转会受到其他颗粒机械接触的阻碍；④在稠浓悬浮液中（或长纤维时），以纤维之间的相互作用为主。提高纤维掺量会增加纤维搭接的概率，如图 2.13 所示，合理纤维掺量存在一个临界值，超过此掺量后混凝土的工作性迅速变差或出现纤维成球，纤维与骨料的相对含量以及纤维自身的成球程度决定了该临界值。在水泥混凝土中，为了保证纤维有较好的分散性，纤维长度通常选定为骨料最大粒径的 2～4 倍，一些常见钢纤维还被加工成端部弯勾、皱褶状或波浪状，以提高与水泥基体之间的结合力。

根据不同纤维的功能用途（增强、增韧或抗裂），其刚度、尺寸、含量、形状以及表面的亲水或憎水性均可存在较大差异，这些因素都会直接影响水泥混凝土的堆积密实度。将纤维视为规则圆柱体，整齐排列时可得到很高的堆积密实度，但无法在水泥混凝土中实现。纤维随机排列与整齐排列如图 2.14 所示，自然状态下纤维一般表现为随机排列，堆积密实度远低于单粒径颗粒物。新拌混凝土悬浮液中钢纤维、碳纤维等刚性纤维会改变颗粒的空间架构，推开颗粒、增加空隙率；而聚丙烯、聚乙烯醇等柔性有机纤维可以随意变形，在合理掺量范围内填充于骨料之间，对堆积密实度的影响很小。研究发现，通过增加更细颗粒以填充间隙的方式，能够弥补纤维对堆积密实度的不利影响，纤维长径比越高，混凝土砂率越低，纤维对堆积密实度的降低作用越明显；而当砂率大于 75%时，钢纤维几

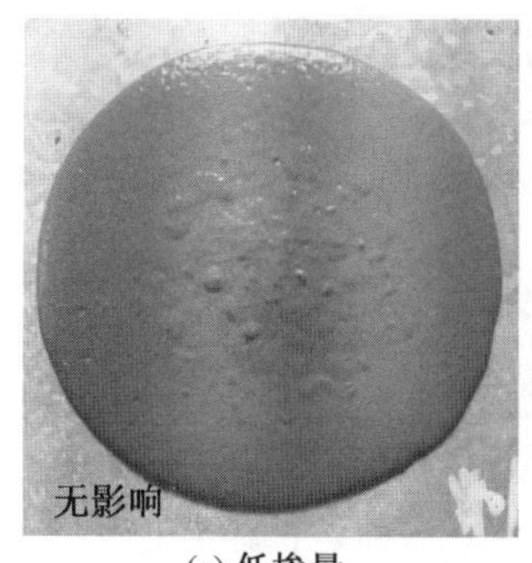

(a) 低掺量

(b) 中掺量

(c) 高掺量

图 2.13　不同掺量钢纤维的水泥基材料

乎不影响体系的堆积密实度。

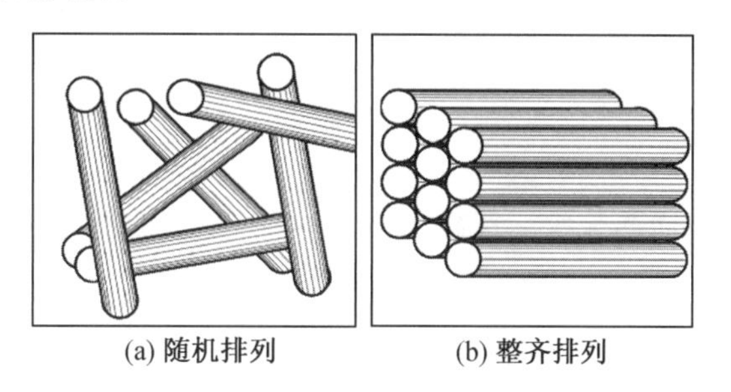
(a) 随机排列　(b) 整齐排列

图 2.14　纤维随机排列与整齐排列

加入纤维改变了悬浮液的堆积密实度，进而会对新拌混凝土的流变性产生显著影响。拌合物的屈服剪切应力和塑性黏度一般随着纤维掺量的增加而提高，屈服剪切应力也会随纤维长径比的增加而提高，但长径比变化对塑性黏度的影响不明显，当长径比很低或大于 100 时，对流变参数的影响较小。大部分纤维混凝土可表现出明显的剪切稀化现象：纤维在混合料中一般为随机排列状态，经过一段持续的强制剪切以后，纤维达到更有序的定向排列状态，体系内填充密实度提高，从而产生剪切稀化现象。而对于一些固相颗粒体积分数很高的纤维混凝土，其本身密实度就比较高，因此与所有浓稠悬浮液类似，一定条件下可表现出剪切增稠行为。

大部分刚性纤维降低了体系内固相颗粒的最大堆积密实度，故在等体积替代骨料时会导致浆体黏度升高。即使是长度较短的刚性纤维，由于其形状与球体偏差甚远，填充性还是会变差，混凝土塑性黏度依然增加。对于长径比小的刚性纤维，在合理掺量范围内，纤维与骨料之间的力学接触占主导地位，并且这种相互作用会随着骨料粒径增大而加强，此时主要造成混凝土屈服剪切应力升高。通过扩大颗粒尺寸分布范围可以改善纤维的这种负面影响，也能促进纤维的分散。对于纤细或长径比很大的柔性纤维，比表面积大且容易缠绕团聚，但很难与固体颗粒形成刚性网络结构，所以它的主要作用在于提高混凝土的塑性黏度。

2.3 混凝土流变仪与流变性计算模拟

2.3.1 混凝土流变仪

迄今为止，全世界已经开发出100种以上关于新拌混凝土流变性的测试与评价方法，美国国家标准与技术研究院(NIST)将这些方法分为四大类，见表2.2。采用流变仪测试能够比较准确和全面地反映混凝土的流变行为，是最科学和最直接的流变参数测试方法。流变仪通过对采集到的扭矩T和转速N进行数学换算，可以得到流体所受的剪切应力与剪切速率。常见的流变测量仪器包括毛细管流变仪、旋转流变仪、组合式转矩流变仪、动态剪切及震荡流变仪等。通用高精度流变仪筒体的表面间距一般为几毫米至几十毫米不等，但是对于水泥混凝土材料，要求流变仪筒体间距至少是混凝土最大颗粒尺寸的5倍以上，即达到50～100 mm。旋转流变仪可以适用于含有大尺寸颗粒和宽粒径范围的悬浮液体系，故针对水泥基材料测试的流变仪大多为该类型。测量时，一般在控制回转速率的条件下测试扭矩，也有仪器可以选择在控制回转扭矩条件下测试回转速率。目前，国内外在混凝土流变性测试方面尚无统一标准或技术规范，用于测试新拌混凝土的旋转流变仪也不尽相同，根据它们的内部结构，大体上可以细分为平行板式流变仪、同轴圆筒式流变仪和叶片式流变仪。

表2.2 混凝土流变性测试与评价方法

类别	定义
限制流动试验	材料在自重或施加压力条件下通过狭窄孔洞
自由流动试验	材料在没有任何限制条件下，仅受自重作用自由流动，或物体在材料中受重力作用发生沉降
振动试验	材料在振动影响下流动，振动可以通过放在盛有材料的容器底座下的振动台、外部或内部振动装置施加
回转流变试验	材料在两界面受剪切作用，其中一个或两个界面同时旋转

法国道路桥梁研究中心(LCPC)研制的BTRHEOM混凝土流变仪是最常见的平行板式流变仪，它由两个平行的板构成：一个固定不动，另一个做回转运动。在回转的平板上测试速度和扭矩大小，两板之间的部分为封闭容器。该流变仪是为了便于携带而设计的，可以在建筑工地上使用，它适用于测试坍落度100 mm以上的拌合物，需要至少7 L容量。电动机安装在底座上，容器中心的转轴将电动机与上部平板连接起来以带动其回转，被剪切的拌合物产生抵抗阻力，通过上部叶片的扭矩来进行测定。BTRHEOM平板式流变仪如图2.15所示，为了防止拌合物出现滑移，上层回转盘设计成带有开口的形式，底部转盘也具有类似结构。BTRHEOM平板式流变仪的尺寸：内轴直径为20 mm，容器内径为120 mm，上下转盘间距为100 mm，转速范围为0.1～1 r/s，最大扭矩为14 N·m。在装入混凝土以后或者在测试过程中，可以选择施加外部振动，用特定的软件控制转速和振

动，同时测定扭矩，计算出流变参数。还有其他研究人员针对 BTRHEOM 平板式流变仪进行了改造，主要是将顶部平板通过上方的一根竖杆悬挂起来并驱动其回转，以去除容器的内部传动轴，降低由此带来的测试误差。

图 2.15　BTRHEOM 平板式流变仪

同轴圆筒式流变仪一般由两个相同轴心的内外圆筒构成，混凝土材料装入外筒中，内筒埋入混凝土材料中，使外筒或内筒做旋转运动，在内筒上测出扭矩的大小。测试普通流体时，内筒与外筒的半径之比通常为 1.1 左右，间隙小于 1 mm，以便在间隙内施加均匀的剪切力，同时避免材料从两筒之间流出。对于混凝土拌合物，两筒间隙的距离应达到 100 mm，这样外筒容器的半径要超过 1 m，才可能使其受到均匀的剪切力。1993 年法国国立格勒诺布尔综合理工学院为了测试混凝土流变性成功研发出 CEMAGREF 流变仪，其内部回转筒的尺寸为 760 mm，外部容器半径为 1 200 mm，可容纳 500 L 混凝土材料；由于尺寸巨大、需要太多量的混凝土，并不适用于常规试验，因此没有得到推广。唯一商业化应用的同轴圆筒流变仪是由冰岛创新中心 Wallevik 教授团队开发的 BML 同轴圆筒式流变仪，如图 2.16 所示，它是在 Tattersall 两点测试仪的基础上改进而来的。该系列仪器具有不同的型号和内外筒尺寸，适用于不同骨料粒径的混凝土或砂浆，其中一种典型规格的内筒直径为 100 mm、外筒容器直径为 145 mm，可容纳 17 L 混凝土，适用于坍落度为 120 mm 以上的拌合物。仪器工作时外筒旋转，内筒记录扭矩数值并保持静止。为避免拌合物在壁面滑动，内筒由一系列叶片围成，外筒容器设有垂直肋条。由于容器底部拌合物的剪切速率不均匀，设计时将每个内筒叶片分为上、中、下三部分，仅在叶片的中心部分测量扭矩。该流变仪使用之前经过标准流体的仔细校准，计算机控制集装箱的转速并记录扭矩，依据宾汉姆模型计算屈服剪切应力和塑性黏度参数。

叶片式流变仪因其构造简单而成为最常用的旋转流变仪。叶片的形状和尺寸设计非常多样化，装入物料后能以不同的速率回转，测量叶片的扭矩即可获得物料抵抗剪切力而提供的反作用力。对于牛顿流体，扭矩（或阻力）与转速的比值就能确定黏度的大小。早在 20 世纪 70 年代，英国谢非尔德大学的 Tattersall 等人首次将这一原理应用于水泥混凝土，开发了仪器并命名为“两点测试流变仪”，用这种方式强调了混凝土的非牛顿流体属

(a) 整体

(b) 内筒结构

图 2.16　BML 同轴圆筒式流变仪

性,即想要真正表征混凝土的流变性,至少需要两个点。两点测试流变仪的叶片由四个呈一定倾角的小叶片组合而成,围绕中心轴呈现螺旋状设置,对材料起到搅拌混合效果。该装置的诞生给水泥混凝土流变性测量领域带来了革命性变化。从那时起,一些新型叶片式的砂浆或混凝土流变仪不断被开发和改进,并且投入商业化生产,实现大范围应用。

20 世纪 90 年代,加拿大不列颠哥伦比亚大学研制了如图 2.17 所示的 IBB 行星式叶片流变仪。它的叶片外形为 H 形,转子不是简单地以固定轴心回转,而是做行星式的旋转运动,即除了转子绕自身轴线自转以外,叶片也在围绕容器的轴线公转。转子在运动过程中与圆筒形容器内壁之间形成 50 mm 的间隙,转速、扭矩都由计算机自动控制和记录。通过对扭矩与速度线性回归得到斜率和截距,进而得到流变参数的相对值,但没有经过标准校核,因此无法获得基于实际剪切速率和剪切应力的真实流变参数。IBB 行星式叶片流变仪可容纳 21 L 混凝土,也有用于测试砂浆的小尺寸容器,适合于坍落度为 20～300 mm的混凝土拌合物。

2004 年德克萨斯大学奥斯汀分校研制的 RHM－3000 ICAR 叶片式流变仪如图2.18所示。它的构造类似于一个电钻,仪器前端安装一个叶片并埋入混凝土内部。它与两点测试流变仪最大的区别在于转子上的四叶片形状,以及速率和扭矩控制器的位置。为了保证叶片和容器之间留有足够间隙,容器的体积和转子的尺寸根据待测混凝土的骨料尺寸而确定。ICAR 叶片式流变仪整套设备由叶片、电动机、电源线、支架、圆筒容器和外接计算机组合而成,圆筒容量为 20 L,叶片转速为 0.001～0.6 r/s,可适用于测量坍落度75 mm以上一直到自密实状态的混凝土。

上述两种流变仪是最为常见的混凝土流变仪,除此以外,市场上还有一些其他品牌型号的叶片式流变仪。FCT 101 型新拌混凝土检测仪是由英国 Colebrand 公司生产的便携式设备,它的叶片由两个固定在转轴上的小半球构成,转轴连接到驱动装置上,以一定速度旋转并测定其受到的扭矩;使用时直接将叶片探入混凝土拌合物进行原位测试(如搅拌罐或手推车中),操作方便,特别适合施工现场的质量控制,但是该仪器只能以单一转速驱动叶片,无法获得转速－扭矩曲线,故主要用于对新拌混凝土的快速简易评价。Rheo-

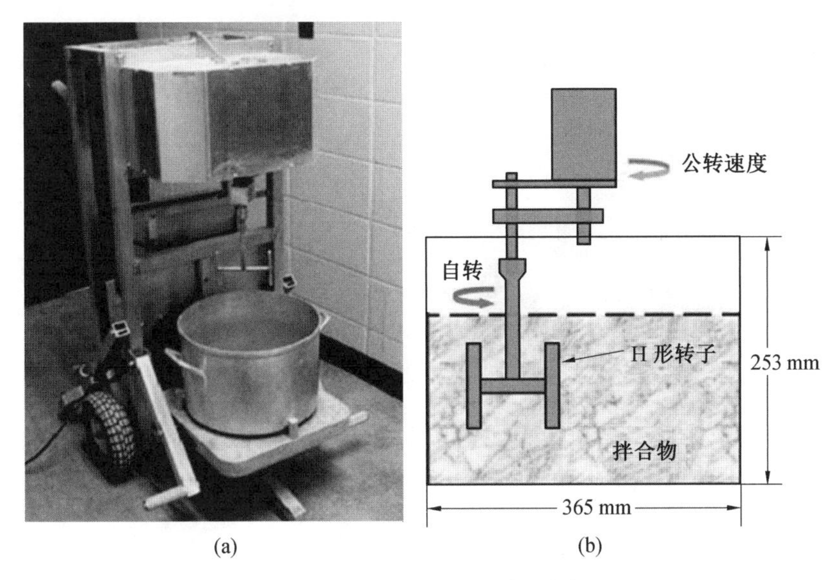

(a)　　　　(b)

图 2.17　IBB 行星式叶片流变仪

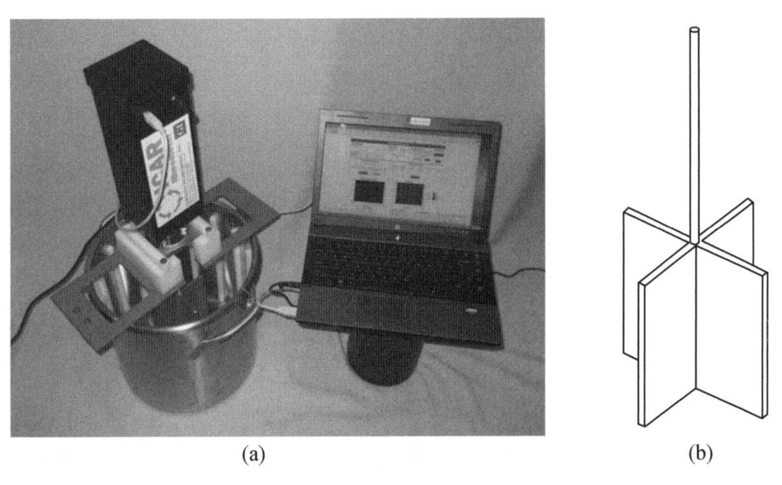

(a)　　　　(b)

图 2.18　RHM－3000 ICAR 叶片式流变仪

CAD 400 型流变仪由法国 CAD 仪器公司研发并制造，其扭矩测量范围为 0.01～1 000 N・cm，转速范围为 0.01～250 r/min，如图 2.19 所示。该仪器的优势在于可根据不同待测样品选用合适的转子，同时容器外部带有水浴装置用于控制环境温度，适用于实验室测试泥浆、树脂、砂浆、混凝土等材料的流变性。

2.3.2　流变性的计算模拟

一般来说，新拌水泥基材料的流动模拟技术可以分为两大类：基于网格的方法和无网格方法。基于网格的方法是将描述流动行为的偏微分方程转化为代数方程组，在预先划分的网格上用计算机求解关键变量，包括有限单元法（FEM）、有限差分法（FDM）、有限体积法（FVM）等；无网格方法没有具体的参考网格，系统内的每个拉格朗日粒子都具备自身的物理参数，如速度和位置等，此类方法的案例包括离散单元法（DEM）、光滑粒子流体

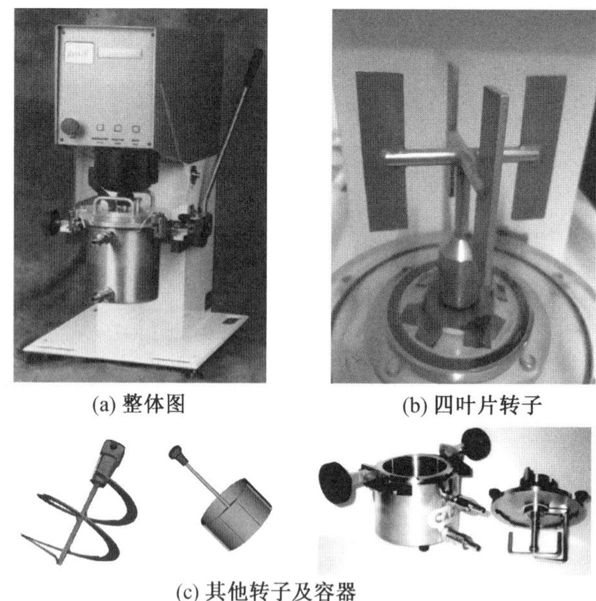

(a) 整体图　(b) 四叶片转子

(c) 其他转子及容器

图 2.19　RheoCAD 400 型流变仪

动力学(SPH)和耗散粒子动力学(DPD)方法。计算流体力学(CFD)是指对于流体连续介质的控制方程求出近似解,通常情况下,“CFD”一词仅适用于基于网格的方法。

最初,有限单元法是模拟新拌水泥基材料较常用的选择,可见于一些早期文献。后来,有限体积法开始流行,很多成熟的 CFD 程序采用此方法,例如:CFX/ANSYS、FLUENT、PHOENICS、Star－CD、Flow－3D 和 OpenFOAM 等软件。水泥基材料的有限差分法模拟实例相对较少,原因之一在于它不能使用非结构化的网格,但在笛卡儿坐标系中,这种网格类型对于复杂几何体的网格划分是必要的。随着时代发展,越来越多新拌水泥基材料的模拟研究选用了无网格方法,其中最流行的是离散单元法,近年来,其他的先进无网格方法也在不断探索之中。从理论上说,如果研究对象的几何尺寸远远大于其内部无网格颗粒的尺寸,那么基于无网格方法的模拟应当与基于网格方法的模拟产生相同或相似的结果。

除了通过各种类型的流变仪或工作性试验来测量新拌混凝土的流变性能以外,数值模拟方法也可以用来更好地了解这些过程中的流动情况,例如已经有很多对旋转流变仪和坍落度筒、J 形环、L 形箱、V 形漏斗等装置测试过程的数值模拟,计算结果可以反映新拌混凝土的流变参数或流变行为。混凝土坍落度试验的模拟如图 2.20 所示,Dufour 等采用了一种结合拉格朗日方法和欧拉方法的改进有限元模型,该模型能够模拟界面和自由表面的超大变形过程,将新拌混凝土建模为由砂浆和骨料制成的非均质材料,结果显示两个宾汉姆流变参数与坍落度试验和流动时间的测量结果相吻合。叶片式流变仪中混凝土流动模拟如图 2.21 所示,美国国家标准与技术研究院采用离散单元法针对四叶片式流变仪中的混凝土进行 3D 模拟分析,考虑到材料的颗粒组成特点,假设悬浮液基质为牛顿体,球体颗粒占据 50%体积分数,则模拟结果再现了容器内部不同时间和位置的流动特征。

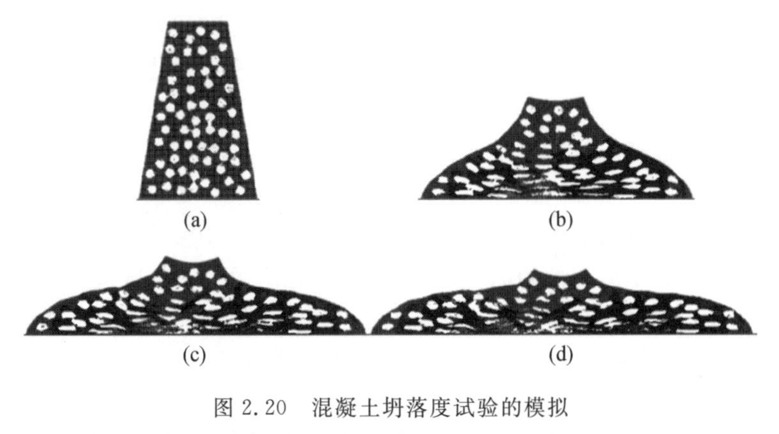

图 2.20　混凝土坍落度试验的模拟

图 2.21　叶片式流变仪中混凝土流动模拟

2.4　混凝土流变性简易评价方法

2.4.1　简易评价方法概述

新拌混凝土的早期流变性能决定了施工性能，因此对于水泥混凝土工作性的测试，从实质上也反映了其在不同条件下的早期流变行为。总体上根据评价指标的复杂程度不同，混凝土流变学的相关测试可以分为两大类，即单点测试和多点测试。单点测试简便而直观地表示了拌合物的工作性能，具体方法包括坍落度试验、L 形箱流动试验、V 形漏斗试验等；多点测试则通常使用流变仪或黏度计，根据剪切应力一剪切速率曲线，然后再与流变模型方程进行拟合，从而获得非牛顿流体的流变参数及流变性。

尽管多点测试的结果具有更加准确和数据定量化的优点，但需要较高的技术设备条件和严格的操作程序，一般仅限于科学研究用途，并不适合在施工现场推广。另外，虽然大部分混凝土流变仪的工作原理大同小异，但是采用不同的流变仪来测试相同拌合物所得到的流变性质往往存在一些差异，这主要取决于各类型流变仪不同的物理构造、测试过程中拌合物与仪器容器内壁之间的摩擦力大小、转子及叶片对拌合物约束作用的差异、柱塞流与滑移效应，以及局部剪切导致的颗粒迁移等，这些因素的存在使水泥基材料的流变参数试验值与真实值相比具有随机性，也给在流变性能与施工性能之间建立普遍适用的定量关系这一应用目标带来了挑战，依赖于屈服剪切应力或黏度等参数去直接指导实际生产也不够方便和直观。所以，流变性的简易评价方法（多为单点测试）在工程中有广泛的应用价值。

综合来看，新拌混凝土具有复杂性、时变性、多相多尺度的特点，想要全面精确地描述其流变行为比较困难。单一的流变参数仅能反映拌合物某一方面的流变性，包括但不限于坍落度与扩展度、动态与静态屈服剪切应力、表观黏度与塑性黏度（或稠度系数）、触变环面积等。类似地，关于流变性的简易评价方法，也无法用单一测试指标全面反映拌合物的工作性能。实际工程中为方便起见，对混凝土早期流变性的简易评价通常以定量测定拌合物的流动性（稠度）为主，再辅以直观观察或经验方法综合评定混凝土的黏聚性和保水性，基于此三个方面综合评定混凝土工作性能。传统的坍落度试验能够快捷简便地完成这三项指标的评定，对于大多数水泥混凝土而言，仍然是最基础的早期流变性测试方法。其中，流动性是指拌合物在自重或机械振捣作用下，能流动并均匀密实地填满模板的性能，它关系着施工的难易和浇筑的质量；黏聚性是指拌合物各组分之间具有一定的凝聚力，在运输和浇筑过程中不至于发生分层离析现象，使拌合物各组分保持均匀分布的性能；保水性是指新拌混凝土有一定保持内部水分的能力，在施工过程中不会产生严重的泌水现象。

2.4.2 流动性（稠度）的测定方法

流动性的测定方法多达十余种，我国则根据混凝土拌合物流动性的大小，分别采用适当的流动性测定方法。

1. 坍落度与坍落扩展度法

国家标准《普通混凝土拌合物性能试验方法标准》（GB/T 50080—2016）规定，对于集料最大粒径不大于 40 mm、坍落度不小于 10 mm 的混凝土拌合物，适合采用坍落度法定量测定流动性。坍落度值越大，拌合物的流动性越好，同时目测观察拌合物的黏聚性和保水性，三者结合起来综合评价塑性混凝土的工作性。该方法操作简便快捷、实用性强，适用于绝大多数实验室检测和现场施工质量控制。

坍落度法测试所需主要仪器设备包括标准坍落度筒（截头圆锥形，由薄钢板或其他金属板制成，如图 2.22(a)所示）、捣棒（端部应磨圆，直径为 16 mm，长度为 650 mm）、刚性不吸水平板、装料漏斗、刚直尺等。将按要求取得的混凝土试件分三层装入预先湿润好的坍落度筒内，每层均匀插捣 25 次（图 2.22(b)）。装满抹平以后，垂直、平稳地将坍落度筒迅速提起（图 2.22(c)）。混凝土拌合物在自重作用下产生坍落现象，测量筒高与坍落后拌合物试体最高点之间的高度差（图 2.22(d)），以单位 mm 表示，即为该拌合物的坍落度值，精确至 1 mm，结果表达修约至 5 mm。如混凝土发生崩塌或一边剪坏（图 2.22(e)、(f)），且重新取样试验仍出现同样的现象，则表示该混凝土的工作性不好，应记录备查。

根据流变学原理，混凝土拌合物的坍落度越小，说明屈服剪应力 τ_0（即塑性强度值）越大，在较小的应力作用下越不易变形；而坍落度值较大的混凝土拌合物不能支持自重，为了分散由自重所产生的应力，会发生坍落、流动现象。从拌合物试锥顶部端面开始，深度越大，剪切应力 τ 也越高。变形仅在 $\tau=\tau_0$ 的位置以下才可发生，且随深度的增大而增

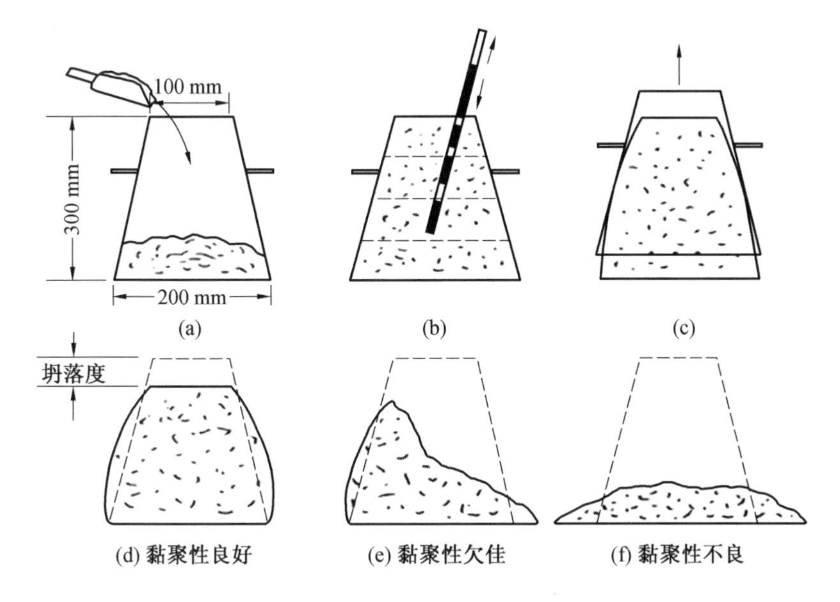

图 2.22　混凝土拌合物工作性测定

加，同时由于底面摩擦力的影响，致使试锥呈现如图 2.22(d)所示的形状。随锥体坍落、高度降低，锥体中 τ 的最大值，即底部的剪切应力减小，变形速度随之降低；当剪切应力值等于 τ_0 时，坍落停止。从理论上说，新拌混凝土的坍落度仅仅取决于拌合物的密度和极限剪切应力的大小，黏度系数则与变形速度有关，对坍落度的影响较小。具体分析时还应考虑流动惯性及内摩擦力的影响，流动惯性的存在导致坍落度增大，内摩擦力大则具有降低拌合物流动变形幅度和速度的作用。

坍落度试验中还可根据所观察到的混凝土状态，评定保水性和黏聚性是否良好。黏聚性评定方法：观察坍落度测试后拌合物所保持的形状，或用捣棒侧面敲打已坍落的拌合物锥体侧面，如锥体逐渐下沉，则表示黏聚性良好；若锥体倒塌、部分崩裂或出现离析现象，则表示黏聚性不良。保水性评定方法：坍落度筒提起后如有较多的稀水泥浆从底部析出，锥体部分的混凝土因失浆而集料外露，则表示保水性不佳；如无稀水泥浆或仅有少量稀水泥浆自底部析出，则表示此混凝土拌合物的保水性良好。

根据国家标准《混凝土质量控制标准》(GB 50164—2011)规定，依据坍落度的不同将混凝土拌合物分为五级，见表 2.3。在分级判定时，坍落度检验结果值取舍到邻近的10 mm。

表 2.3　混凝土拌合物的坍落度等级划分

级别	S1	S2	S3	S4	S5
坍落度/mm	10～40	50～90	100～150	160～210	≥ 220

实际施工过程中，应根据具体施工条件和使用环境确定混凝土拌合物的流动性，混凝土浇筑时的坍落度见表 2.4，同时应考虑以下因素的影响。

①构件截面尺寸。截面尺寸大，则易于振捣成型，坍落度可适当选小些；反之亦然。

②钢筋疏密。钢筋较密或结构复杂，则坍落度选大些；反之亦然。

③捣实方式。人工捣实，则坍落度选大些；机械振捣则选小些。

④运输距离。从搅拌机出口至浇捣现场运输距离较长，则应考虑途中坍落度损失，坍落度应适当选大些。

⑤气候条件。气温高、空气湿度小时，因水泥水化速度加快及水分挥发加速，坍落度损失大，则坍落度宜选大些；反之亦然。

此外，在不妨碍施工操作并能保证振捣密实的条件下，应尽可能采用较小的坍落度，以节约水泥并获得质量高的混凝土。

表 2.4　混凝土浇筑时的坍落度

构件种类	坍落度/mm
基础或地面等的垫层、无配筋的大体积结构（挡土墙、基础等）或配筋稀疏的结构	10～30
板、梁和大型及中型截面的柱子等	30～50
配筋密列的结构（薄壁、斗仓、筒仓、细柱等）	50～70
配筋特密的结构	70～90

坍落扩展度试验所需仪器设备包括坍落度筒（平截圆锥状，形状与大小符合《普通混凝土拌合物性能试验方法标准》(GB/T 50080—2016)规定）、光滑钢质平板（表面绘有坍落度筒中心位置和直径为 200～900 mm 的同心圆环）、游标卡尺或钢制卷尺、水桶等。将混凝土连续一次填满预先润湿的坍落度筒，且不施以任何捣实或振动。用刮刀刮平混凝土后，将坍落度筒沿铅直方向连续向上提起。待混凝土停止流动后，测量展开圆形的最大直径，以及与最大直径呈垂直方向的直径。两者之差如果小于 50 mm，则用其算术平均值作为坍落扩展度值；否则，此次试验无效。如发现粗集料在中央聚堆或边缘有水泥浆析出，则表示此混凝土拌合物抗离析性不好，应予记录。坍落扩展度也以单位 mm 表示，精确至 1 mm，结果表达修约至 5 mm。《混凝土质量控制标准》(GB 50164—2011)中，根据坍落扩展度的不同，将泵送高强混凝土拌合物和自密实混凝土拌合物分为六级，见表 2.5。

表 2.5　混凝土拌合物的坍落扩展度等级划分

级别	F1	F2	F3	F4	F5	F6
坍落扩展度/mm	≤ 340	350～410	420～480	490～550	560～620	≥ 630

2. 维勃稠度法

对坍落度值小于 10 mm 的干硬性混凝土，坍落度值已不能准确反映其流动性大小，可采用施加一定外力的方法促使混凝土拌合物发生变形。对于集料最大粒径不大于 40 mm、维勃稠度在 5～30 s 的混凝土拌合物，适合采用维勃稠度法测定其稠度大小。维勃稠度法测试所需主要仪器设备包括维勃稠度仪（图 2.23）及标准捣棒、秒表等。将维勃稠度仪置于坚实水平面上，充分润湿后，将新拌混凝土分三层均匀装入坍落度筒内，每层插捣 25 次。转离喂料漏斗，垂直提起坍落度筒；在试体顶面放一透明圆盘，开启振动台，施加振动外力，测试混凝土拌合物在外力作用下完全布满透明圆盘底面所需时间（单位：s），该时间代表混凝土稠度。时间越短，流动性越好；时间越长，流动性越差。根据维勃稠度值的大小，可将干硬性混凝土拌合物分为五级，见表 2.6。

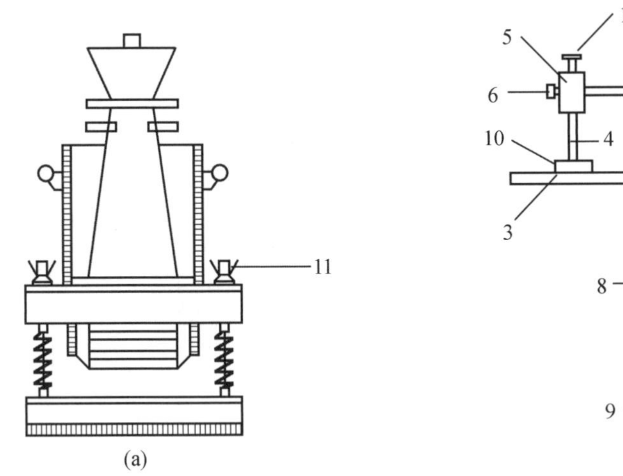

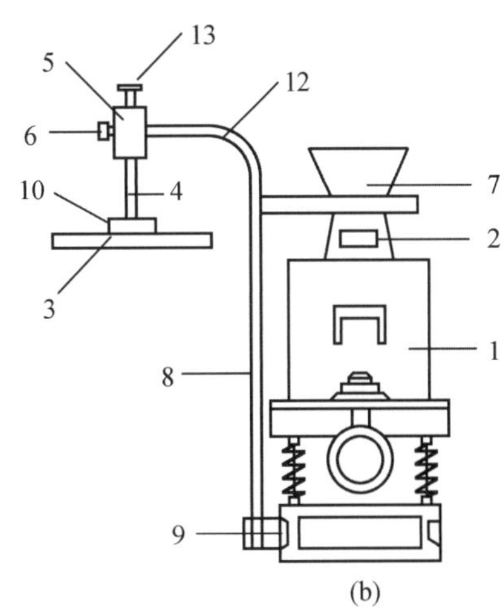

图 2.23　维勃稠度仪

1—容器；2—坍落度筒；3—圆盘；4—滑棒；5—套筒；6—螺栓；7—漏斗；8—支柱；9—定位螺丝；10—荷重；11—元宝螺丝；12—旋转架；13—螺栓

表 2.6　干硬性混凝土拌合物按维勃稠度的分级

级别	V0	V1	V2	V3	V4
维勃稠度/s	≥31	21～30	11～20	6～10	3～5

3. 增实因数法

坍落度不大于 50 mm 或干硬性混凝土和维勃稠度大于 30 s 的特干硬性混凝土拌合物的稠度也可以采用跳桌增实因数法来测定。增实因数法可用于集料最大粒径不大于 40 mm、增实因数大于 1.05 的混凝土拌合物稠度测定。试验需用仪器设备包括跳桌(符合《水泥胶砂流动度测定方法》(GB/T 2419—2016)要求)、钢制圆筒及盖板(图 2.24(a))、特制量尺(图 2.24(b))、台秤、圆勺、量筒等。将拌合物装入圆筒，不施加任何振动或扰动，直至装入所需用料量以后，刮平表面。将圆筒轻轻置于跳桌台面的中央，以每秒一次的速度连续跳动 15 次。用特制量尺读取新拌混凝土增实因数 JC，精确至 0.01。

中华人民共和国铁道行业标准《混凝土拌合物稠度试验方法 跳桌增实法》(TB/T 2181—1990)中规定，除了增实因数 JC 外，还可以测量筒内拌合物增实后的高度 JH。JC 与 JH 的关系建议为 JH/JC=169.8，式中 169.8 为筒内拌合物在理想密实状态下体积等于 3 000 mL 时的高度。普通混凝土拌合物按跳桌增实法测定的稠度可按表 2.7 划分等级。

表 2.7　跳桌增实法测定的拌合物稠度等级

等级	名称	JC	JH/mm
K0	干硬混凝土	1.305～1.400	220～240
K1	干稠混凝土	1.185～1.300	200～219
K2	塑性混凝土	1.055～1.180	180～199
K3	流态混凝土	≤1.050	<180

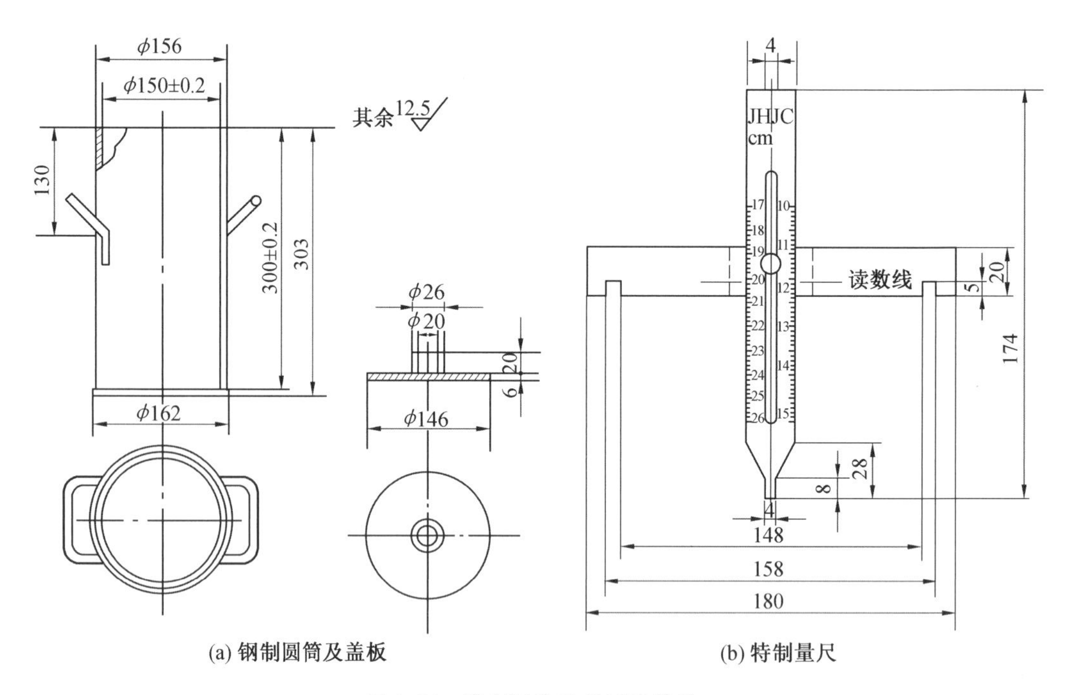

(a) 钢制圆筒及盖板

(b) 特制量尺

图 2.24 增实因数法的试验仪器

2.4.3 其他简易评价方法

现代混凝土为了适应泵送、运输及浇筑等施工工艺的需求，往往具有大流动性、高保坍性的特点；特别是自密实混凝土，具有极佳的充填性能，浇筑时不需要振捣，仅由自重即可通过钢筋密集区域或者狭窄截面间隙，并且保持良好的均匀性和稳定性。针对此类具有大流动性乃至自流平特性的拌合物，L 形箱、V 形漏斗、J 形环等试验装置常用于直接表征与流变性直接相关的工作性能，例如充填性、穿透性或抗离析性能。此外，还有一些简化的混凝土流变性测试方法，利用简易的设备，根据流变学原理换算后可获得近似的屈服剪切应力或黏度参数，这些测试方法包括球体贯入试验、薄片法、倾斜板法、压模法、提升球体形黏度计等。

1. L 形箱流动试验

当混凝土坍落度大于 200 mm 时，拌合物可以从 L 形箱中沿水平槽流动至趋于水平状态，其适用于大流动性的拌合物，尤其是自密实混凝土工作性的简易评价。L 形箱流动试验装置用硬质不吸水材料制成，由竖向的前槽和水平的后槽组成，其试验装置如图2.25所示，前槽与后槽之间由一活动门隔开。活动门前设有垂直钢筋栅，钢筋栅由 3 根长度为150 mm 的 ϕ12 mm 光圆钢筋组成，钢筋的净间距为 40 mm（或者 2 根间距为 60 mm 的 ϕ12 mm 钢筋）。试验配套的试样筒为金属制成的容量筒，容积为 5 L，并配有盖子，两旁装有提手，其内径与内高均为（186±2）mm，筒壁厚 3 mm；容量筒上缘及内壁应光滑平整，顶面与底面平行，并与圆柱体的轴垂直。

试验时，将仪器水平放在地面上，保证活动门可以自由开关。先用水润湿内表面，再

图 2.25　L 形箱流动试验装置

清除多余水。将混凝土填满 L 形箱前槽，用抹刀刮除前槽顶部余料。静置 1 min 后，迅速提起活动门，使拌合物流进水平后槽，测量混凝土流动到后槽 200 mm 和 400 mm 处的时间，同时测量记录相应的钢筋位置处高度 H_1、H_2，精确至 0.1 mm。对于自密实混凝土可以测定拌合物流过 L 形箱全部后槽的时间 $T_{700\ L}$，计时从提起活动门开始，至流出混凝土外缘初接触 L 形箱后槽端部为止，用秒表测定时间，精确至 0.1 s，试验应在 5 min 内完成。当混凝土停止流动的时候，观察混凝土在钢筋网片两侧是否存在高度差，即是否流平，据此判断混凝土是否有足够的穿越钢筋的能力。如果粗骨料堆积在钢筋后面，拌合物在钢筋网片两侧存在高度差，则说明混凝土的穿越能力不佳；高度差越大，说明混凝土穿越能力越差。通过 L 形箱试验也能得出自密实混凝土的流变参数，很多研究建立了 H_1 和 H_2 数据与屈服剪切应力、$T_{700\ L}$时间与塑性黏度之间的关系，对于施工现场控制拌合物流变性有重要参考价值。

2. V 形漏斗试验

V 形漏斗试验用于测量混凝土的黏稠性和抗离析性，适用于各个等级的混凝土黏稠性能和抗离析性能的测定。V 形漏斗试验装置如图 2.26 所示，漏斗容量约为 10 L，漏斗上口截面尺寸为 490 mm×75 mm(或 515 mm×75mm)，下口尺寸为 65 mm×75 mm×150 mm，其内表面应经加工修整成平滑形状，上端边缘的部位加工成平整平滑构造。漏斗制作材料可用金属，也可用塑料，在漏斗出料口的部位设有能快速开启且具有水密性的底盖漏斗，支承漏斗的台架有调整装置，以确保台架的水平且易于搬运。同时，备有约5 L 容量的混凝土投料用容器，附有把手的塑料桶接料容器，约 12 L 容量的水桶，刮平混凝土顶面的平直刮刀、秒表和湿布等。

试验时，V 形漏斗经清水冲洗干净后置于台架上，使其顶面呈水平状态，侧面为垂直状态，确保漏斗稳固，并用拧过的湿布擦拭漏斗内表面使其保持湿润状态。在漏斗出料口的下方放置承接混凝土的接料容器，混凝土试样填入漏斗前先行确认漏斗出料口的底盖是否已经关闭。用投料容器盛装新拌混凝土试样，由漏斗的上端平稳地填入漏斗内至装满，沿漏斗上端用刮刀将拌合物顶面刮平。自混凝土顶面刮平并静置 1 min 后，将漏斗出料口的底盖打开，用秒表测量自开盖至漏斗内拌合物全部流出的时间，精确至 0.1 s。同时观察并记录混凝土在流下过程中的流动状况、是否有堵塞的状况等。大量研究表明，混

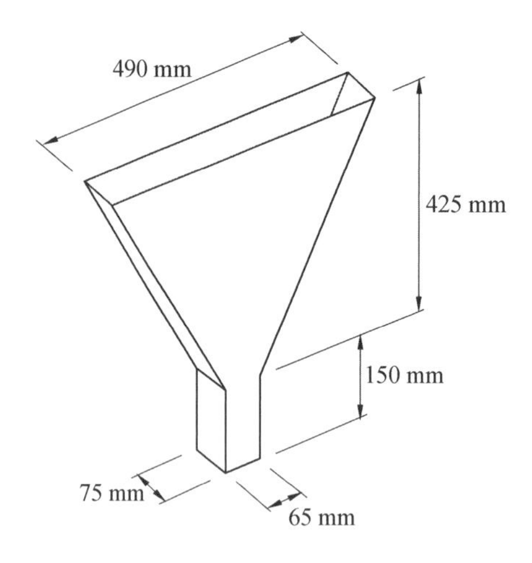

图 2.26 V形漏斗试验装置

凝土的塑性黏度参数直接决定了V形漏斗流出时间，黏度越大，流出时间越长。

3. J形环试验

J形环由钢或不锈钢制得，圆环中心直径和厚度分别为300 mm、25 mm，并用螺母和垫圈将16根ϕ16 mm×100 mm的圆钢锁在圆环上，圆钢中心间距为58.9 mm，J形环试验装置如图2.27所示。底板应为硬质不吸水的光滑正方形平板，边长为1 000 mm，最大挠度不超过3 mm。试验时，应先润湿底板、J形环和坍落度筒，保证筒内壁和底板上无明水；底板应放置在坚实的水平面上，坍落度筒放在底板中心位置，下缘与200 mm刻度圈重合，J形环则套在坍落度筒外，下缘与300 mm刻度圈重合，坍落度筒在装料时保持位置固定不动。将混凝土加入坍落度筒中，不分层且一次性填充满，整个过程中不施以任何振动或捣实。用抹刀刮除坍落度筒顶部的余料，使其与坍落度筒的上缘齐平，并将底盘上坍落度筒周围多余的混凝土清除。随即垂直平稳地提起坍落度筒，使混凝土自由流出，从混凝土填充满坍落度筒至提起坍落度筒，时间不超过30 s。坍落度筒的提离过程应在3～7 s内完成；从开始装料到提离坍落度筒的过程应不间断地进行，并在150 s内完成。待混凝土的流动停止后，测量展开圆形的最大直径d_1，以及与最大直径成垂直方向的直径d_2。J形环扩展度为两个相互垂直直径的平均值，混凝土扩展度与J形环扩展度的差值作为混凝土间隙通过性性能指标。

用钢尺测量J形环中心位置混凝土拌合物顶面至J形环顶面的高度差(Δh_0)，然后沿J形环外缘两个垂直方向分别测量4个位置混凝土拌合物顶面至J形环顶面的高度差(Δh_{x1}、Δh_{x2}、Δh_{y1}、Δh_{y2})。J形环障碍高差B_J按式(2.13)计算，结果精确至1 mm。观察坍落后的混凝土的状况，如发现粗骨料在中央堆积或最终扩展后的混凝土边缘有较多水泥浆析出，表示此混凝土拌合物的抗离析性能不好，应予记录。

$$B_J=\frac{\Delta h_{x1}+\Delta h_{x2}+\Delta h_{y1}+\Delta h_{y2}}{4}-\Delta h_0 \tag{2.13}$$

4. 球体贯入试验

球体贯入试验是一种简单快速的现场测试方法，测试结果与坍落度相关。试验时，将

图 2.27　J 形环试验装置

直径为 152 mm、质量为 13.6 kg 的金属半球置于新拌混凝土的表面作为贯入器，然后放松让其自由沉落，测量其最终的贯入深度值。贯入深度反映了混凝土拌合物的屈服剪切应力，贯入深度越大，表示混凝土拌合物屈服剪切应力越小。球体贯入试验的优点是简便迅速，适用于施工现场；缺点是混凝土拌合物中的粗骨料所处位置对试验结果影响较大，拌合物中最大骨料粒径越大，试验结果的波动就越严重。在实际应用时，球体贯入试验常用来检测拌合物的变异性，其结果对骨料含水率的变化很敏感，因此也用来检测骨料含水率变化引起的新拌混凝土变异性等。

5. 薄片法测量屈服剪切应力

将塑料或金属薄片埋入浆体中，在薄片顶部施加拉力，随着拉力逐渐增加，对物料的剪切应力随之增加，当薄片发生可以觉察到的移动时，剪切应力达到极限值 f，便得到材料的屈服剪切应力。测试中应注意使用的薄片不宜太光滑，以保证薄片上附有一薄层的浆体材料，这样剪切流动才会发生在浆体之间。如薄片被拉动时施加于薄片的拉力与薄片重力的合力为 P，薄片的宽度为 b，薄片埋入浆体中的深度为 H，则浆体屈服剪切应力 f 可按下式所示平衡条件求出：

$$f=\frac{P}{2Hb} \tag{2.14}$$

实际操作中可以选用表面略粗糙的玻璃纤维增强塑料薄板，配合天平进行测量。天平的一侧为空烧杯，另一侧为砝码。试验前先用砝码将天平调平，将塑料片挂上砝码，然后缓慢地往烧杯中加水，当天平游标刚刚开始偏转时停止。称取装水体积 V，此时屈服剪切应力 f 可由装入水的质量计算得到。应注意到，上述方法测出的静态屈服剪切应力仅能代表局部浆料的流变性，很难反映混凝土中粗骨料对其整体流变性的影响。类似方法还有平板浮力法等。为使薄片和浆料之间不至于产生相对滑移，可将薄片改进做成锯齿形。如果不使用天平而改用滑轮系统，则不但可以测出屈服剪切应力，还可以测出薄片微小位移与时间的关系，换算后得到剪切应变随时间的变化关系，即获得与黏度相关的流变参数。

6. 倾斜板法测量屈服剪切应力

用定量的容器装满新拌混凝土，将拌合物倾倒在平板上，形成一定厚度的混凝土层覆盖在平板表面，平板表面应具有一定的粗糙度，以防止拌合物沿表面发生剪切滑落。倾斜板试验装置如图 2.28 所示，在不同静停时间后，将平板一端抬起成一定倾斜角，直至混凝土流动，此时，可根据倾斜角的大小计算出新拌混凝土的静态屈服剪切应力及其时变规律。本方法的缺点是，测试结果受倾斜角和拌合物密度影响较大，应在较小的角度范围内采用。随着倾斜角度增加，重力分量在混凝土中产生的剪切应力增大，最大极限角度为 90°，此时产生的剪切应力对于不同配合比的混凝土来说没有差别。

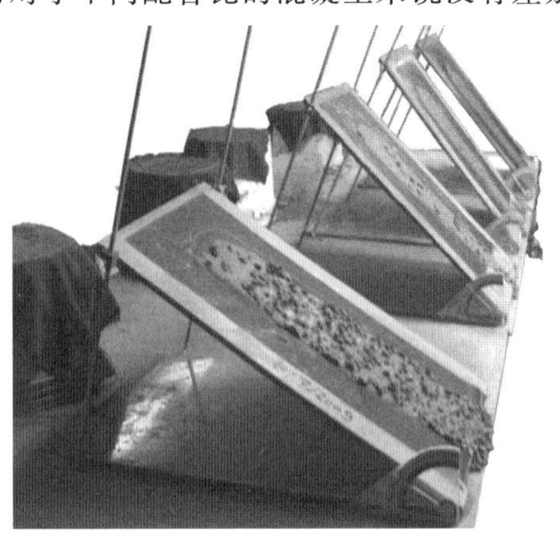

图 2.28　倾斜板试验装置

7. 压模法测量黏度系数

压模法是针对新拌混凝土提出的一种测试方法。试验装置由压模和外桶组成，外桶放在振动台上，在振动频率为每分钟 3 000 次、振幅为 0.5 mm 条件下振动，中间的压模逐渐在混凝土中下沉。试验时，混凝土近似看作是体积不可压缩的宾汉姆流体，认为其在这种振动条件下材料系统内部结构破坏很大，极限剪切应力趋近于 0，可略去不计，在流变行为方面可以看作是牛顿液体；同时假定混凝土是均匀的，各部分的黏度系数都相等并在测试过程中保持不变。下沉的距离 z 与时间 t 之间的关系可以实际测出，通过计算可知压模在混凝土中的下沉距离 z 与时间 t 及黏度系数 η 之间的关系，即

$$\frac{\mathrm{d}z}{\mathrm{d}t}=\frac{c-z}{\eta\left[az+\frac{b}{(H-z)^3}\right]} \tag{2.15}$$

式中，H 为放入压模前，新拌混凝土在外筒中的初始深度；a、b、c 均为常数，由压模质量、拌合物容重、压模尺寸以及外桶尺寸决定，根据换算得出；当 $z=c$ 或 $z=H$ 时，压模不再下沉。进行一次试验后，即可得到一组 z 和 t 的数值；分离变量后积分，经过计算可将式(2.15)改成式(2.16)的形式；对每个 z 数据点求出 $\varphi(z)$ 值，以 z 为纵坐标，$\varphi(z)$ 为横坐标，得到两者之间的直线关系，直线斜率 η 即为材料的黏度系数。

$$z=\eta\varphi(z) \tag{2.16}$$

试验过程中，起始阶段的 t 和 z 并不满足上述理论公式，这可能是因为振动台刚开始启动时频率和振幅都比较小，尚未达到额定值；此外，混凝土的屈服剪切应力的消失和表观黏度达到稳定也都需要一个短暂的过程。两者之间在横坐标轴后端一般呈现很好的直线关系，但所得直线的延长线不一定通过原点。

8. 提升球体形黏度计

提升球体形黏度计是匀速向上提起浸没于混凝土拌合物中的球体，测定提升速度和提升荷载，以此来换算拌合物的流变参数。其特点是简单快捷，可以广泛应用于砂浆和水泥浆的流变学常数测试。但该方法的理论基础是在球体周围产生层流，而混凝土拌合物中存在数量众多的大粒径刚性粗集料，会对球体产生碰撞力，因此该方法只限于测定非常柔软的浆体试样。此法的优点是可以测试在搅拌或振动状态时拌合物内部障碍物提供的阻力值大小，通过改变搅拌速率、振动方式或在不同位置放置障碍物，推算出拌合物在相应状态下的黏度系数。

除上述方法以外，还有 K 形插管仪、Orimet 流速仪、U 形箱及改进 U 形仪、直接剪切或分层剪切箱试验、抗离析圆柱筒等，也常用于新拌混凝土早期流变性能的简易评价。这些方法被欧美和日本规范采纳，尽管它们的设备构造和适用范围有较大差异，但依据的流变学原理基本相同，都能够粗略地表征流变参数相对值，甚至反演出屈服剪切应力或塑性黏度。

2.4.4　简易评价指标与流变参数间的关系

根据宾汉姆模型，混凝土拌合物的流变性可以用屈服剪切应力和塑性黏度这两个基本的流变参数表征。屈服剪切应力决定了混凝土是否会在某一施加的应力水平下开始或停止流动；塑性黏度则与流动时的速度有关，理想的纯黏性流体（无屈服剪切应力）在重力作用下会完全自流平，其黏度将决定获得水平表面所需要的时间。因此，坍落度试验的物理实质是：圆锥体某一高度以上受到的剪切应力较小而不发生流动，某一高度以下混凝土受到上部材料自重作用而产生的剪切应力超过屈服剪切应力而流动；当锥体高度减小，直至底部混凝土所受剪切应力等于屈服剪切应力而停止流动；拌合物流动的速度或者流经一定距离经过的时间与塑性黏度有关。

传统混凝土的坍落度一般在 50～200 mm，其值与材料的屈服剪切应力有关。对于高流动性或自密实混凝土，由于坍落度值非常大，通常测量其坍落扩展度和扩展度达到 500 mm 的时间 T_{500}；坍落扩展度（又称为坍落流动度）也与屈服剪切应力有关，T_{500} 则可以作为黏度参数值。一般自密实混凝土的坍落扩展度可以高达 600～800 mm，T_{500} 控制在 3～10 s。普通混凝土的屈服剪切应力与坍落度或扩展度之间基本呈线性关系，而对于高流动度混凝土，其屈服剪切应力与扩展度间的线性关系则较差。流变参数通常采用流变仪进行测试，也能够通过传统的简易评价方法或者有限元分析方法得到，很多学者建立起流变参数与简易测试指标之间的关系，以半经验计算式的形式呈现。以坍落度试验为例，如果 H 和 R 分别为混凝土试样的最终高度和半径值，那么它们与流变参数之间存在如下关系。

①在混凝土“坍落”状态下（$H \gg R$）：

$$\tau_0 = \frac{\rho g (H_0 - S)}{\sqrt{3}} \tag{2.17}$$

式中，S 为坍落度；H_0 为混凝土锥体的初始高度；ρ、τ_0 分别为新拌混凝土的密度和屈服剪切应力。式(2.17)只适合坍落度很低的混凝土，当坍落度增加到混凝土试样的高度与直径为同一数量级时不再适用。

②在混凝土“扩展”状态下($R\gg H$),试样厚度远小于铺展半径,因而试样的径向流动速率远大于垂直坍落速率:

$$h(r)=\left[\frac{2\tau_0(R-r)}{\rho g}\right]^{1/2} \tag{2.18}$$

$$\tau_0=\frac{225\rho g V^2}{128\pi^2 R^5} \tag{2.19}$$

式中,r 为拌合物的半径;R 为最终的扩展半径;h 为试样在垂直方向上的厚度;V 为测试拌合物的体积;g 为重力加速度。

③当混凝土拌合物处于中间状态时,即坍落度为 5~25 cm,试样的高度和半径处于同一数量级,此时坍落度 S(单位:cm)与混凝土的屈服剪切应力有如下关系:

$$S=25.5-17.6\frac{\tau_0}{\rho} \tag{2.20}$$

以上混凝土坍落度与屈服剪切应力之间关系式的分析基础(或适用条件)为:表面张力作用可忽略不计,材料停止流动只是由于屈服剪切应力的原因;惯性作用忽略不计,否则物料的最终形状偏离基于屈服剪切应力的计算结果;测试试样的体积可以代表整个拌合物的性能;试样厚度大于拌合物内最大颗粒尺寸的 5 倍,整个流动过程可看作均质流体的运动。

也有其他学者针对不同坍落度范围的混凝土给出了类似的经验公式,尽管不同研究结果给出的关系有所差异,但屈服剪切应力 τ_0 与坍落度(或坍落扩展度,简称扩展度)的关系可以统一表示为

$$\tau_0=\frac{\rho(A-S)}{B}+C \tag{2.21}$$

式中,S 为坍落度;ρ、τ_0 分别为新拌混凝土的密度和屈服剪切应力;A、B、C 为拟合或模拟得到的常数。

关于另一个流变参数——塑性黏度与简易评价指标之间关系的研究较少。塑性黏度与混凝土流速(坍落度或扩展度的增长速率)有关,即由最终的坍落状态和所需时间共同决定,故可由坍落度试验中混凝土的最终状态和达到此状态(停止流动)的时间推算出塑性黏度。有研究得到新拌混凝土的塑性黏度 η 与坍落度 S_1、坍落扩展度 S_f 和停止坍落时的流动总时间 t_{slump} 之间存在如式(2.22)所示的关系,该关系式在实践中用于推定预测。也有学者基于坍落扩展时间 $T_{500\,L}$(单位:s)和扩展度 S_f(单位:mm)提出了塑性黏度预测方程,见式(2.23)。

$$\eta=\frac{\rho g H_0 V}{150\pi S_1 S_f^2}t_{slump}=\chi\frac{\tau_0}{S_1}t_{slump} \tag{2.22}$$

$$\eta=\frac{\rho g}{10\,000}(0.026S_f-2.39T_{500\,L}) \tag{2.23}$$

式中,H_0、ρ、g、τ_0 均与式(2.17)~(2.19)中含义相同。

对于大流动性或自密实混凝土而言,仅通过坍落度试验并不能很好地反映混凝土的屈服剪切应力,而扩展度往往在不同方向的直径上数值不同,具有非对称性,可能导致测

试结果不够准确。如果让物料沿着限定的一个方向流动(沟槽),便可解决该问题。在 L 形箱流动试验中,用测试得到的新拌混凝土的坍落度(垂直部分下落值)、流动值(水平部分流动铺展值)表征拌合物的屈服剪切应力,用混凝土流动到达某处的流动时间($T_{100\ L}$、$T_{200\ L}$直至 $T_{700\ L}$)表征拌合物的塑性黏度。在 V 形漏斗试验中,一般用流出时间表征新拌混凝土的塑性黏度,时间越长,则混凝土流动速率越慢,说明拌合物黏度越大。

2.5　流变性与混凝土工程应用

2.5.1　施工方式与混凝土流变性

混凝土从搅拌、运输、泵送、浇筑密实到凝结硬化前,均处于不同的流体状态。流变性能不仅决定了混凝土的工作性能、稳定性能、泵送性能、模板侧压力等,也决定了新拌混凝土的施工方式、施工效率与施工质量;流变性与施工方式还会共同影响硬化混凝土的界面过渡区和气孔结构,从而直接影响混凝土渗透性能与长期耐久性,对于指导混凝土配合比优化有重要意义。针对不同的施工方式,需要对混凝土的流变行为参数进行量化设计与控制。

1. 斜坡浇筑或滑模施工

浇筑过程中重力产生的剪切应力是与钢筋混凝土的模板形状和拌合物局部密度有关的复杂函数,当剪切应力低于屈服剪切应力时,在混凝土自身达到水平或模板填充密实之前,流动可能停止。塑性黏度参数的应用限于流动状态,如泵送、浇筑速度、振捣状态等。在实践中,屈服剪切应力是模板填充密实最重要的参数。斜坡浇筑或滑模施工时,成型后出现的塌边现象是主要病害,因此,一方面要求混凝土的屈服剪切应力和黏度相对较低,以满足密实填充模板;另一方面,混凝土也要有足够的屈服剪切应力,以保证在斜坡上不流淌或保持形状。

2. 混凝土的泵送性能

混凝土的泵送如图 2.29(a)所示,已成为现代混凝土施工的主要方式。随着建筑高度的不断攀升,泵送技术难度也越来越高。新拌混凝土的泵送性能,又称为可泵性,是一个综合概念,包括以下几方面:①混凝土易于流动,能充填满泵送管道;②在压力作用下保持良好的均匀性,不离析、不泌水;③泵送过程中的阻力较小;④泵送前后混凝土的性能变化较小。传统研究通常采用一系列的经验性指标来评价混凝土的泵送性能,包括压力泌水试验、倒坍落度筒流出时间等。

近年来,流变学理论成为研究混凝土泵送性能的有效工具,国内外研究者在泵管中混凝土的流动行为、润滑层性能与表征、泵送性能预测等方面展开了系统工作。研究表明,屈服剪切应力不同的混凝土在管道中表现出不同的流动形态。传统振捣施工的混凝土泵送要求屈服剪切应力大于 150 Pa,以保证在泵送过程中混凝土剪切流动主要发生在管壁界面,中间混凝土以柱塞流形式不发生扰动而均质稳定;而自密实混凝土的屈服剪切应力较小,泵送时整个断面发生剪切流动,要求混凝土具有较高黏度,以保证混凝土稳定性。

(a) 混凝土的泵送

(b) 混凝土的振捣

(c) 墙体粗骨料离析

(d) 箱梁的“水波纹”

图 2.29　混凝土的施工方式与施工质量

基于混凝土及润滑层流变参数建立的模型可以有效地预测水平直线管道中混凝土的泵送压力，降低拌合物的堵管风险。

混凝土在远距离泵送前后的流变行为会存在较大差异，泵送过程中流变参数也往往发生明显的变化，进而影响可泵性。研究发现，泵送后混凝土的屈服剪切应力减小，扩展度增大，塑性黏度和 V 形漏斗流过时间减少，而含气量没有规律性变化；通过现场另加减水剂能调节工作性、抵消远距离泵送后的流动性损失问题，以控制泵压、满足泵送要求。泵送过程中混凝土受到的高速率剪切可能是上述现象的重要原因。大流态自密实混凝土在泵管中的剪切速率可达 30～60 s^{-1}，润滑层部分则可高达 100 s^{-1}，远高于在搅拌站和泵车中的速率。高剪切速率会破坏浆体颗粒的物理化学结合作用，促进颗粒分散、降低黏度，使泵送流量不变时需要的泵压减小。受到泵管内的高压作用，水泥水化加速，促进，拌合物内部的自由水向前方和骨料内部迁移，导致混凝土屈服剪切应力增加、工作性能损失。

3. 混凝土的振捣密实

混凝土的振捣如图 2.29(b)所示。实际工程中，新拌混凝土大多通过高频振捣器的振动作用填充模具，并达到密实状态，不合理的振捣操作如过振、欠振、漏振、拖振等，将导致新拌混凝土离析和泌水，造成硬化后产生各类质量问题，如蜂窝麻面、孔洞露筋、不均匀沉降等。离析是指拌合物中的粗骨料与浆体之间分离的现象，泌水是指混凝土拌合物内部水分的不均匀迁移。图 2.29(c)中显示了底部欠振或模板漏浆导致的墙体粗骨料离析现象，图 2.29(d)所示为某高速公路预制混凝土箱梁由于侧面受到过度振动造成的沿轴线方向发生泌水，俗称“水波纹”病害。改进施工方式和优化配合比设计均可预防这些问题，根本原因在于要根据新拌混凝土的流变性选择与其相适应的施工方式，或根据施工工艺主动调控拌合物的流变参数。

常见混凝土振捣器的种类有表面式、插入式、附着式、台式等。插入式振捣器广泛应用于梁、柱、墙以及基础等构件的现场施工，其基本参数主要包括振幅、频率、尺寸直径等。研究中，可以将新拌混凝土视为骨料悬浮于均质砂浆中的固液二相体系，分析振捣引发骨料在砂浆中的沉降行为，探讨振捣制度和浆体流变性对硬化混凝土宏观和微观性能的影响机制，这对于提升结构材料整体的均质性和耐久性具有重要意义。振捣状态下，液化的新拌混凝土的屈服剪切应力降低为近似 0；而塑性黏度与未振捣时呈正相关关系，其值仅略微降低或受振捣影响很小。研究发现，新拌混凝土的屈服剪切应力决定了其静态稳定性，即骨料是否会自发沉降，而最终由振捣引发的离析程度则主要受塑性黏度控制。因此，有必要注意在相应振捣制度下混凝土的屈服剪切应力和塑性黏度范围，使振捣混凝土达到足够的密实度，并保持良好的均匀性。高振幅振动对高黏度混凝土的均匀性更为不利，延长振捣时间会导致低屈服剪切应力的混凝土发生更严重的离析。高强度或长时间振捣都会导致混凝土表面层的力学性能、传输性能和界面过渡区微观性能明显弱化，混凝土沿浇筑高度方向的宏观性能差异与离析程度可近似表现为线性关系。

2.5.2　模板侧压力与混凝土流变性

模板的主要功能有保证构件形状尺寸、承受混凝土浇筑及施工过程中产生的荷载、抵抗混凝土产生的模板侧压力等。由于模板费用占混凝土结构工程总造价的 20%～30%，过高或过低估算模板侧压力都会增加工程造价，或者影响施工质量，甚至产生安全隐患，因此对现代高流动性混凝土、大体积混凝土以及要求快速周转模具的施工而言，研究模板侧压力的意义重大。影响混凝土模板侧压力的因素有很多，包括浇筑过程中新拌混凝土的密度、模板尺寸形状、浇筑速度、温度等，各因素具体的影响分析如下。

1. 在混凝土的组成与性能方面

(1)混凝土的表观密度。对于自流平或振捣施工期间的流态混凝土，表观密度越大，模板侧压力越高。

(2)新拌混凝土的屈服剪切应力。对于浇筑完成后处于静态的混凝土，悬浮液内部的颗粒浓度越高(水粉比越低)、颗粒尺寸越细、颗粒间距越小，浆体内形成絮凝网络结构的速率越快，则屈服剪切应力越高，模板侧压力越低。

(3)化学外加剂与矿物掺合料。化学外加剂与矿物掺合料可加速水化反应，促使水泥石微结构快速形成，加入后可降低模板侧压力，反之，模板侧压力升高。

(4)环境及混凝土内部温度。温度越高，水化反应和微结构形成越迅速，使模板侧压力快速降低。

(5)骨料的形貌尺寸。粗糙或多棱角骨料的颗粒间摩擦咬合力越大，力学牵锁作用较强，模板侧压力较低。

2. 在浇筑方法与施工工艺方面

(1)振动或再振动。破坏混凝土内部微结构,使其处于流动状态,模板侧压力升高。

(2)浇筑速度。随着浇筑高度快速增加,如果下部混凝土的静停时间过短,则模板侧压力高。

(3)高压泵送。造成拌合物局部处于流态,此时除了新拌混凝土的静态压力以外,还有泵送导致的动态冲击力,模板侧压力升高。

3. 在模具性质方面

(1)模具几何形状尺寸。结构构件的几何尺寸越大,其与模板内壁的单位体积相对摩擦力越小,模板侧压力较高。

(2)配筋情况。钢筋越密集,对混凝土的竖向支撑力和摩擦力越大,模板侧压力降低。

(3)模具粗糙度。粗糙度越大,拌合物所受到的摩擦力越大,模板侧压力降低。

(4)模具刚度。刚度越大的模具变形较小,由此引发的次生侧压力较小。

(5)模具的倾斜度。以模具在垂直面上的投影高度作为参考,相对于此高度的浇筑增长速率越快,模板侧压力相应也越大。

新拌混凝土是一种具有触变行为的悬浮液,如果施加一个很低的恒定剪切速率,材料在较低的剪切应力下首先发生弹性变形,恒定低剪切速率下水泥基材料剪切应力的时变规律如图 2.30 所示。当剪切应力增大到一定值以后,混凝土开始发生流动,此时对应的最大剪切应力为静态屈服剪切应力;随后剪切应力会稍微降低并维持基本不变,这时对应混凝土稳态流动的剪切应力即为动态屈服剪切应力。一般地,将剪切应力与剪切速率流变曲线按照流变模型方程回归后得到的屈服剪切应力参数值均称为动态屈服剪切应力;静态屈服剪切应力是从静态到流态需要达到的临界剪切应力,可在恒定低速剪切条件下测出。

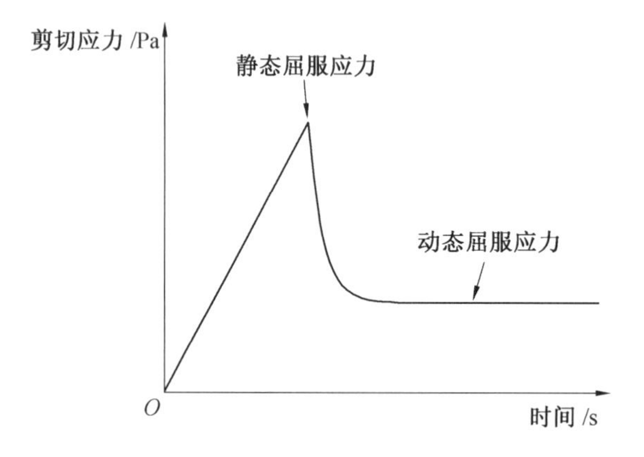

图 2.30　恒定低剪切速率下水泥基材料剪切应力的时变规律

在自密实混凝土浇筑初期或普通混凝振动密实过程中,模板侧压力取决于混凝土产生的静水压力。当拌合物处于静止状态时,内部结构逐渐形成,静态屈服剪切应力也会随着时间而线性增长。随着静停时间的延长,不同新拌混凝土模板侧压力的降低速率也有所差异,这主要取决于静态屈服剪切应力的增长速率。这一方面来源于颗粒之间絮凝结构的形成,此为可逆过程,体现了浆体的触变性;另一方面,水泥水化反应使颗粒间搭接成网络结构,此为不可逆过程。以上两种效应共同作用,混凝土静态屈服剪切应力随时间延长而增长,抵抗了一部分由上层混凝土自重产生的竖向压力,从而降低模板侧压力。

传统观点认为,在自密实混凝土浇筑施工过程中,由于具有高流动性,整个新拌混凝土产生的静水压力全部施加到模板上,混凝土对模板的侧压力沿着浇筑深度呈现线性增加;同时,混凝土在初凝前基本上不能承受压力,自密实混凝土对模板产生的最大侧压力只有在初凝后才逐渐降低。因此,自密实混凝土施工常采用更多加肋或更笨重的模具,拆模时间也相对较晚。针对此问题,采用如图 2.31 所示的模板侧压力测量装置并经过校正,研究矿物掺合料对混凝土流变性和模板侧压力的影响。结果发现,掺入 5%～15%石灰石粉后,自密实混凝土的模板侧压力明显低于基准混凝土,浆体的触变性显著增强,从而使静态屈服剪切应力提高;掺入粉煤灰或矿渣后,导致自密实混凝土的触变性、屈服剪切应力和塑性黏度均降低,因此对模板侧压力并没有明显的降低作用;在相同流动度下,复掺矿渣和石灰石粉对模板侧压力的影响也不大。总体上,模板侧压力随着混凝土的扩展度损失量增大而减小,两者可拟合为线性关系。

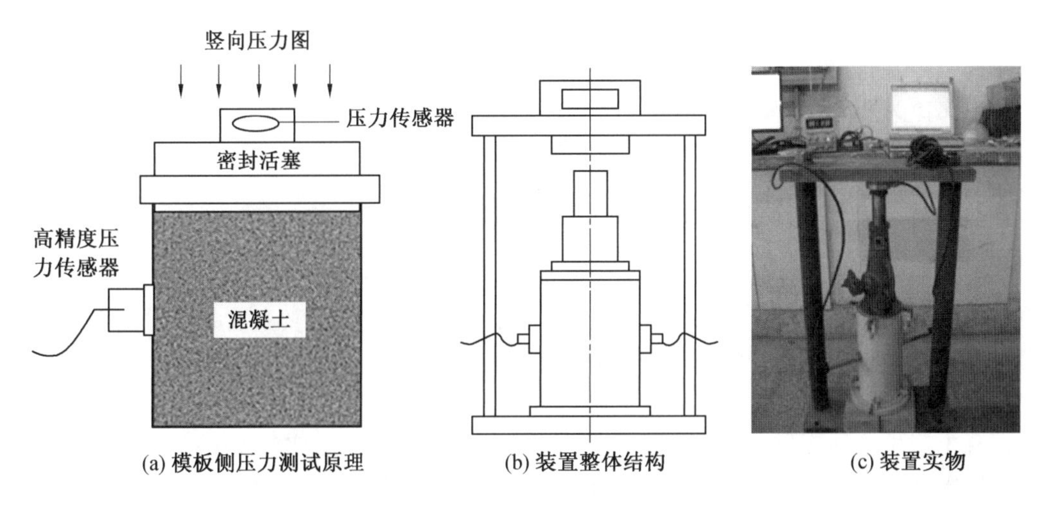

图 2.31　模板侧压力测量装置

很多经验模型基于新拌混凝土的流变性能,对模板侧压力进行了预测,这里介绍以下四种经验模型。

(1)基于结构破坏面积的模型。

用混凝土流变仪测试,在不同剪切速率下使混凝土微结构破坏解体。根据初始剪切力和各剪切速率下的平衡剪切应力计算结构破坏面积 A(即触变环面积),分别测量不同静停时段内的结构破坏面积 A_{b1}、A_{b2}、A_{b3},采用大尺寸圆柱模具,在不同高度处安装传感器测试模板侧压力。对于 70 组不同配合比的自密实混凝土,控制它们的扩展度为(650±15)mm,拌合物容重为(2 200±200)kg/m^3,环境温度为(20±3) ℃,结果发现浇筑完毕后某一时刻的模板侧压力与静水压力比值可以由结构破坏面积(触变环面积)估算,由于 A_{b1} 与 A_{b2}、A_{b3} 之间有很好的线性关系,因此可根据初始的触变性来预测模板侧压力。

(2)基于特征压力衰减的模型。

采用高度为 920 mm、内径为 250 mm 的圆柱模具,在 152 mm 高度处安装压强传感器测试模板侧压力。研究发现,某时刻的模板侧压力可以由压力的依时衰减系数、浇筑速率、混凝土容重和初始压力系数(初始模板侧压力与静水压力的比值)构成的模型估算。

(3)基于结构形成的分析模型。

在高为 10 m、宽为 5.44 m、厚为 0.2 m 的墙体中,采用自密实混凝土以 21.4 m/h 的速度浇筑,分别在 0.55 m、1.95 m 和 3.36 m 高度处安装压强传感器测试模板侧压力,同时对不同高度处的混凝土取样测试屈服剪切应力。由于浇筑过程中浇筑速率很快,混凝土处于流动状态,因而初始压力为静水压力;根据混凝土的静态屈服剪切应力随浇筑后静停时间的发展规律,预测模板侧压力。

(4)基于凝结时间的经验模型。

由于模板侧压力主要受拌合物与模板间摩擦力和混凝土静停依时性能影响,该模型将结构形成与凝结时间直接联系,而不采用静态屈服剪切应力作为中间变量。考虑振动方式和模具刚度影响,对扩展度为(740±20)mm、V 形漏斗流出时间分别为(5±1)s 和(13±2)s 的两种自密实混凝土测试,发现最大模板侧压力与凝结时间、浇筑速率的乘积成正比,在相同边界条件下,模板侧压力与配合比关系不大;大流动性混凝土的最大模板侧压力比值为 0.28,振动使此值增加至 0.58,而柔性模板使该值降低至 0.21;自密实混凝土的模板侧压力小于大流动性、但需要振捣成型的混凝土。

2.5.3 分层浇筑与自密实混凝土流变性

大体积混凝土在浇筑过程中经常会遇到非连续、多次分层浇筑,而每次浇筑之间难免会有一段时间间隔。对于自密实混凝土,由于不进行振捣,当需要进行多次分层浇筑时,两层之间的黏结情况会受混凝土的流变性和触变性的影响。当下层自密实混凝土由于触变性使静态屈服剪切应力达到较大值时,上层混凝土浇筑时产生的重力作用并不能使下层混凝土产生流动变形,因而上、下层不能成为一个整体。自密实混凝土的流变性能一般是以屈服剪切应力和塑性黏度来进行评价,触变性通常采用触变环进行评价,这两个参数都对分层浇筑的质量有显著影响。自密实混凝土的工作性简易评价方法中,还包括了填充性、穿透性和稳定性的内容,即拌合物自身质量也在一定程度上影响浇筑质量。其中,填充性主要取决于屈服剪切应力,浇筑过程中当重力产生的剪切应力下降到与其本身屈服剪切应力相等时,混凝土将停止流动;穿透性是指自密实混凝土中的骨料穿透钢筋间隙的能力;稳定性是指拌合物静态或动态时保持稳定的能力,与砂浆基体的流变行为、骨料的形貌特征及颗粒级配密切相关。

由于胶凝材料用量较高,自密实混凝土经常表现出非常明显的触变性特点。触变性是指材料的流变性随时间和流动历史而发生变化,这种变化通常是可逆的,即"一触即变"的性质,其实质为材料的响应滞后。水泥基材料中触变性的内在机理与悬浮液体系中颗粒间絮凝结构的打破与形成有关。如图 2.32(a)所示,在恒定剪切速率下,絮凝结构被逐步破坏,浆体的表观黏度随剪切作用时间的延长而降低;停止施加外力或减小外力一段时间后,絮凝结构开始重建,表观黏度又开始升高。如图 2.32(b)所示,浆体触变性还导致了流变曲线在剪切速率上升段和下降段的测试结果存在明显差别，上升段与下降段曲线之间包络的面积被称为“触变环”；在加速剪切过程中，絮凝结构的解体速度较慢，不能同步达到稳定的剪切状态，故剪切应力总是高于稳定流动状态；在降速剪切过程中，絮凝结构也不能立即重建，故剪切应力小于稳定状态；因此，触变环的面积越大，表示混凝土触变性越强。为获得更准确的混凝土动态屈服剪切应力和塑性黏度值，测试中可选择逐步降低剪切速率的加载制度。

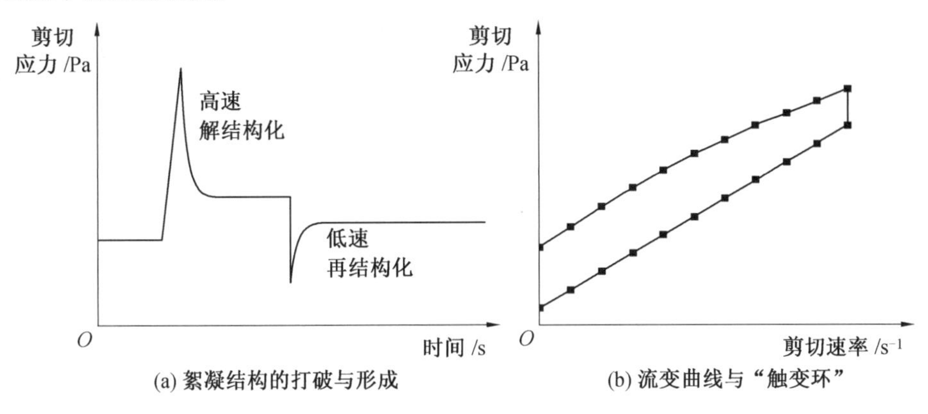

图 2.32 新拌混凝土的触变性特征

除了絮凝结构的形成导致屈服剪切应力增长以外，水泥水化反应导致的工作性经时损失也会使自密实混凝土的屈服剪切应力提高，这种增长是永久的、不可逆的；这两者的共同作用使屈服剪切应力随着静停时间延长而快速增长，降低了分层浇筑质量。一些学者研究发现，自密实混凝土的流变曲线消除触变性和工作性损失的影响后，剪切应力和剪切速率仍然不是线性关系，黏度会随剪切速率的增长而增大，即出现“剪切稠化”现象。这是由于自密实混凝土的高流动性特点要求其屈服剪切应力比传统混凝土低得多，为了增加稳定性并防止离析，常添加黏度改性剂和优质矿物掺合料以提高塑性黏度。因此，自密实混凝土中颗粒物的体积分数很高，悬浮液中存在大量细小颗粒物，在高速率剪切时(如高速搅拌或泵送)容易形成某种形式的拥塞结构，发生剪切增稠。此时应用宾汉姆模型拟合，可能会产生较大的偏差，甚至计算出负屈服剪切应力，故一般用赫谢尔－巴尔克莱模型或改进宾汉姆模型来拟合。

关于自密实混凝土的触变性能，较高触变性的拌合物能大幅降低模板侧压力，但过高的触变性意味着屈服剪切应力和黏度随时间增长较快，导致分层浇筑时上、下层混凝土拌合物不能很好地融合，硬化后黏结力下降，产生界面缺陷。考虑到对分层浇筑质量的影响，工程中应当将触变性控制在一定范围内。一些学者研究了分层浇筑自密实混凝土在两层界面处的抗剪强度，在第一层浇筑结束后静置，间隔不同时间后再进行第二层浇筑，静置时间分别为 0、20 min、40 min 和 60 min 时，测试两层混凝土界面结合力的时变规律。结果显示，提高缓凝剂掺量后，浆体的初始屈服剪切应力和黏度并无明显变化，但流变参数随时间的变化量显著减小；大掺量缓凝剂可明显改善分层浇筑引起的抗剪强度损失，在 3 天龄期时，四种静停时间的破坏荷载比值分别为 1.00、0.99、0.95、0.90；7 天龄期时，测试四种静停时间后破坏荷载比值分别为 1.00、0.99、0.96、0.91，但缓凝剂用量过大在施工中可能引起其他问题;在上、下两层混凝土浇筑时间间隔不超过 60 min 情况下,如果下层混凝土静态屈服剪切应力在 80 Pa 以下,黏度低于 15 Pa·s,则界面抗剪能力的损失量不超过 10%;当下层混凝土由于高触变性而使静态屈服剪切应力达到较大值时,上、下层不能成为一个整体,此时界面抗剪强度损失明显。

2.5.4 用于滑模施工的改性自密实混凝土

滑模施工作为一种快速成型的机械施工方式,主要应用于高速公路、机场跑道和停机坪等施工领域,在水利、港口和特种护岸护坡工程等领域也有一定应用。在现场滑模施工过程中,混凝土的密实主要通过外加高频振动和滑模机械移动来实现。但是如果操作不当,容易过振,造成混凝土成型不均匀、不密实,内部离析泌水及含气量降低等,导致结构表面力学性能和耐久性变差。当遭受较重荷载作用或冻融循环作用后,混凝土表面易产生沿着振动器经过方向的破坏或裂缝,大大降低了工程使用寿命和安全性。如果能将自密实混凝土应用于滑模施工,可以有效避免滑模过程中的过度振捣,既减少了振动能耗与噪声污染,加快施工速度,又能保证混凝土的均匀密实和长期服役耐久性,具有很高的实际应用价值。

如何对自密实混凝土的流变行为进行调控和改性,并应用到滑模混凝土中,转化为新型的免振滑模混凝土是近年来面临的挑战。免振滑模施工时,通过摊铺机将混凝土密实成型,要求构筑物的表面饱满光滑,总体达到“内实外光、尺寸准确、线条顺直、色泽一致”的质量标准。这就对混凝土的早期流变性能提出了严格的要求,不但应有很好的自密实性能,还要具有足够的塑性强度以支持自重,在无模具条件下不发生坍塌变形。为此,有研究通过掺加纳米黏土材料改善自密实混凝土的流变性,改性前后的自密实混凝土如图 2.33 所示。该研究通过自制装置模拟滑模施工,探索纳米黏土对水平表面施工效果的影响,为免振条件下滑模混凝土材料的制备与应用提供了参考。试验选用了边缘坍落度法和平整度法两项指标来评价施工质量。边缘坍落度法是测量模拟免振滑模成型后混凝土板的中心厚度和边缘平均厚度,两者差值即为边缘坍落度,其值越小,则越平整。平整度是将已知体积的硅砂细粉撒在成型后的板表面,刮平后统计并计算出单位面积混凝土板所吸附的细粉体积,该值越小,说明平整度越好。

图 2.33 改性前后的自密实混凝土

首先确定了基准自密实混凝土的配合比,在此基础上通过掺入功能黏土材料、粉煤灰和矿渣改善新拌混凝土的流变性与工作性。试验选用的功能纳米黏土有效成分为凹凸棒石，推荐掺量为水泥质量的1.0%，黏土的实际掺量分别为胶凝材料总质量的0.5%、1.0%、1.25%、1.5%，粉煤灰掺量分别为10%、20%、30%，矿渣掺量分别为20%、40%，设计各组试验配合比。免振滑模成型过程如图2.34所示，模拟施工装置宽为450 mm，长为720 mm，滑模装置与混凝土的最大接触面积为0.324 m^2。将模拟装置放置于轨道上，施工装置中间部位放置28.6 kg左右的压重块，若配重过低，则压力不足，混凝土板的密实性受到影响；若配重过大，将会超过模具承载的上限，导致模具破坏。在施工装置上部装入一定量的自密实混凝土拌合物之后，通过牵引装置按上表面滑模速率为0.25 m/min匀速拉动施工装置，同时将上部拌合物推入竖向通道，使拌合物依靠自身重力流动，在模具、压重、自重共同作用下，最终混凝土在装置下部成型。若滑移速度过快，混凝土不能填充空间或导致断层，也会影响成型质量。

试验结果显示，由于基准自密实混凝土的流动性过大，成型后处于完全坍塌状态，无法用于滑模施工；而传统的滑模混凝土拌合物不流动，直接成型后呈松散状，若不施加振捣，则无法密实。掺加纳米功能黏土后，自密实混凝土的黏聚性得到了极大改善，同时保证了较高的流动性，但当黏土掺量过小或过大时，混凝土的黏聚性与滑模施工不相适应，无法保持混凝土板的外观规整，造成塌边或表面孔隙多等现象。单掺最佳掺量的黏土时，自密实混凝土滑模成型质量即可达到较好效果；在此基础上，再掺入适量的粉煤灰，混凝土板的成型表面更加光滑，没有塌边，平整和形状稳定性好，进一步提高了免振滑模混凝土的成型质量。总体上，复掺黏土和40%矿渣与单掺黏土的自密实混凝土成型质量相差不多，当复掺黏土和30%粉煤灰时成型效果最佳，外形规整，表面孔隙很少。力学性能方面，免振滑模混凝土的28天和56天龄期时的抗压强度分别可达到55 MPa、65 MPa左右；56天龄期时的抗折强度比传统自密实混凝土提高5.0%～7.0%。掺加黏土的免振滑模混凝土更密实，因此抗磨性能更好，经过60次旋转打磨后，混凝土单位面积磨损量都在1.4 kg/m^2以下，最低值仅为0.8 kg/m^2；然而传统滑模混凝土单位面积磨损量均超过1.6 kg/m^2。

图2.34　免振滑模成型过程

2.5.5 增材制造与3D打印混凝土

近年来，3D打印作为一种革命性的增材制造技术，在各行业中迅速发展，并得到大量应用。目前，关于水泥基材料3D打印的成型工艺包括挤出堆积式和喷涂粉末式，它们各有侧重，但核心原理均属于分层累加制造。挤出堆积式工艺是将拌合均匀的水泥浆由送料装置(通常为螺杆挤出机)经过管道输送后，再由打印机喷嘴沿着预先设计的路径连续均匀地挤出，挤出后的拌合物浆体层层堆积，直至最终完成模型制造，3D打印混凝土案例如图2.35所示。该工艺具有原理可靠、操作简单、成本较低、设备成熟的特点，成为当前最热门的水泥基材料3D打印工艺。喷涂粉末式工艺则是将粉末材料铺平成固定厚度的粉末层，根据截面形状对设计区域喷射黏结剂，使设计区域内的粉末黏结固定；然后继续铺下一层粉末，重复步骤直至完成模型的制造。

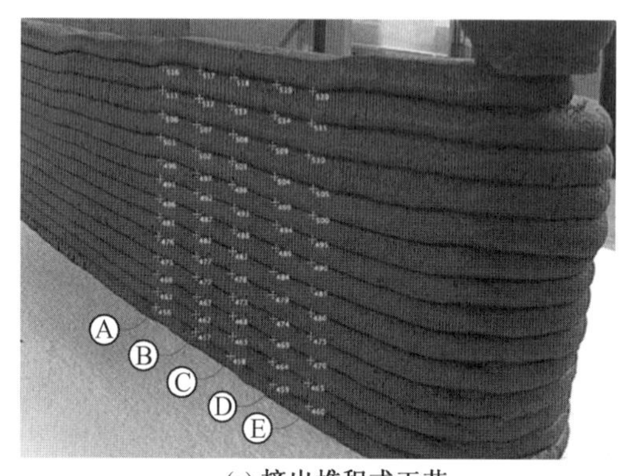

(a) 挤出堆积式工艺

(b) 3D打印建筑物

图2.35 3D打印混凝土案例

3D打印混凝土的材料包括水、胶凝材料、骨料、纤维和外加剂。与普通混凝土材料相比，胶凝材料、骨料和纤维的种类差异不大，但是外加剂相差较大。对于挤出堆积式的3D打印混凝土，骨料粒径受到打印设备送料装置和喷嘴尺寸的严格限制，一般为细骨料，一些大型打印机在保证不堵塞管道的情况下可掺入粗骨料；纤维应易于分散，并具有一定刚度，避免挤出时缠绕在螺杆上，可选用碳纤维、玄武岩纤维和聚丙烯纤维等。为了满足可打印性的要求，需要同时掺入多种不同功能的外加剂来实现流变性控制和水化过程控制，主要的外加剂包括高性能减水剂、黏度改性剂、触变剂、消泡剂、速凝剂、缓凝剂以及乳胶粉等。

特殊的制造工艺对3D打印混凝土的流变性能提出了严格的要求，例如：在输送挤出的过程中，材料应具有足够的流动性，以防止堵塞、出料中断或层间间隙开裂；堆积体形成以后，各层都应当确保形状稳定，避免成型后沿高度或宽度方向出现肉眼可见的变形。从流变学角度看，塑性黏度和动态屈服剪切应力是影响挤出性的重要参数。据报道，塑性黏度过高的拌合物需要更大的功率来实现恒定流量的连续长丝挤出，有经验的人员可通过目视检查评估材料的可挤出性。另外，能否成功地实施混凝土3D打印，还取决于每一层材料承受上层累积质量的能力。挤出堆积式工艺中没有常规模板，因此，成型后的材料应立即能够承受自重，并在下一层成型前具有更高的刚度抵抗更大荷载，才能实现形状稳定。这方面关键的流变参数是材料的静态屈服剪切应力，其经时变化规律还需要与打印速度相适应，在每一层浆体挤出之前添加速凝剂是提高稳定性的有效方法。综合来看，挤出堆积式工艺需要对浆体的流变性及其时变规律进行严格调控，在刚性与流动性之间达到平衡，以获得适当的稳定性和挤出性。

本章参考文献

[1] 王启宏. 材料流变学[M]. 北京：中国建筑工业出版社，1985.

[2] DE LARRARD F，FERRARIS C F，SEDRAN T. Freshconcrete：a herschel-bulkley material[J]. Materials and Structures，1998，31(7)：494-498.

[3] YAHIA A，KHAYAT K H. Analytical models for estimating yield stress of high-performance pseudoplastic grout[J]. Cement and Concrete Research，2001，31(5)：731-738.

[4] ROUSSEL N. Understanding the rheology of concrete[M]. Cambridge：Woodhead Publishing，2012.

[5] CHIDIAC S E，MAHMOODZADEH F. Plastic viscosity of freshconcrete—a critical review of predictions methods[J]. Cement and Concrete Composites，2009，31(8)：535-544.

[6] JIAO D W，SHI C J，YUAN Q，et al. Effect of constituents on rheological properties of freshconcrete —a review[J]. Cement and Concrete Composites，2017，83：146-159.

[7] 张倩倩，张丽辉，冉千平，等. 石灰石粉对水泥浆体流变性能的影响及作用机理[J]. 建筑材料学报，2019，22(5)：681-686.

[8] 叶焕. 不同胶凝材料体系的絮凝特性及流变性能[D]. 哈尔滨：哈尔滨工业大学，2019.

[9] 焦登武. 基于流变性的混凝土组成设计方法[D]. 北京：中国建筑材料科学研究总院，2017.

[10] 潘俊铮. 新拌混凝土的流变性及其对离析和泌水的影响研究[D]. 哈尔滨：哈尔滨工业大学，2016.

[11] 张彬. 混凝土外加剂及其应用手册[M]. 天津：天津大学出版社，2012.

[12] PLANK J，SAKAI E，MIAO C W，et al. Chemical admixtures — chemistry，applications and their impact on concrete microstructure and durability[J]. Cement and Concrete Research，2015，78：81-99.

[13] 俞寅辉，冉千平，乔敏. 聚羧酸系超塑化剂与水泥单矿的界面作用及对单矿水化的影响[J]. 硅酸盐通报，2012，31(6)：1503-1507.

[14] SHA S N，WANG M，SHI C J，et al. Influence of the structures of polycarboxylate superplasticizer on its performance in cement-based materials—a review[J]. Construction and Building Materials，2020，233：117257.

[15] 孙德易，李化建，易忠来，等. 增稠剂对新拌水泥基材料性能影响的研究进展[J]. 混凝土与水泥制品，2018(1)：17-21.
[16] HUANG F L，LI H J，YI Z L，et al. The rheological properties of self-compacting concrete containing superplasticizer and air-entraining agent[J]. Construction and Building Materials，2018，166：833-838.
[17] FANTOUS T，YAHIA A. Effect of viscosity and shear regime on stability of the air-void system in self-consolidating concrete using Taguchi method[J]. Cement and Concrete Composites，2020，112：103653.
[18] WANG R，GAO X J. Relationship between flowability，entrapped air content and strength of UHPC mixtures containing different dosage of steel fiber[J]. Applied Sciences，2016，6(8)：216.
[19] 史才军，元强. 水泥基材料测试分析方法[M]. 北京：中国建筑工业出版社，2018.
[20] ACI Committee 238. Report on workability and rheology of freshconcrete[R]. Farmington Hills：American Concrete Institute，2008.
[21] HU J，WANG K J. Effect of coarse aggregate characteristics on concrete rheology [J]. Construction and Building Materials，2011，25(3)：1196-1204.
[22] ROUSSEL N，SPANGENBERG J，WALLEVIK J，et al. Numerical simulations of concrete processing：from standard formative casting to additive manufacturing [J]. Cement and Concrete Research，2020，135：106075.
[23] ROUSSEL N，GEIKER M R，DUFOUR F，et al. Computational modeling of concrete flow：general overview[J]. Cement and Concrete Research，2007，37(9)：1298-1307.
[24] WALLEVIK O H，FEYS D，WALLEVIK J E，et al. Avoiding inaccurate interpretations of rheological measurements for cement-based materials[J]. Cement and Concrete Research，2015，78：100-109.
[25] 张巨松. 混凝土学[M]. 2 版. 哈尔滨：哈尔滨工业大学出版社，2017.
[26] 中华人民共和国住房和城乡建设部. 普通混凝土拌合物性能试验方法标准：GB/T 50080—2016[S]. 北京：中国建筑工业出版社，2016.
[27] 中华人民共和国住房和城乡建设部. 混凝土质量控制标准：GB 50164—2011[S]. 北京：中国建筑工业出版社，2012.
[28] 中华人民共和国国家质量监督检验检疫总局. 水泥胶砂流动度测定方法：GB/T 2419—2005[S]. 北京：中国标准出版社，2005.
[29] 中华人民共和国铁道部. 混凝土拌合物稠度试验方法 跳桌增实法：TB/T 2181—1990[S]. 北京：中国铁道出版社，1991.
[30] CHIDIAC S E，MAADANI O，RAZAQPUR A G，et al. Controlling the quality of freshconcrete — a new approach[J]. Magazine of Concrete Research，2000，52(5)：353-363.
[31] NGUYEN T L H，ROUSSEL N，COUSSOT P. Correlation between L-box test

and rheological parameters of a homogeneous yield stress fluid[J]. Cement and Concrete Research，2006，36(10)：1789-1796.
[32] 赵晓，黎梦圆，韩建国，等. 超高程泵送过程对混凝土流变性质的影响[J]. 施工技术，2018，47(3)：14-16.
[33] ZHANG J Y，GAO X J，SU Y. Influence of poker vibration on aggregate settlement in freshconcrete with variable rheological properties[J]. Journal of Materials in Civil Engineering，2019，31(7)：04019128.
[34] GAO X J，ZHANG J Y，SU Y. Influence of vibration-induced segregation on mechanical property and chloride ion permeability of concrete with variable rheological performance[J]. Construction and Building Materials，2019，194：32-41.
[35] 王子龙. 自密实混凝土的模板侧压力及其流变性能研究[D]. 哈尔滨：哈尔滨工业大学，2011.
[36] FEYS D，VERHOEVEN R，DE SCHUTTER G. Freshself compacting concrete，a shear thickening material[J]. Cement and Concrete Research，2008，38(7)：920-929.
[37] YE H，GAO X J，ZHANG L C. Influence of time-dependent rheological properties on distinct-layer casting of self-compacting concrete[J]. Construction and Building Materials，2019，199：214-224.
[38] 梁磊. 免振滑模混凝土的制备与性能研究[D]. 哈尔滨：哈尔滨工业大学，2012.
[39] 刘致远. 3D 打印水泥基材料流变性能调控及力学性能表征[D]. 北京：中国建筑材料科学研究总院，2019.
[40] MOEINI M A，HOSSEINPOOR M，YAHIA A. Effectiveness of the rheometric methods to evaluate the build-up of cementitious mortars used for 3D printing[J]. Construction and Building Materials，2020，257：119551.
[41] BUSWELL R A，DE SILVAL W R，JONES S Z，et al. 3D printing using concrete extrusion：a roadmap for research[J]. Cement and Concrete Research，2018，112：37-49.

第3章　混凝土早期强度与评价方法

强度是混凝土配合比设计的最主要参数，也是混凝土各类评价指标中最直接和最重要的指标之一，混凝土的强度直接关系到工程的质量和结构的安全。因此，如何保证混凝土强度以及混凝土的强度的发展是工程中的首要目标。影响混凝土强度的因素有多种，这些影响因素往往单一或者耦合影响混凝土的强度。一般来说，工程上需要从原料选择、制备流程、固化养护等方面进行设计施工，考虑各种因素在混凝土的强度发展中的影响，从而保证混凝土强度设计要求。在我国，混凝土的强度评定一般是根据《混凝土强度检验评定标准》(GB/T 50107—2010)对标准试件的28天强度进行测定。因此，在混凝土工程施工中，往往要在混凝土浇灌28天后，才能得知其强度是否达到设计要求。这可能导致一些强度不足、质量差的混凝土工程在施工完成后才被发现，事后不得不花费很大的代价来补强加固，甚至导致工程报废。针对这一问题，国内外的工程技术人员开展了很多工作，其中利用混凝土早期性能预测混凝土后期性能是一个重要的方面。

过去习惯上评定混凝土抗压强度是否达到设计要求的方法是检测立方体静态抗压强度，即将按规定制作的边长为150 mm的混凝土立方体试块经标准养护28天龄期的抗压强度作为测定依据，设计和调整混凝土配合比，这种传统的设计方法存在试配周期长、不能适应材料变化和现代快速施工需要等缺点。为解决这个问题，目前实验室普遍根据混凝土标准养护7天强度进行混凝土配合比确定，但这种方法由于做完原材料分析，再进行试配，配合比确定需时将近10天，也经常不能满足实际施工的需要，致使先施工后发放临时混凝土配合比的现象时有发生。在实际施工中，希望尽快提供配合比，这就提出了一个如何早期预测混凝土强度的问题。在时间上，虽然早期预测越早越好，但获得强度却是越早越难，且对后期强度的推算准确度越差。尽管施工单位要求尽快提供配合比，但一般情况下，从材料进场到浇灌混凝土一般间隔7天左右，用7天前的强度推算28天的强度，在混凝土配合比设计中基本满足实际需要。

新拌混凝土的性能在施工现场容易获得，然而硬化后混凝土的性能通常需要测定标准养护28天的混凝土试件。由于试验周期长，既不能及时预报施工过程中的质量状况，又不能根据现场的实际情况及时地设计和调整混凝土的配合比，这意味着在实际施工过程中由于原材料品质的波动，混凝土生产过程中的人为及非人为不确定因素，如现场的肆意加水、搅拌车的冲刷等不能得到监控。另外，当甲方、承包商、施工方、监理方因混凝土的早期施工质量等问题产生纠纷时，因没有很好的快速检测方法而不能给出科学准确的判断，这样既不利于加强质量管理，又不利于充分发挥材料自身的性能，从而造成整个构造物施工质量、混凝土所应达到的强度等级参差不齐，影响混凝土的耐久性，严重者可危及整体结构的可靠性和安全性。因此，研究混凝土硬化后性能的早期预测方法，以便及时准确判断混凝土的质量，意义十分重大。

3.1　混凝土强度发展理论

3.1.1　混凝土强度发展的微观解释

混凝土是以胶凝材料胶结散粒状骨料而形成的具有一定强度的复合材料。以传统的、最为常见的水泥混凝土为例，混凝土强度发展主要包括混凝土逐渐失去塑性并逐步发展其强度两个过程。这两个过程中，主要涉及的是水泥浆体向水泥石的转变，即混凝土中胶凝材料浆体失去塑性并形成强度。

当混凝土加水拌合时，其中的水泥材料成为有着较强塑性和一定流动性的水泥浆，带动混凝土中的骨料，使混凝土整体拥有一定的塑性和流动性。水泥与水拌合后，其颗粒表面的熟料矿物立即与水发生化学反应，各组分开始溶解，形成水化物，放出一定热量，固相体积逐渐增加，水泥与水发生水化反应，水泥中四种主要矿物涉及的主要反应有以下四种：

$$C_3S(\text{硅酸三钙})+H(\text{水})\longrightarrow C-S-H(\text{水化硅酸钙})+CH(\text{氢氧化钙}) \tag{3.1}$$

$$C_2S(\text{硅酸二钙})+H\longrightarrow C-S-H+CH \tag{3.2}$$

$$C_3A(\text{铝酸三钙})+H\longrightarrow C_3AH_6(\text{水化铝酸三钙}) \tag{3.3}$$

$$C_4AF(\text{铁铝酸四钙})+H\longrightarrow C_3AH_6+CFH(\text{水化铁酸一钙}) \tag{3.4}$$

以上反应方程式主要涉及的是单矿物熟料的反应，但是水泥作为多矿物集合体，其各矿物之间的水化会相互影响。在四种水泥熟料矿物中，C_3A 水化速率最快，C_3S 和 C_4AF 水化也很快，C_2S 最慢。C_3A 或 C_2S 水化生成 C－S－H 和 CH，C－S－H 不溶于水，因此会逐渐以微粒状胶体析出，并逐渐聚集成为 C－S－H 凝胶；而 CH 在溶液中的溶解度较小，其浓度很快饱和后，以六方板状的氢氧晶体析出；水化 C_3A 为立方晶体，在 CH 饱和溶液中，其一部分还能与 CH 进一步反应，生成六方晶体的水化铝酸四钙，且因为水泥中会掺有少量的石膏来调节凝结速度，因此生成的水化铝酸四钙会与石膏反应，生成高硫型水化硫铝酸钙（$3CaO\cdot Al_2O_3\cdot 3CaSO_4\cdot 32H_2O$，针状晶体，其矿物名称为钙矾石，简称 AFt）。当石膏完全消耗后，一部分将转变为单硫型水化硫铝酸钙晶体，简称 AFm。通常，AFt 在水泥加水后的 24 h 内大量产生，随后逐渐转变成 AFm。因此，硅酸盐水泥与水作用后，生成的主要水化产物为水化硅酸钙、水化铁酸钙凝胶、氢氧化钙、水化铝酸钙和水化硫铝酸钙晶体。在完全水化的水泥石中，水化硅酸钙约占 70%，氢氧化钙约占 20%，钙矾石和单硫型水化硫铝酸钙约占 7%。硅酸盐水泥水化反应为放热反应，水化反应过程中将放出大量的水化热。

随着水泥水化反应的进行，水化产物之间开始互相搭接，形成固体骨架网络，水泥逐渐开始失去流动能力达到“初凝”。随着水化反应的继续进行，固体骨架网络进一步发展，待完全失去可塑性，结构强度继续发展，达到“终凝”。随着水泥水化反应的继续，水泥浆体逐渐转变为具有一定强度的坚硬固体水泥石，将混凝土各项组成材料固结成一个整体，混凝土强度逐步发展。

上述涉及的水泥水化反应过程也常分为以下四个阶段。

第一阶段为快速水化反应期，主要是水泥的湿润和搅拌过程，水泥中的游离石灰、石膏和硫酸相矿物迅速溶解，与铝酸相水化产物形成钙矾石，同时，硅酸三钙表面迅速水化，产生放热反应。

第二阶段为水化反应的诱导期，在工程中一般发生在搅拌、输送、浇筑和抹面等过程中，这一时期硅酸三钙等矿物的反应速率因为其表面附着的水化硅酸钙凝胶以及钙矾石等水化产物的阻挡而减缓，氢氧化钙的浓度逐渐饱和，开始逐渐成核析出，碱离子、硫酸根离子浓度基本不变，此时水泥缓慢形成 C—S—H 凝胶和较多的钙矾石，导致浆体黏度增加，但放热速率很低。

第三阶段为加速期，宏观上主要表现为水泥材料的凝结和早期硬化，此时硅酸三钙的水化加速，并达到最大值，氢氧化钙逐渐析出，从而引起饱和度下降，碱和硫酸根等离子迅速形成水化产物，这一时期水泥浆体逐渐致密，空隙减少，有较高的放热速率。

第四阶段为硬化期，工程上主要发生在水泥制品脱模、继续硬化阶段，由 C_3S 和 C_2S 产生 C—S—H 与 CH 的速率逐渐下降，放热速率下降，孔隙率降低，混凝土以及砂浆材料中颗粒、浆体与集料间的黏结形成。

水泥中掺有的石膏主要用于调节水泥的凝结速度。石膏具有缓凝作用，目前主要观点认为，石膏的缓凝作用主要是通过形成钙矾石，并且生成的钙矾石针状晶体在未水化的颗粒表面上附着，从而阻止未水化水泥颗粒的水化反应。

混凝土强度的发展主要来自于水泥水化反应的进行，因此，混凝土强度的发展规律与水泥净浆强度的发展规律有很大的相似性。两者都在早龄期时快速发展，其强度一龄期发展曲线在 7 天之前可以近似认为是线性的，3 天时强度一般可以达到设计强度的 50%，7 天时强度一般可以达到设计强度的 70%～80%。7 天之后，混凝土的强度发展放缓，一般到 28 天后，可以达到设计强度。

Bing Han 等人研究发现，施加低荷载有利于混凝土强度的增长，其原因主要在于低强度、持续的荷载有利于使混凝土内部的 C—S—H 凝胶发生蠕变等行为，从而使得结构更加致密。但是，无论是否存在荷载，混凝土的强度一般都遵循早期发展速度快，后期发展速度逐渐放缓的规律(图 3.1)。

3.1.2 混凝土强度发展理论与数学模型

抗压强度是研究最多的混凝土力学性能。与其他性质相比，抗压强度可以较为轻松地确定。在工程上至少存在五个应用概念，用于描述强度随时间的发展，如孔隙率、凝胶/空间比、水化程度、成熟度。

基于以上概念，多位学者提出了多种混凝土强度发展的表达式。

例如，Van Breugel 给出强度 f 与凝胶/空间比 x 的关系：

$$f=f_0x^3 \tag{3.5}$$

式中，f_0 为固有强度。

固有强度的概念是由 Powers 提出的。Fagerlund 认为对于砂浆，固有强度 f_0 在 80～342 MPa。而 Van Breugel 提出了 $f_0=240$ MPa，并将凝胶/空间比与成热度 H_w $(0<H_w<1)$ 关联：

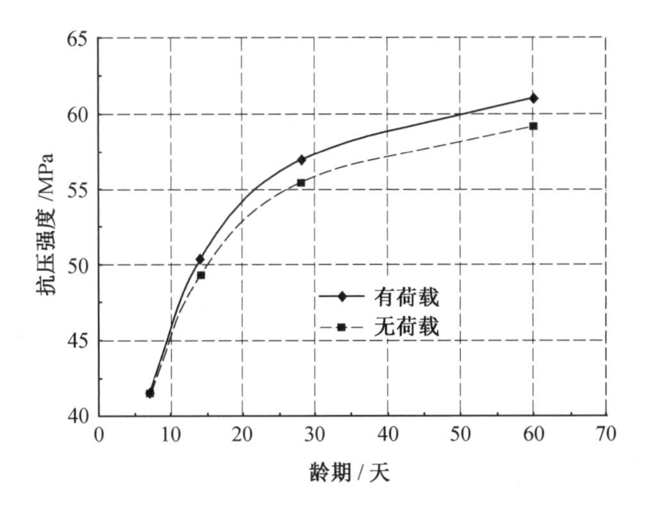

图 3.1　有无荷载下混凝土强度随龄期的变化

$$f=240x^3 \tag{3.6}$$

式中

$$x=\frac{H_w}{0.82+0.46H_w} \tag{3.7}$$

经过试验与拟合比较发现，式(3.6)在 28 天内的强度拟合效果较差。

针对此问题，Byfors 等人提出通过将等式的参数校准为等效寿命，将试件的龄期按照类似于式(3.7)转化为等效时间，再通过等效时间来模拟混凝土的强度发展过程(图 3.2)。通过利用水泥类型、混凝土设计强度和使用年限等参数，便可以根据该图近似得出混凝土强度发展趋势曲线。因此，在评估每种水泥类型的时间—抗压强度关系时，仅需要少量测试结果便可以预测混凝土的长期强度变化规律。

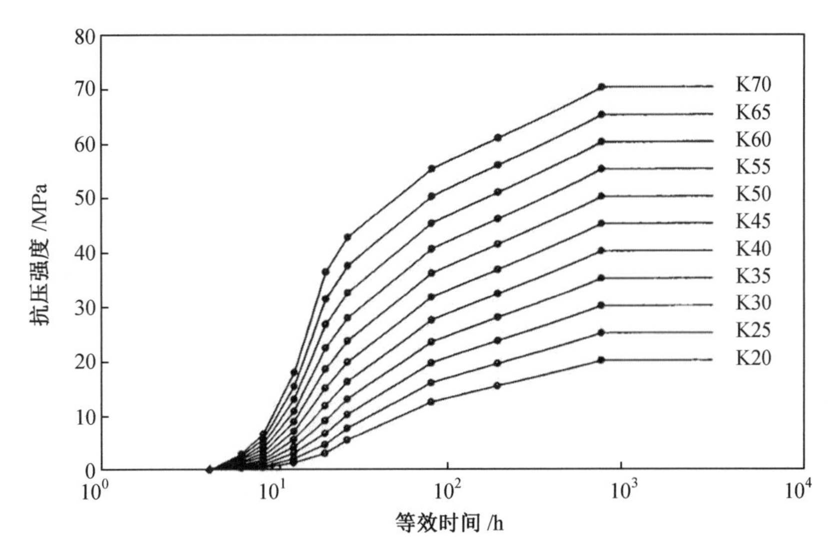

图 3.2　混凝土的抗压强度发展曲线

Fagerlund 推导了强度与孔隙率之间以及强度与水化状态之间的简单关系，如图 3.3

所示。根据 Fagerlund 的研究以及 Taplin 和 Powers&Brownyard 对试验数据的分析表明，线性关系在发生一定程度的临界水化或孔隙率 P 降低一定程度后才有效。根据多孔材料的基本公式，强度 f 与承载面积 A_{solid} 成正比，即

$$f=f_0\frac{A_{solid}}{A_{total}}=1-P/P_{cr} \tag{3.8}$$

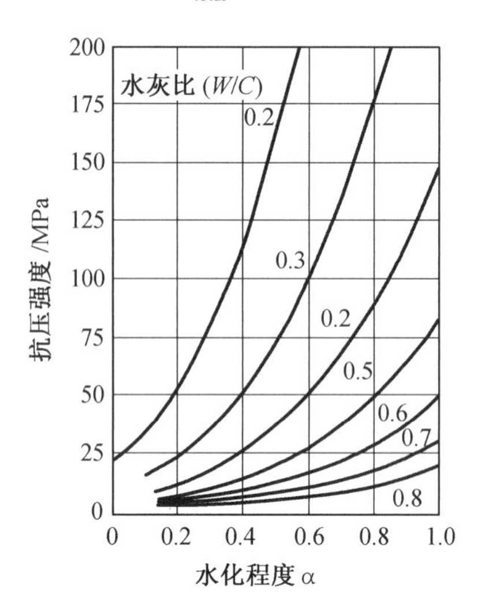

图 3.3　混凝土早期抗压强度与水化程度之间的关系

线性关系是由两个常数决定的，这两个常数分别为无机材料的临界孔隙率 P_{cr} 和理论或固有强度 f_0。Fagerlund 给出了孔隙度 P 以及 P_{cr} 和 f_0 的方程式，但是仍然需要进一步研究以针对不同的混凝土混合物、水泥类型等获得更可靠的关系表达式。

3.2　混凝土早期强度的影响因素

混凝土强度的决定性因素为外部施加的应力类型、混凝土的各组分性质以及混凝土的孔隙率、孔隙结构——这是混凝土强度的内在因素。然而，工程中直接确定混凝土的孔隙结构等是相当困难的。影响混凝土的孔隙结构、孔隙率的因素也存在很多，这些因素之间也存在耦合作用。可以通过简化要素，仅考虑几个重要因素对混凝土强度的影响。

混凝土强度发展的影响因素主要可以分为三类：一是原材料性质与配合比；二是混凝土的养护条件；三是混凝土强度测试方法。

3.2.1　原材料性质与配合比

1. 水胶比

1918 年，Duff Abrams 在伊利诺伊大学刘易斯学院进行了广泛测试后，发现水灰比与混凝土强度之间存在联系。通常称为 Abram 的水灰比规则，此关系可以由下式表示：

$$f_c=\frac{k_1}{k_2^{w/c}} \tag{3.9}$$

式中，w/c 为混凝土的水灰比；k_1 和 k_2 为经验常数。

根据中国国家建筑行业相关标准，当混凝土强度在 C60 以下时，混凝土水胶比可以按照下式计算：

$$W/B=\frac{a_a f_b}{f_{cu,0}+a_a a_b f_b} \tag{3.10}$$

式中，W/B 为水胶比；a_a、a_b 为回归系数；f_b 为 28 天水泥胶砂试件抗压强度；$f_{cu,0}$ 为混凝土配制强度。

根据上述相关公式可以得出，在给定的养护龄期下，混凝土强度与水灰比或者水胶比呈负相关关系。水灰比对混凝土强度的影响一般可以解释为孔隙率随水灰比的增加而增加，水灰比增加时，水相对于需要水化的水泥处于过剩状态，这些过剩的水在混凝土中会成为孔隙。

此外，水灰比对混凝土界面过渡区强度也存在一定的影响。而在普通骨料制成的中低强度混凝土中，过渡区孔隙率和基体孔隙率均能一定程度上决定强度，因此水灰比与混凝土强度之间存在直接关系。工程上，水灰比过大容易产生泌水现象，密度较低的、浓度较小的水泥浆在粗集料、钢筋及模板下聚集，固化后形成大量的孔隙，粗集料下表面往往呈现蜂窝状。在高强度(即水灰比非常低)的混凝土中似乎不再有这种情况，当水灰比低于 0.3 时可以实现抗压强度的大幅度增加。这种现象主要归因于在低水灰比下过渡区强度的显著提高，还有一种解释是氢氧化钙晶体的尺寸随着水灰比的降低而变小，从而使得更多的空间被水化硅酸钙凝胶等其他产物占据。

水灰比和水胶比是工程中调节混凝土强度的最重要的手段及方法，也可以通过水灰比来大致定性地判断混凝土强度的大小。通常来说，相同养护条件下，水灰比较大的混凝土强度较低。

2. 引气量

在大多数情况下，水灰比决定了相同水化程度下水泥浆体的孔隙率。此外，由于不充分的压实或通过使用引气剂将气泡引入系统中时，也会造成孔隙率增加和混凝土整体强度降低。在给定的水灰比下，增加夹带的空气量(引气量)对混凝土抗压强度的影响如图 3.4 中的曲线所示。

通过研究进一步发现，引入空气导致强度损失的程度取决于混凝土的水灰比和水泥的质量分数。简而言之，引入空气引起的强度损失可能与混凝土本身的强度水平有关。相关数据表明，在给定的水灰比下，高强度混凝土(水泥质量分数高)随着夹带空气量的增加而造成相当大的强度损失，而低强度混凝土(水泥质量分数低)往往只发生一点强度损失，甚至会由于夹带空气而造成一定的强度增加。

将空气引入混凝土中一般会引起两个相反的作用：一方面，通过增加基体的孔隙率，引入空气将对复合材料的强度产生不利影响；另一方面，引入的空气也能一定程度上改变混凝土的孔隙结构，例如微小气泡的引入可以改善界面过渡区强度等，从而提高混凝土的强度。因此，引气对混凝土强度的影响是这两种相反作用的叠加。

3. 水泥种类

工程中常见的波特兰水泥熟料中主要含有四种矿物，分别是硅酸三钙、硅酸二钙、铝

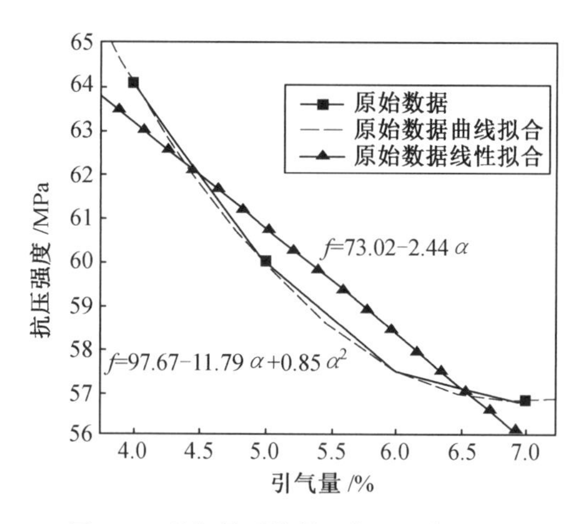

图 3.4　引气量对混凝土抗压强度的影响

酸三钙和铁铝酸四钙。四种主要水泥熟料矿物中，在水化速度上铝酸三钙最快，但是因为其在波特兰水泥中的占比很小，因此，其水化速度对波特兰水泥的影响较小。而在剩余的三种矿物中，硅酸三钙的水化速度较快，水化放热量大，因此，当混凝土使用硅酸三钙质量分数较大的波特兰水泥时，其强度往往能快速发展，从而达到早强的效果。

波特兰水泥中往往也会加入一些混合材料，例如火山灰、粉煤灰、硅灰等，从而减少水泥熟料的使用，一方面降低了经济成本，另一方面也减少了因水泥熟料水化放热而引起的水化温升问题。然而，这些混合材料的加入一定程度上也降低了水泥水化反应早期的剧烈程度。使用这些含有混合材料的波特兰水泥浇筑的混凝土往往早期强度发展较慢，而在之后的养护过程中，混凝土强度逐渐发展，达到设计强度。

除了波特兰水泥之外，还存在铝酸盐、磷酸盐水泥及镁水泥等特殊种类水泥，这些水泥反应迅速、强度发展很快，往往在 2 h 之内便能形成较高的强度。但是这些水泥的长期强度往往存在一定的问题。

4. 骨料

骨料是混凝土的重要组成部分之一，分为粗骨料和细骨料。骨料对混凝土强度的影响，一般从骨料的强度、尺寸、形状（这三者主要指粗骨料相关性质）、表面粗糙度、有害成分、级配等方面进行考虑。

(1)骨料强度。

骨料强度通常不是影响普通混凝土强度的主要因素，一般来说，除轻骨料外，骨料颗粒的强度是混凝土中水泥石和界面过渡区的几倍。但是在制备轻骨料混凝土以及高强混凝土时，骨料的强度仍然需要关注。

通常情况下，混凝土的整体强度随着粗骨料强度的减小而降低。

(2)骨料尺寸。

骨料尺寸对混凝土的影响主要集中在两个方面：一个是相同流动性、水泥用量的情况下，骨料体积增大可以减少拌合水的用量，这可以用比表面积来解释，即骨料颗粒越大，其比表面积越小，包裹其表面所需要的水泥浆越少；从这点出发，也可以引出骨料尺寸对混凝土强度的第二个方面影响，也就是小比表面积情况下，混凝土中骨料之间的粘接面积减小，导致整体强度降低。

此外，工程中经常发现，骨料颗粒尺寸的增大往往会造成分层、泌水的现象。而且，大尺寸的骨料颗粒可能会阻止新拌混凝土拌合过程中引入空气的排除，大量气泡会在大骨料底部聚集，从而在硬化后形成缺陷。因此，施工过程中，混凝土中的骨料往往有着一定的规范要求。水泥石与骨料之间的性质也存在差异，骨料的增大会加剧混凝土中各相的不均匀性，容易导致混凝土承压时应力集中，强度下降。

Cordon 和 Gillispie 研究发现，在 5～75 mm 范围内，增加最大骨料尺寸对混凝土28天抗压强度的影响更为明显，且与低强度混凝土(0.7 水灰比)相比，高强度(0.4 水灰比)和中等强度(0.55 水灰比)混凝土强度受到骨料尺寸的影响更大。这是因为在低水灰比的情况下，过渡区特性对混凝土抗拉强度的影响更大，过渡区孔隙率的降低也开始对混凝土强度起重要作用。因此可以判断，在给定的混凝土混合物中，在水灰比恒定的情况下，抗压强度将随粗骨料尺寸的增大而减小。

(3)骨料形状。

骨料形状也对混凝土材料的强度存在一定影响，人们一般希望混凝土中的骨料大致呈块状，三维上的尺寸大致相等，这样不仅可以增强混凝土的和易性，减少拌合用水，而且可以减少应力集中，防止受力不均。因此，应该限制混凝土颗粒中的针状、棒状、片状及板状颗粒的数量，防止引起强度的下降。

(4)骨料表面粗糙度。

大量试验以及工程实际发现，其他条件相同的情况下，使用碎石的混凝土强度往往高于使用卵石的混凝土，这主要是因为碎石表面比卵石更加粗糙，所以其表面与水泥石之间的结合更加紧密。因此，骨料表面粗糙度越大，混凝土的强度越高。

(5)骨料中有害成分。

骨料在生产过程中，往往会沾有石粉、泥土与云母等杂质，这些杂质会导致骨料使用过程中与水泥石的结合发生问题，从而造成界面过渡区的劣化。此外，这些杂质强度较低，本身在混凝土中也是缺陷的存在。而且云母的吸水性很强，变相增大了混凝土的用水量。

骨料中可能还会存在一些有机质，这些有机质不仅存在以上问题，还可能影响水泥的水化速度，从而导致强度发展变慢。

此外，骨料本身也会含有一些其他有害的化学成分，比如，当骨料中的硫酸盐含量较高时，容易发生硫酸盐腐蚀，生成钙矾石，导致体积膨胀，使得混凝土胀裂，强度下降。

有些骨料还会存在潜在的碱活性，当骨料存在碱活性时，在有水的情况下，会与混凝土中的碱(主要是氢氧化钾或氢氧化钠)发生碱骨料反应，从而导致体积膨胀，强度下降。

因此，选用骨料时，相关的化学成分含量也应该受到控制。

(6)骨料级配。

混凝土骨料级配良好主要表现在以下几个方面：

①具有较大的堆积密度，较小的空隙率，以减少水泥用量。

②总表面积减小，以减少湿润骨料表面的需水量，并保证密实度。

③有少量的细颗粒以满足和易性的要求。

对于粗骨料来说,大量试验表明,当粗石子占总粗骨料的70%时,混凝土的强度最好;对于骨料级配,其评判标准一般由下式决定:

$$K=M_Z\times(50-P) \tag{3.11}$$

式中,K 为骨料的质量系数,K 值越大,骨料的级配越好;M_Z 为骨料细度模数;P 为骨料的空隙体积百分率。

5. 拌合水质量

用于拌合混凝土的水中杂质过多时,不仅会影响混凝土强度,还会影响凝结硬化时间。硬化后,混凝土表面往往还会渗出白色的盐状晶体,导致钢筋或预应力钢长期使用过程中发生腐蚀。

市政饮用水很少含有超过 1×10^{-3} 的可溶解固体。通常,不适合饮用的水不一定适合拌合混凝土。然而结合工程实际来看,从取材方便以及从混凝土强度的角度来看,酸性、碱性、咸、微咸、有色或有臭味的水也可以使用,采矿和许多其他工业操作产生的循环水可以安全地用作混凝土的拌合水。

确定性能未知的水是否适合用于制造混凝土的最佳方法是比较水泥的凝结时间以及测试比较用该未知水和清洁水制成的砂浆立方体的强度。用未知水制成的砂浆立方体7天和28天的抗压强度应至少具有用干净水制成样品的强度的90%,而且未知水的质量应对水泥的凝结时间影响较小。海水中含有约 3.5×10^{-3} 的溶解盐,对普通混凝土的强度几乎无害。但是,使用钢筋混凝土和预应力混凝土会增加钢腐蚀的风险。因此,在这种情况下应避免使用海水作为混凝土拌合水。

此外,从混凝土强度的角度来看,当拌合水中存在过多的藻类、油、盐或糖等成分时,应当尽可能避免使用。

一般来说,混凝土拌合水质量会受到各种规范的限制,此外,随着商品混凝土的大规模推广,现场拌合混凝土的需求逐步减少。因此,工程上很少出现因混凝土拌合水质量导致的施工质量问题。

6. 外加剂

外加剂是指在混凝土中加入极少量却能大幅度改变混凝土性能的物质,按照其作用,可以分为减水剂、早强剂、引气剂、缓凝剂、防锈剂等。

①减水剂,可以减少混凝土拌合水用量,对早期强度发展起到了促进作用;②早强剂,促进混凝土早期强度发展,同时早强剂可能会向混凝土中引入氯离子等,可能引起混凝土耐久性的问题;③引气剂,向混凝土中引入大量气泡,会改善抗冻性,也会引起混凝土强度下降;④缓凝剂,延缓混凝土凝结硬化,相同养护时间下,混凝土的早期强度下降;⑤防锈剂,防止混凝土中钢筋材料的锈蚀,但是往往会对混凝土强度发展产生不利影响。

7. 混凝土矿物掺合料

由于生态和经济原因,火山灰和工业副产物(主要有硅灰、粉煤灰等)作为混凝土中的矿物掺合料,用于混凝土的生产使用已经逐渐推广。当用作硅酸盐水泥的部分替代品时,矿物掺合料的存在通常会阻碍混凝土早期强度的发展速度。矿物掺合料在常温下与硅酸盐水泥浆中存在的氢氧化钙反应并形成额外的硅酸钙水化产物，可以导致水泥石和界面过渡区孔隙率的显著降低。因此，将矿物掺合料掺入混凝土中，可以使混凝土的极限强度和密实性显著改善。

3.2.2　养护条件

"混凝土养护"是表示专门用于促进水泥水化的程序，包括在将混凝土拌合物放入模板后立即控制时间、温度和湿度条件。在给定的水灰比下，水化水泥石的孔隙度取决于水泥的水化程度。在常温条件下，一旦添加水，波特兰水泥的某些组成矿物便开始水化，但是当水化产物覆盖水泥颗粒时，水化反应会大大减慢。其主要原因是水化在饱和条件下才能以较快的速度进行，当毛细管中水的蒸汽压降至饱和湿度的 80%以下时，水化反应几乎停止。因此，养护时间和湿度是水化过程中的两个重要因素。而且，像所有化学反应一样，温度对水化反应具有促进作用。

混凝土技术中的时间—强度关系中，时间通常指在潮湿和常温养护条件下的时间，即标准养护条件，按照国家相关标准，标准养护室的温度为(20±2)℃，相对湿度为 95%。在给定的水灰比下，养护时间越长，则强度越高(假定水泥颗粒的水化仍在进行)。如果养护环境过于干燥，则混凝土表面会出现大量裂纹，较低的湿度还可能导致水化终止，从而使得混凝土的强度降低。

养护温度是混凝土养护条件的又一大重要因素，混凝土的水化反应依赖水作为反应物，因此当混凝土中的水因为温度过低而冻结时，混凝土的水化终止。实际上，5 ℃以下时，因为温度降低，水化反应已经降到非常慢的速度，因此，我国规定当室外气温连续 5 日低于 5 ℃时，便进入冬季施工。当混凝土在受冻之前达到受冻临界强度以上时，混凝土解冻后，强度继续发展，而未达到受冻临界强度时，则会因为受冻破坏而引起强度损失。此外，使用高温对混凝土构件进行蒸养时，混凝土的强度会快速发展，7 天时便能达到设计强度。

3.2.3　测试方法

混凝土强度测试结果受试样状况和荷载条件等参数的显著影响。试样参数包括尺寸、几何形状和混凝土的水分状态等。加载参数包括应力水平和持续时间，以及施加应力的速率。在美国，用于测试混凝土抗压强度的标准试样为 152.4 mm×304.8 mm 的圆柱体。在保持高度/直径等于 2 的同时，如果用直径不同的圆柱形试件对混凝土进行抗压测试，则直径越大，强度越低。与标准试件相比，50.8 mm×101.6 mm 和 76.2 mm×152.4 mm 圆柱试件的平均强度分别为标准强度件的 106%和 108%。当直径增加到超过 457.2 mm 时，观察到强度的减小变缓。在我国，采用的检测标准为混凝土标准立方体试件，试件的尺寸为 150 mm×150 mm×150 mm。当不使用标准试件时，其最终的测试强度要乘以相应的换算系数。例如，工程中也常使用边长为 100 mm 的立方体试块，此时，其强度则需要乘以换算系数 0.95，而当使用 200 mm 边长的立方体试块时，则需要乘以换算系数 1.05。此外，圆柱体与立方体之间的测试强度也存在一定的差异。据报道，在欧洲流行的标准立方体试件比根据美国标准试件(152.4 mm×304.8 mm 的圆柱体)测试的同一混凝土的强度高出10%～15%。由尺寸带来的混凝土强度差异主要来自于两方面：一方面是缺陷效应，即尺寸越大的混凝土中存在的缺陷越多；另一方面则是环箍效应，即混凝土试块加载过程中，由于压力机与试块之间存在垂直于加载方向的摩擦力，摩擦力带来的束缚效果从混凝土与压力机接触的两个表面呈锥状向试块的内侧逐步延伸，因此混凝土试块往往呈剪状破坏，立方体试块上下两表面的距离较近，环箍效应更加明显，从而使得立方体试块抗压强度略大于圆柱形试块。

由于水分状态对混凝土强度的影响，标准程序要求试件在测试时处于潮湿状态。在抗压强度测试中，观察到风干试件的强度比在饱和条件下测试的相应试件高20%～25%。饱和混凝土的强度较低，可能是由于加载条件下水泥浆中存在相分离的压力。

混凝土的抗压强度是在实验室中通过单轴压缩试验进行测量，测量过程中逐渐增加荷载以在2～3 min内使试件破坏。根据《混凝土物理力学性能试验方法标准》(GB/T 50081—2019)，在(2 400±200)N/s的加载速率下进行抗压强度测试。一般来说，抗压强度测试中，测试时的加载速率越大，所获得的抗压强度数值越高，这是因为在测试时存在变形滞后的现象。在实践中，大多数结构构件会承受无限长的恒载，有时还会承受重复荷载或冲击荷载。

3.3 基于水化程度的成熟度法预测早期强度

3.3.1 成熟度法的提出

混凝土强度逐渐增长是波特兰水泥和水之间发生放热化学反应的结果。对于某种组分特定的混凝土而言，任意时刻的强度增长都与水泥的水化程度有关。由于养护温度增大会加速水化反应的进行，因此组分确定混凝土的水化速率又是混凝土养护温度的函数。如果在水泥水化过程中反应进行需要的水分不足时，强度就会停止增长。因此，在水泥水化所需要的水分充足的情况下，混凝土的强度增长取决于它所经历的时间－温度历史。成熟度是用于表示混凝土养护过程中经历的时间和温度对于强度增长产生的累积影响。成熟度可通过混凝土经历的温度历史计算得到。

3.3.2 成熟度法的研究进展

早在1904年，有学者就已经注意到养护温度和时间对于混凝土强度的影响。20世纪50年代，许多学者相继发表了关于时间与温度对于混凝土抗压强度影响作用的论文，混凝土的强度被认为是时间和温度的函数，养护温度和时间对于强度的综合影响被称为“成熟度(maturity)”。根据成熟度的概念，对于经历任何温度历史而配合比相同的混凝土而言，只要成熟度是相同的，那么它们的强度就是相同的。通过混凝土经历的温度和时间的变化历史计算成熟度的数学表达式，则被称为成熟度方程。目前，主要使用的成熟度方程有两种：一种是传统的Nurse－Saul方程(N－S度时积方程)；另一种是Freiesleben Hansen和Pedersen建立的F－P成熟度方程。图3.5所示为成熟度示意图。

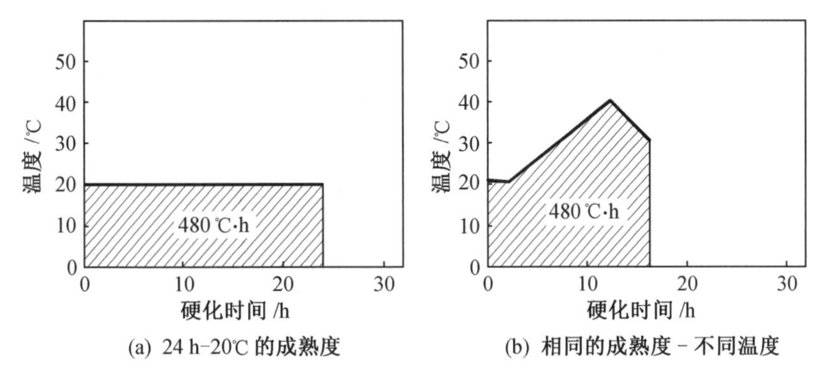

图 3.5　成熟度示意图

1. N—S 成熟度方程历史

1951 年，英国学者 Saul 对“成熟度”做出说明：当混凝土的成分已经确定时，混凝土的强度是以水的冰点为基准计算的温度与时间乘积的函数。因此，Saul 将混凝土在强度增长过程中各个温度段的平均温度与时间乘积的总和称为成熟度。他认为对于配比相同的混凝土，不管经历的温度和时间发生任何变化，只要成熟度相等，那么它们的强度也是相等的。N—S 成熟度方程：

$$M=\int_{t_0}^{t}(T-T_0)\cdot \mathrm{d}t \tag{3.12}$$

式中，M 为成熟度，℃·天；T 为 dt 时间段内的平均温度，℃；T_0 为基准温度，℃。

由式(3.12)计算得到的 M 又被称为“时间－温度因子”。Saul 没有给出建立式(3.12)的理论依据，然而此式在实践中广泛应用。T_0 被认为是混凝土停止水化的温度，也被称为不硬化温度，一般常温条件下取－10 ℃，掺防冻剂的混凝土取－15 ℃。

Yumiko 等人考虑负温冻结对水泥水化的影响，认为在负温条件下毛细水冻结会使体系化学能下降，因而导致水泥水化速率降低，建立了在 0 ℃以下的成熟度计算式，即式(3.13)适用温度范围在－15～0 ℃。

$$M=\sum 0.2(T+15)\cdot \Delta t \tag{3.13}$$

钮长仁、王剑、朱卫中针对负温混凝土在还没有达到不硬化温度之前发生冻结的情况，提出了广义成熟度概念：在混凝土受冻结束之前，温度和时间对混凝土的综合作用结果称为广义成熟度。广义成熟度由正温度时积、负温度时积及冻结损伤度时积三部分组成，其中冻结损伤度时积是混凝土中的水发生冻结，使混凝土内部产生损伤而导致混凝土的度时积的减少量。

2. 基于水化速率模型的成熟度方程

Freiesleben Hansen 和 Pedersen 认为，传统的 N－S 成熟度方程计算得到的成熟度不具备任何的物理意义，他们从水泥水化角度认为成熟度与水化程度有关，并推荐使用 Arrhenius 方程，即式(3.14)来表示水泥水化反应速率常数：

$$k(T)=A\cdot \mathrm{e}^{\frac{-E_a}{RT}} \tag{3.14}$$

式中，$k(T)$为反应速率常数，天$^{-1}$；A 为方程参数；E_a 为表观活化能，kJ/mol；T 为温度，K。

1954 年，Rastrup 提出等效龄期的概念。等效龄期是将混凝土真实温度的龄期换算为标准温度下的龄期，而标准温度是一个常数，因此成熟度和等效龄期本质上是相同的，即在不同养护条件下组分相同的混凝土，只要它们等效龄期是相同的，那么它们的强度也应该是相等的。将等效龄期 t_e 用数学方程式表示为

$$t_e = \int_{t_0}^{t} [k(T)/k_r] dt \tag{3.15}$$

式中，t_e 为等效龄期，天；$k(T)$ 为温度 T 下的反应速率常数，天$^{-1}$；k_r 为标准温度 T_r 下的反应速率常数，天$^{-1}$；$k(T)/k_r$ 的比值称为等效系数 γ，通过等效系数与任一温度时刻的乘积将此温度下经历的时间转换为标准温度下的等效龄期，因此，等效龄期也可以表示为

$$t_e = \int_{t_0}^{t} \gamma \cdot dt \tag{3.16}$$

式中，γ 为等效系数。

因此，Freiesleben Hansen 和 Pedersen 提出基于水化速率模型的成熟度方程（F－P 成熟度方程）可以表示为

$$t_e = \int_{t_0}^{t} e^{\frac{-E_a}{R}\left(\frac{1}{T}-\frac{1}{T_r}\right)} dt \tag{3.17}$$

式中，T 为实际温度，℃；T_r 为标准温度，℃；R 为气体常数，取 8.314 J/(mol·K)；在欧洲标准中，标准温度 T_r 取 20 ℃，而在北美标准中取 23 ℃。

Kjellsen 与 Detwiler 认为要考虑“迟滞”效应对混凝土后期强度增长的影响，提出表观活化能 E_a 是水化程度的函数。图 3.6 所示为表观活化能和水泥水化时间的关系。

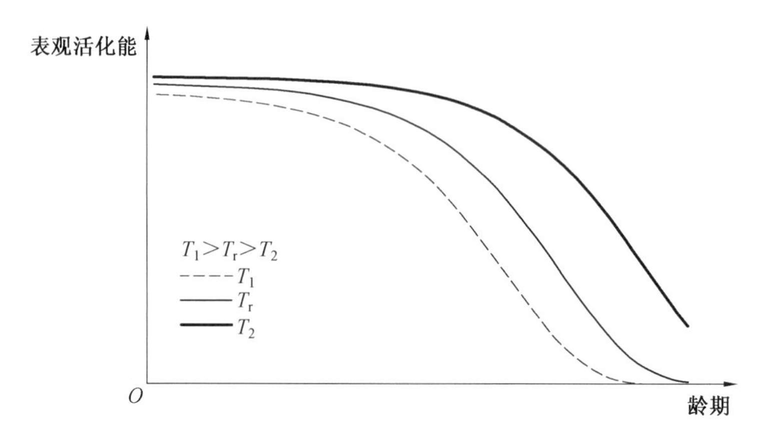

图 3.6　表观活化能和水泥水化时间的关系

由图 3.6 可以看出，表观活化能在早期变化受水化时间和养护温度影响不大，Kada-Benameur 等人认为水泥水化程度在 0.05～0.5 时，表观活化能可视为常数，之后表观活化能会先快速降低，继而缓慢地下降。

Freiesleben Hansen 和 Pedersen 建立了表观活化能与温度间的关系，即

$$E_a = 33.5 \text{ kJ/mol}, \quad T \geqslant 20 \text{ ℃} \tag{3.18}$$

$$E_a = 33.5 + 1.47(20 - T) \text{ kJ/mol}, \quad T \leqslant 20 \text{ ℃} \tag{3.19}$$

J. K. Kim 等人考虑表观活化能随时间变化对于强度增长所带来的影响，通过对试验

数据的分析，得到表观活化能随温度和时间的变化关系式：

$$E_a(t,T)=(42\ 830-43T)e^{(-0.000\ 17t)}\ \text{J/mol},\quad t\geqslant t_0 \tag{3.20}$$

式中，$E_a(t,T)$为养护温度为 T、水化时间为 t 时的表观活化能，kJ/mol；t 为水泥水化时间，天；t_0 为水泥终凝时间，天。

Carino 对成熟度进行了更为深入的研究，他提出 N－S 成熟度方程实质上是建立在水化反应速率与温度线性相关的基础之上，事实上水化反应速率并非随温度线性变化，因此 N－S 成熟度方程不能准确地描述时间和温度对于混凝土强度增长的综合影响。Carino还认为，虽然 Arrhenius 方程表示温度对于水化反应速率的影响要优于线性方程，但这种方程形式较为复杂，而且使用了绝对温度，基于以上几点原因，Carino 提出了另一种基于水化速率的成熟度方程，即

$$t_e=\int_{t_0}^{t}e^{B(T-T_r)}\,dt \tag{3.21}$$

式中，B 为温度敏感因子，℃$^{-1}$；T 为 dt 时间间隔内混凝土平均温度，℃；T_r 为标准温度，℃。

M. Sofi 等人使用 F－P 成熟度方程和同条件养护法来预测 15～35 ℃养护的混凝土强度发展，结果表明，这两种强度预测方法的预测效果并没有明显的差距，证明了用 Arrhenius成熟度方程预测混凝土早期强度是准确、可靠的。

Chengju 的研究结果表明，经历温度历史不同的混凝土，即使使用传统 N－S 成熟度方程计算得到的成熟度值相同，强度也并不相同。而越来越多的试验结果也表明，从水泥水化角度考虑成熟度是更为准确的一种方法。对于使用波特兰水泥制备组分相同的混凝土，只要它们的水化程度是相同的，那么混凝土的强度也应该是相同的。

新疆建筑科学研究院的项翥行通过试验数据进行回归分析得到了等效龄期与养护温度的关系。他使用四个不同品种水泥、掺量不同的减水剂与防冻剂来配制混凝土，然后将浇筑结束的混凝土放置在－15～50 ℃环境下进行养护。以 20 ℃养护条件下无任何化学外加剂掺入的矿渣混凝土的标准强度为基准，把其他混凝土在不同温度条件下养护分别达到标准强度 20％、30％、40％、50％和 60％的相对龄期作为等效系数，从而得到等效龄期的经验公式，即

$$t_e=\sum(0.273+0.022\ 4t+0.000\ 706t^2)\cdot\Delta t \tag{3.22}$$

式(3.22)适用于预测标准强度为 20％～60％的混凝土强度，对于添加不同外加剂的混凝土，此方程也有一定适用的温度范围。若超出式(3.22)适用的温度和强度范围，则预测效果明显变差。

3. 成熟度与强度的关系

成熟度要与强度之间建立一定的关系，才能够根据计算得到的成熟度预测混凝土强度的发展。1956 年，Plowman 提出强度与成熟度之间的关系为

$$S=a+b\log M \tag{3.23}$$

式中，S 为混凝土强度，MPa；a、b 为常数；M 为成熟度，℃・天。

式(3.23)一经提出，由于其形式的简单而受到广泛使用，然而此方程存在着缺陷：对

于成熟度值较低或较高时，这个方程并不能很好地描述强度—成熟度二者之间的关系。混凝土存在强度上限值，若 M 无限大时，根据该方程，强度 S 也无限大，显然这是不可能的。此外，之后的一些学者们发现早期的养护温度对于混凝土后期强度的影响很大，而这个方程也未能体现出这方面的影响。

由于早期养护温度会影响混凝土的后期强度，因此，对于在寒冷条件下养护的混凝土与在炎热条件下养护的混凝土，即使它们的度时积是相同的，强度也不相同。针对这个问题，Tank 和 Carino 提出了使用等效龄期计算相对强度 S/S_u 的方程，即

$$\frac{S}{S_u}=\frac{k(t-t_0)}{1+k(t-t_0)} \tag{3.24}$$

式中，S 为时刻 t 混凝土的强度，MPa；S_u 为水泥达到极限水化度时混凝土的强度值，MPa；k 为水化速率常数，天$^{-1}$；t_0 为终凝时间，天。

式(3.24)表示对于组分相同的混凝土，在水化所需要的水分充足的情况下，不管它们经历怎样的真实温度历史，只要等效龄期是相同的，那么它们的相对强度也是相同的。

Knudsen 从独立的水泥颗粒反应动力学和水泥颗粒粒径考虑，提出形如式(3.24)的方程式(3.25)，并提出以下假设：

①所有的水泥颗粒在化学上是相似的，因此需要根据颗粒的粒径进行分类。

②所有的水泥颗粒反应都是独立的。

③颗粒尺寸分布可以用指数方程描述。

④可以用指数方程表示每个水泥粒子的反应动力学。

$$\frac{S}{S_u}=\frac{\sqrt{k(t-t_0)}}{1+\sqrt{k(t-t_0)}} \tag{3.25}$$

Knudsen 认为式(3.25)不仅可以表示强度的发展，而且可以表示混凝土中其他与水泥水化有关的性质。式(3.25)对于真实数据的拟合效果要优于式(3.24)，这是由于式(3.24)基于水泥颗粒的水化程度与时间和水化速率的乘积呈线性关系上建立起来的，而式(3.25)则是建立在反应动力学基础上。

国内在强度与成熟度关系研究方面，李发千等人认为水泥品种对于混凝土强度与成熟度之间关系的影响不可忽视，并提出使用普通硅酸盐水泥和矿渣硅酸盐水泥配制的混凝土强度和成熟度之间的关系。

①普通硅酸盐水泥混凝土强度—成熟度关系为

$$S=10.76M^{0.331} \quad (M\leqslant 840\ ℃\cdot 天) \tag{3.26}$$

②矿渣硅酸盐水泥混凝土强度—成熟度关系为

$$S=2.32M^{0.559} \quad (M\leqslant 840\ ℃\cdot 天) \tag{3.27}$$

③当 $M\geqslant 840$ ℃·天时，混凝土强度称为后期强度，上述关系不再适用，混凝土后期强度—成熟度关系为

$$S=27.4M^{0.1923} \quad (M\geqslant 840\ ℃\cdot 天) \tag{3.28}$$

项翥行通过试验确定在正温条件下硬化的混凝土最佳强度—成熟度关系式为

$$S=\frac{M-M_0}{a+b(M-M_0)} \tag{3.29}$$

而在负温条件下硬化的混凝土最佳强度－成熟度关系式为

$$S=a\cdot a^{\frac{b}{M}} \tag{3.30}$$

式中，a、b 为形状参数。

赵芸平等人对配制的C20、C30、C40及C50四个强度等级的混凝土，分别进行标准养护和同条件养护，通过试验发现，虽然混凝土配合比、强度等级不同，但它们的强度发展趋势却是相似的。由试验数据统计回归分析得到在标准养护条件下混凝土相对强度 S（相对于28天的混凝土强度值）与成熟度 M 的关系为

混凝土早期强度

$$S=0.26\ln M-0.65\quad (M\leqslant 560\ ℃\cdot 天) \tag{3.31}$$

混凝土后期强度

$$S=0.13\ln M+0.18\quad (M\geqslant 560\ ℃\cdot 天) \tag{3.32}$$

4.国内外成熟度方程的实际应用

在成熟度的应用方面，G. Isaac等人使用N－S成熟度方程预测喷射混凝土的抗压强度。他们在实验室中配制24种混凝土拌合物，并记录这些混凝土的温度历史和抗压强度数据，通过研究发现，N－S成熟度方程在特殊条件下同样适用于预测喷射混凝土的强度发展，然而成熟度曲线却受水泥品种、促凝剂种类和掺量的影响。

M. C. Han基于F－P成熟度方程去预测不同养护温度条件下掺入缓凝剂混凝土的凝结时间。经过研究后发现将混凝土在各个温度下的凝结时间换算成的等效龄期几乎是一个常数，并通过计算得到预测的凝结时间和测量得到的凝结时间接近，这表明成熟度方法可以用于预测掺入缓凝剂混凝土的凝结时间。而用于预测初凝和终凝时间的表观活化能 E_a 随缓凝剂掺量的改变而变化，常规混凝土的表观活化能一般为30～35 kJ/mol，掺入缓凝剂混凝土表观活化能为20～40 kJ/mol，低于常规混凝土。

周文献等人将掺超细粉煤灰混凝土在(8±3)℃、RH为80%的条件下预养，探究预养时间对于蒸养混凝土的影响。通过试验发现，不预养和预养2 h的掺激发剂的粉煤灰混凝土早期强度差别不大；当预养时间超过4 h，蒸养混凝土脱模抗压强度和28天强度明显增大，且28天强度在混凝土预养6 h时达到最大。预养时间在4～6 h时可以提高蒸养粉煤灰混凝土的抗压强度。使用N－S成熟度公式确定在(8±3)℃条件下超细粉煤灰混凝土蒸养前成熟度值不小于70 ℃·h。

侯东伟、张君等人利用F－P成熟度方程和水化程度，研究C30、C50、C80三种强度等级混凝土在标准条件下养护与自然干燥条件下养护的强度和弹性模量的发展规律，使用成熟度方程，建立混凝土抗压强度与等效龄期、混凝土弹性模量与等效龄期的关系，从而预测在其他温度条件下混凝土的抗压强度与弹性模量的发展。对于配比相同的混凝土，如果水化程度相同，那么它们的抗压强度和弹性模量也是相近的。将通过绝热温升方法测得的混凝土水化程度与抗压强度和弹性模量分别建立联系，结果发现，抗压强度和弹性模量随着水化程度的增大却表现出不同的增长方式。通过水化程度和等效龄期的关系，用等效龄期表示水化程度，分别建立等效龄期与强度、弹性模量的关系表达式，再通过研究相对湿度对于水泥水化程度的影响，对强度和弹性模量预测方程进行修正，可以在相

对湿度变化条件下对混凝土的强度和弹性模量进行预测。

覃爽结合混凝土成熟度理论，针对负温条件下养护的C30和C40两种强度等级混凝土，使用李发千提出的新成熟度公式预测混凝土的早期强度，将通过新成熟度方程计算得到理论相对强度值与实际测量的相对强度值进行对比，发现标准养护与恒负温养护条件下的预测值与实际数值较为接近，而由于温度持续变化难以测量以及温度控制的滞后性，自然条件变负温养护和模拟变负温养护两种养护条件下相对强度预测值高于实际测量值，最大偏差超过了20%。通过模拟环境条件对混凝土进行养护并进行相对强度的对比分析，为负温混凝土的设计和养护提供了指导和参考。

胡立志、刘士清等人配制C30、C40、C50、C60四种强度等级混凝土，在20 ℃、30 ℃和40 ℃环境下养护，研究发现，使用强度—成熟度关系预测混凝土强度发展比强度—时间关系准确，并且在不同温度环境下养护混凝土间的强度—成熟度曲线差距较小。混凝土成熟度在低于250～300 ℃・天时，抗压强度增长较快，而当成熟度高于400 ℃・天时，强度增长缓慢。对于成熟度在600 ℃・天时的掺粉煤灰混凝土，随着粉煤灰掺量的增加，相对抗压强度减小。

3.4 混凝土早期强度评价方法

现场检测混凝土强度常采用无损检测技术，无损检测技术是指在不影响结构构件受力性能或其他使用功能的前提下，直接在构件上通过测定某些适当的物理量，推定混凝土的强度、均匀性、连续性、耐久性等一系列性能的检测方法。混凝土强度的无损检测方法根据原理可分为三种，即半破损法、非破损法和综合法。

(1)半破损法，是以不影响构件的承载能力为前提，在构件上直接进行局部破坏性试验或直接钻取芯样进行破坏性试验。属于这类方法的有钻芯法、拔出法、射击法等。这类方法的特点是以局部破坏性试验获得混凝土强度，因而较为直观可靠。其缺点是造成结构的局部破坏，需进行修补，因而不宜用于大面积的全面检测。

(2)非破损法，是以混凝土强度与某些物理量之间的相关性为基础，检测时在不影响混凝土任何性能的前提下，测试相关物理量，然后根据相关关系推算被测混凝土的强度。属于这类方法的有回弹法、超声脉冲法、射线吸收与散射法、成熟度法等。这类方法的特点是测试方便、费用低廉，但其测试结果的可靠性主要取决于混凝土的强度与所测试物理量之间的相关性。

(3)综合法，是采用两种或两种以上的无损检测方法，获取多种物理参量，并建立强度与多项物理参量的综合相关关系，以便从不同角度综合评价混凝土的强度。由于综合法采用多项物理参数，能较全面地反映影响混凝土强度的各种因素，并且还能抵消部分影响强度与物理量相关关系的因素，因而它比单一物理量的无损检测方法具有更高的准确性和可靠性。目前，已被采用的综合法有超声回弹综合法、超声钻芯综合法、超声衰减综合法等，其中超声回弹综合法已在国内外获得广泛应用。无损检测常用方法见表3.1。

表3.1　无损检测常用方法

序号	测试方法	误差范围/%	备注
1	钻芯法	7.0～9.0	半破损
2	拔出法	9.0～12.0	半破损
3	贯入法	10.0～13.0	微破损
4	综合法	10.0～15.0	非破损
5	回弹法	14.0～18.0	非破损
6	超声波法	18.0～22.0	非破损

混凝土试块的抗压强度与无损检测的参数(超声声速值、回弹值、拔出力等)之间建立的关系曲线称为测强曲线,它是无损检测推定混凝土强度的基础。

无损检测技术的主要特点包括以下几方面:

(1)对混凝土结构构件不破坏,可以获得人们最需要的混凝土物理量信息。

(2)测试过程操作简单,费用低。

(3)不受结构尺寸或形状的限制,能够多次重复试验。

(4)对重要结构部位可长期检测。

在实际工程中,无损检测技术应用广泛,诸如测试混凝土强度、混凝土缺陷、碳化深度、保护层厚度、受冻层深度、含水率、钢筋位置与钢筋锈蚀状况、水泥用量等。

3.4.1　回弹法

1. 回弹法的概念

回弹法是用一弹簧驱动的重锤,通过弹击杆(传力杆),弹击混凝土表面,并测出重锤被反弹回来的距离,以回弹值(反弹距离与弹击锤冲击长度之比)作为与强度相关的指标,来推定混凝土强度的一种方法。回弹法是以材料的应力应变行为与强度的关系为依据,反映了材料的弹性性质,在一定程度上也反映了材料的塑性性质,但它只能确切反映混凝土表层(2.0～3.0 cm)的状态,因此回弹法不适用于表层与内部质量有明显差异或内部存在缺陷的混凝土结构或构件的检测。

2. 回弹法的原理

回弹法的基本原理是根据混凝土表层硬度与混凝土抗压强度之间的相关关系,通过一定动能的杆件弹击混凝土表面,测得回弹的距离(回弹值),再通过回弹值和强度之间的相关关系,估算出混凝土的抗压强度。混凝土表面硬度低,受弹击后表面塑性变形和残余变形大,被混凝土吸收的能量多,回传给重锤的能量少;相反,混凝土表面硬度高,受弹击后表面塑性变形小,回弹值高,从而间接地反映了混凝土的抗压强度高。

3. 回弹仪

(1)回弹仪的构造。

应用回弹法检测的设备是回弹仪,回弹仪构造如图3.7所示。应用回弹仪进行检验涉及较多种类，唯有正确选择型号，使回弹仪始终处在正常运行状态，才能达到事半功倍的效果。为此，我们需要更深层次地掌握回弹仪的应用技巧，明确其构造原理。应用阶段中应全面遵循基本原则，即掌握仪器设备技术参数，依照标准要求做好检验测定以及保养管理工作。

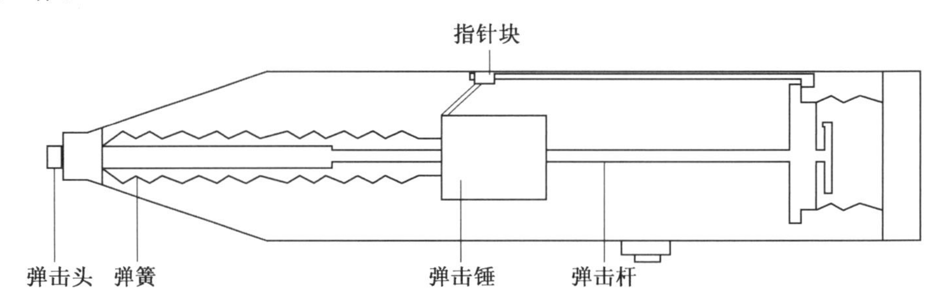

图 3.7　回弹仪构造

(2)回弹仪使用时的注意事项。

在检验测试之前以及完成后，均要在配套钢砧上率定，量值要符合规程标准。率定过程中应保证指针位于零点位置起跳。同时，应尽可能预防快速施压操作，以免发生猛烈撞击。应用数显设备需要进行常规性校验，确保采集数值的精准性，完成检测之后应将弹击杆压回至仪器之中并置于盒内。

在回弹法中，由于混凝土的塑性变形及检测过程中的自身振动，回弹仪会产生一定程度的能量损失，还有回弹仪自身内部的摩擦等能量损失。回弹仪在使用前应进行标定。

(3)回弹仪具体测试计算方法。

①测试方法。具体测试方法如下。

测区与测点布置：选定测区过程中，应将大小控制在 0.04 m^2，同时应布置匀称，可选择对称的侧面位置。如果无法符合该标准，则可选择在相同的侧面布置，且两测区间距应低于 2 m，特别是重要结构部位以及薄弱位置均应设定测区，且应同模板相贴，避免在施工缝以及混凝土不平的位置进行测定。

例如，将一块水泥混凝土板作为一个试样，试样的选择按随机取样的方法来决定。其他混凝土构造物，测区应避开位于混凝土内保护层附近设置的钢筋，测区宜在试样两相对表面上有两个基本对称的测试面；测区表面应清洁、干燥、平整；一个测区面积不小于 200 mm×200 mm，每个测区测定 16 个点；对龄期超过 3 个月的硬化混凝土，应测定混凝土表层的碳化深度，进行回弹值修正。

回弹值测定：将回弹仪的弹击杆顶住混凝土表面，轻压仪器，使按钮松开，弹击杆伸出，并使挂钩挂上弹击锤；回弹仪对混凝土表面施压，待弹击锤脱钩，指针指示某一回弹值；使回弹仪继续顶住混凝土表面，读数并记录回弹值；逐渐减压。

碳化深度测定：对龄期超过 3 个月的混凝土，回弹值测量完毕后，可在每个测区上选择一处测量混凝土的碳化深度值；确定混凝土的碳化深度值。

②计算方法。去掉 3 个较大值与 3 个较小值，将其余 10 个测量值取平均值，即

$$\overline{N_s}=\frac{\sum N_i}{10} \tag{3.33}$$

测得的数据按下式进行修正：

$$\overline{N}=\overline{N}_s+\Delta N_1+\Delta N_2 \tag{3.34}$$

碳化深度按下式计算，并按规定对平均回弹值进行修正，即

$$L=\frac{1}{n}\sum_{i=1}^{n}L_i \tag{3.35}$$

混凝土强度推算：根据测区平均回弹值，利用测强曲线推定混凝土的抗压强度；当无足够的试验数据或相关关系的推定式不够满意时，可按下式计算混凝土的抗压强度，即

$$R_n=0.025\overline{N}^2 \tag{3.36}$$

在没有条件通过试验建立实际的测强曲线时，每个测区混凝土的抗压强度值可按平均回弹值及平均碳化深度计算，并进一步推定混凝土抗压强度的平均值、标准差和变异系数。

4. 回弹值与强度之间的关系

通常采用试验的方法得到回弹值与强度之间的关系，即建立混凝土强度 fc_{cu} 与回弹值 R 之间的一元回归公式，或混凝土强度与回弹值 R 及主要影响因素（如碳化深度）之间的二元回归公式。回归的公式可采用各种不同的函数方程形式，根据大量试验数据进行回归拟合，选择其相关系数较大者作为实用经验公式，目前常用的形式主要有以下几种。

直线方程：　$f_{CN}^{c}=A+BR$

幂函数方程：　$f_{CN}^{c}=AR^{B}$

抛物线方程：　$f_{CN}^{c}=A+BR+CR^{2}$

式中，f_{CN}^{c} 为混凝土测区的推算强度；R 为测区平均回弹值；A、B、C 为常数项，视原材料条件等因素不同而不同。

5. 回弹法的优点

回弹法具有设备简单、操作方便、测试迅速等优点。回弹法测定混凝土强度的精度较高，可以根据回弹值的离散程度评定混凝土的均匀性，而且费用较低，是一种现场检测混凝土质量（强度、均匀性等）的简单方法。虽然回弹法测定混凝土的强度是一种现场检测混凝土质量的较好选择，但仍然受仪器性能、测试技术、现场检测条件（潮湿度、碳化、成型工艺、龄期、原材料等）以及强度和回弹值的关系等因素的影响。

6. 回弹法的误差分析

实际工程检测中，检测面的情况、回弹仪的状态、检测人员的水平及混凝土的碳化和龄期均影响所测回弹值的精度。作为一种对混凝土表层的检测技术，回弹法要求表面必须平整、清洁，不应有疏松层、浮浆、油垢、涂层及蜂窝、麻面，回弹仪必须处于标准状态，检测人员操作应严格规范，这些都是回弹数据准确的保障。

3.4.2　超声波法

1. 超声波法检测研究进展

由于超声波检测具有指向性好、传播能量大、对各种材料的穿透力较强、适应性强、检测灵敏度高、对人体无害、成本低廉等诸多优点，因此利用超声波检测混凝土强度是混凝

土无损检测中最常用的一种方法。1949 年,加拿大的 Leslide、Cheesman 和英国的 R. Jones、Gatfield 首先把超声脉冲检测技术应用在结构混凝土的检测上,开创了超声检测新领域;此外,Ma Guowei 等人利用超声波法来检测 3D 打印出的混凝土强度。超声波可以检测混凝土的动弹性模量、强度、厚度及缺陷等,超声波检测混凝土缺陷的方法在许多国家已经形成了较为成熟的标准。由于影响超声波检测混凝土强度(简称超声测强)精确性的因素很多,超声测强发展得要缓慢一些。随着超声测强应用范围的扩大和理论研究的不断深入,超声波检测混凝土强度的研究有了很大进展。

2. 超声波法的原理

超声波法的原理是利用超声波以波动的形式在检测对象介质中进行机械传播振动。混凝土材料是由凝胶材料、粗细骨料、外加剂等物质组成的多相复合介质。由于材料的特殊性,超声波穿过混凝土结构时,内部不同的裂缝发育、密实程度、缺陷大小会发生不同程度的反射、折射等,致使声波的信号、幅度、声时、波速、能量等参数发生改变。大量的研究和实践表明,不同损伤程度的混凝土超声波声学参数与混凝土损伤特性存在良好的对应关系,为借助超声波检测表征混凝土的损伤特性提供了理论依据。

3. 超声波测试试验

对于超声波的传输,发射器产生信号并启动时间计数,接收传感器检测主要振动的到达时间。对于低频波,如果已知声波路径的长度,可以通过实际结构的不同表面测量到 3 个方向的声波速度。

目前被广泛采用的超声波传输试验包括直接超声波传输试验、半直接超声波传输试验和超声波间接法传输试验。

(1)直接超声波传输试验。

直接超声波传输试验是最精确的,但须在实际工程允许的情况下选择,其主要困难是保证仪器与混凝土之间的接触良好。如果混凝土配筋,最好的解决方法是用电磁装置先定位钢筋,然后再进行测试。直接超声波传输试验如图 3.8 所示。

(2)半直接超声波传输试验。

半直接超声波传输试验很容易使用,但是两个传感器之间的距离与前一种情况相比,定义难度较大,它的准确性通常低于直接超声波传输试验。半直接超声波传输试验如图 3.9 所示。

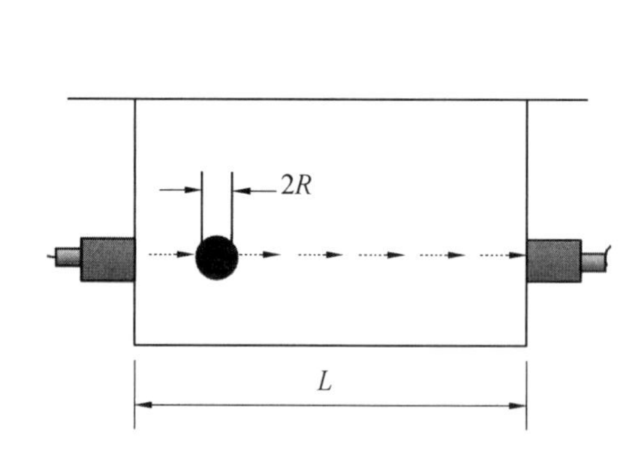

图 3.8 直接超声波传输试验

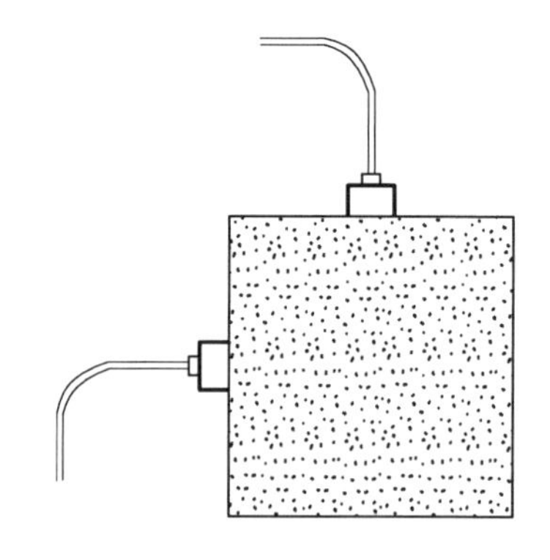

图 3.9 半直接超声波传输试验

(3)超声波间接法传输试验。

间接法就是发射器固定,接收器被放置在不同的位置上,每个位置上的接收信号被逐一记录。检查位置间的最小长度必须大于骨料平均直径的 5 倍。一般以 100 mm 或 150 mm的间隔绘制超声波传输时间与距离关系图,直线的斜率是超声波的传播速度。表面波的速度比直接法的低 5%～20%,为了提高检测稳定性,可以使用一系列的方法固定传感器,而不是移动一个独特的传感器。这种测试方法,只检测一个表面,测试过程相对更简单。超声波间接法传输试验如图 3.10 所示。

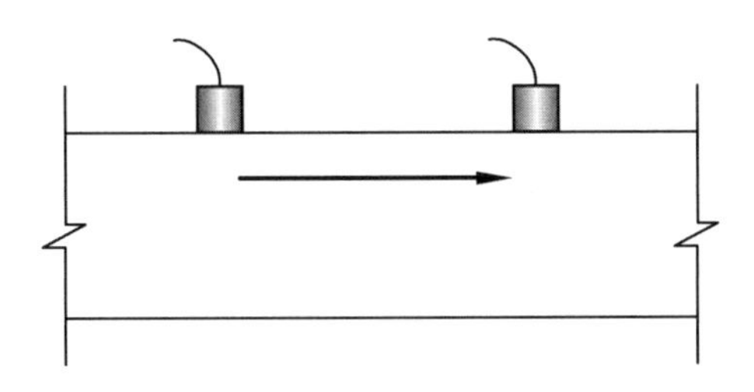

图 3.10 超声波间接法传输试验

利用间接超声波的测试方法,通过斜率分析可以检测到混凝土内部的空洞或裂纹,混凝土裂缝的测量原理示意图如图 3.11 所示。超声波沿最短路径走,它是由裂纹尖端发出衍射,然后传递给接收方。斜率变化曲线的“时间距离”可以给出裂纹的位置和深度。然而, 在实际测量时,会因为其他原因而干扰裂缝的测量结果。

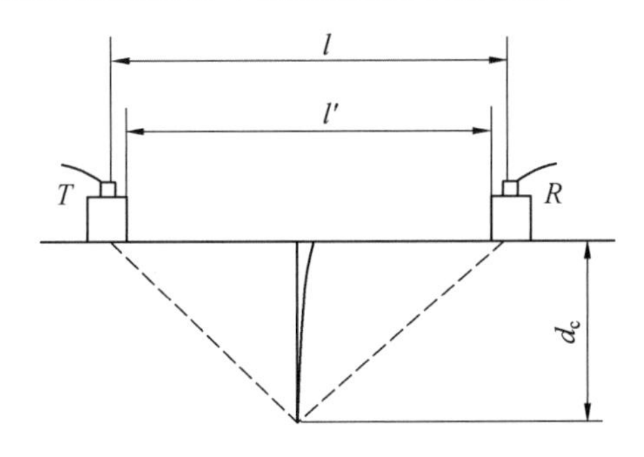

图 3.11 混凝土裂缝的测量原理示意图

通过间接传输试验,也可以检测到图 3.12 所示的损坏层厚度。超声波时间与距离关系图中斜率的变化可以反映受损伤区域的深度。

4. 超声波检测误差分析

超声波检测可能会被现场的实际情况所干扰。当传感器和混凝土之间的接触不良时,测试结果误差较大。此外,还会存在波长不适应问题: 当纵波太强时,小的裂缝不能被探测到; 当纵波太弱时,就会有大量纵波被反射,无法获得关键信息。如果一些水和/或一些粒子填满了裂缝,衍射就不会出现在裂纹尖端。1989 年,Keating 等人经过研究认为,混凝土搅拌混合后,由于含水量较高,超声波波速接近在液相中传播的速度,在开始水化的 2 h 内,纵波波速受混凝土中残存空气的影响,这些气泡大大阻碍了纵波的传播,直到混凝土固化到一定程度。Rapoport 等人的研究也得出相同的结论。Ramazan Demir-

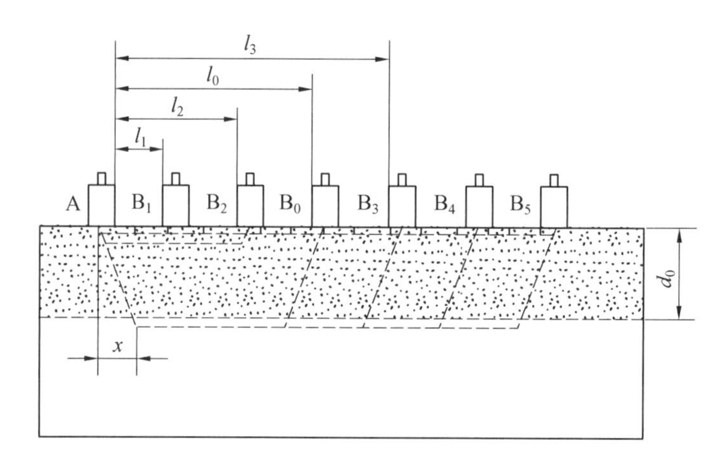

图 3.12 混凝土探测损伤原理示意图

boga 等人通过试验建立了火山灰混凝土和矿渣混凝土 3 天、7 天、28 天、120 天超声波波速和抗压强度的关系。Matias 等人用超声波波速法检测混凝土早期动弹性模量的同时研究了水化程度的变化过程，建立了超声波波速与水化程度之间的关系。2004 年，H. K. Lee 等人测试了不同水灰比下超声波波速的变化过程，并把变化过程分成三个阶段，即悬浮液阶段、固化阶段和完全固化阶段。

因此，由于混凝土本身结构的复杂性，许多超声波在混凝土内部的传播规律随着超声波频率、骨料粒径等因素的变化而变化，因而在进行超声检测时，会影响测试结果的准确性。

3.4.3 超声回弹法

1. 超声回弹法简介

超声波法是根据超声波在混凝土材料中的平均传播速度和混凝土试件的抗压强度校正曲线，获得构件内部混凝土的材料强度。但混凝土强度较高时，超声波传播速度随混凝土强度的变化较小，而且混凝土抗压强度与超声波传播速度之间的对应关系受混凝土配合比影响较大，不同配合比的混凝土对超声波声速的敏感度不一，水泥用量大、水灰比小、骨料体积分数高、养护条件好的混凝土声速相对较高。混凝土声速(v)一般在 4 000～5 000 m/s变化。混凝土强度(f)与声速(v)之间有较好的相关性，混凝土强度越高，其声速也越快。当知道 $f-v$ 之间的关系曲线后，测出结构物混凝土的声速就可以推算结构物混凝土的强度。

在回弹法中通过建立测强曲线方程式可以得出混凝土强度值。在回弹法检测过程中需要考虑混凝土表面碳化作用导致的误差值。碳化作用会造成混凝土表面硬度增大，而实际强度并没有提高。研究表明，混凝土的碳化深度测量值能在一定程度上体现构造物龄期及环境的影响。

超声回弹法通过分析回弹值和超声波声速等参数，综合判定混凝土的质量，回弹值输入超声波检测仪器，作为参数同时互为判定参考以提高准确度，因而具有单一回弹法和单一超声波法不具备的优势，数据更为准确。通常适用于龄期为 7～2 000 天的混凝土构件，强度为 10～70 MPa 的混凝土，采用自然养护的混凝土构件，人工搅拌或者机械搅拌的泵送混凝土，掺用或者不掺用外加剂、泵送剂等的混凝土。

2. 超声回弹法的特点

与单一回弹法相比，回弹仪与超声波法联用具有以下特点：首先，可减少含水率的影响，混凝土的含水率对其声速和回弹值的影响有着本质的不同。混凝土含水率大，超声声速的增长率下降，而回弹值则因混凝土碳化程度增大而提高。因此，二者综合起来测定混凝土强度可以部分减少含水率的影响。其次，弥补相互不足，一个物理参数只能从某一方面在一定范围内反映混凝土的力学性能，超过一定范围，它可能不够敏感或者不起作用。例如，回弹值 R 主要以表层砂浆的弹性性能来反映混凝土的强度，当混凝土强度较低、塑性变形较大时，这种反映不太敏感；当构件截面尺寸较大或内外质量有较大差异时，则很难反映结构的实际强度。超声声速是以整个断面的动弹性来反映混凝土强度，而强度较高的混凝土，弹性指标变化幅度小，其声速随强度变化的幅度也不大，微小变化往往被测试误差所掩盖，所以对于强度大于 35 MPa 的混凝土，其 $f_{cu}-v$ 相关性较差。采用回弹和超声法综合测定混凝土强度，既可内外结合，又能在较低或较高的强度区间弥补各自的不足，能够较全面地反映结构混凝土的实际质量。再者，可提高测试精度，由于超声回弹综合法能减小一些因素的影响程度，较全面地反映整体混凝土质量，所以对提高无损检测混凝土强度的精度，具有明显的效果。

3. 超声回弹法预测混凝土强度

(1)仪器操作步骤。

利用回弹仪和超声检测仪实现混凝土强度预测具体操作步骤如下。

①测区布置。按单个构件检测时，应在构件上均匀布置测区，每个构件上的测区数不应少于 10 个。对同批构件按批抽样检测时，构件抽样数应不少于同批构件的 30%，且不少于 10 件，每个构件测区数不应少于 10 个。在构件上将每个测区标出。

②用回弹仪进行回弹检测。

③标出 3 个测点，并涂黄油或凡士林等耦合剂。

④将换能器压在测点上，并按压均匀。

⑤使用超声仪接收波形。

⑥确定结构测距(l)，用卷尺或混凝土测厚仪进行测量。

⑦按照回弹法的计算原则，计算出各测区平均回弹值。

⑧取 3 个测点的声时均值作为测区声时值(t)。

⑨测区声速 $v=l/t$。

(2)建立超声回弹测强曲线。

采用超声回弹法可以预测 5～365 天龄期的混凝土强度，而《超声回弹综合法检测混凝土抗压强度技术规程》(T/CECS 02—2020)规定，当用国家超声回弹曲线预测混凝土的强度误差超过 15%时，需另建立地区曲线。设计强度等级为 C10～C50 的混凝土，采用不同的配合比进行试验时，发现对于早龄期混凝土预测结果的差异很大。还发现石子粒径的变化对预测公式使用的影响较大，当石子粒径超过 40 mm 时，必须进行修正。

地区超声回弹测强曲线的建立：对所得到的超声波速值、回弹值进行数据处理，对可疑数据按 3σ 准则进行排除。超声一回弹综合法二元回归模型精度高于一元回归模型，以超声波声速和回弹值两个参数来彼此修正拟合强度值，采用不同的函数模型进行双参数拟合，例如用二次函数曲线、指数曲线、幂函数曲线采用最小二乘法回归，最后得到地区超声回弹测强专用曲线方程为

$$f=AV^{B}R^{C} \tag{3.37}$$

式中，f 为混凝土强度预测值；A、B、C 为待定系数；V 为超声波速值；R 为回弹值。

图 3.13 所示为一种典型的基于公式(3.37)的超声回弹测强的幂函数拟合曲面，对于 28 天龄期之前的混凝土强度预测也同样适用。

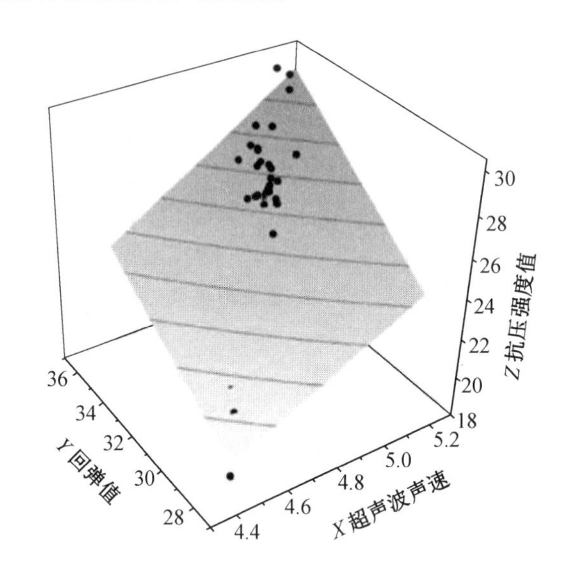

图 3.13　幂函数拟合曲面示意图

总之，超声回弹法是比较实用、准确的方法，它结合了回弹法与超声法各自的优势弥补了彼此的不足，提高了结果的可信度。同时，还可以与其他的一些方法结合，从而提高结果的准确性，比如结合雷达法和超声法进行探伤。

3.4.4　钻芯法

1. 钻芯法定义

用钻机钻取芯样以检测桩长、桩身缺陷及桩身混凝土密实度、连续性及强度、桩底沉渣厚度，判定桩端岩土性状的方法称为钻芯法。

2. 钻芯法适用范围

钻芯法检测混凝土强度主要用于下列情况：①对立方体试块抗压强度的测试结果有怀疑；②因材料、施工或养护不良而发生混凝土质量问题时；③混凝土遭受冻害、火灾、化学侵蚀或其他损害时；④需检测经多年使用的结构中混凝土强度时；⑤当需要施工验收辅助资料时。

3. 钻芯法参数规定

钻芯法参数主要有以下规定。①钻头压力：根据混凝土芯样的强度与胶结好坏而定，一般初定压力为0.2 MPa，正常压力为1 MPa。②转速：初始转速宜为100 r/min左右，正常钻进时可以采用高转速，但芯样胶结强度低的混凝土应采用低转速。

4. 钻芯法试件要求

钻芯法对试件尺寸和数量的要求：①取芯质量符合要求且公称直径为100 mm，高径比为1∶1的混凝土圆柱体试件，其公称直径不宜小于骨料最大粒径的3倍；②钻芯检测混凝土强度所需要的有效芯样试件的数量，应根据所采用的检测方法和检测对象确定；③由芯样试件得到的结构混凝土强度在测试龄期相当于边长为150 mm立方体试块的抗压强度。

5. 钻芯法操作步骤

钻芯法操作需要按照下列步骤进行：①用探筋仪检测预定钻芯部位的钢筋布置情况；②在预定的芯点上将钻机就位、校正、固定；③安装钻头、调正、逐步进钻，并调好冷却水；④钻到预定深度提出钻头，然后用扁钢或螺丝刀插入钻孔缝隙中，用小锤敲击扁钢或螺丝刀，然后将敲断的芯样从孔中取出；⑤将取出的芯样随即做好标记(编号)，做好记录(钻取位置、长度及外观质量)，若长度及外观质量不能满足要求时，应重新钻取。

6. 钻芯法注意事项

芯样的钻取过程中需要注意以下问题：①结构或构件受力较小的部位；②混凝土强度质量具有代表性的部位；③便于钻芯机安放与操作的部位；④避开主筋、预埋件和管线的位置；⑤钻芯机安放平稳后，应将钻芯机固定。

合理选择钻芯位置可减少测试误差，避免出现意外事故；在钻芯过程中，如固定不稳，钻芯机容易晃动和移位，影响钻芯机和钻头的使用寿命，且很容易发生卡钻或芯样折断事故。

7. 钻芯法特点

钻芯法具有科学、直观、实用等特点，在检测混凝土灌注桩方面应用较广。一次成功的钻芯检测，可以得到桩长、桩身混凝土强度、桩底沉渣厚度和桩身完整性，并判定或鉴别桩端持力层的岩土性状。不仅可检测混凝土灌注桩，也可检测地下连续墙的施工质量。其缺点为耗时长、费用高、以点代面，易造成缺陷漏判。

钻芯法为一种验证手段，当使用低应变法和声波法测出较深部位存在严重缺陷时，常采用钻芯法进行验证。但不同方法可能出现不一致的地方，这可能是无损检测误判造成的，也可能是两类方法各自的缺陷造成的。

低应变法与钻芯法：低应变法反映的是桩身某截面的集中变化，对桩的缺陷性质和局部严重缺陷位置并不能确定，而钻芯法只反映钻孔范围内小部分混凝土质量，所以当低应变法测出的局部缺陷采用钻芯法验证时，常难以抽中缺陷，这时只能增加取芯孔数。

与超声波法相比，钻芯法易偏离超声波法确定的缺陷区，原因有钻芯孔倾斜、声测管偏离和钢筋笼附近缺陷无法钻取。

钻芯法会破坏结构，只有当结构出现严重的损坏时，才会用钻芯法验证，所以一般将钻芯法作为后备方法。如有可能，钻芯之后在混凝土中留下一个受压的、强度足够大的空心钢筒，让它来代替被取出的混凝土块来承受荷载。另外，在钢筒表面抹上结构胶，把铜筒和混凝土紧密粘接，这是未来应用钻芯法时需要进一步考虑的。

3.4.5 贯入法

1. 贯入法的定义及适用范围

贯入法是指钢探针或销钉穿透硬化混凝土，通过建立穿入阻力与硬化混凝土的强度关系表征混凝土力学性能的一种方法。该方法适用于判断混凝土的均匀性和对结构中质量差或有缺陷的混凝土区域进行划分。该方法更适用于测量现场的强度，前提是在贯入深度和混凝土强度之间建立了一种关系，这种关系必须建立在一个给定的测试设备上，使用类似的混凝土材料和配合比的结构。

2. 贯入法装置的组成

贯入法装置主要由驱动装置、钢制探针及固定装置等组成。

钢制探针是贯入法装置的核心部位，测试时，通过固定装置将装置固定到待测区域，然后启动驱动装置使钢制探针灌入混凝土，通过测试钢针对混凝土的灌入深度以及灌入深度与混凝土强度之间的关系进行强度换算。

驱动装置一般使用化学能或压缩空气驱动。例如，早期的贯入装置使用了一种经过仔细标准化的粉末弹药筒。这将使探针的能量恒定不变，产生的速度约为 183 m/s，速度偏差不超过±1%。当测试低强度混凝土时，功率可以适当降低。

整个贯入装置被固定装置紧紧地与待测混凝土固定在一起，以防止装置震动而造成钢制探针的能量损失。当扣动扳机，探针被发射后，使用专门的测量工具进行贯入深度的测试，且每个测点只能测量一次。

3. 贯入法测试结果的分析

建立探针暴露长度与含有粗骨料的混凝土强度间的关系。然而，制造商的标准曲线或数据表并不能总是给出令人满意的结果。因此，应通过对具体混凝土的试验研究，提出针对不同工况的混凝土强度与贯入深度之间的关系。

通常来说，测试结果为 25～75 mm，是指从表面到内部的贯入深度。但这不仅仅是与表面性质相关的表面硬度测试，因为在混凝土测试后，在贯入点附近区域的混凝土却留有 8 mm 的孔，甚至有可能断裂。据报道，这种测试用于确定模板拆除时间和代替取芯法是有效的。Swamy、Al-Hamed 指出，贯入阻力可以用来估计早期混凝土的抗压强度，优于小直径的取芯法。测试程序在相关标准规范中均有描述。

由于贯入结果可能受到材料表面性质的影响（例如，木结构与钢形态），因此应在与施工过程中使用的材料表面相似的试件上进行测试。该测试方法会导致混凝土表面的损坏，这可能需要对暴露的建筑表面进行修复。

3.4.6　预埋拔出法

1. 预埋拔出法定义

预埋拔出法是在混凝土表层以下一定距离处预先埋入一个钢制锚固件，混凝土硬化以后，通过锚固件施加拔出力。当拔出力增至一定限度时，混凝土将沿着一个与轴线成一定角度的圆锥面破裂，并最后拔出一个类圆锥体，其原理如图 3.14 所示。

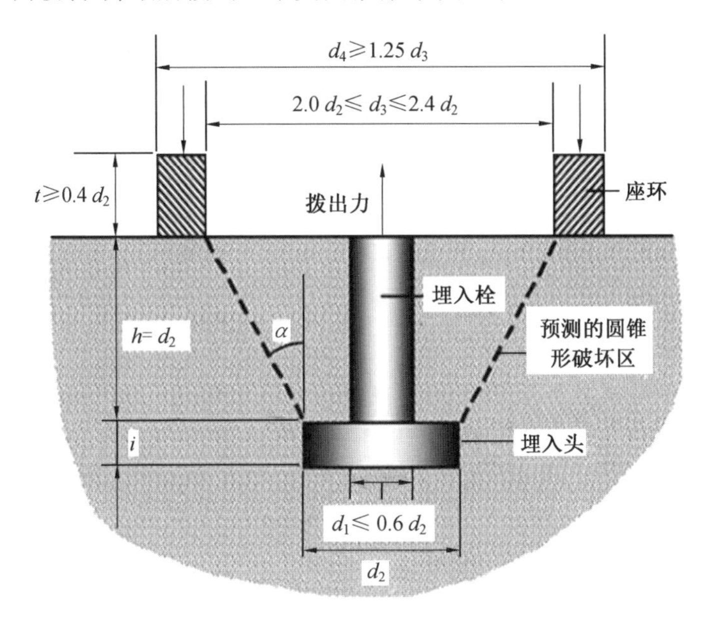

图 3.14　拔出法原理

2. 预埋拔出试验

(1)研究进展。

丹麦 Niel Saabye Ottosen 专门对 Hannsen 的预埋(LOK)拔出试验进行非线性有限元分析，试验结果表明，拔出力与抗压强度呈线性关系，混凝土在环状狭长地带被压碎。在国际标准化组织及其他一些国家的拔出法试验标准中，都没有对拔出装置的参数给予具体规定，只是给出了大致关系。例如，国际标准《硬化混凝土拔出试验方法》(ISO/DIS 8046)推荐使用直径 $d=25$ mm 的预埋件锚头，而美国标准《硬化混凝土拔出强度试验方法》(ASTMC900－99)未做具体规定，但注明预埋锚头直径的典型尺寸为 25 mm 或 30 mm，大一些和小一些的也被采用过。当锚固件锚固深度一定时，拔出力随着反力支承尺寸的增加而减小；同一锚固深度和反力支承尺寸时，圆环支承的拔出力比三点支承的拔出力大；在同一反力支承尺寸下，拔出力随着锚固件锚固深度的增加而有较大幅度的增加。

(2)试验装置。

预埋拔出装置包括锚头、拉杆和拔出试验仪的支承环。拔出装置的尺寸为拉杆直径 $d=7.5$ mm(LOK 试验)或 10 mm(TYL 试验)；锚头直径 $d=25$ mm，支承环内径 $d=55$ mm，锚固深度 $h=25$ mm。预埋拔出装置构造和试验示意图如图 3.15 所示。

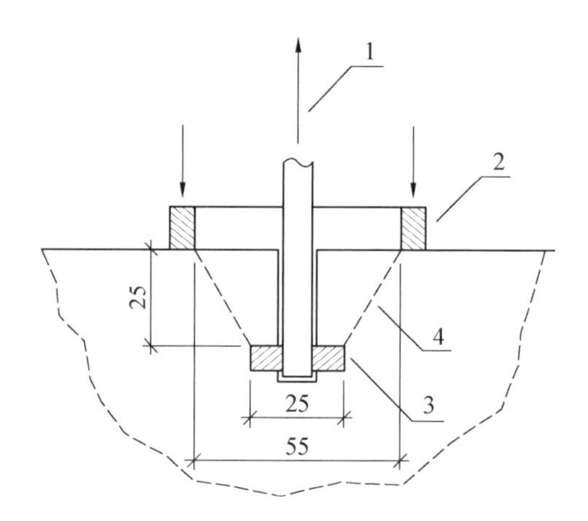

图 3.15　预埋拔出装置构造和试验示意图

1—拉力；2—反力环；3—安装在硬化混凝土中的钢环；4—破坏面

(3)试验操作步骤。

预埋拔出试验的操作步骤为安装预埋件→浇筑混凝土→拆除连接件→拉拔锚头。

安装预埋件时，将锚头定位杆组装在一起，并在其外表涂上一层隔离剂。在浇筑混凝土以前，将预埋件安装在模板内侧的适当位置。当进行楼板试验时，可将预埋件固定到一个塑料浮杯或木块上，等到混凝土浇筑完毕、尚未凝结时，把预埋件插入混凝土内让浮杯或木块浮在混凝土表面。预埋件安装完毕后，在模板内浇筑混凝土，预埋点周围的混凝土应与其他部位同样振捣，不能损坏预埋件。

拔出试验过程：拆除模板和定位杆，把拉杆拧到锚头上，另一端与拔出试验仪连接，拔出试验仪的支承环应均匀地压在混凝土表面，并与拉杆和锚头处于同一轴线。摇动拔出仪的摇把对锚固件施加拔出力，施加的拔出力应均匀且连续，拔出力的加荷速度控制在1 kN/s左右，当荷载加到了峰值时，记录极限拔出力读数，然后回油卸载，混凝土的表面上留下微细的圆裂纹。根据提供的测强度曲线，推算混凝土的抗压强度。

拔出法的混凝土试件一般与建筑中的混凝土同时浇筑，用拔出法来确定是否到了拆模的时候，可能的改进在锚固件上，通过改变锚固件与混凝土的接触方式和接触面积，可以减小拔出力，让拔出法更方便。

3.4.7　后锚固法

1. 后锚固法定义

后锚固法，即通过相关技术手段在既有混凝土结构上的锚固，是相对于浇筑混凝土时预先埋设的先锚固法(预埋)而命名的，具有施工简便、使用灵活等优点。随着产品种类的丰富、费用的降低，以及施工技术的普及，混凝土后锚固法由初期仅限于改造、结构加固项目逐步在新建工程中被广泛采用。

2. 锚栓

锚栓是一切后锚固组件的总称，是将被连接件锚固到混凝土等基层材料上的锚固组件。锚栓按其工作原理及构造的不同,锚固性能及适用范围存在较大差异,国内通常将其分为四大类。

(1)膨胀型锚栓。

膨胀型锚栓是利用膨胀件挤压锚孔孔壁形成锚固作用的锚栓,具体又分为扭矩控制式膨胀型锚栓和位移控制式膨胀型锚栓。

(2)扩孔型锚栓。

扩孔型锚栓是通过锚孔底部扩孔与锚栓膨胀件之间的锁键形成锚固作用的锚栓,具体又分为预扩孔普通栓和自扩孔专用栓。

(3)黏结型锚栓。

黏结型锚栓又称为化学黏结栓,是以特制的锚固胶将螺杆及内螺纹管等胶结固定于混凝土基材钻孔中,通过黏结剂与螺杆、混凝土孔壁间的黏结及锁键作用,实现对被连接件锚固的一种组件。定型黏结型锚栓一般较为粗短,锚深较浅,对基材裂缝适应能力较差,性能欠佳,目前仅适用于设备固定、护栏安装、钢构(幕墙)安装及其他安装工程。

(4)化学植筋。

化学植筋简称植筋,是广泛应用的一种后锚固连接技术,它是以化学黏结剂(锚固胶)将带肋钢筋及长螺杆等胶结固定于混凝土基材锚孔中,通过黏结与锁键作用,实现对被连接件锚固的一种后锚固方法。

3. 后锚固法中扩孔型锚栓检测方法

后锚固法中,扩孔型锚栓检测混凝土强度的方法及原理如图 3.16 所示。

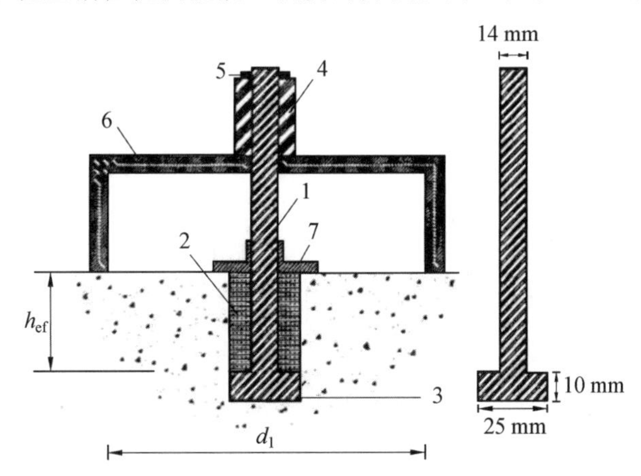

图 3.16　扩孔型锚栓检测混凝土强度的方法及原理

1—锚固件;2—胶黏剂;3—橡胶套;4—千斤顶;5—固定螺帽;
6—反力支承;7—定位圆盘

操作步骤:①打孔;②清理孔中碎屑;③将分套、螺纹杆和锥形端组合成锚栓;④利用螺母和把手将锚栓安装入孔中;⑤将锚栓和空心千斤顶用螺母组合为一体;⑥利用千斤顶将锚栓拔出。

3.4.8 电学参数法

1. 基于电阻率对混凝土性能的评价方法

(1)电阻率的概念。

把混凝土作为一种复杂的电化学体系研究其电阻率是近年来混凝土结构性能测试的新方法。混凝土电阻率作为一个电学参数,反映单位长度混凝土阻碍电流通过的能力,可用于表征混凝土的结构与性能。混凝土中存在大量的连通或不连通的毛细管,在这些毛细管中含有大量毛细管溶液,这些孔溶液以饱和 $Ca(OH)_2$ 为主,并有其他多种离子的电解质溶液。在电压作用下,电解质溶液中的离子发生电解迁移,从而使混凝土具有不同的电学特性,表征为电阻率、电导率、阻容或阻抗及介电常数等。鉴于混凝土电学特性与其结构性能之间关系,混凝土电学性能将成为一种快速检测、在线监测和有效评价混凝土微结构形成与发展的新技术。

(2)混凝土电阻率法测试方法。

混凝土电阻率的测试方法按接触方式可分为接触式和非接触式两类,按照施加电压可分为直流电测试法和交流电测试法。接触式测试方法是一种传统的测试方法,非接触式测试方法是近年来开始采用的新方法,但目前主要采用接触式测试方法。对于接触式测试方法,采用交流电桥测量可消除直流电流的极化作用对测试值的影响。按照适用场合分类,电阻率测试方法可分为实验室测试法和现场测试法。常见的混凝土电阻率测试方法有端电极法、二电极法、四电极法、无电极法和交流阻抗法。二电极法和四电极法适用于现场混凝土结构电阻率的测试。

(3)电阻率法存在的问题。

以混凝土的电学参数表征混凝土性能及其结构已经成为学者的研究热点,然而以电阻率为代表的混凝土电化学参数尚且没有一个公认的测试方法或评价指标,其原因如下:①电阻率用于混凝土早期性能的表征更为适合,在养护龄期为 7 天之后,混凝土电阻率随性能变化的相关性不明显;②在电场作用下,混凝土内部电解质溶液的温度升高,尤其对于密实度较差的混凝土,消除电场对混凝土电阻率测试结果的影响是制约该方法应用的关键;③目前,不同研究者所采用的检测仪器、检测电压以及试件规定各不相同,且缺少以电阻率为依据的量化评定指标。因此,混凝土电阻率测试方法高效可靠、混凝土电阻理论和模型的广泛适用,基于电阻率的混凝土性能评价指标的量化将是混凝土电阻率未来研究的热点及发展趋势。

混凝土电阻率可以很好地反映混凝土内部湿度情况及混凝土密实情况,用电阻率评价现场混凝土养护效果是有效、可行的,有理由相信混凝土电阻率将在混凝土无损、快速评价养护效果方面发挥重要作用。

2. 电学参数法在混凝土中的应用

电阻率是反映混凝土对通过电流的阻碍能力大小的电学参数,在混凝土中的应用主要有以下几个方面。

(1)电学参数评价水化程度。

在混凝土两端施加交流电压，可以加速混凝土的水化，缩短终凝时间，提高混凝土抗压强度，为避免高电压导致的过高温升，交流电压应控制在40～60 V；频率的提升(0～250 Hz)对终凝时间没有影响，但是可以提高1天抗压强度。

Z. Li和X. S. Wei等人连续监测了新拌水泥浆体的电阻率发展，将电阻率的发展分为溶解期、诱导期、凝结期和硬化期四个阶段，并发现电阻率发展曲线与水泥水化放热曲线相似。Z. Li等通过研究确定了不同水灰比下Archie公式的参数：

$$F=0.68\Phi^{-1.80} \tag{3.44}$$

式中，F为构成因子，为t时刻水泥浆电阻率与孔溶液电阻率之比，通常认为与水泥浆内部离子传输曲折度有关；Φ为孔隙率，在水泥浆为新拌状态时，可认为孔隙中100%被水填充，则Φ被认为和水灰比有关，因此对于新拌水泥浆，水灰比较低时对应着较高的构成因子，即较高的曲折度。

此外，该研究曲线显示，较低的水灰比会导致较高的电阻率，这是因为小水灰比的水泥浆颗粒之间的距离较小，只需要生成少量的水化产物即可形成连通的固体网络，导致电阻率较高且上升较快，所以诱导期结束时间以及凝结时间均会提前。

S. Hossein研究了水泥和水拌和后2 h内的电阻率和孔溶液电阻率的发展。在这个阶段水泥浆未达到凝结时间，还是液体状态，内部还没有产生微结构，水泥基材料和水的化学反应导致离子的进一步溶解，使得孔溶液的电阻率随时间降低。而且随着水灰比的增加，孔溶液电阻率增大，但是对于水泥浆而言，与硬化水泥浆发展规律不同，水灰比较小或者处于中等程度时，水泥浆的电阻率随水灰比增加略降低，而当水灰比较大时，电阻率会随着水灰比增加，这与Z. Li等人的研究结论相矛盾。当使用辅助胶凝材料(SCM)代替部分水泥时，SCM的存在延迟了离子的溶解，使得在30 min时，含有SCM的水泥基材料浆体的导电性小于普通硅酸盐水泥浆(OPC)，聚羧酸减水剂由于增加了溶液的黏度，因此也能降低溶液的导电性，总而言之，这些矿物和化学外加剂降低电阻率的顺序从高到低依次为：矿渣、粉煤灰、硅灰和聚羧酸减水剂。随后，当拌合后的时间超过90 min时，含有硅灰的水泥浆体由于其巨大的比表面积使其反应迅速，导电性接近于OPC。另外，该研究还提出了用水泥浆的pH测量代替孔溶液导电性测量的方法，认为水泥浆的pH和孔溶液导电性的发展规律相似，均是随着时间及水灰比的增加而减小。

$$\sigma=103.8(\mathrm{pH})-1\,336 \tag{3.45}$$

式中，σ为孔溶液电导率，mS/cm；pH为孔溶液的pH，与孔溶液OH^-浓度有关。浆体孔溶液的pH和浆体的pH相似(图3.17)，因此可用浆体的pH代替孔溶液的pH。

D. P. Bentz等人通过一系列试验验证了新拌混凝土的电阻性能可以预测其初凝时间，终凝时间是初凝时间的1.3倍左右。体积分数为25%的粉煤灰和细石灰石粉末取代水泥后的混凝土凝结时间，早期强度和电阻率均有增加。表面电阻和单向电阻在混凝土早期和后期均有良好的对应关系。

H. J. Yim等人用四电极电阻率法研究了水泥砂浆的凝结时间，并表征不同种类以及质量分数的外加剂对砂浆内部微结构的影响。该研究提出了水泥砂浆的凝结时间和电阻率上升速率以及电阻率开始显著上升的时间的关系。加入了引气剂和掺合料的砂浆电阻

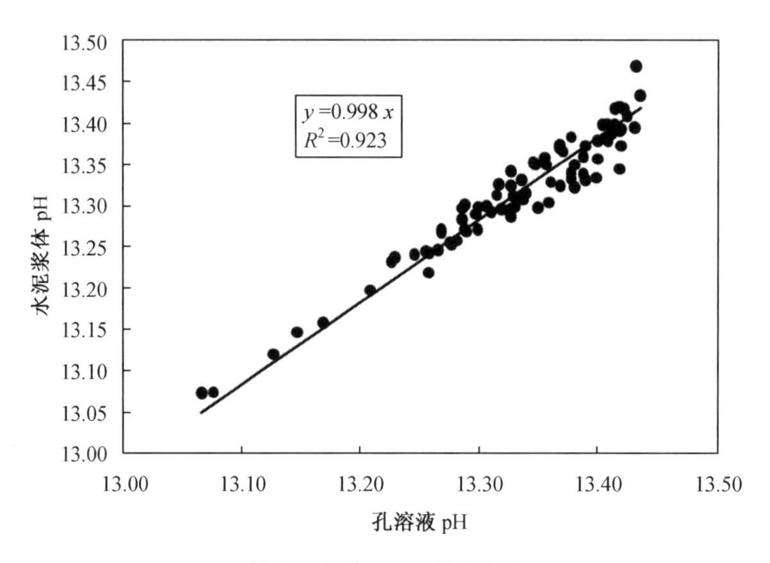

图 3.17　新拌水泥浆体 pH 和其孔溶液 pH 的关系

率上升变缓，表明这些外加剂减慢了微结构的发展，增加了凝结时间。同时，作者还认为，初始电阻率随拌合物中固体质量分数的增加而呈指数关系增大，固体质量分数为水泥与骨料的总质量分数。因此，当拌合物中加入了少量引气剂和减水剂后，初始电阻率几乎不变。

Y. Liu 等人针对大量不同配合比的混凝土进行试验，认为混凝土的活化能和 21 ℃的电阻率符合对数关系，并通过 Arrhenius 关系建立了混凝土温度 T 下实测电阻率和 21 ℃下电阻率之间的关系。通过此方法可以精确预测不同温度下混凝土的电阻率变化。试验时需测试温度 T 下的电阻率，根据该关系计算 21 ℃下的电阻率，再转换为另一温度 T'下的电阻率。该关系与试验结果相符，且与前人的研究结论相似。该方法可以不用考虑混凝土的配合比，例如矿物掺合料、水泥种类或者水灰比等，但是湿度对该方法影响较大。该方法可以用来对现场混凝土进行检测，评估不同季节的温度对混凝土电阻率的影响。

(2)电学参数评价混凝土强度。

H. B. Liu 等人用四电极法研究掺加石墨尾矿和碳纤维的导电混凝土，用电学参数确定混凝土中石墨尾矿和碳纤维的最佳掺量，试验表明，该混凝土有着良好的力学性能和电学性能。L. Xiao 和 X. Wei 等人用无电极电阻率法再一次证明了水灰比的增大将使得电阻率减小，此外，该研究发现温度矫正后的电阻率与强度均随时间呈双曲线关系，因此提出混凝土的强度与温度矫正后的电阻率存在一定量关系，而该定量关系的参数与水灰比以及混凝土养护温度无关，仅与试件尺寸和加载速率有关。

用四电极法分别研究水和空气中养护的素混凝土和钢筋混凝土，结果表明，相同条件下钢筋混凝土电阻率更低，且钢筋直径越大，电阻率越低。水中养护的混凝土强度和电阻率呈对数正相关关系，而空气中养护的混凝土强度和电阻率呈负指数关系。

(3)电学参数评价冻融循环。

当混凝土在负温下受冻时，孔溶液的冰点和结冰量受混凝土的内部结构所影响，在宏观上表现为与混凝土的力学性能和耐久性能有关。

W. J. McCarter 等人提出了一种简化方法来估计成熟混凝土孔结构中冰的体积分数。他们测量了经历+70 ℃至−30 ℃温度循环的混凝土导电性，根据温度和导电性的关系作出 Arrhenius 曲线，通过曲线的斜率获得冰点及活化能。不同配合比中低导电性对应着高活化能，0 ℃以下冻融循环过程中曲线发生迟滞现象及冰点的不同，说明了混凝土孔结构的不规则性，墨水瓶孔大量存在，混凝土中相邻的大孔通过一些孔径较小的孔连通，由于这些孔中的结冰是由较小的孔径控制的，因此在相同的温度下，处于升温阶段的混凝土的含冰量大于降温阶段的混凝土。

在此基础上，D. Tomlinson 等人对幼龄期混凝土经历冻融循环的电阻率进行了研究。可根据电阻率−温度曲线确定混凝土受冻时内部孔溶液相变温度点，在相变温度点以上，电阻率与时间的关系符合 Arrhenius 关系，而在相变温度点以下，电阻率与温度呈线性关系，且电阻率增长速率很快。该研究中将确定出来的相变温度点认为是成熟度方法中强度不再发展的温度点，且该温度点受混凝土配合比和龄期所影响。矿渣可以增加混凝土的电阻率，降低相变温度点。

3.5　早期环境条件对混凝土后期性能的影响

3.5.1　早期低温受冻对后期性能的影响

混凝土早期低温受冻破坏通常指混凝土内部的孔隙水在外界低温环境的作用下冻结、膨胀，从而对混凝土空隙产生一定的冻胀应力，当混凝土中由冻胀应力引起的拉应力超过孔隙结构的抗拉强度时，孔壁破坏，产生许多微裂纹，导致混凝土结构破坏。

(1)冻结对强度的影响。

对于混凝土结构来说，抗压强度是混凝土质量控制的重要指标，也是充分发挥混凝土其他性能的重要保障。而早期冻结通常会使混凝土的抗压强度显著降低，其原因主要有两个：首先，孔隙中的自由水在低温条件下由液态水转为固态冰晶体，无法继续参与水化反应，此时水化反应基本停止，强度不会继续发展，在结冰的过程中，还会不断从水泥浆体中吸取水分，致使水泥浆体中形成大量的孔隙，并且冰晶体会附着在骨料的表面，降低了水泥基体与骨料的黏结强度，从而影响混凝土的抗压强度值；其次，影响抗压强度的第二个因素与混凝土中因冰晶体体积膨胀而产生的冻胀应力有关，在混凝土硬化前，自由水冻结产生的冻胀应力，会加速水在混凝土中迁移，最终导致产生明显的连通裂缝，使得混凝土抗压强度降低。冻结时的温度，往往对混凝土的强度发展有很大的影响，如图 3.18 所示，冻结时温度越低，混凝土的抗压强度及抗拉强度也越低。

(2)冻结时混凝土的龄期对强度的影响。

对于还未开始初凝的混凝土，水化反应刚刚开始，混凝土中充满大量的孔隙水，混凝土强度还未发展。若在此阶段发生冻结，大量的孔隙水结冰，体积膨胀对孔壁产生应力。在因结冰形成的冻胀应力和混凝土内部静水压力的共同作用下，破坏水化产物与集料间的黏结性能，混凝土内部结构遭到严重损伤。然而，当早期冻融混凝土进入标准养护状态时，冰晶体融化，之前未参与水化的水泥开始反应，产生一定的水化产物，混凝土可以恢复

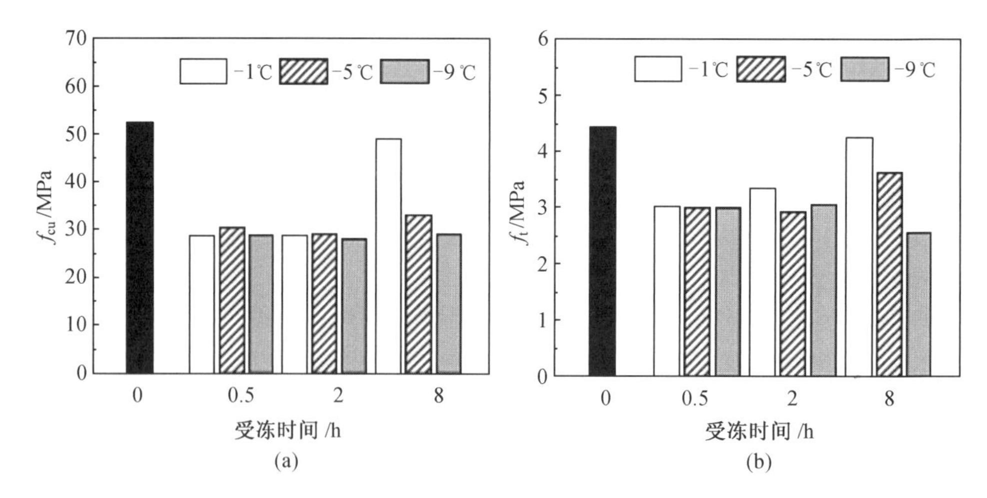

图 3.18　不同温度下混凝土的抗压、抗拉强度

部分强度。

对于初凝至终凝之间的混凝土，水化反应已经进行一段时间，混凝土会产生一定的强度。冻融过程与初凝前相似，在冻胀应力和静水压力共同作用下，水化产物开裂，并且在水泥基体内部以及水泥基体与粗集料的交界处形成明显的裂缝，混凝土的完整性和密实性被破坏。与初凝前冻结的混凝土相比，混凝土内部成型的骨架结构受冻开裂，形成永久裂缝，如果将其放置于正常环境中继续养护，裂缝也无法恢复。因此，相比之下，混凝土在初凝和终凝之间受冻，其性能损失最为严重。

对于完成终凝的混凝土，水化反应基本完成，混凝土具有相当的强度，能够抵抗因结冰产生的冻胀应力。此外，混凝土内部大量的游离孔隙水被消耗以完成水化，冰晶体体积膨胀所产生的混凝土破坏应力显著降低。因此，在终凝时间后受冻的混凝土对使用性能的影响较小，且随着冻融开始时间的延迟，这种影响不断减小。

(3)冻结对混凝土孔结构的影响。

孔隙是混凝土微结构的重要组成部分，其大小、形态对混凝土宏观性能有重要的影响。图 3.19 所示为不同冻结温度下混凝土的微观结构，与标准养护相比，早期冻结的混凝土结构都比较疏松，存在大量的孔隙，并且孔隙内部生成的水化产物非常有限，如图 3.19、图 3.20 所示。随着冻结温度的降低，混凝土中孔径小于 20 nm 的微孔数量明显降低，而孔径大于 1 μm 的大孔数量大幅度增多。

虽然混凝土早期冻结会对其强度及微观结构产生许多不利的影响，但是由于经济及地域等原因，仍不可避免在低温环境下施工。为了将损害降到最低，研究人员提出了受冻临界强度，即新拌混凝土受冻前应达到的最低强度，当其恢复正温养护后，其强度会继续增长，可达设计标准的 95%以上。新拌混凝土在正温下达到此强度时，其内部已经进行了一段时间的水化反应，混凝土具有较为成熟的初始结构来抵抗一部分的冻胀应力，且自由水与可冻水大量减少，水化形成的部分孔结构可释放部分冻胀应力，将有利于抵抗冻害。受冻临界强度在最大程度上减少冻害对混凝土产生的不利影响，保证混凝土后期强度继续发展，避免了在低温施工过程中由于混凝土强度不够而引发的工程事故。

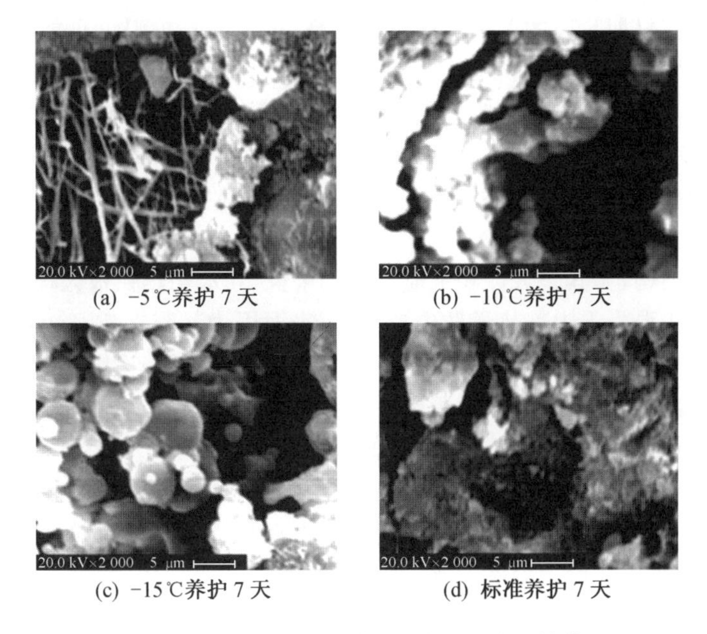

(a) -5℃养护 7 天　(b) -10℃养护 7 天

(c) -15℃养护 7 天　(d) 标准养护 7 天

图 3.19 不同冻结温度下混凝土的微观结构

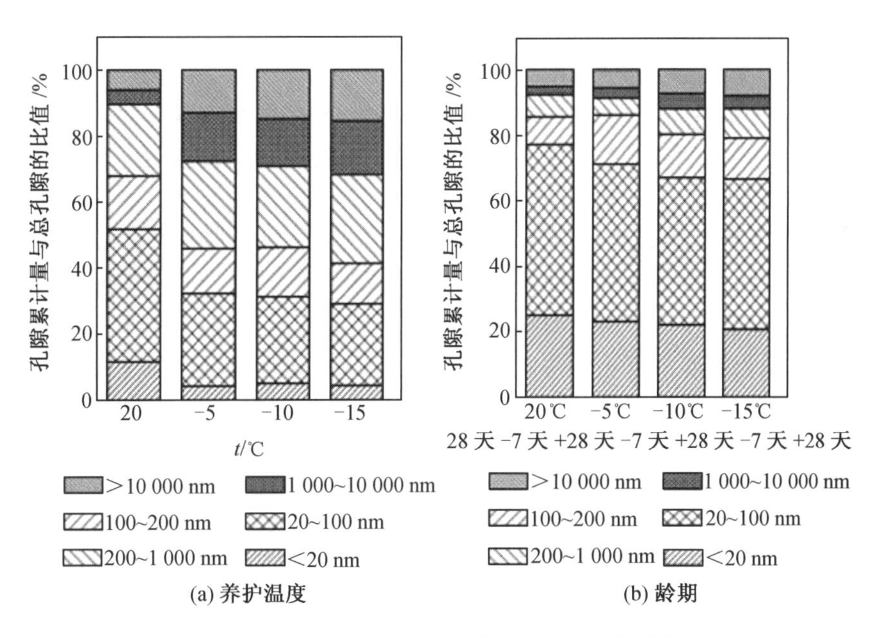

(a) 养护温度　(b) 龄期

图 3.20 不同养护温度及龄期的水泥石孔结构

3.5.2 早期高温过热对后期性能的影响

(1)早期过热的温度应力及损伤。

混凝土的力学性能主要由混凝土组成成分、配合比及养护方式等因素决定。混凝土养护时的温度对其力学性能、耐久性等都有很大的影响,通常养护时的温度越高,越有利于水化反应的进程,强度发展得越快。

混凝土结构在早期阶段的养护温度不宜过高，过高的养护温度可能会导致试件在早期阶段产生大量的水化热，从而生成较多的微裂缝。一般来说，这种微裂缝主要与试件养护温度过高以及其内部组分热膨胀系数各不相同有关。在热养护过程中，由于热膨胀系数不同，各相的变形也大不相同，进而会产生较大的内部约束，而后在热养护结束试件冷却的过程中，又会因为热收缩产生较大的外部约束，这两者都会导致结构在早期形成裂缝，影响其后期力学性能的发展。

对于混凝土结构，尤其是大体积混凝土结构来说，其水化热在很大程度上影响试件的养护温度。大体积混凝土内部热量散失较慢，而表面因为暴露在空气中热量散失相对较快，其温度处于非线性分布状态，内外温差过大，在这个条件下产生的温度应力很有可能导致混凝土开裂破坏。具体来说，混凝土在升温过程中，各组分的强度、弹性模量等都比较低，由于温升引起的变形约束不大，相应的温度应力也比较小。然而，随着水化反应的进行，试件各组分逐渐形成强度和弹性模量，一旦温度下降，对其降温收缩的约束也会更大，相应地会产生比较大的温度应力。而当混凝土自身所具有的抗拉强度不足以抵抗该温度应力时，混凝土就会产生温度裂缝，进而破坏。

要想防止混凝土出现较大的温度应力影响混凝土的性能，以下几个参数的确定十分重要：试件的峰值温度、升温降温过程中试件与环境温度的差值、混凝土结构的热膨胀系数（用来确定试件的自由热应变和应变）、混凝土的抗拉应变能力（确定试件能承载的约束应变的程度）以及混凝土的抗拉强度。

在实际施工过程中，可以通过加入适量的矿物掺合料、减少浇筑厚度、采用冷水拌合等方法减少水化热的产生，从而减少由温度应力产生的裂纹，提高混凝土的强度、抗渗性等性能。

由于混凝土养护时温度过高，容易出现大量的微裂纹，因此混凝土容易受到水或者其他液体的化学侵蚀，从而降低结构的使用寿命。马赫梅尔混凝土研究实验室研究通过碳化和氯化物渗透试验，评估了由于温度应力产生的裂纹对耐久性的影响。当裂纹宽度小于 3 mm 时，对碳化深度没有显著的影响；当其为 0.5 mm 时，碳化深度明显增加。另外，无论裂纹的宽度有多小，氯离子渗透深度都会受到显著的影响。与碳化相比，裂纹的存在更不利于混凝土抵抗氯离子侵蚀。

（2）早期高温过热对微观结构的影响。

混凝土主要是由各类形状、大小不一的骨料及胶凝材料所组成的复合材料。胶凝材料能够将砂、石等骨料紧密地胶结在一起，并具有一定的强度，是决定混凝土力学性能的重要组成部分。胶凝材料主要由各类水泥以及其他矿物掺合料组成，其中水泥熟料在凝结硬化过程中会生 C—S—H 凝胶、钙矾石、氢氧化钙等水化产物，它们是将骨料黏结在一起的重要保障。在水化反应中往往会产生大量的水化热，尤其是在大体积混凝土中，混凝土表面温度与中心温度相差过大形成的过高的温度梯度不仅使得混凝土产生大量的温度裂缝，导致结构损坏、透气性增加和耐久性退化，并且温度过高还会使混凝土中水化产物分解，严重影响其强度。在某些极端的场合，例如，炼钢厂等亦需要混凝土在超高温环境下作业。如图 3.21 所示，105～300 ℃时 C—S—H 凝胶开始受热分解，400～600 ℃时氢氧化钙分解，温度达到 650～800 ℃时混凝土中几乎没有 C—S—H 凝胶。

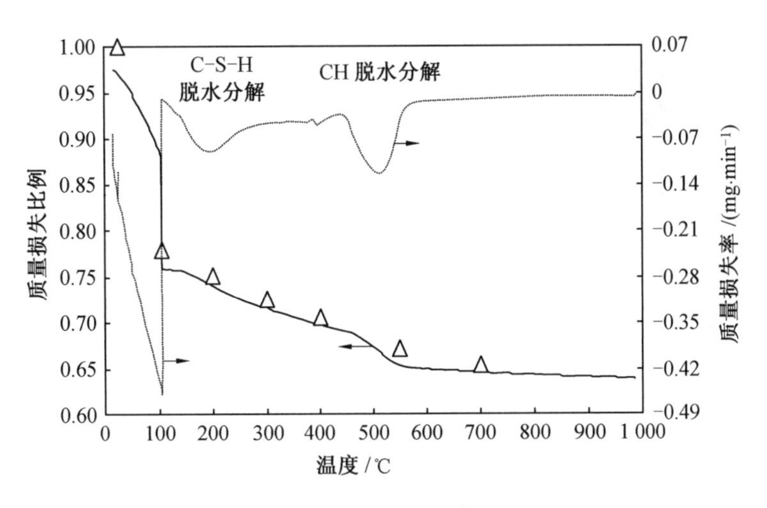

图 3.21 水泥浆体热重分析

①高温对界面过渡区的影响。混凝土界面过渡区(ITZ)是介于水泥石与骨料之间的一个"薄区",由于水泥石与骨料的硬度和弹性模量大不相同,在温、湿度变化时,二者的形变往往不同,从而在两者之间产生裂缝。在混凝土凝结硬化之前,水泥浆体通常在骨料表面形成一层水膜,随着水化反应不断发展,水膜中的水被消耗,并在骨料表面产生微裂纹。这都会使得界面过渡区成为混凝土中最薄弱的部分,混凝土的劣化和破坏往往都是从这里开始的。

如图 3.22 所示,在标准养护条件下,水泥浆体比较密实,C—S—H 凝胶、钙矾石等水化产物结构比较完整,能够形成比较紧密的交错的网状结构,将骨料很好地黏结起来。界面过渡区的表面也比较紧密、完整,孔洞比较少,仅有少量的裂纹和毛细管孔的存在,结构整体比较密实。但当环境温度逐渐升高时,则对界面过渡区产生了不利的影响。200 ℃时,虽然 C—S—H 凝胶因为受热分解了部分的结晶水,结构变得更加致密,但是由于之前富集在界面过渡区的氢氧化钙减少及钙矾石受热分解,质量分数减少,使得水泥浆体与骨料之间的过渡区孔洞不断增多,并形成和发展了一些裂缝。400 ℃时,水化产物不再密实,水泥浆体与骨料之间的黏结减弱,孔隙率变大。此时氢氧化钙开始少量分解,钙矾石已分解殆尽,原本完整的网状结构遭到破坏。此时骨料开始膨胀并产生了一定的应力,使得界面过渡区破坏更加严重,产生大的裂纹。800 ℃时,水化产物基本完全分解,产生大量的孔洞,水泥浆体严重被破坏,水泥浆体和骨料之间的裂缝迅速扩展壮大,界面过渡区破坏严重。

②高温对孔隙的影响。混凝土是由固、液、气三相组成的复合材料,其中气体所占的体积很小,但是其对混凝土力学性能、耐久性的影响往往很大。如图 3.23 所示,20 ℃时,混凝土中的孔隙大多为中孔,其次是孔径为 0～4 nm 的小孔,大孔的体积分数略多于 10%。随着温度的增长,钙矾石脱水分解,填充了部分中孔,使得小孔的数量增加,虽然此时与常温相比结构相对更加致密,但是由于钙矾石的分解,混凝土的抗压强度仍会下降;400 ℃时,凝胶和氢氧化钙部分分解,混凝土内部产生一些微裂纹,使得孔隙变大,小孔数量明显减少,并且此时水化产物分解后的组织比较多,填充了原本的大孔,此时大孔的数

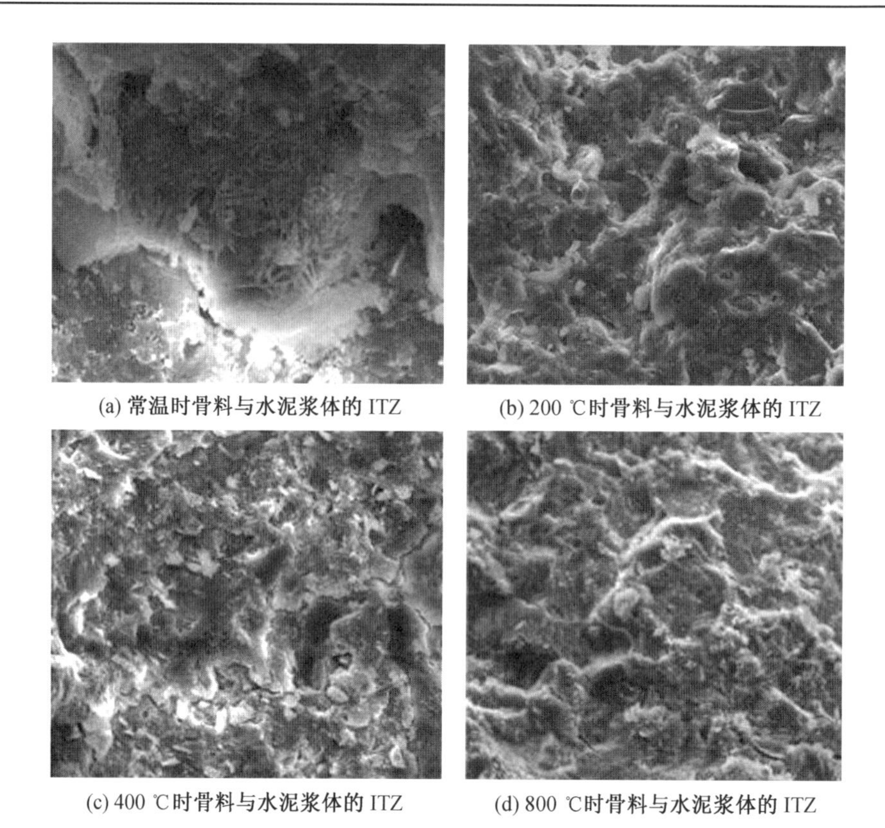

(a) 常温时骨料与水泥浆体的 ITZ　(b) 200 ℃时骨料与水泥浆体的 ITZ

(c) 400 ℃时骨料与水泥浆体的 ITZ　(d) 800 ℃时骨料与水泥浆体的 ITZ

图 3.22　不同温度下骨料与水泥浆体的 ITZ

量相对变少；600 ℃时，混凝土中水化产物大量分解，内部出现大量裂纹，结构被破坏，大孔的数量急剧增加；800 ℃时，混凝土内部骨料崩裂，产生大量的裂纹和孔隙，使得混凝土中的小孔、中孔迅速发展为大孔。

③高温对 C－S－H 凝胶的影响。C－S－H 凝胶是水化产物的重要组成部分，约占水化产物质量分数的 70%，是水泥石中最重要的强度来源。C－S－H 凝胶在水泥石中主要有两种形态，一种是高密度 C－S－H(HD)，另一种是低密度 C－S－H(LD)。C－S－H凝胶相对硬度及质量损失率随温度的变化如图 3.24 所示，以 105 ℃时的压痕模量为基准，比较其他温度下模量的相对大小，可以看到随着温度的升高，C－S－H 凝胶的模量不断减少，温度越高，对 C－S－H 凝胶的影响越不利。LD、HD 的变化趋势是相同的，说明高温作用下二者具有相同的物理化学机制。这主要是在高温的作用下，凝胶堆积密度产生变化所致。在 200 ℃之前，堆积密度基本保持不变，如图 3.24 所示。200 ℃以上，凝胶脱水产生收缩，从而减少了与相邻凝胶的接触点数量，使得水泥石结构趋于松散，最终导致强度的劣化。

④高温对钙矾石的影响。钙矾石约占水泥水化产物的 10%，形貌为细针状、短柱状等，而钙矾石的形成对于水泥基材料早期力学性能的影响很大，一般认为，其形成能够有效促进水泥基材料早期的强度发展。因此，在养护阶段钙矾石的稳定性对于试件的力学性能来说十分重要。目前，关于钙矾石在不同温度条件下的分解情况有着比较广泛的研究。钙矾石相的失水过程主要可以分为三个阶段，第一阶段是在 100 ℃左右钙矾石相会

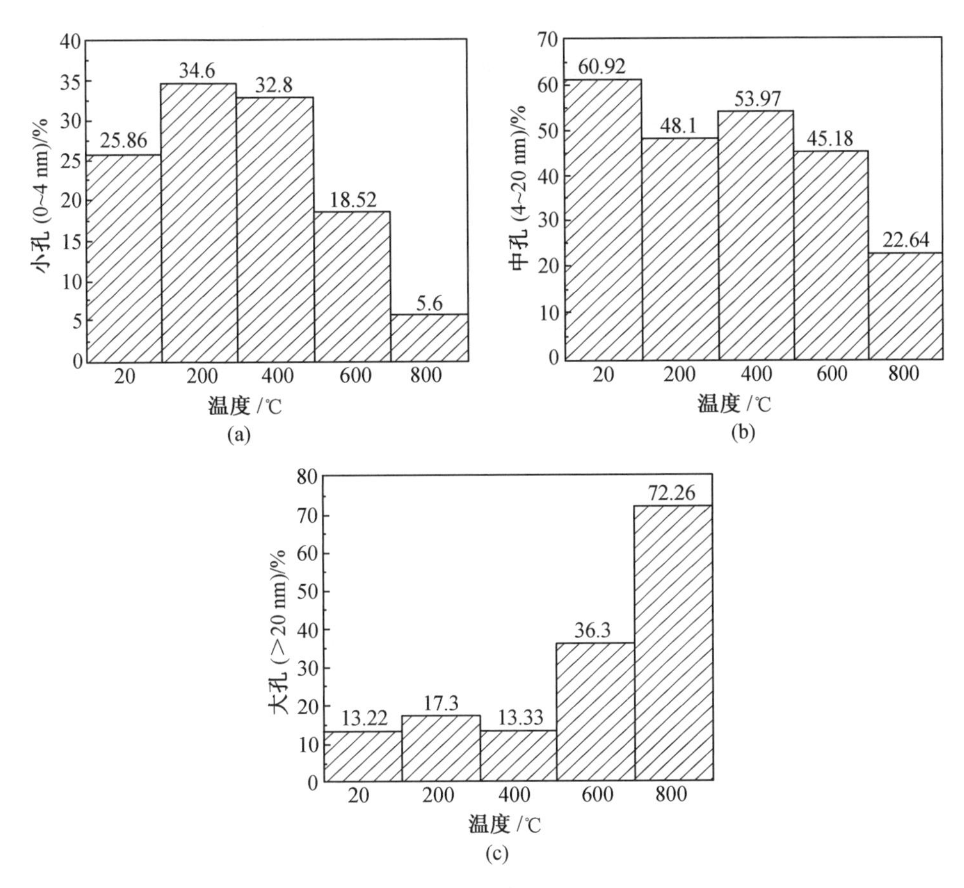

图 3.23 不同孔径的孔隙随温度变化直方图

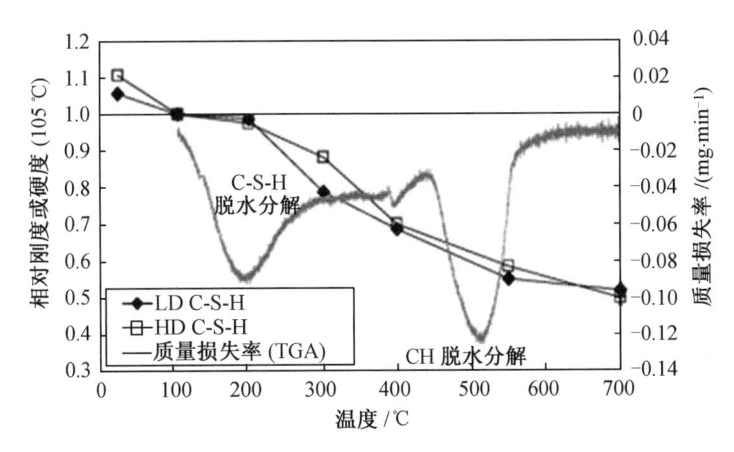

图 3.24 C－S－H 凝胶相对硬度及质量损失率随温度的变化

失去一部分的结晶水；第二阶段是在 230 ℃左右时，钙矾石相内部大部分结晶水均散失；第三阶段是指在 400 ℃时，钙矾石相内部全部的结合水均散失。另外，从钙矾石晶体的分解与重新结晶角度来说，当试件的养护温度达到 120 ℃时，钙矾石会全部分解为石膏和半水化物的混合物，并且会伴有无定形物质的生成。此时，一旦温度降低，分解的钙矾石会发生重结晶现象，当温度逐步降低到115 ℃时，会重新生成一部分钙矾石，而当温度降低到110 ℃时，全部钙矾石都将重新生成。因此，能够确定在110～120 ℃，钙矾石存在着可逆生成与分解两个过程。虽然钙矾石在115 ℃左右时会发生可逆反应，但是为了保证混凝土拥有良好的使用性能，其养护时的温度不宜过高。

本章参考文献

[1] 侯高峰. 混凝土抗压强度现场检测技术方法研究现状及发展方向[J]. 混凝土与水泥制品，2017(4)：76-80.

[2] 陈东飞. 几种混凝土强度检测方法的比较选择[J]. 商品混凝土，2014(1)：67-68.

[3] 中华人民共和国住房与城乡建设部. 混凝土质量控制标准：GB50164—2011[S]. 北京：中国建筑工业出版社，2011.

[4] 司马玉洲，王爱兰. 采用超声回弹法对混凝土强度的早期预测[J]. 施工技术，2002，31(4)：26-27. DOI：10.3969/j. issn. 1002-8498，2002(4)：15.

[5] HAN B，LIU M H，XIE H B，et al. A strength developing model of concrete under sustained loads[J]. Construction and Building Materials，2016，105：189-195.

[6] JONASSON B，JAN ERIK，PH D. Modelling of temperature，moisture and stresses in young concrete[D]. BREUGELK：Lule Tekniska Universitet，1996.

[7] BREUGEL K. Simulation of hydration and formation of structure in hardening cement-based materials[J]. Ph. d Thesis Ed. tu Delft，1991，2(7)：516-519.

[8] 刘敏，库世光，仝胜强. 引气量对混凝土抗压强度及渗透性影响[J]. 低温建筑技术，2006(5)：15-16.

[9] MCITOSH J D. Electrical curing of concrete[J]. Magazine of Concrete Research，1949，1(2)：21-28.

[10] NURSE R W. Steam curing of concrete[J]. Magazine of Concrete Research，1949，1(2)：79-88.

[11] SAUL A G A. Principles underlying the steam curing of concrete at atmospheric pressure[J]. Magazine of Concrete Research，1951，2(6)：127-140.

[12] BERGSTROM S C. Curing temperture，age and strength of concrete[J]. Magazine of Concrete Research，1953，5(14)：61-66.

[13] 李崇景，杨大海. 新成熟度在推算混凝土28 d强度及工程事故分析方面的应用[J]. 建筑施工，2003(2)：131-132.

[14] 钮长仁，王剑，朱卫中. 广义成熟度概念的提出及其冻结损伤关系的研讨[J]. 低温建筑技术，2001(3)：5-7.

[15] HANSEN P F，PEDERSEN J. Maturity computer for controlled curing and hardening of concrete[J]. Nordisk Betong，1977(1)：177-182.

[16] RASTRUP E. Heat of hydration in concrete[J]. Cement Concrete Reseach，1954，6(17)：79-92.

[17] KJELLSEN K O, DETWILER R J. Later ages strength prediction by a modified maturity method[J]. ACI Materials Journal, 1993, 90(3): 220-227.
[18] PANG X, MEYER C, DARBE R, et al. Modeling the effect of curing temperature and pressure on cement hydration kinetics[J]. ACI Materials Journal, 2013, 110(2): 137-148.
[19] KADA-BENAMEUR H, WIRQUIN E, DUTHOIT B. Determination of apparent activation energy of concrete by isothermal calorimetry[J]. Cement Concrete Research, 2000, 30(2): 301-305.
[20] KIM J K, HAN S H, LEE K M. Estimation of compressive strength by a new apparent activation energy function[J]. Cement and Concrete Reasearch, 2001, 31(2): 217-225.
[21] TANK R C, CARINO N J. Rate constant functions for strength development of concrete[J]. ACI Materials Journal, 1991, 88(1): 74-83.
[22] SOFI M, MENDIS P A, BAWEJA D. Estimating early-age in situ strength development of concrete slabs[J]. Construction and Building Materials, 2012, 29: 659-666.
[23] GUO C. Maturity of concrete: method for predicting early-stage strength[J]. ACI Materials Journal, 1989, 7(4): 341-53.
[24] 项翥行. 成熟度研究[J]. 混凝土，1990(6):14-25.
[25] PLOWMAN J M. Maturity and the strength of concrete[J]. Magazine of Concrete Research, 1956, 8(22): 13-32.
[26] KNUDSEN T. On particle size distribution in cement hydration[C]. Proceedings: 7th International Congress on the Chemistry of Cement, 1980.
[27] 赵芸平，孙玉良，于涛，等. 寒冷地区冬季混凝土强度增长规律的试验研究[J]. 硅酸盐通报，2009，28(4)：854-858.
[28] GALOBARDES I, CAVALARO S H, GOODIER C I. Maturity method to predict the evolution of the properties of sprayed concrete[J]. Construction and Building Materials, 2015(79): 357-369.
[29] HAN M C, HAN C G. Use of maturity methods to estimate the setting time of concrete containing super retarding agents[J]. Cement and Concrete Composites, 2010,32(2): 164-172.
[30] 周文献，谢友均，孙立军. 蒸养条件对超细粉煤灰混凝土强度的影响[J]. 混凝土，2003(6)：34-37.
[31] 侯东伟，张君，陈浩宇. 干燥与潮湿环境下混凝土强度和弹性模量发展分析[J]. 水利学报，2012，43(2)：198-208.
[32] 胡立志，刘士清，宋正林. 粉煤灰混凝土抗压强度和成熟度之间的规律研究[J]. 混凝土，2014(8)：61-65.
[33] 吴新漩. 结构混凝土无损检测技术发展综述[J]. 混凝土工程质量控制适用技术交

流会论文汇编，1991(3)：4-8.
[34] 陈祥森. 混凝土缺陷无损检测技术发展现状综述[J]. 福建建材，2007(1)：36-37.
[35] 黄文鑫. 回弹法检测混凝土强度的应用浅述[J]. 河南建材，2019(5)：57-58.
[36] 崔琛，张涛，牛小虎. 回弹法检测再生混凝土抗压强度[J]. 建筑技术，2015(S2)：85-86.
[37] 吴新璇. 混凝土无损检测技术手册[M]. 北京：人民交通出版社，2003.
[38] 汉武河. 影响回弹法检测混凝土抗压强度因素探讨[J]. 四川水泥，2017(2)：282.
[39] 王嘉康. 超声回弹综合法测定长龄期混凝土强度探讨[J]. 中国高新技术企业. 2017(10)：166-167.
[40] 张科，魏建友，赵紫溪，等. 浅谈《回弹法、超声回弹综合法检测泵送混凝土抗压强度技术规程》新旧标准的区别[J]. 施工技术，2018，47(S4)：392-393.
[41] 秋鹿为之，厉仁玉. 混凝土类构件无损检测[J]. 无损检测，1988，10(7)：221-224.
[42] 李昌煌. 常用的混凝土无损检测技术[J]. 建筑科学，2012(24)：61.
[43] MA G，WANG L. A critical review of preparation design and workability measurement of concrete material for argescale 3D printing[J]. Frontiers of Structural and Civil Engineering，2018，12(3)：382-400.
[44] 陈志杰. 冻结施工条件下立井井壁混凝土性能劣化机理与评价[D]. 北京：北京科技大学，2016.
[45] XU Y，JIN R. Measurement of reinforcement corrosion in concrete adopting ultrasonic tests and artificial neural network[J]. Construction and Building Materials，2018，177：125-133.
[46] CIONI P，CROCE P，SALVATORE W. Assessing fire damage to r. c. elements [J]. Fire Safety Journal，2001，36(2)：181-199.
[47] PETRO J T ，KIM J. Detection of delamination in concrete using ultrasonic pulse velocity test[J]. Construction and Building Materials，2012，26(1)：574-582.
[48] 林维正. 混凝土超声检测的进展[J]. 无损检测，2002，24(10)：428-431，459.
[49] 商涛平，童寿兴，王新友. 混凝土表面损伤层厚度的超声波检测方法研究[J]. 无损检测，2002(9)：7-8，19.
[50] LEE H K ，LEE K M ，LEE S H . Quality control of in-situ concrete by ultrasound monitoring[J]. Key Engineering Materials，2004，270/273(Pt2)：1562-1567.
[51] 王中委. 超声一回弹综合法检测混凝土抗压强度技术的探讨[J]. 住宅与房地产，2018，493(8)：207.
[52] 黄晋乐. 分析建筑工程混凝土强度的主要检测技术[J]. 建筑节能，2018(9)：157-158.
[53] 赵翔. 超声波法检测混凝土结构内部缺陷的定量化研究[D]. 镇江：江苏大学，2002.
[54] 曹辉. 超声-回弹综合法检测再生混凝土强度的试验研究[J]. 建筑科学，2018，34

(1)：80-83.
[55] 王振华，王霞. 包头地区超声回弹综合法测强曲线的建立[J]. 内蒙古科技与经济，2009(19):70+75.
[56] 汪军伟，徐生茂. 钻芯法检测评定混凝土强度应用研究[J]. 工程技术研究，2018(12)：217-218.
[57] 中华人民共和国住房和城乡建设部. 贯入法检测砌筑砂浆抗压强度技术规程:JGJ/T 136—2001[S]. 北京：中国建筑工业出版社，2017.
[58] SHOYA M，TGSUKINAGA Y，SUGITA S，et al. Estimating the compressive strength of concrete from pin penetration test method[J]. Research Journal of Environmental Sciences，1993，3(3)：278-284.
[59] KATASE T A，TANIMOTO C H. Early strength estimation of shotcrete by schmidt hammer test[J]. Tunnel and Underground，1984，6(2):96-99.
[60] IWAKI K，HIRAMA A，MITANI K，et al. A quality control method for shotcrete strength by pneumatic pin penetration test[J]. Ndt & E International，2001，34(6)：395-402.
[61] MAILHOT G，BISAILLON A，CARETTE G G，et al. In-place concrete strength：new pull out methods[J]. Journal of the American Concrete Institute，1979，76(12)：1267-1282.
[62] OTTOSEN N. Discussion of "Deformation and failure in large-scale pullout tests"[J]. ACI Journal，1984，81(5)：527-529.
[63] 王宝媛. 混凝土断裂性能及其影响因素的试验研究[D]. 大连：大连理工大学，2010.
[64] 李化建，谢永江，易忠来，等. 混凝土电阻率的研究进展[J]. 混凝土，2011(6)：35-40.
[65] 李美利，徐姗姗，钱觉时，等. 电阻率法用于高性能混凝土养护程度的评价[J]. 郑州大学学报(工学版)，2009(1)：109-113.
[66] UYGUNO LU T，HOCAO LU O. Effect of electrical curing application on setting time of concrete with different stress intensity[J]. Construction and Building Materials，2018，162:298-305.
[67] LI Z，WEI X S，LI W L. Preliminary interpretation of portland cement hydration process using resistivity measurements[J]. ACI Materials Journal，2003，100(3)：253-257.
[68] 魏小胜，肖莲珍，李宗津. 采用电阻率法研究水泥水化过程[J]. 硅酸盐学报，2004(01):34-38.
[69] SALLEHI H. Characterization of cement paste in fresh state using electrical resistivity technique[D]. Ottawa，Ontario：Carleton UniversityOttawa-Carleton Institute of Civil and Environmental Engineering，2015.
[70] BENTZ D P，JONES S Z，SNYDER K A. Design and performance of ternary

blend high-volume fly ash concretes of moderate slump[J]. Construction and Building Materials, 2015,84:409-415.

[71] YIM H J, LEE H, KIM J H. Evaluation of mortar setting time by using electrical resistivity measurements[J]. Construction and Building Materials, 2017,146:679-686.

[72] LIU Y, PRESUEL-MORENO F J. Normalization of temperature effect on concrete resistivity by method using arrhenius law[J]. ACI Materials Journal, 2014, 111(4): 433-442.

[73] LIU H, LIU K, LAN Z, et al. Mechanical and electrical characteristics of graphite tailing concrete[J]. Advances in Materials Science and Engineering, 2018, 2018: 1-9.

[74] XIAO L, WEI X. Early age compressive strength of pastes by electrical resistivity method and maturity method[J]. Journal of Wuhan University of Technology-Mater Sci Ed, 2011,26(5):983-989.

[75] SABBA N, UYANIK O. Determination of the reinforced concrete strength by electrical resistivity depending on the curing conditions[J]. Journal of Applied Geophysics, 2018, 155:13-25.

[76] MCCARTER W J, STARRS G, CHRISP T M, et al. Conductivity/activation energy relationships for cement-based materials undergoing cyclic thermal excursions [J]. Journal of Materials Science, 2015, 50(3):1129-1140.

[77] TOMLINSON D, MORADI F, HAJILOO H, et al. Early age electrical resistivity behaviour of various concrete mixtures subject to low temperature cycling[J]. Cement and Concrete Composites, 2017,83:323-434.

[78] HU X P, PENG G, NIU D T, et al. Damage study on service performance of early-age frozen concrete[J]. Construction and Building Materials,2019,210:22-31.

[79] 董淑慧,冯德成,江守恒,等. 早期受冻温度对负温混凝土微观结构与强度的影响[J]. 黑龙江科技学院学报,2013(1):63-66.

[80] SCHUTTER G D,Influence of early age thermal cracking on durability of massive concrete structures in marine environment[J]. Durability of Building Materials and Components,1999(8):129-138.

[81] DEJONG M J, ULM F J. The nanogranular behavior of C-S-H at elevated temperatures (up to 700 ℃)[J]. Cement and Concrete Research,2007(37):1-12.

[82] 杨淑慧,高丹盈,赵军. 高温作用后矿渣微粉纤维混凝土的微观结构[J]. 东南大学学报(自然科学版),2010(S2):102-106.

[83] 戎虎仁,顾静宇,曹海云,等. 高温后混凝土强度与孔隙结构变化规律试验研究[J]. 硅酸盐通报,2019(5):1573-1578.

第4章　混凝土早期收缩变形与开裂

水泥混凝土在早龄期内由于水泥水化反应和外部环境作用，固相体积和宏观体积均处于不稳定的变化过程中。从构件和结构层次来说，主要关注混凝土所表现出来的外在宏观体积变形，而这种体积变形通常是收缩，而不是膨胀变形。对于完全自由状态下的试件，每部分收缩变形均相同且不受外在约束作用，收缩变形对混凝土材料是无害的，甚至可以提高材料密实度和强度。但是混凝土的组成中水泥石产生收缩，而骨料是不收缩的，因而相互之间因约束作用会引起微裂缝产生；同时，混凝土试件内外层的收缩量不同，或收缩受基础或相连构件的约束作用，也会导致裂缝的形成。在实际工程中，混凝土结构普遍存在的开裂现象中，绝大多数与混凝土收缩变形相关。早龄期混凝土的内部结构尚未完全形成，抗破坏能力较低，因而受到外部环境因素的影响更加敏感，此阶段混凝土收缩的研究尤为重要。因此，本章将从混凝土早期收缩变形机理、收缩裂缝种类、收缩变形的主要影响因素、收缩变形的测试方法与收缩开裂的控制措施等方面展开介绍。

4.1　混凝土早期收缩变形机理

通常来说，混凝土的体积变形可分在荷载作用下的受力变形和无外加荷载作用下的非受力变形。混凝土早期收缩属于非受力变形，根据发生时间和产生原因又可以分为塑性收缩、温度收缩、自收缩及干缩和湿胀四种。

4.1.1　塑性收缩

1. 塑性收缩的定义

在混凝土浇筑后数小时内，当养护不当时，表面层发生体积收缩，甚至产生大量微裂缝，这种在混凝土凝结硬化前，尚处于塑性阶段时出现的体积收缩称为塑性收缩。由于塑性收缩而产生的、常分布于钢筋或粗骨料周围的水平方向微裂缝，称为塑性裂缝。塑性收缩裂缝虽然在混凝土表面发展，深浅不一，但如果不采取有效措施加以预防，不仅影响混凝土外观质量，而且当这些微裂缝出现在钢筋附近时，还会加快硬化混凝土中的钢筋锈蚀，影响混凝土结构的长期耐久性。

2. 塑性收缩形成机理

当混凝土处于塑性状态时，可能会表现出两种收缩现象。一方面，混凝土浇筑密实后，由于混凝土原材料存在的密度、质量、形状等差异，在重力作用下必然要出现粗大骨料的下沉和密度较小的水的上浮，即沉降和泌水同时发生；对于大水灰比或明显泌水的混凝土，上表面的水分蒸发后，混凝土的体积比未发生沉降和泌水前的体积有所减少，这种收缩称为沉降收缩，并不属于塑性收缩的范畴。另一方面，当新拌混凝土表面水的蒸发速率大于水分从混凝土内部的泌出速率时,水的蒸发面由表面深入到新鲜混凝土浆体表面以内,使蒸发面形成凹液面,凹液面产生附加压力,从而导致混凝土表面层产生收缩现象,这种收缩才是真正意义上的塑性收缩。Powers 提出了这种附加压力,即毛细管压力的计算公式为

$$p=1\times10^{-3}\frac{\gamma S}{W/C} \tag{4.1}$$

式中,p 为颗粒间毛细管压力;γ 为水的表面张力;S 为颗粒的比表面积;W/C 为混凝土水灰比。

Wittman 等通过试验研究得出毛细管压力随时间的变化趋势可分为三个阶段,如图 4.1 所示。其中,第一阶段时颗粒之间距离较远,形成的毛细管压力较小;进入第二阶段后,颗粒间水分形成凹液面且液面曲率半径不断减小,毛细管压力也随之显著增大,并达到最大值;进入第三阶段后,由于水泥水化的不断进行,混凝土表面水分不能填充所有空隙而呈非连续状态,毛细管压力也随之降低。

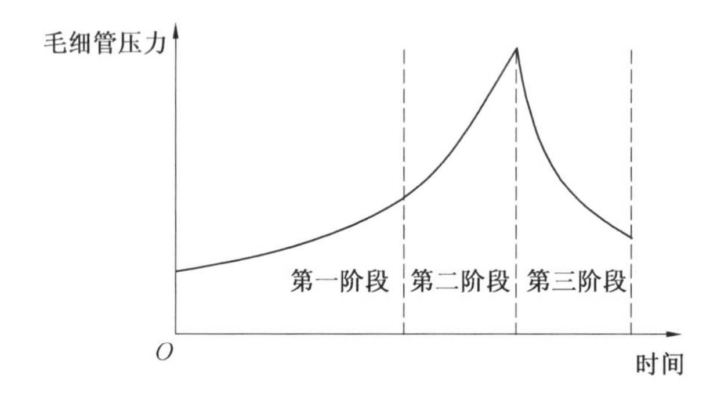

图 4.1 新拌混凝土表面毛细管压力的发展

这种颗粒之间的毛细管压力会引起拉应力,使颗粒凝聚,导致混凝土表面收缩。由于混凝土尚处于塑性状态,抗拉强度很低,因此当毛细管压力大于混凝土表面的抗拉强度,则会在混凝土表面产生大量的微细裂纹。

4.1.2 温度收缩

1. 温度收缩的定义

温度收缩主要是指混凝土浇筑后随着水泥水化放热,混凝土温度升高而开始出现膨胀,在达到峰值温度后混凝土又开始降温,从而导致混凝土收缩的现象。温度收缩又称为冷缩,实际指的是混凝土随温度降低而发生的体积收缩,在相同温度变化条件下,温度变形取决于混凝土的温度变形系数。混凝土的温度变形系数,即单位温度变化条件下混凝土的线变形系数,通常为$(6\sim12)\times10^{-6}℃^{-1}$。

2. 温度收缩形成机理

通常来说,无机材料均有热胀冷缩的特性,由温度变化产生的应变取决于材料的温度变形系数以及温度变化的幅度和速率。混凝土作为一种抗拉强度很低的脆性材料,温度变化导致的约束拉应力很容易造成开裂现象。在一些大体积混凝土、耐高温混凝土和超

静定结构中，必须考虑由温度变化引起的应力和应变对混凝土产生的不利影响。

对于大体积混凝土或体积稍小但强度等级较高的混凝土，水泥在早期水化中会释放大量的热量，通常每千克水泥可释放 350～500 kJ 热量。在绝热条件下，一般每 50 kg 水泥水化将使混凝土温度升高 5～8 ℃，在没有缓凝剂的条件下，通常在开始浇筑后的 12 h 左右出现温度峰值，如图 4.2 所示。

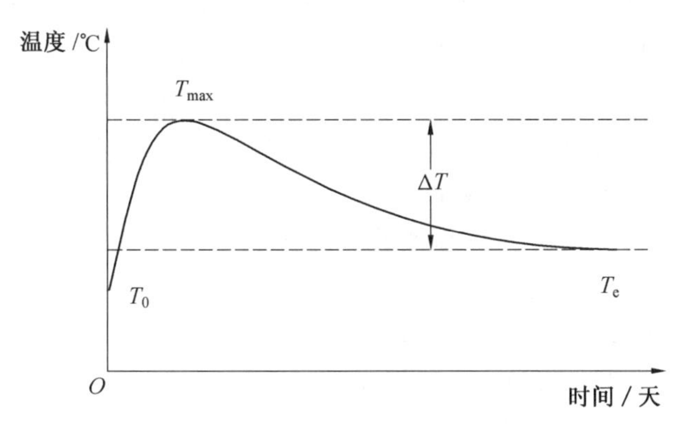

图 4.2　水化早期混凝土内部温升曲线

混凝土中通常都会含有一定量的空气，在水化早期，水泥水化放热导致混凝土升温，由于空气的温度变形系数远大于液体或固体，体积膨胀更加明显。此时，混凝土尚处于塑性状态，对气体约束作用较弱，因此表现出较大的膨胀。由于混凝土在此时尚处于凝结硬化阶段，产生的膨胀通常不会直接导致开裂。

水分受热时，一方面水本身受热膨胀，由于水的膨胀系数大于水泥凝胶体，因此，当温度上升，凝胶水膨胀而产生的膨胀应力导致水泥石宏观膨胀，或使一部分水迁移到毛细管中；另一方面，毛细管水的表面张力随温度上升而减小，加之毛细管水本身受温度变形和凝胶水的迁入，导致毛细管水液面上升，水泥石中凹液面曲率变小，使毛细管压力减小，水泥石膨胀。当水泥石处于干燥或饱水状态下，毛细管液面曲率极低，甚至为 0，因而这种受热膨胀现象并不明显。

混凝土中的骨料一般遵循固体材料的热胀冷缩变形规律。由于混凝土内外散热条件不同，混凝土内部产生温度梯度，使收缩在降温过程中沿截面产生不均匀变化。在大体积混凝土中，表层因散热较快，表面温度低于内部温度，因而比内部膨胀量小。当混凝土的收缩或温度变形受到外界约束条件的限制而不能自由发生时，将在结构构件中产生约束应力，导致表层混凝土受拉。事实上，在最初水化的过程中也会因温度升高而产生温度膨胀，但由于此时混凝土通常还处于黏塑性状态且升温过程较快，膨胀变形沿截面相对均匀。因此，温升膨胀过程对混凝土开裂的影响并不大，而随后的散热降温过程相对较慢、均匀性较差，且混凝土逐渐凝结硬化，往往在这一过程中容易出现温度收缩裂缝。这在大体积混凝土中(温升可高达 60～90 ℃)造成的危害更显著，因为大体积混凝土中本身水化放热很大，而散热又很慢。由于温度收缩是造成大体积混凝土早期裂缝的主要因素，国家标准《大体积混凝土施工标准》(GB 50496—2018)中规定：混凝土拌合物在入模温度的基础上产生的温升值不宜超过 50 ℃。

4.1.3 自收缩

1. 自收缩的定义

自收缩一词最早是由 Lyman 于 1934 年提出并定义如下:通常认为,随着水化铝酸钙与水化硅酸钙凝胶体的生成,其服从凝胶形成规律而产生体积减缩。自收缩这种类型的收缩很容易同其他因热量或湿度散失而引起的收缩区别开来。1940 年,Davis 提出,自收缩是由于混凝土内部本身的物理和化学变化而引起的体积变形,而与以下外部因素无关:①周围环境的湿度交换;②温度升高或降低;③因外部荷载或限制物造成的应力。日本水泥协会对自收缩的定义为:混凝土初凝后因水泥水化引起胶凝材料宏观体积的减小。自收缩不包括因物质的损失或侵入、温度的变化或外部力学作用而引起的体积变形。

理论上来说,自收缩可发生于任何水胶比的混凝土。可以认为,自收缩是指在恒温绝湿条件下,混凝土自初凝后开始因胶凝材料继续水化引起内部孔隙发生自干燥现象,进而造成的混凝土宏观体积减小现象。一般情况下,水泥的持续水化会产生化学减缩,而化学减缩一部分表现为混凝土的外部宏观体积收缩,即自收缩;还有一部分表现为内部孔隙量的增加。由此可见,化学减缩和自收缩是既有区别又紧密相关的,但自收缩和化学减缩在量值上没有直接对应关系。

2. 自收缩形成机理

自收缩的形成机理可以从水泥水化反应过程进行分析得出。通常情况下,水泥水化反应同时产生三种现象。

(1)无水矿物成分由水化反应转变为含水的化学物质。

(2)水化反应释放热量。

(3)水化反应后水泥与水绝对体积总和发生减小。

根据 Le Chatelier 与 Powers 的研究,水泥浆体水化后其绝对体积减小约 10%,这一现象被称为化学减缩。由于受水化水泥浆体的结构或骨料、钢筋的限制,这一收缩是缓慢发生的,这导致了水化过程中水泥浆体产生非常细小的孔隙,这种微孔会产生与自收缩相关的两种不同的结果。

在无水供给或水泥水化中消耗水的速率大于外界水迁移补充的速率时,水化反应从毛细管网络中吸收水分,形成了凹液面,同时化学收缩产生的微孔在水化水泥浆体中产生。从宏观上看,毛细管含水量减少,总体质量保持不变。这种混凝土毛细管被干燥而无质量损失的现象称为混凝土自干燥。在无外界水源情况下,随着水泥水化的发展,自干燥存在于任何混凝土中。混凝土毛细管系统中凹液面的出现在水泥浆体中产生了拉应力,从而造成收缩,即为混凝土的自收缩。研究表明,当水泥浆体内部湿度由 100%降低到 80%时,毛细管压力从 0 增加到 30 MPa。毛细管压力可以通过 Laplace 方程(式(4.2))与 Kelvin 公式(式(4.3))推导得出。

$$p_v - p_c = \frac{2\sigma}{r}\cos\theta \tag{4.2}$$

式中，σ 为气一液界面表面张力；θ 为固一液接触角；p_v 为水压力；p_c 为水蒸气压力；r 为毛细管凹液面半径。

$$p_c - p_v = \frac{RT}{Mv}\ln h \tag{4.3}$$

式中，M 为水的相对分子质量；v 为单位物质量水的体积；R 为理想气体常数；T 为绝对温度；h 为相对湿度。

对半径大于 50 Å(1 Å＝0.1 nm)的毛细管，从 Laplace 方程和 Kelvin 公式可精确地估计毛细管压力。这些宏观定律适用于相对湿度大于 50％的情况。

当存在外界水源时，只要外界水源与混凝土在毛细管网络中与因水化生成的微孔相连通，此时水泥浆体的绝对体积减小生成的微孔可直接由外界水源补充填满，毛细管中凹液面便不会产生，也不会产生拉应力，混凝土也就不会产生自干燥或自收缩。

4.1.4　干缩和湿胀

1. 干缩和湿胀的定义

混凝土在干燥的空气中因失水引起的收缩现象称为干缩；混凝土在潮湿的空气中因吸水引起的体积增加现象称为湿胀。混凝土的干缩曲线如图 4.3 所示。

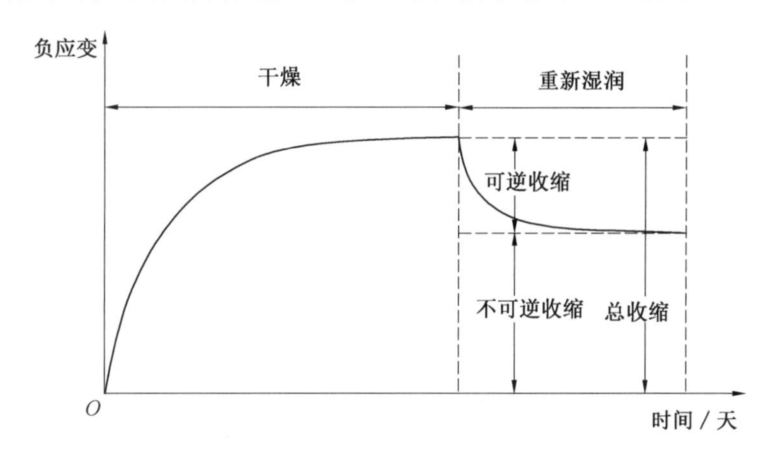

图 4.3　混凝土的干缩曲线

水养护后的水泥石在相对湿度为 50％的空气中干燥，其完全干燥的收缩值为 $(5\ 000 \sim 6\ 000) \times 10^{-6}$。混凝土由于骨料的限制，干缩值要小得多，水养护后完全干燥时的收缩值为 $(600 \sim 900) \times 10^{-6}$。研究发现，水泥石及混凝土的最大收缩只有在准静态干燥条件下才会出现。所谓准静态干燥条件是指试件内部与表面之间的湿度差为无限小的状态，此时收缩变形完全与水泥石或混凝土的含水量变化相适应，在整个体积中均匀地发生。相似地，混凝土受湿胀的影响程度也远低于水泥石。

2. 干和缩湿胀的发生机理

干燥和吸湿引起混凝土中含水量的变化，同时也引起混凝土的体积变化——干缩和湿胀。干缩和湿胀是两个相反的过程，但如果在一定外界条件下反复进行干燥和吸湿，两者会逐渐接近于可逆的平衡态。混凝土的干缩和湿胀主要取决于水泥石的干缩和湿胀，此外，也与骨料的弹性模量以及界面过渡区有着密切联系。在此主要讨论水泥石的干缩和湿胀，以下为几种典型的干缩和湿胀机理。

(1)分离压力(膨胀压力)机理。

水分子在固体颗粒表面的吸附导致固体颗粒表面分子与水分子之间产生相互吸引。吸附水被认为是以一种切线压力(扩散力)沿着固体表面分布，在一定温度下，吸附水层的厚度是由环境相对湿度确定的，厚度随相对湿度不断增加，并达到最大值，相当于 5 个分子厚(约 1.3 nm)，因此，就会产生膨胀或分离压力。该机理是基于吸附水具有推开相邻固体表面以获得热动力平衡的趋势。随着相对湿度增加，颗粒间的分离压力增加，所以，水泥石在干燥时收缩，湿润时膨胀。

(2)毛细管张力机理。

当环境湿度小于 100%时，随着水分的蒸发，毛细管内形成凹液面，在水的表面张力作用下产生毛细管压力，水泥石处于不断增强的压缩状态中，导致水泥石的体积收缩。由于水泥的失水是从较大的毛细管开始的，由 Laplace 方程可知，毛细管压力与孔径大小成反比，因此，早期失水引起的毛细管压力较小；随着水泥石进一步干燥失水，孔径较小的毛细管中开始产生凹液面，毛细管压力也迅速增大，直至完全失水，毛细管中无法形成凹液面，毛细管压力消失。

由于这种机理认为收缩是因为水泥石固体中产生压应力导致的，因而，浆体的弹性模量将影响由这种机理引起的收缩。弹性模量越高，收缩总量越小。当水泥石被重新湿润，毛细管被水充满，应力释放，硬化水泥石产生膨胀，即湿胀。这种机理可以解释干燥作用对水泥石孔隙的粗化效应，即如果硬化水泥石在孔的所有方向上受压，孔径就会增大。如果应变达到水泥石的非弹性范围，孔重新被水填满，应力释放后，孔也无法恢复其最初形状，孔径也增大了，即产生了不可逆收缩。毛细管张力机理被认为在相对湿度较大的情况下是有效的，但对其有效的相对湿度下限仍存在争议。毛细管应力在相对湿度小于 40%后可能不再存在，因为这时凹液面不再稳定存在。所以，这种机理难以回答相对湿度很低时干燥收缩的产生机理。

(3)表面张力机理。

表面张力理论认为在固体表面上吸附液体、气体或蒸汽将减小固体的表面张力，所以吸附水一旦从水泥凝胶上脱离，表面张力就要增加，胶粒被压缩。对于这种表面张力变化而引起固体颗粒的体积变化，当颗粒较大时接近于 0，但对于比表面积约为 1 000 m^2/g 的极微小颗粒，其体积变化就不容忽视。

通常认为，表面张力机理只有在相对湿度小于 50%时才变得非常明显；当相对湿度为 50%时，吸附水层厚度不超过 2 个分子(约 0.6 nm)；当相对湿度低于 30%时，最后的单分子层吸附水将被干燥除去，此时，表面张力效应达到最大。

(4)层间水移动机理。

水化硅酸钙(C－S－H)被认为是一种具有层状结构的材料，而层间水的变化是其体积变化的主要原因。层间水移动理论认为水泥水化产物 C－S－H(Ⅰ)与托勃莫来石等的层状结构可以使水分子进入，致晶格膨胀，失水时则收缩，从而导致整个固体材料发生变形。当相对湿度低于 35%时，层间水的可逆移动是引起收缩的主要原因。另一部分研究者认为，层间水一旦失去就不可重新进入结构，因此，水化产物层间水的移动仅能用来解释不可逆收缩。

干缩和湿胀产生机理见表 4.1。可以看到，不同的研究者均认为，控制干缩和湿胀的主导机理随着系统相对湿度的变化而改变，但作用范围尚存在争议。

表 4.1　干缩湿胀产生机理

研究者	理论适用范围
Powers(1965)	分离压力机理:0～100% 毛细管张力机理:50%～100%
Ishai(1968)	表面张力机理:0～50% 毛细管张力机理:50%～100%
Feldmnn & Sereda(1970)	层间水移动机理:0～35% 毛细管张力机理:35%～100% 表面张力机理 35%～100%
Wittmann(1968, 1977)	表面张力机理:0～40% 分离压力机理:40%～100%

4.2　混凝土收缩裂缝的种类

4.2.1　塑性收缩裂缝

众所周知，混凝土裂缝与收缩变形间有密切联系。混凝土浇筑好后由流体逐渐变为凝胶体，然后硬化为固态，在塑性凝胶体阶段产生的裂缝通常称为塑性收缩裂缝，也是各类现场浇筑混凝土结构中最常出现的一种早期裂缝。

混凝土浇筑后，水泥水化反应激烈，各种固体颗粒之间存在一层水膜，在凝结之前由于水的蒸发和水的迁移，在浆体中形成一系列复杂的凹液面，形成毛细管压力。随着水分的迁移，固体颗粒逐渐靠近，毛细管逐渐变细，毛细管的压力也随之增大，从而加快混凝土内部水分向外迁移。当混凝土表面水分蒸发的速度大于混凝土的泌水和毛细管内水向外迁移的速度时，混凝土浆体的体积会在凝结过程中发生收缩。塑性收缩与混凝土的流态有关，而且其量级很大，早期或塑性状态的混凝土的收缩要比硬化后的混凝土的收缩大几倍，塑性状态的混凝土表面的收缩比混凝土内部的收缩要大，所以在浇筑大体积混凝土后的几小时内，在表面上，特别在养护不良的部位，极易出现龟裂，其裂缝形状不规则，即宽且密，长短不一，属表面裂缝，类似干燥的泥浆面的裂缝。水灰比过大、水泥用量大、外加剂保水性差、粗骨料少、用水量大、振捣不良、环境气温高、表面失水多、养护不良等都能导致混凝土表面的塑性收缩开裂。塑性收缩裂缝在混凝土终凝之前形成，一般分布不规则，易呈现龟裂状。

塑性收缩开裂在道路、机场跑道等大面积工程结构中最为普遍，这主要是由混凝土表面水分快速蒸发引起。裂缝的出现将破坏表面的完整性并降低其耐久性，在高风速、低湿度、高气温等情况下，水分蒸发更快，混凝土表面也更容易产生塑性收缩裂缝。为了防止这类裂缝，可采取措施尽量降低混凝土的水化热，采用合适的搅拌时间和浇筑养护措施，如覆盖席棚或塑料布等，以防止混凝土表面水分过快蒸发。

4.2.2 温度收缩裂缝

混凝土表面温度收缩裂缝大多数是由于温差过大引起的。混凝土结构，特别是大体积混凝土结构浇筑后，在硬化期间水泥释放出大量的水化热。由于内部热量不易散发，温度不断上升，达到较高温度。而混凝土表面散热较快，如果施工过程中拆模过早，或冬季施工时过早拆除保温层，混凝土表面和内部就会产生较大温差。混凝土受热膨胀过程中，由于温度不均匀，表面膨胀幅度更大，且受到内部混凝土的约束，将产生很大的拉应力，该应力并不是因为边界约束，所以称为自约束应力，其特点是整个断面上拉应力相平衡，而混凝土早期抗拉强度和弹性模量很低，当拉应力大于混凝土抗拉强度时，就会在混凝土表面产生裂缝。

当结构温差较大，且受到外界约束时，会产生比较深，甚至贯通的温度收缩裂缝。如大体积混凝土基础、墙体浇筑在坚硬地基或较大的旧混凝土垫层上，又没有采取隔离层等放松约束的措施时，水泥水化热的温升很大，则会使混凝土温度大幅度提高；当混凝土冷却收缩时，因受到地基、混凝土垫层或其他外部结构的约束，将使混凝土内部产生很大的拉应力，即约束应力，从而产生降温收缩裂缝。这种裂缝通常很深，甚至是贯通性的，常常会破坏结构的整体性。

4.2.3 干燥收缩裂缝

干燥收缩的发展速度远慢于温度收缩的发展速度，相差约 3 个数量级。因此，混凝土内部通常不存在干缩，但其表面的干缩是一个不容忽视的问题。尤其对于薄壁结构，干缩的影响深度相对较大。

干燥收缩裂缝的形成，必须同时具备两个条件：收缩变形和约束。对于混凝土结构，当其浇筑成型后，表面水分蒸发，这种水分蒸发总是由表面向内部逐步发展，沿深度方向上形成湿度梯度，内外干缩量不同，因而混凝土表面收缩变形受到混凝土内部约束，从而产生拉应力。工程上干燥收缩裂缝最常见的原因是施工中的养护不当，表面水分散失过快，体积收缩大，而内部湿度变化很小，收缩较小，表面收缩变形受到内部混凝土的约束，在构件表面产生较大的拉应力。当拉应力超过混凝土的极限抗拉强度时，即产生干缩裂缝。

干燥收缩裂缝多为表面性裂缝，其宽度较小，大多在 0.05～0.2 mm，其裂缝浅而细，走向纵横交错，没有规律性。在较薄的梁、板类构件中，这种裂缝多沿短方向分布。在整体结构中，这种裂缝多半发生在结构变截面处，平面裂缝多延伸至变截面部位或块体边缘。在大体积混凝土平面部位，这种裂缝较为多见，但侧面亦常出现。在预制构件中，这种裂缝多半产生在箍筋位置。此外，平卧薄构件水分蒸发较快，产生的体积收缩受到地基垫层或台座的约束，也会出现干燥裂缝。总之，这种裂缝一般在混凝土露天养护完毕经过一段时间后，出现于混凝土表层或侧面，并随湿度变化而变化，表面的强烈收缩可使裂缝由表及里、由小到大而逐步向深部发展。

4.2.4　自收缩裂缝

在工程实践中，高强混凝土、自密实混凝土和大体积混凝土的自收缩现象是非常显著的，如混凝土在恒温水养的条件下仍然出现开裂、密封的高强混凝土抗折强度随养护龄期的增加而降低等。这些现象不能通过温度变形或干缩变形解释，而是由自收缩造成的。特别是对于低水胶比、高胶凝材料用量或磨细矿渣置换率较高的混凝土，自收缩对于早期开裂具有非常显著的影响。

自收缩通常不是单独出现的，它往往伴随着其他形式的体积变形，比如水化热产生的体积变化、干缩和湿胀等，这些体积变化最终会导致混凝土的开裂。对于大体积混凝土，自收缩和水泥水化产生的热应变几乎是同时产生的。在温度变化的条件下，混凝土的自收缩能够通过成熟度（即水化时间与温度的乘积）进行评估。如果混凝土在干燥的环境下养护，那么干缩会与自收缩同时发生。自收缩与干燥收缩共同引起的低水胶比混凝土的表面裂缝虽然在应用上对其力学性能的影响不大，但会明显劣化混凝土的抗渗性，尤其是表面的抗渗性。当低水胶比的高性能混凝土在约束作用下密封养护时，自收缩会产生贯通裂缝。甚至有实际工程报道：水坝工程中所用的超高强混凝土在施工 2～3 天内产生了贯通裂缝。因此，超低水胶比混凝土的自应力主要由自收缩引起，当内部配有钢筋时，自收缩引起的应力随着水胶比的降低而增大，水胶比越小，配筋率越大，自收缩应力越容易引起贯通裂缝。由此可见，自收缩对混凝土，尤其是水胶比较低对高性能混凝土的早期体积稳定性和开裂起到非常重要的作用。

4.3　混凝土收缩变形的主要影响因素

4.3.1　塑性收缩的影响因素

水分蒸发是新拌混凝土表面产生塑性收缩裂缝最重要的影响因素。计算水分蒸发速率的方式有实测法、公式法，以及基于蒸发公式的诺模图法。Menzel 提出了采用公式法计算蒸发速率，即

$$e_s = 0.61\exp\frac{17.3T}{237+T} \tag{4.4}$$

$$E = 0.131(e_{s0} - re_{sa})(0.253 + 0.06V) \tag{4.5}$$

式中，e_s 为混凝土表面饱和蒸汽压；T 为混凝土表面温度；E 为混凝土表面蒸发速率；e_{s0} 为方程(4.4)得到的混凝土表面蒸汽压；e_{sa} 为由方程(4.4)得到的空气蒸汽压；r 为相对湿度；V 为风速。

P. J. Uno 在此基础上提出了新的、更简洁的公式计算蒸发速率，即

$$E = 5[(T_c+18)^{2.5} - r(T_a+18)^{2.5}](V+4)\times 10^{-6} \tag{4.6}$$

式中，T_c 为混凝土表面温度；T_a 为气温。

其他的导致混凝土塑性收缩的原因有很多，其中包括混凝土自身的因素，如水泥水化热、混凝土泌水、骨料吸水以及自身的沉降等；还包括混凝土所处的环境条件，如基础或模板吸水、环境温度的高低等。

1. 自身因素

Wittmann 认为，混凝土塑性裂缝最多的临界点是在水灰比等于 0.52 时，低于或高于这个水灰比都不易产生塑性收缩裂缝。这一现象可以归结于毛细管压力的作用：当水灰比很低时，粒子之间的平均距离相对较小，表面水分蒸发较慢，因而产生的毛细管压力较小；增大水灰比时，虽然毛细管压力下降，但水分蒸速度加快，因而更容易产生塑性收缩开裂；当水灰比进一步增大时，虽然水分蒸发速度较快，但毛细管压力增长很慢，此时新拌混凝土已经获得了一定的强度，也就不会产生很大的塑性收缩裂缝。

在普通混凝土中，细粉料，如细骨料、特种水泥或者代替水泥的胶凝材料等质量分数较高时，增大了吸附水的表面积，导致泌水速率减小；同时，这些细粉料的掺入也对混凝土早期强度产生不利影响。这样即使在低蒸发速率下混凝土也极易发生塑性收缩裂缝。

外加剂对混凝土的塑性收缩有明显的影响，减水剂、促凝剂、缓凝剂等都以不同方式影响着混凝土的塑性状态。通常来说，掺高效减水剂降低了混凝土孔溶液的表面张力，能抵抗或延缓塑性裂缝的产生。也有研究显示，新拌混凝土中的缓凝剂会导致拌合物凝结变慢、强度发展慢，容易产生塑性收缩裂缝；使用减水剂会影响混凝土的塑性状态，通常会减小塑性收缩；促凝剂加速了混凝土的凝结，从而减轻塑性收缩开裂。

另外，混凝土的断面厚度决定了其泌水性。断面厚度越大，产生沉降的固态物质越多，就会有更多的水分到达表面。厚度越大的混凝土，容易产生塑性沉降裂缝，但表面泌水的时间越长，这种趋势能抵抗潜在塑性收缩裂缝的发生。可以认为，断面尺寸越大，越易于产生沉降裂缝，但可延缓或减轻塑性收缩开裂。

2. 环境因素

环境因素如风速、温度、湿度、阳光辐射以及表面水温对水分蒸发速率起着关键性作用。表 4.2 列出了混凝土施工环境与水分蒸发速率的关系。可以看出，当风速从 0 m/h 升到 25 m/h 时，蒸发速率从 0.07 kg/(m^2 · h)升到环境因素 0.66 kg/(m^2 · h)；当相对湿度从 90%降到 10%时，蒸发速率从 0.1 kg/(m^2 · h)升到0.85 kg/(m^2 · h)；当混凝土温度和气温同时从 10.0 ℃升到 37.8 ℃时，蒸发速率从 0.13 kg/(m^2 · h)升至 0.88 kg/(m^2 · h)；当混凝土温度和空气露点温度等值时，蒸发速率可以忽略不计，如混凝土和空气露点温度同为 21.1 ℃，在相对湿度 70%条件下蒸发速度为 0。如果混凝土温度比气温高，即使气温较低且相对湿度为 100%时，水分从混凝土表面蒸发的速率也相当可观。

相对而言，相对湿度对混凝土塑性收缩的影响更大。有资料显示，气温和混凝土温度为 32.5 ℃、相对湿度 10%、风速为 40.2 m/h 时，水分蒸发速率是气温和混凝土温度为 21.1 ℃、相对湿度 70%时的 50 倍，极易产生塑性收缩开裂。可见，环境相对湿度对混凝土塑性收缩影响显著。

表 4.2　混凝土施工环境因素与水分蒸发速率的关系

编号	混凝土温度/℃	气温/℃	相对湿度/%	露点温度/℃	风速/($m \cdot h^{-1}$)	蒸发速率/($kg \cdot m^2 \cdot h$)	备注
1	21.1	21.1	70	15.0	0	0.07	增大风速
2	21.1	21.1	70	15.0	5	0.18	
3	21.1	21.1	70	15.0	10	0.30	
4	21.1	21.1	70	15.0	15	0.41	
5	21.1	21.1	70	15.0	20	0.54	
6	21.1	21.1	70	15.0	25	0.66	
7	21.1	21.1	90	19.4	10	0.10	增大相对湿度
8	21.1	21.1	70	15.0	10	0.30	
9	21.1	21.1	50	10.0	10	0.49	
10	21.1	21.1	30	2.8	10	0.66	
11	21.1	21.1	10	−10.6	10	0.85	
12	10.0	10.0	70	5.0	10	0.13	增大混凝土温度和气温
13	15.6	15.6	70	10.0	10	0.21	
14	21.1	21.1	70	15.0	10	0.30	
15	26.7	26.7	70	21.1	10	0.38	
16	32.2	32.2	70	26.1	10	0.54	
17	37.8	37.8	70	31.1	10	0.88	
18	21.1	26.7	70	21.1	10	0	降低气温
19	21.1	21.1	70	15.0	10	0.30	
20	21.1	10.0	70	5.0	10	0.61	
21	21.1	−1.1	70	−6.1	10	0.80	
22	26.7	4.4	100	4.4	10	1.00	相对湿度 100%
23	21.1	4.4	100	4.4	10	0.64	
24	15.6	4.4	100	4.4	10	0.37	
25	21.1	4.4	50	−5.0	0	0.17	变化风速
26	21.1	4.4	50	−5.0	10	0.79	
27	21.1	4.4	50	−5.0	25	1.74	
28	26.7	21.1	50	10.0	10	0.85	降低混凝土温度
29	21.1	21.1	50	10.0	10	0.49	
30	15.6	21.1	50	10.0	10	0.22	

4.3.2 温度收缩的影响因素

温度收缩主要是混凝土表面温度降低时产生的收缩变形。由于该收缩在混凝土结构中引起的应力表现为拉应力，可使得微裂缝引发和扩展，甚至造成结构体开裂和破坏。这种现象在大体积混凝土和高温环境中使用的混凝土构件中更为常见。混凝土的温度变形取决于温度的变化范围及温度变形系数，因此，为控制混凝土的温度变形，尤其是降低大体积混凝土中的冷缩应力，可从以下几个方面加以考虑。

1. 水泥种类和用量

水泥种类与用量决定水泥水化期的放热量。不同水泥矿物成分的放热量见表4.3，不同水泥种类对净浆和混凝土温度变形系数的影响见表 4.4。

表 4.3 不同水泥矿物成分的放热量

矿物	放热量/($kJ \cdot kg^{-1}$)
C_3S	500
C_2S	260
C_3A	870
C_4AF	420

表 4.4 不同水泥种类对净浆和混凝土温度变形系数的影响

水泥种类	水泥净浆/($\times 10^{-6}$℃$^{-1}$)		混凝土/($\times 10^{-6}$℃$^{-1}$)	
	气干状态	含水状态	气干状态	含水状态
普通硅酸盐水泥	22.6	14.7	13.1	12.2
矿渣水泥	23.2	18.2	14.2	12.4
高铝水泥	14.2	12.0	13.5	10.6
中热水泥	—	—	—	8.8～9.4

可见，不同矿物组成水泥产生的水化热是不同的，对水泥净浆和混凝土温度变形系数影响也是不同的。与硅酸盐水泥相比，中热、低热矿渣硅酸盐水泥的水化放热量和水化速率要低得多，掺加火山灰、粒化高炉矿渣等矿物掺合材也可以取得同样的效果，如图 4.4 所示。

2. 骨料的种类

混凝土由水泥浆和骨料组成，其温度变形系数可简化为两者温度变形系数的加权平均值。水泥浆的温度变形系数为(11～16)$\times 10^{-6}$℃$^{-1}$；骨料的温度变形系数则因岩石种类而异。

水的温度变形系数约为 210$\times 10^{-6}$℃$^{-1}$，比水泥石的温度变形系数高出 10 倍还多。所以，水泥石的温度变形系数取决于它本身的水分含量，变动范围为(11～20)$\times 10^{-6}$℃$^{-1}$。骨料的温度变形系数范围为(5～13)$\times 10^{-6}$℃$^{-1}$，不同骨料的温度变形系数见表 4.5。

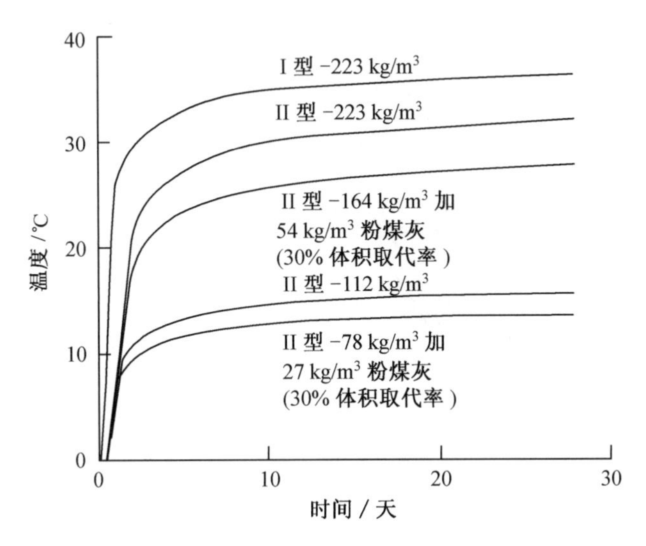

图 4.4　水泥和粉煤灰质量分数对混凝土温升的影响

表 4.5　不同骨料的温度变形系数

骨料种类	温度变形系数/($\times 10^{-6}℃^{-1}$)
石英岩	10.2～13.4
砂岩	6.1～11.7
玄武岩	6.1～7.5
花岗岩	5.5～8.5
石灰岩	3.6～6.0

可见，选择温度变形系数低的骨料在某些情况下可成为大体积混凝土防止裂缝的关键因素之一。

3. 浇筑温度

浇筑温度对混凝土绝热温升的影响如图 4.5 所示。可见，浇筑温度越低，达到峰值温度的时间越长，混凝土的结构发展越成熟，降温出现不利情况带来开裂的概率越小。对新拌混凝土进行预冷处理是控制混凝土温升的常用方法。实际工程中，常以冷却骨料或以刨冰作为拌合水的方法来制备大体积混凝土，但需注意在拌合物浇筑之前刨冰必须已完全融化。

4. 养护过程

养护是影响大体积混凝土温度变形的重要因素，大体积混凝土是否因温度变形而开裂在很大程度上取决于养护。假如大体积混凝土能够整体均匀地升温或降温，就不会出现温度开裂问题。一方面，养护过程如何控制混凝土内部和表面的温差，大体积混凝土内部必然出现温度梯度，即内部温度高、表面温度低，表面散热使得内部温升幅度大于表面温升幅度，表面膨胀量小于内部膨胀量，加之此时的混凝土尚处于强度很低的状态，抗拉强度很低，拉应力一旦高于抗拉强度，混凝土表面就会出现开裂，因此在工程上有效的措

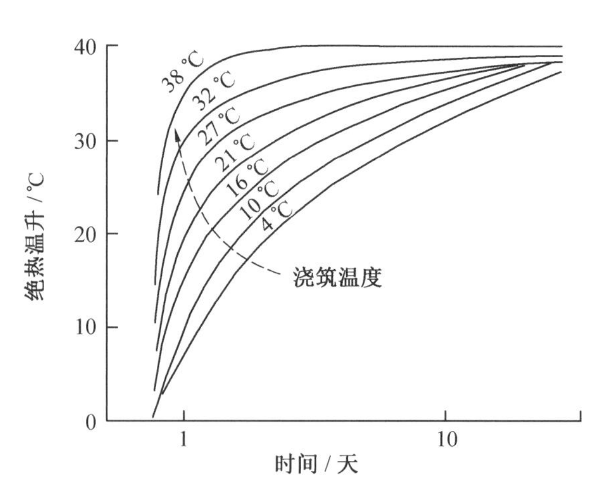

图 4.5　浇筑温度对混凝土绝热温升的影响

施之一就是控制温差，为此《大体积混凝土施工标准》(GB 50496—2018)规定：混凝土浇筑块体的里表温差不宜大于 25 ℃，降温速率不宜大于 2.0 ℃/天，表面与大气温差不宜大于 20 ℃。另一方面，养护过程中控制混凝土内部和表面的湿度差与温度梯度同样重要。大体积混凝土内部必然出现湿度梯度，即内部湿度高、表面湿度低，相对来讲表面混凝土由于失水而发生干缩，也会产生拉应力，加之大体积混凝土温度升高又加剧了表面干缩，温度、湿度导致的拉应力叠加使表面开裂问题恶化，表面增湿也是防止大体积混凝土开裂的有效措施。

需要说明的是，对于一般低强度等级混凝土而言，蓄水养护是保湿养护的有效措施。对于强度较高的大体积混凝土来讲，应注意蓄水增湿的同时又带来了增大内外温差的新问题。因此，对于大体积混凝土而言，应视具体工程情况决定是否采用蓄水养护的措施。

5. 约束度

混凝土构件如果能够自由变形，则不会产生和温度变化相关的应力。然而，在实际工程中，混凝土总会受到来自外界或内部的钢筋、温度梯度等的作用，结果必然导致不同部位的混凝土产生不同变形。

混凝土在刚性基础上浇筑，紧贴岩石层的混凝土受到完全约束(约束系数 $K_r=1.0$)，随着远离岩石层，混凝土受到的约束逐渐降低。美国混凝土学会 ACI 207 委员会推荐计算公式为

$$K_r=\frac{1}{1+\dfrac{A_g E}{A_f E_f}} \tag{4.7}$$

式中，K_r 为约束度系数；A_g 为混凝土横断面面积；A_f 为约束构件面积；E 为混凝土弹性模量；E_f 为约束构件弹性模量。

可见，约束面积越大，约束体弹性模量越高，对混凝土构件的约束度越高，对混凝土的自由变形越不利，会导致混凝土拉应力增大，混凝土开裂趋势增加。因此，减小约束度也是大体积混凝土防止开裂的有效措施之一。《大体积混凝土施工标准》(GB 50496—2018)规定：大体积混凝土置于岩石类地基上时，宜在混凝土垫层上设置滑动层；同时宜采

取减少大体积混凝土外部约束的技术措施。比如，有防水要求的大型筏型基础，防水层是很好的滑动层；若没有防水要求，可以加设一层砂垫层，同样能够起到减小约束度、防止温度开裂的作用。

4.3.3 干缩和湿胀的影响因素

混凝土干缩和湿胀的影响因素包括材料种类、质量和配合比等内因，以及环境温度、约束钢筋等外因。其中，后者对干缩和湿胀的影响远大于前者。

1. 水泥品种及用量

混凝土中发生干缩的主要组分是水泥石，因此减少水泥石的相对体积分数可以降低混凝土的收缩。水泥的性能，如细度、化学组成、矿物组成等对水泥的干缩虽有影响，但由于混凝土中水泥石体积分数较小及骨料的限制作用，水泥性能的变化对混凝土的收缩影响不大。例如，高铝水泥混凝土的收缩较快，但最终的收缩值与普通硅酸盐水泥混凝土基本相同。

2. 单位用水量及水灰比

混凝土的干燥收缩随单位用水量的增加而增大。在混凝土的制备过程中，单位加水量或水灰比越大，制得的混凝土孔隙率越高，增加了孔隙水量，也使得混凝土的干缩值增大。

3. 粗骨料种类及体积分数

混凝土中粗骨料的存在对混凝土的收缩起限制作用，具有不同弹性模量的粗骨料对混凝土干缩的影响也不同，弹性模量大的骨料配制成的混凝土干缩小。同时，混凝土中粗骨料相对体积分数的提高对降低混凝土收缩也起到积极作用。一般来讲，骨料体积分数越大，混凝土的收缩越小。但应注意的是，骨料中黏土和泥块等杂质的存在使其对收缩的限制作用减弱，同时黏土及泥块本身又容易失水收缩，使混凝土干燥收缩增大。

4. 矿物掺合材

粒化高炉矿渣、火山灰、粉煤灰等矿物掺合料易于增加水泥水化产物中的细孔体积，而混凝土的干缩直接与3～20 nm范围内的细孔数量有较大关系。因此，含有上述材料的混凝土通常呈现较高的干缩和徐变。

5. 养护方法及龄期

延长潮湿养护龄期可推迟混凝土干缩的发生和发展，同时收缩的速度随养护时间的延长而迅速减缓，但对最终的干缩值影响不大。蒸汽养护和蒸压养护对混凝土的收缩影响较为显著，原因是蒸汽养护和蒸压养护使得水泥石中的凝胶体向结晶体转化程度增大，因此干缩值减小。

6. 环境条件

周围环境的相对湿度对混凝土的干燥收缩影响很大。空气相对湿度越低，混凝土干燥收缩越大，而将空气中自然状态下的混凝土置于相对湿度100％或水中，混凝土则会发生湿胀。

4.3.4 自收缩的影响因素

由混凝土自收缩机理可知，自收缩的根源在于混凝土中未水化水泥不断水化所引起的绝对体积的减小，其形成原因在于无外界水源或水泥水化引起的耗水速率大于外界水的迁移速率。因此，混凝土自收缩的影响因素可从以下几个方面进行分析。

1. 水泥矿物成分与水泥种类

水泥石中水泥继续水化是自收缩的根本原因。水泥中不同矿物的水化速率、水化程度及水化结合水百分含量是影响收缩大小的关键因素。C_3A 水化速率最大，其结合水百分含量也很高，因此影响最大。其次为 C_4AF，C_3S 与 C_2S 的影响相对较小。Tazawa 根据普通硅酸盐水泥矿物成分进行试验回归，提出以下预测水泥石自收缩的公式：

$$\varepsilon(t)=-0.012\alpha_{C_3S}(t)\cdot P_{C_3S}-0.070\alpha_{C_2S}(t)\cdot P_{C_2S}+2.256\alpha_{C_3A}(t)\cdot P_{C_3A}+0.085\alpha_{C_4AF}(t)\cdot P_{C_4AF} \tag{4.8}$$

式中，$\varepsilon(t)$ 为水泥浆体水化龄期为 t 时自收缩值；$\alpha_i(t)$ 为水化龄期为 t 时矿物组分 i 的水化程度；P_i 为矿物成分 i 在水泥中的百分含量。

不同水泥类型对自收缩的影响，实质上是不同矿物成分的影响。高铝水泥与早强水泥因 C_3A 含量高，自收缩较大。低热水泥和中热水泥因 C_2S 含量高，自收缩较小。矿渣水泥由于后续的火山灰效应，其水化后期的自收缩较大。

2. 水胶比

自收缩是因混凝土自干燥引起的宏观体积缩小现象。水胶比是影响混凝土自收缩的主要因素之一。Davis 指出，水胶比在 0.6 以上的混凝土自收缩为 $(20\sim100)\times10^{-6}$，比长期收缩小 5～10 倍，可忽略不计。然而对于低水胶比的混凝土则并非如此。根据 Tazawa 与 Miyazawa 的研究，当水胶比小于 0.4 时，混凝土的自收缩不可忽略；水胶比为 0.3 的掺硅灰混凝土的自收缩与干燥收缩大致相等；当水胶比小于 0.3 时，自收缩成为混凝土的主要收缩类型。水胶比越低的混凝土，其自收缩发展速度和最终收缩值越大。

当混凝土水胶比很低时，其内部水分不足以使水泥充分水化。在长期使用环境中由于外界水分渗入混凝土内部，未水化水泥的继续水化使毛细管可能被这些后续的水化产物填充，造成混凝土的绝对体积增大，因此还存在后期膨胀开裂风险。然而当水胶比很低时，混凝土的密实度也相应提高，渗透性降低，即使在外界水中养护，水汽也很难进入混凝土内部，混凝土内部仍然会发生自干燥和自收缩现象。这种混凝土外部膨胀和内部收缩的极端情况均会加速混凝土产生裂缝并可能导致破坏。

3. 矿物掺合料

矿物掺合料的矿物组成、活性和细度与混凝土自收缩大小有密切关系。不同掺合料对自收缩的影响存在较大差异。硅灰作为一种常用的超细活性掺合料，能有效加速水泥水化反应，其掺量越高，自收缩越高。对于磨细矿渣粉，当矿渣细度小于 400 m^2/kg 时，对减小混凝土自收缩有利，随矿渣掺量的增大，自收缩减小；但当细度大于 400 m^2/kg 时，矿渣的活性明显提高，会引起自收缩增大。对于活性较低的粉煤灰来说，随着掺量提高，混凝土自收缩减小，在密封养护条件下，混凝土内部相对湿度的下降随着粉煤灰掺量的增加而减小，这表明水化反应发展比较缓慢，自收缩减小。

4. 骨料

骨料在混凝土中起到骨架的作用。自收缩是由于水泥水化引起的，粗细骨料的存在对限制混凝土自收缩是有利的。这也是从水泥净浆、砂浆到混凝土，自收缩依次减小的原因。骨料的弹性模量、种类与单位用量是其主要影响因素。值得注意的是，轻骨料对减小混凝土自收缩的作用更加明显。这是因为自收缩引起的内部自干燥现象可以通过轻骨料中吸附的水分释放出来得到补充，达到自养护的目的。

其他因素包括水泥浆体体积分数、外加剂、水泥细度、养护温度、试件尺寸等对混凝土自收缩的影响往往也是不可忽略的。水泥浆体体积分数越高，自收缩越大；化学外加剂的类型与掺量一般对自收缩的影响较小；混凝土自收缩受养护温度的影响也是需要考虑的。

4.4　混凝土体积变形的测试方法

混凝土早期变形的测试与评价方法按照混凝土所受约束方式不同可分为两类：自由收缩测试方法和约束收缩开裂测试方法。自由收缩测试方法主要针对的是在不受到约束力作用下混凝土的收缩变形，主要包括尚未凝固时的塑性收缩、水化作用引起的自收缩以及干燥环境下水分散失导致的干燥收缩。实际工程中，混凝土总会受到钢筋、模板、基底和相邻构件的约束，同一构件不同部分的收缩差异，也会产生约束机制，仅靠自由收缩测试提供的信息无法对混凝土在实际工程中变形做出准确的评价，因此国内外学者采用了诸如环形约束、轴向约束、板式约束等多种约束收缩开裂测试方法来评价混凝土的早期变形。

4.4.1　自由收缩测试方法

按照混凝土试件与传感器的相对作用自由收缩测试方法可以分为非接触式测试方法和接触式测试方法两种。非接触式测试方法适用于测定从成型后任意时段的自干燥收缩变形，也可用于无约束状态下早龄期混凝土与外界隔绝湿交换的条件下的自由收缩变形的测定。接触式测试方法通常采用预埋应变计法测试早期收缩变形，是操作简单、应用较广的一类测量方法。

如前所述，早期体积变形主要包括塑性收缩、温度收缩、自收缩及干缩和湿胀等不同类型，因而相对有不同的测试方法。按照表征收缩的方式分两种类型，即长度法和体积法，体积法所测的收缩值往往是长度法测量值的 3～5 倍。

混凝土的收缩一般采用线形试件测量整个长度内的平均变形值，《普通混凝土长期性能和耐久性能试验方法标准》(GB/T 50082—2009)中规定了测试普通混凝土干燥收缩的标准方法：采用 100 mm×100 mm×515 mm 的棱柱体试件，端部预埋不锈钢测头，试件成型 1～2 天后拆模并进行标准养护，3 天龄期时移入到温度为(20±2) ℃、相对湿度为 60%的干燥环境中，用千分表测量试件两测头间长度随干燥龄期的变化。该方法显然忽略了大部分的早期收缩，而早期收缩对于现代混凝土来说具有重要的意义。为解决这个矛盾，必须从更早的龄期，甚至在混凝土终凝后尚未拆模时就开始测量，要求既能精确地观测到早期收缩，又不能对强度很低的混凝土产生扰动而限制其收缩，同时要消除混凝土早期沉降、试件和模板间的摩擦等对测量结果的影响。因此，国内外学者提出了针对上述问题的几种早期自由收缩测试方法。

1. 埋入应变计法

我国《水工混凝土试验规程》(DL/T 5150—2017)中建议采用埋入应变计法测定混凝土自收缩体积变形，如图 4.6 所示。将应变计埋入装有新拌混凝土的圆桶中心部位，通过引线将应变计和电脑相连，记录应变计所在位置处混凝土的体积变形。埋入应变计的方法精度较高，可以连续自动测量，但早期混凝土强度尚未发展完全，弹性模量较低，应变计难与混凝土同步变形，故无法精确测得混凝土早龄期的体积变形，所测得的数据偏小。另外，实际操作过程中，由于探头埋入试件中，无法直接观察到应变计是否位于试件中心且保持垂直，所测得数据往往离散性较大。此外，由于应变计价格较昂贵、无法重复利用等原因，限制了该方法的推广使用。

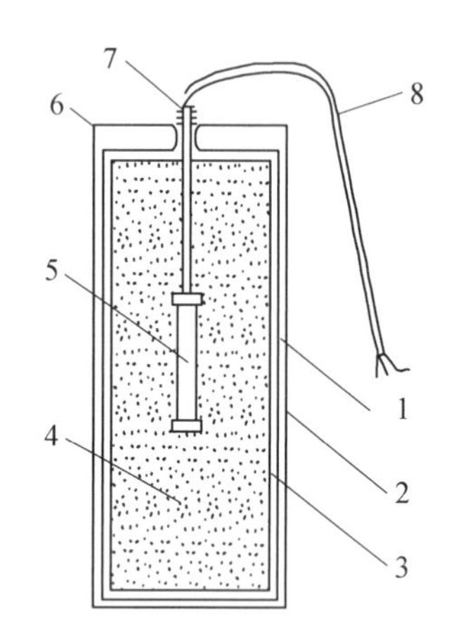

图 4.6　埋入应变计法测试混凝土自收缩体积变形

1—白铁皮筒；2—橡胶皮筒；3—塑料袋；4—混凝土试件；

5—应变计；6—锡焊缝；7—密封膏；8—电缆

2. 千分表法

安明喆等人在日本 Tazawa 的基础上对混凝土自收缩测试方法进行了改进，采用千分表法测自收缩如图 4.7 所示。混凝土收缩试件的尺寸为 100 mm×100 mm×324 mm，也可根据需要采用不同试件尺寸。混凝土浇筑到试模内后立即密封试模，带模测定收缩。测定装置主要由 3 个部分组成：混凝土密封试模、千分表架和温度测定仪。混凝土密封试模内底衬有一层特富龙垫板，长方向的内侧衬有可插拔的侧板，密封盖与试模之间设有密封板，并用坚固螺栓紧固，短向板留有伸出测头的圆孔。

这种测试法不仅可以精确地测定混凝土在无强度的早龄期自收缩发展过程，还可以精确地测定出长龄期的自收缩值。但是如果测量龄期延长、测量试件数量增加时，需要装置的数量增加，而且设备占用空间增多。该方法设备简单、操作方便，但整个测试过程需要人工读数记录，不能实现自动控制和自动数据采集处理。

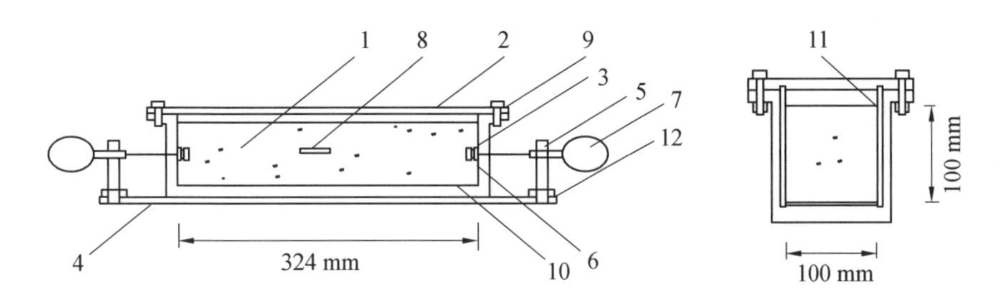

图 4.7　千分表法测自收缩

1—混凝土；2—密封板；3—混凝土测头；4—千分表架；5—支架立柱；6—橡胶垫；7—千分表；8—热电阻；9—紧固螺栓；10—特富龙垫板；11—有机玻璃衬板；12—高度调节螺丝

3. 非接触传感器法

巴恒静等人提出了一种非接触传感器法监测混凝土早期自收缩的装置，如图 4.8 所示。该方法通过电涡流传感器输出电压值的改变反映传感器端头与测头间距离的变化。混凝土试件的尺寸选为 100 mm×100 mm×400 mm。混凝土浇筑到试模内立即密封，带模测量收缩。如果测量组数多，可将试件固定在一个平板上，而平板可通过步进电动机和滑道根据设定程序自动平移，使每个试件在测试时间点自动移动到两端的传感器之间。当测量龄期较长时，对 1 天后的收缩也可在拆模后密封试件再次放置到可移动平板上进行测量。该方法的测量精度高达 0.5 μm，可以实现使用一对传感器对多个试件进行测量。该方法克服了手动测量的不足，可连续自动测量混凝土的体积变形，尤其是测量混凝土的早期自收缩。

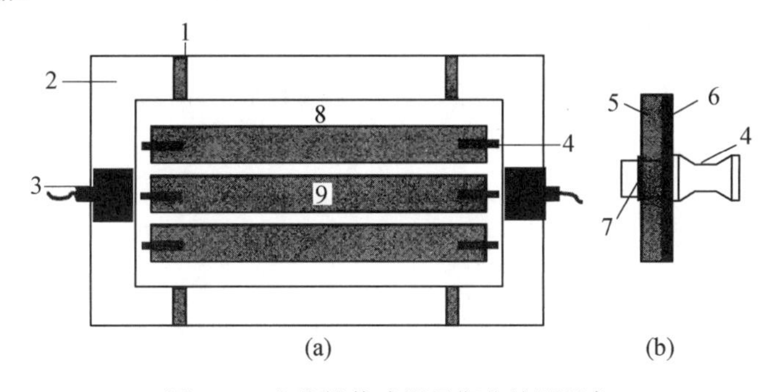

图 4.8　非接触传感器早期收缩测量仪

1—滑道；2—钢制台座；3—位移传感器；4—钢测头；5—试模侧板；6—橡胶皮垫；7—卡簧；8—移动平板；9—混凝土试件

4. 阶段式自收缩测试法

东南大学的田倩和孙伟等人在国内外自收缩测量方法基础上研究了阶段式自收缩测试法，自行设计了混凝土早期自收缩的测试系统，如图 4.9 所示。根据混凝土的自收缩发展规律，可以分段测量：采用立式测量方式和非接触传感器可使塑性收缩测试初始时间提早到浇筑成型后即开始；采用横向测长方式和非接触传感器可测试 1 天以前的自收缩；采用立式千分表可测试 1 天以后的长龄期自收缩。该系统可有效避免模具的约束及外界振动的干扰，测试过程中无须拆模及搬动试件，并实现了数据的自动化采集及分析。该系统的试验结果具有很好的重现性，测试结果准确。

采用100 mm×100 mm×515 mm的收缩试模，内衬双层聚回氯乙烯膜(PVC塑料薄膜)。试件一端埋有不锈钢钉头，成型后将其表层盖住，1天拆模后将试件表面涂上石蜡，再放入110 mm×110 mm ×550 mm的方形铁皮桶内，并以液体石蜡填充密封空余部分。测试环境温度为(20±2) ℃ ，相对湿度为(60±5)%。

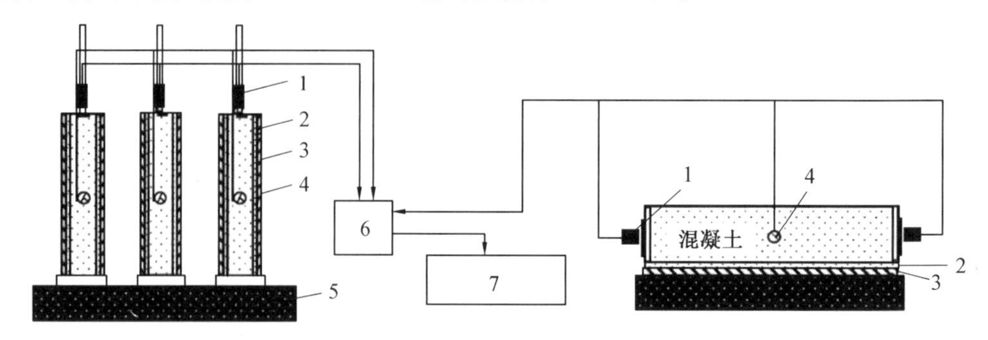

图4.9 早期混凝土自收缩测试系统

1—非接触传感器；2—聚四氟乙烯膜；3—550 mm钢模；4—温度传感器；5—大理石板；6—AD变压器；7—计算机采集分析系统

5. LVDT传感器法

通过线性可变差动(LVDT)传感器也可实现对混凝土体积变形的实时监测，根据传感器与混凝土试件之间的相对位置不同，又可以分为嵌入式、悬挂式、内置式等不同形式。

(1)嵌入式。在棱柱体混凝土模具中放置两根竖向金属杆，金属杆顶端与LVDT传感器相连，以杆顶端的水平位移反映混凝土收缩的大小。该方法存在的不足包括混凝土沉降和自重对杆支座产生的压应力可能会引起金属杆转动而带来较大误差；很难评价所测得的水平位移是否能反映整个混凝土试件的变形规律。

(2)悬挂式。为了克服上述嵌入式测量的缺点，有研究者提出将金属杆通过支座和横轴挂在混凝土试件的上方。这样，由于金属杆不是通过整个试件厚度，并不能完全解决混凝土沉降的影响。

(3)内置式。挪威和瑞典的研究者利用置于试件中部的LVDT来测量混凝土收缩，这种方式虽然解决了混凝土表面约束的影响，但只能反映LVDT周围混凝土的变形，而与模具附近处混凝土的变形关系不大；同时，混凝土沉降对LVDT产生的竖向压力，也会给水平位移测量带来误差。

6. 波纹管法

综合水泥基材料体积变形和线性变形测试的优点，美国标准《水泥浆和水泥砂浆自收缩变形的标准测试方法》(ASTM C1698—2014)提出采用特制的波纹管模具，将管状模具中水泥基材料的体积变形转化为线性变形。此方法可对新拌水泥基材料在成型后立即进行测试，又可避免其他方法测量新拌水泥基材料时发生的干扰和误差。波纹管自收缩测定仪如图4.10所示，该装置主要包括刚性支架、标准杆、电子千分表和波纹管。此方法还能够避免试件在测试过程中出现水分散失，主要用于自动测量水泥浆体和砂浆的自收缩或膨胀的变化情况。

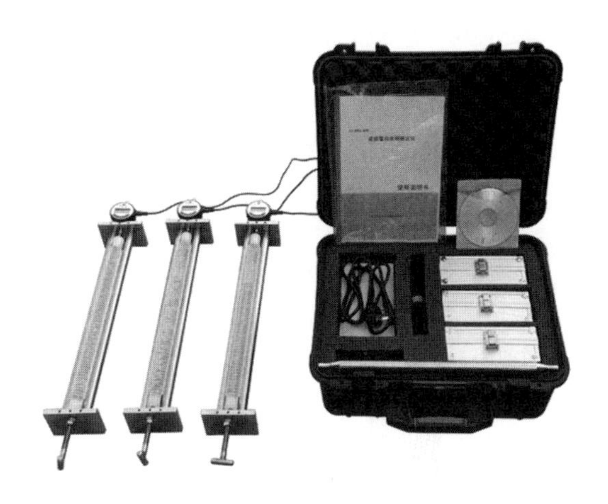

图 4.10 波纹管自收缩测定仪

4.4.2 约束收缩开裂测试方法

当混凝土收缩因外部约束产生的约束收缩应力超过混凝土抗拉强度时，混凝土便会产生开裂。因此，通过约束收缩开裂测试可以评价混凝土的抗收缩开裂能力，为实际工程应用提供参考数据。目前，用于测试混凝土约束收缩开裂的方法较多，其中比较成熟的有圆环法、椭圆环法、平板法和棱柱体单轴约束法等几种。

1. 圆环法

1990 年，美国西北大学 ACBM 研究中心的 S. P. Shah 提出一种测试水泥基材料抗收缩开裂性能的环约束试验方法。这种方法通常是将水泥净浆、砂浆或混凝土注入两个同心钢环模具中间，制备一个圆环状试件，试验时将整个试件连同模具放入特定的干燥环境中，去掉外环并保留内部钢环。当水泥基材料受干燥而收缩时，便会因收缩受约束而产生环向拉应力，当拉应力达到材料的抗拉极限时就会产生开裂现象。这类方法的试验装置主要包括内钢环、外钢环和底板，如图 4.11 所示。采用图中所示尺寸可以保证混凝土收缩在受内部钢环约束而受拉时，环状试件内、外侧产生拉应力相差不超过 10%，从而可以假设混凝土环是处于均匀的单轴拉力作用之下，便于分析。若把内部约束钢环去掉，环形试件也可以模拟混凝土自由收缩。

Sahan 和 Kovler 等人利用弹性力学理论分析混凝土环的应力结果为

$$\sigma_\theta=(r_e^2/r^2+1)p/(r_e^2/r_i^2-1) \tag{4.9}$$

$$\sigma_r=-(r_e^2/r^2-1)p/(r_e^2/r_i^2-1) \tag{4.10}$$

$$p=E\varepsilon_{sh}/[(r_e^2+r_i^2)/(r_e^2-r_i^2)+\mu] \tag{4.11}$$

式中，σ_θ、σ_r 表示坐标为(r,θ)处混凝土环的环向应力和径向应力；r_e、r_i 表示混凝土环的外径和内径；p 表示混凝土收缩对内部钢环产生的压应力；ε_{sh}、E、μ 表示混凝土的收缩应变、弹性模量和泊松比。

试件在木质底板上竖向同心浇筑，试件上表面用硅胶树脂密封，保证干燥收缩只在环

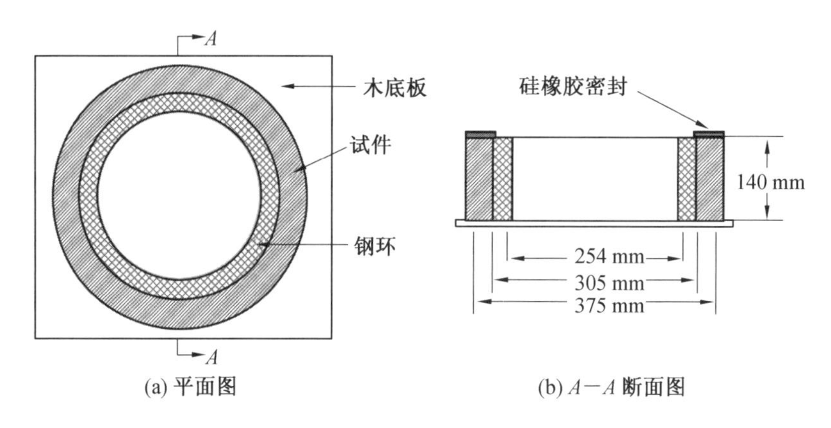

图 4.11　环约束收缩开裂试验示意图

的外表面发生。对于一般约束收缩试验，混凝土浇筑后 1 天拆模，将试件暴露于 20 ℃、RH40％或 RH60％环境中，观察开裂时间、裂缝宽度、数量以及其随龄期的发展变化情况。对于早期约束收缩试验，应在浇筑后 2.5 h 拆模，然后立即将试件置于干燥环境中测量。如果只考虑水泥基材料因自收缩而产生的开裂，便在整个试验过程中将试件保持密封状态。

环约束收缩开裂试验中裂缝的产生和发展可通过固定在钢环上部一个可以上下、四周旋转移动的显微镜来观察记录。这种试验方法主要用于测试水泥净浆与砂浆，或者细石混凝土(骨料最大粒径不超过 10 mm)，一般不适合测量普通骨料的混凝土；同时只能做定性判断，不能测出收缩应力的大小。裂缝观测可用 100 倍的读数显微镜，最小分辨率可达 2.5 μm，基本能够满足试验的需要。为提高测量精度，有研究者提出采用全息照相技术观测初始开裂的时间，当前后两次全息图像上试件边缘出现突变时，就认为试件已开裂，而这时显微镜由于最小分辨率的限制，可能并未观测到裂缝的出现。

环约束收缩试验常用于新拌和硬化混凝土的收缩开裂敏感性研究，有如下优点：①试验装置简单，操作方便；②约束钢环可以对混凝土收缩提供足够的约束限制，约束应力均匀，可有效地克服轴向试件施加端部约束的困难和易产生偏心等缺点；③试件轴对称，处于环向均匀拉伸应力状态，应力可由钢环压应变间接换算得到；④在一定范围内，试件尺寸、边界情况对试验结果影响不大，易于推广及标准化，便于对试验结果进行分析和比较。

其缺点在于：①环形约束试验的物理意义不如轴向约束直观，混凝土受力状态与实际工况不符；②约束程度不明确，难以动态地将约束应力和试件开裂联系起来；③内表面与钢环相接触成为密闭状态，收缩表里不均一；④只能用于素混凝土试验，而无法应用于配筋试件；⑤只能观测开裂龄期和裂缝宽度，无法提供足够信息进行理论分析。

2. 椭圆环法

椭圆环法是圆环法的一种改进方法，它能实现圆环法的所有功能，但其测试时间大为缩短，敏感性也更高，试验过程更为简便。椭圆环法的试验示意图如图 4.12 所示，混凝土试件的约束由椭圆形钢环提供。椭圆钢环长半轴为 105 mm，短半轴为 45 mm，高度为 48 mm；椭圆 PVC 外模长半轴为 125 mm，短半轴为 65 mm，厚度为 20 mm，高度为 48 mm。试验过程中，混凝土环因收缩受到椭圆钢环约束而产生拉应力。拉应力在长轴方向的发展比在短轴方向的发展快，这就能使试件在更短的时间内产生早龄期收缩裂缝，并便于观测裂缝最先出现的位置。初始开裂时间是圆环法和椭圆环法评价混凝土抗裂性能的重要指标之一。一般而言，初始开裂时间越晚，混凝土的抗收缩开裂性能越好。

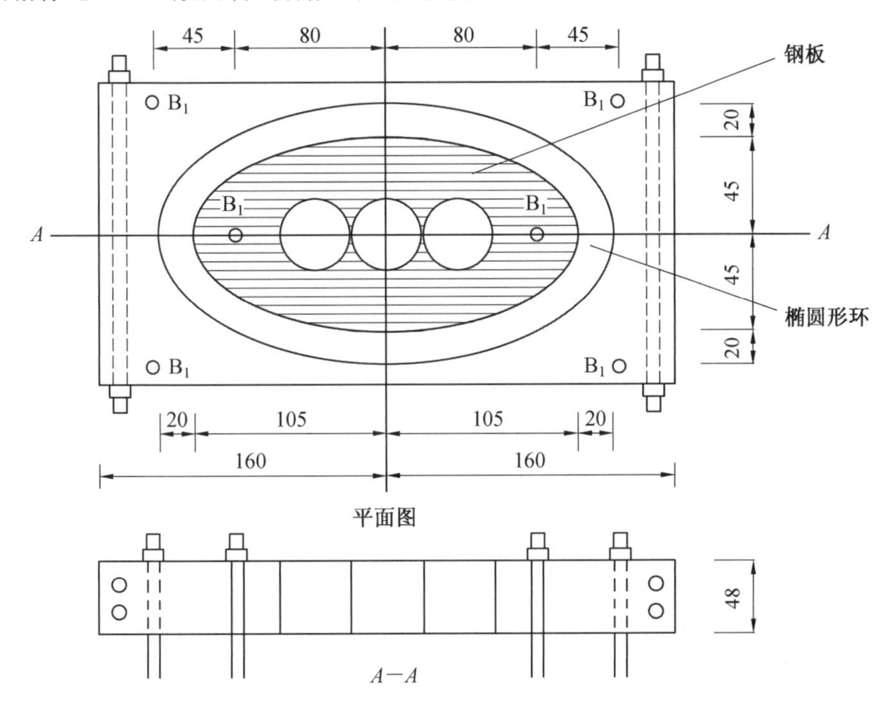

图 4.12　椭圆环法的试验示意图

3. 平板法

环向约束实质上都属于单向约束，实际工程中对早期收缩开裂最敏感的经常是一些板式构件，如混凝土楼板、屋面、桥面板、路面以及工业厂房地面等。这类构件都是处于双向收缩约束状态，为模拟这类构件的早期收缩开裂情况，需要进行板式混凝土试件的约束收缩试验。板式双向约束既可以只在板四周用铆钉加以约束，也可以在板端和板底同时加以约束；既可以应用于素混凝土收缩开裂的研究，也可以应用于配筋混凝土收缩开裂的研究。

美国圣约瑟大学的 Karri 于 1985 年在研究混凝土抗裂性能时提出了平板限制收缩试验方法。如图 4.13 所示，典型的平板法试验中平板尺寸为 600 mm×600 mm×63 mm，每边用 14 个螺纹钢柱端部约束，模具底板是厚为 15 mm 的复合板，底板上铺设一层聚乙烯薄膜以减小试件收缩时来自底部的摩擦阻力，同时也能防止试件水分从底面流失。试验时，将试件直接浇筑在模具内并置于标准养护室，同时用塑料薄膜覆盖以防试件上表面蒸发失水，静停几个小时后，便将整个混凝土板放置到特定环境条件下(包括密封、干燥和风吹等)进行加速开裂试验，并观测试件的开裂时间、裂缝数量、长度及宽度等数据，再计算出单位面积平板的总裂缝面积，据此作为评价混凝土抗裂性能好坏的依据。但是，这种不配筋的小尺寸试件似乎只适用于早龄期混凝土的塑性收缩开裂研究。具体计算方法如下。

(1)计算平均开裂面积(mm^2),即

$$X=\frac{1}{2N}\sum_{i=1}^{N}W_iL_i \tag{4.12}$$

(2)计算单位面积平板的裂缝数量(根/m^2),即

$$Y=\frac{N}{A} \tag{4.13}$$

(3)计算单位面积平板的总裂缝面积(mm^2/m^2),即

$$Z=XY \tag{4.14}$$

式中,W_i 为第 i 根裂缝的最大宽度,mm;L_i 为第 i 根裂缝的长度,mm;N 为总裂缝数目;A 为试验板面积,其值为 0.36 m^2。

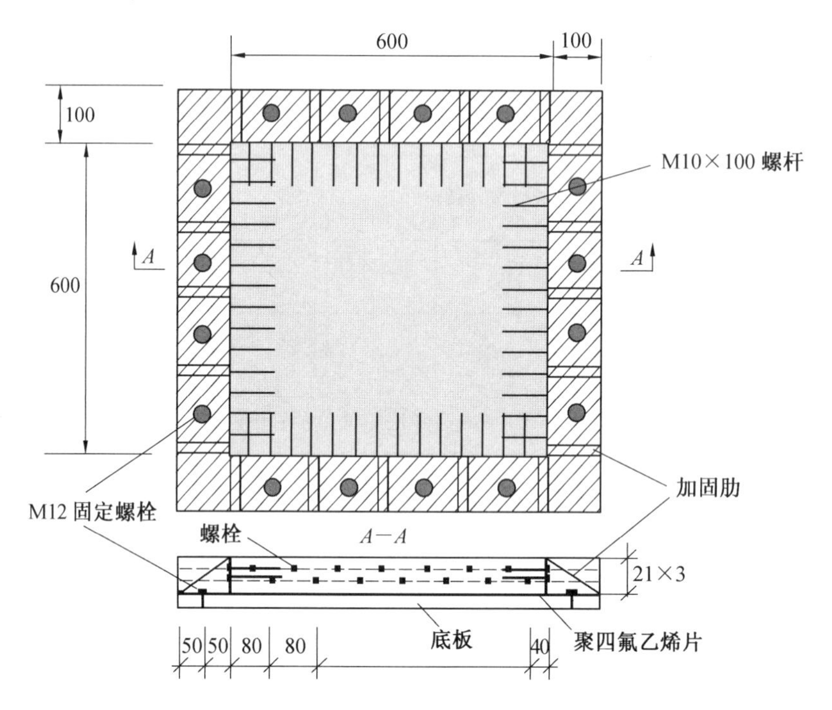

图 4.13 混凝土平板法试验示意图

我国提出了在底板上镶嵌 7 个带有尖角的钢柱,钢柱尖角给混凝土提供集中约束应力,促使混凝土开裂,此方法记录于《普通混凝土长期性能和耐久性能试验方法标准》(GB/T 50082—2009)中,试验装置如图 4.14 所示,采用此方法,混凝土开裂时间较早,适用于混凝土在塑性期间的开裂试验。

平板法约束收缩开裂试验具有设备简单、容易操作等优点,能快速测试由塑性收缩变形及干燥收缩变形引起的混凝土表面开裂。但是,它所提供的约束程度无法人为调控,只能部分地、不均匀地约束混凝土的收缩变形,存在约束程度不可控、定量分析困难等问题。该方法主要用于模拟暴露面积很大的水平薄板构件在干燥环境中产生早期开裂。此外,平板法试验的影响因素较多,试验结果对试件尺寸、材料特性、环境状况等因素的依赖性

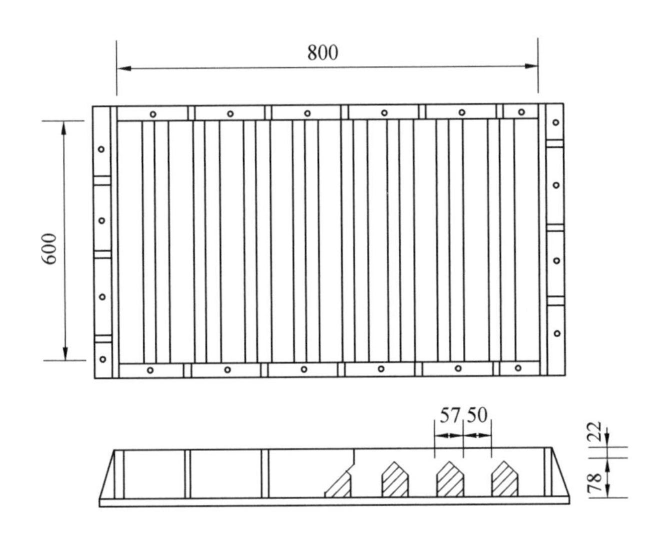

图 4.14　混凝土早期收缩试验装置

很大，不利于相互比较及标准化，无法精确评价混凝土的抗裂性能。

4. 棱柱体单轴约束法

当试件长度远远大于横截面尺寸时，可近似地认为只发生轴向收缩，若变形受到限制，其横截面内将产生均匀分布的拉应力。一般来说，试件越细长，轴向约束实现起来越容易，裂缝开展比较充分，试验效果也越好。轴向约束收缩试验一般需要有同样尺寸的自由收缩试验做对比。按照约束形式差异分为两种形式，一种是端部约束，一种是钢筋内部连续约束，前者一般是主动约束，后者是被动约束。

轴向端部约束试验是理想的主动可控约束收缩试验。棱柱体单轴约束开裂试验最初是由德国慕尼黑大学开发用于研究混凝土的温度收缩开裂，后来改造后用于测量混凝土收缩开裂及收缩应力。混凝土单轴约束收缩试验示意图如图 4.15 所示，试件的有效长度为 1 m 左右，截面尺寸按不同需要可以做成 40 mm、50 mm、75 mm 等的正方形。棱柱体试件的一端通过夹具固定不动，另一端为可移动自由端，安装在滑道上可以移动，此自由端与力传感器相连，其位移通过一个位移传感器来监测；当混凝土收缩时会带动自由端产生一个位移量，当位移量达到设定的控制阈值时（如 5 μm），转动螺杆通过一系列精密齿轮传动将自由端拉回到原始位置。这样在力传感器中就会检测到拉应力，即为约束收缩应力。当约束收缩应力达到或接近混凝土抗拉强度时，混凝土试件便出现开裂。

轴向端部约束收缩试验既可以应用于素混凝土试件，又可以应用于配筋混凝土试件。约束程度和加载方式可以按研究需要设定，试验可控程度高，试验结果基本不受试件尺寸限制，重复试验误差一般在 10%以内。此外，它不但可以定量测出混凝土因收缩而产生的应力、应变，还能得到混凝土早期弹性模量的变化和早期徐变值。主要不足之处是在实际操作中有一定困难。首先，这种试验类似于混凝土直接拉伸试验，难点在于给试件的端部提供充分的、不偏心的约束力。当试件截面尺寸较大，相应的约束力也较大时，实现这一点比较困难。其次，为了提供充分的约束而产生开裂并能及时观测到变形和应力的试验装置是昂贵的，通常需要计算机控制下的电液伺服加载系统，对系统的灵敏性和敏感性

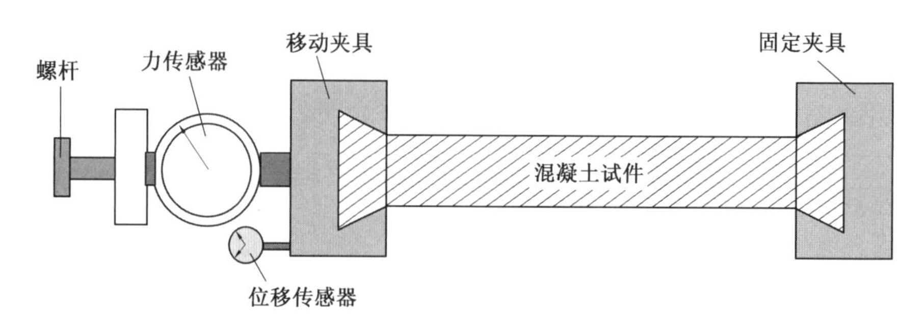

图 4.15 混凝土单轴约束收缩试验示意图

要求非常高。另外,对于提高约束程度来说,要求系统尽可能坚固,而为了精确地测量试件中比较小的约束拉应力和收缩变形,又要求系统很灵敏,这两者是互相矛盾的。

轴向钢筋内约束收缩试验用来模拟钢筋对混凝土收缩的限制,属于不完全约束。这种构件受力状态与实际结构相近,主要用于研究不同配筋率、钢筋直径、钢筋表面形状、黏结长度等对混凝土限制收缩的影响,可以得到不同配筋度和约束度之间的定量关系。在钢筋上贴应变片可间接测得约束应力,约束变形则用千分表或 LVDT 传感器来测量,试验方法简单,不需要特别的加载设备和控制系统。但是,约束度在试验前无法判定,约束程度可控性不强,并且通过钢筋贴片确定约束应力的方法会受到钢筋和混凝土之间黏结滑移的影响而不准确。

棱柱体单轴约束试验法还可以用来评估由温度变化引起的温度收缩开裂,能定量分析混凝土早期的应力发展、弹性模量变化、徐变松弛等特性。根据相关资料介绍,这种开裂试验架可用于截面尺寸为 150 mm×150 mm 和最大骨料粒径为 32 mm 的混凝土试件,能为混凝土试件提供绝热、半绝热环境和较高的约束条件。开裂试验架的结构主要由构架和制冷/加热系统组成。构架部分由横梁和纵梁连接而成。为了减少周围环境温度变化的影响,实现较高的约束程度,纵梁采用一种特殊的热膨胀系数很小的合金材料制成。在纵梁上贴有应变片,用来记录试验过程中混凝土试件的微小变形。试验时,将试件直接浇筑在试验架上温度可控的绝热模板里,并能在试件硬化过程中根据需要调节绝热模板的温度。由于试件变形受到横梁约束,纵梁会产生与试件相同的应变,这些应变值将由纵梁上的应变片记录下来。因此,用开裂试验架能得到在任意温度发展历程下试件在各龄期的内应力和弹性模量发展曲线,得到最大压应力、最大温升、开裂温度等数据,以开裂温度作为评价混凝土抗裂性能的主要指标。混凝土开裂温度越低,其抗裂性能越好。

与干燥收缩开裂试验架不同的是,温度开裂试验机中的混凝土试件浇筑在一个温度可调控的模具中,如图 4.16 所示。混凝土在浇筑后最初的几个小时里刚度很小,试件移动端的位移由外部测量系统完成。当混凝土的刚度足够大时,混凝土内部才形成应力,并逐步增长。一段时间后,如果移动端的位移超过了设定值(比如 1 μm),计算机系统自动控制步进电动机工作,使模板中混凝土试件的有效长度调控至初始长度值,这样就能保证试件的长度不变。除了能实现开裂试验架的所有功能以外,温度一应力试验机还能测定很多混凝土的早期力学性能参数,如弹性应变、弹性模量、徐变应变、徐变模量、线膨胀系数、干燥收缩应变、总的非荷载收缩应变等。

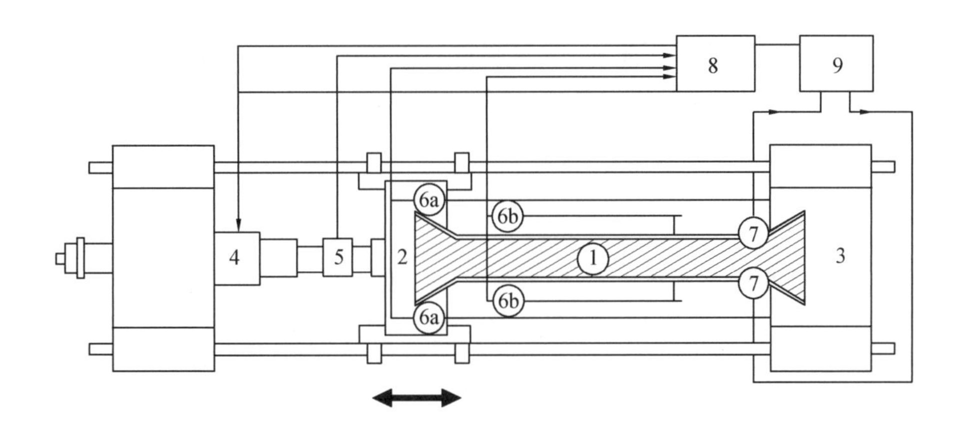

图 4.16　温度—应力试验机示意图

1—试件；2—移动端；3—固定端；4—步进电动机；5—加载盒；6a—十字头位移测量计；6b—测量长度的碳纤维棒；7—有加热冷却系统的模板；8—用于控制记录的计算机；9—用于模板加热冷却的低温保持器

温度—应力试验机可测得入模温度、温升时间、第 1 零应力温度（即试件硬化后受约束而开始形成压应力时的试件温度）、第 1 零应力温度出现时间、最大压应力、温峰出现时间、最大温升、第 2 零应力温度（即降温阶段试件内部压应力减小到 0 并开始产生拉应力时的试件温度）、第 2 零应力温度出现时间、室温应力（即试件温度降低至室温时的试件应力）、开裂温度（即试件收缩产生的拉应力达到或超过其此时的抗拉强度而开裂时的试件温度）、开裂应力（即试件开裂时的拉应力）、应力储备（即试件在升温阶段所能达到的最大压应力与开裂应力的比值）。上述参数可划分为 3 类，分别是开裂综合指标（开裂温度）；开裂核心指标（室温应力、开裂应力、应力储备）；开裂细化指标（浇筑温度、升温时间、出现应力时间、第 1 零应力温度、第 1 零应力温度时间、最大压应力、温峰出现时间、最大温升、第 2 零应力温度、第 2 零应力温度时间）。

单轴约束试验法能为工程选择抗裂性能好、开裂趋势小的原材料和配合比，并可用于评价不同品种水泥、掺合料的各项性能优劣。另外，试验数据还可为模拟计算提供早龄期混凝土力学参数。

用开裂试验架可进行以下有关混凝土开裂问题的试验。

(1)基准试验，用以比较相同温度和约束条件下各种混凝土的开裂趋势。

(2)大体积混凝土的温度匹配试验，用以模拟大体积混凝土在实际温度历程下的强度发展。

(3)恒温试验，用以研究仅受约束影响时混凝土试件的应力发展。与开裂试验架相比，温度—应力试验机测试精度更高、功能更强大，能综合考虑多项因素来定量地评价混凝土早期抗裂性能。有的温度—应力试验机可同时进行单轴约束试验（温度—应力试验）和自由变形试验，并能准确地测量混凝土的早期变形、弹性模量和徐变松弛，以及在约束程度为 0～100％时试件的温度变化曲线及应力发展曲线。开裂温度综合反映了材料性质、约束条件以及各种原因引起的体积变形对混凝土抗裂性能的影响，因此可直接以开裂温度作为评价混凝土抗裂性能的有效指标。核心指标则可较直观地反映材料的抗裂性能。室温应力低,说明该材料还能承受更大幅度的拉应力增长;应力储备高,说明在相同抗拉强度条件下该材料能抵抗更大的拉应力;开裂应力则反映了材料的抗拉强度大小。细化指标影响到核心指标的最终值,主要与材料自身性质有关。可通过变换试验材料实现改善核心指标的目的。

5. 其他方法

除了常见的圆环法、椭圆环法、平板法及棱柱体单轴约束法外,国内外学者还通过控制温度或电阻率等方式实现混凝土收缩开裂的测试,其中较为新颖的方法包括“thermal active”法及电阻型椭圆型混凝土收缩开裂法。

法国巴黎大学的 M. Briffaut 和 F. Benboudjema 等人在做大型混凝土结构早期收缩试验时,在约束铜环上焊接上数段的输水管。通过给输水管道循环热水实现加速试件开裂的目标,此方法被称为“thermal active”法。

2003 年武汉大学的何真等人发明了一种椭圆型的混凝土早期收缩开裂试验方法,其试验装置如图 4.17 所示。试验通过计算机自动采集回路中电阻率随时间变化的数据,当试件收缩开裂的一瞬间,回路中电阻率出现突变,以此来判定裂缝出现的时间并依据相关公式和检测数据来判断试件在约束条件下收缩开裂的开裂应力和敏感性。

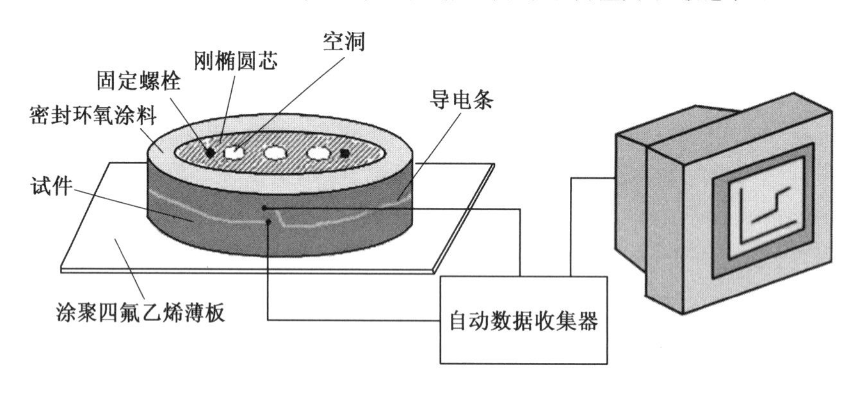

图 4.17　电阻率法椭圆型混凝土收缩开裂试验装置

4.5　混凝土早期收缩开裂的控制措施

混凝土早期抗裂预防措施需贯彻“防、放、抗”相结合的控制原则,从设计、材料、配合比及施工等各方面综合考虑,统筹处理。所谓“防”指减小各种可能产生混凝土早期裂缝的潜在因素,在此主要是减小混凝土早期收缩,需重点从材料与配合比的合理优化上来考虑;“放”指在对一些潜在的导致开裂的原因,如较大的收缩与温度应力等,采用结构设计及施工上的一些措施来释放这些应力,如采用结构上设置伸缩缝、沉降缝,或施工时采取后浇带等措施,这些措施通过相对自由的变形来释放这些潜在的应力而取得控裂的目的;“抗”主要指从结构或材料上提高混凝土的抗裂性能,结构上主要是在结构收缩较大的部位或存在应力集中的薄弱部位增加适当的配筋来提高这些部位的抗裂性能,而材料上主要指提高混凝土本身的抗裂性能。例如，通过掺纤维或改善材料组成来提高混凝土抗拉强度，通常有如下几方面的措施。

4.5.1　合理选用配合比

为了保证混凝土的质量，以避免混凝土收缩裂缝的产生，必须保证原材料的质量以及原材料之间的合理搭配。水泥对混凝土的开裂影响最大，如果水泥受潮、变质或者存在其他的质量问题，混凝土的质量肯定受到很大的影响，所以必须严格控制水泥的质量。水泥的水化速率过快，会导致混凝土的弹性模量增长过快，也会导致混凝土的体积稳定性成比例的下降，所以要控制水泥的水化速率，使其不要过快、过早地水化凝结。尽量不选择早强型水泥、矿渣水泥、铝酸盐水泥等收缩大的水泥品种，标号不宜太高，同时应控制水泥细度。混凝土是由砂、石、水泥和水等搅拌而成的复合材料。砂、石是混凝土的骨料，骨料的力学性能一般较好，可以抑制混凝土的收缩，所以粗、细骨料的体积分数越高，混凝土的收缩越小，发生开裂的概率也越小。一般情况下，抗收缩性能石灰岩＞安山岩＞砂岩。使用石灰石碎石配制的混凝土比使用其他品种的粗集料配制的混凝土质量要好，使用石灰岩为集料的混凝土比用砂岩为集料的混凝土收缩降低 20%～30%。因此要减小收缩，必须选用优质的骨料，采用饱水的低密度细骨料（LWA）替代部分砂，以通过提供“内部养护水”来减缓内部相对湿度降低，从而减小自收缩。我国也已开展了这方面的研究，但并未在实际工程中获得广泛应用，仍存在一些问题急需解决，如控制混凝土的均质性等。水的质量也不能忽视，若水中含有杂质，则有可能与混凝土中的离子发生化学反应，也会影响混凝土的质量。保证了混凝土中各种原材料的质量，混凝土的质量不一定有保证，还必须要求混凝土的配合比达到规定的指标。

尽量少添加硅粉等增加自收缩的矿物掺合料，在许可的情况下，尽量提高水灰比及骨料体积分数，掺入饱水材料进行内养护是减少自收缩的有效措施。粉煤灰的掺入可减少或避免开裂，尤其减小因早期水化热引起的温度裂缝等。另外，添加超吸附的聚合物颗粒也可以减小收缩，Jensen 等人提出了往水泥基材料中加入一种超吸附的聚合物颗粒（Superabsorbent Polymer，SAP）的方法来防止自收缩。在混凝土搅拌过程中，SAP 吸收水而形成宏观含水物，随着水泥水化这些自由水可以释放出来，减少自干燥的发生。

4.5.2　膨胀剂补偿收缩

常用膨胀剂除钙矾石系之外还有氧化钙、氧化镁系列膨胀剂，既具有较快的早期膨胀，又具有后期微膨胀特性；氧化钙系列膨胀剂的补偿收缩作用能降低体系的总自收缩。在需要考虑混凝土早期强度时，可采用二元醇醚类减缩剂和聚丙烯纤维复掺来抑制混凝土早期自收缩。使用膨胀剂时应当注意以下两点。

（1）膨胀理论与掺量问题。

从各种膨胀剂的抗裂原理来说，基本上都是在水泥水化和硬化的过程中产生大量的钙矾石晶体，使水泥产生体积微膨胀，从而使混凝土产生微膨胀性。在这一过程中，膨胀剂的掺量问题至关重要。混凝土的自由膨胀率是随着膨胀剂掺量的增大而增大的。当掺量不足或膨胀剂的膨胀率太小时，产生的钙矾石晶体太少，所产生的膨胀率非常小，此时钙矾石晶体仅仅起到填充混凝土毛细管的作用，即提高了混凝土的抗渗性，但补偿混凝土收缩的能力远远不够，混凝土剩余的收缩变形远大于混凝土的极限延伸率，不能阻止混凝土的开裂，只有生成的钙矾石晶体较多时，混凝土才会产生较好的膨胀性能。

(2)养护条件的影响。

养护条件对掺膨胀剂的混凝土十分重要。一般来说掺有膨胀剂的混凝土必须加强养护，在浇筑后必须采取一定措施保证湿养护7～14天。这是因为膨胀剂膨胀作用的发挥主要发生在混凝土浇筑后的初期，一般在14天之后其膨胀率即趋于稳定，而这一时期也是水泥水化的重要阶段，两者之间可能存在“争水”现象。如果养护不当就有可能出现这种情况，或者硫铝酸钙水化不充分而不能形成足够的膨胀值，或者膨胀速率大于水泥石的水化速率而影响了混凝土强度的发展，这就可能导致膨胀力被尚有塑性的混凝土吸收而不能发挥作用。所以在混凝土浇筑后的初期一定要加强养护，如果湿度不够即使延长养护时间也难以达到设计膨胀值。

4.5.3 减缩剂减小收缩

减缩剂是由聚醚或聚醇类有机物或它们的衍生物组成的一种表面活性剂，通过降低混凝土毛细管溶液的表面张力达到降低毛细管压力的作用，从而降低了混凝土的干燥收缩和自收缩，是一种纯粹的物理减缩作用，它从根本上减小了混凝土产生自收缩，并将孔隙细化，没有明显的原生裂纹出现，使混凝土的结构更为致密。在自然干燥的条件下，掺入减缩剂的混凝土表面甚至可以没有任何可见裂缝出现；在风吹的条件下，可使初裂时间延迟，裂缝数量与总长度减小，最大裂缝宽度减小，扩展速率减慢，甚至可以杜绝贯穿性裂缝的出现。另外，由于减缩剂能增大孔隙水的黏度，增强水分子在凝胶体中的吸附作用，从而能进一步减小混凝土的最终收缩值。通常来说，减缩剂可减小50%的自收缩，二元醇醚类减缩剂减缩效果最高可达80%，但混凝土强度随龄期增长的损失较大。鉴于减缩剂的这些优势，在可预见的将来一定会有很大的应用前景。

4.5.4 纤维混凝土

采用纤维增强，可降低混凝土表面泌水和骨料沉降，提高混凝土抗拉强度及断裂韧性，从而有效避免混凝土早期出现开裂，减小开裂面积和裂缝宽度。

纤维混凝土是指以非连续的短纤维或者连续的长纤维作为增强材料加入到水泥净浆、砂浆或者混凝土中所组成的水泥基复合材料。自开始采用水泥混凝土作为建筑材料以来，人们就在探索向其中加入各种各样的纤维。20世纪50年代以来，研究出了多种纤维混凝土，其中包括钢纤维混凝土、玻璃纤维混凝土、聚丙烯纤维混凝土和碳纤维混凝土等，此外，也已开始了对聚乙烯醇纤维混凝土和玄武岩混凝土等的研究。其中，钢纤维混凝土是目前应用最广泛的一种。钢纤维混凝土是在普通混凝土中掺入乱向分布的短钢纤维所形成的一种新型的多相复合材料。这些乱向分布的钢纤维能够有效地阻碍混凝土内部微裂缝的扩展及宏观裂缝的形成，显著地改善了混凝土的抗拉、抗弯、抗冲击及抗疲劳性能，具有较好的延性，可以大幅度提高混凝土的韧性，对混凝土的干缩起到明显的改善作用。在纤维分散度良好的情况下，混凝土抗裂性能随着纤维掺量的提高而提高。同时掺入各种短纤维可以降低混凝土表面泌水和骨料沉降，提高混凝土抗拉强度及断裂韧性，从而能有效地避免混凝土早期出现开裂、减小开裂面积和裂缝宽度，可见，纤维的加入主要起到分散、均化收缩应力分布的作用，阻止了裂缝的扩展和延伸，使大裂缝、有害裂缝细化，分散为危害性较小的裂缝。但是加入纤维不会从根本上防止裂缝，只是将大裂缝分散成小裂缝，这些不可见的小裂缝仍然会成为有害介质的侵入通道，影响混凝土长期耐久性；而且纤维的加入会改变混凝土孔结构，使大孔增加，降低混凝土抗渗性。

4.5.5　其他防控措施

合理的设计及施工也是防止混凝土裂缝产生的重要条件。

(1)改变设计理念和原则。

目前，混凝土结构设计存在两种设计极限状态，第一极限状态(承载能力极限状态)和第二极限状态(正常使用极限状态)。设计的现状是设计人员只重视承载能力极限状态，以确保结构不倒塌、不破坏、不失稳、不产生破坏时过大的变形，没有安全问题，常常忽略了正常使用极限状态。所以，设计者应改变设计理念，同时重视两大极限状态，使建筑物既能满足承载力要求，又经济实用。在设计中要综合考虑各种长期荷载、短期荷载的作用，不要遗漏重要的荷载，如强风、强震等偶然荷载的作用，一定要按照规范的要求合理选取计算模型。设计的建筑物要保证断面尺寸符合要求，钢筋的配置既安全又经济，不能出现数量不足、直径不适或配置不当等问题。根据地基勘察报告，认真分析地基情况，根据实际情况考虑结构物的不均匀沉降等问题，合理地设置伸缩缝，以消除不均匀沉降对结构的影响。

(2)提高施工队伍的素质，使施工人员树立强烈的质量意识感。

在施工现场，不能随意改变混凝土的配合比，如为了便于浇筑混凝土，向内部随意掺水等。保证混凝土的搅拌时间，拌合后至浇筑间隔时间也不能过长，保证浇筑顺序正确无误。振捣时要充分使混凝土结构密实。在混凝土的强度未达到要求时，不能使混凝土受到强烈的振动或者有荷载的作用，更不能进行下一道工序。混凝土浇筑完毕后，养护非常重要，但目前施工单位对养护的重要性认识不足，施工人员对现场施工的混凝土的物理力学性能认识不清，往往按照以往的经验采用传统的、一般的方法进行养护，没有针对具体情况采取有针对性的措施，导致裂缝频繁发生。因此，必须具体情况具体对待，采取切实有效的方法，在保证混凝土质量的前提下最大限度地降低混凝土的开裂概率。对于早龄期的混凝土来说，养护开始的时间比养护持续的时间更加重要，如果错过了养护的最佳时机，则以后的养护不仅效果不好，还浪费人力财力。所以，施工是保证混凝土质量的重要环节，必须给予足够的重视。

本章参考文献

[1] POWERS T C. Physical properties of cement paste[C]. Proceedings of the FourthInternational Symposium on the Chemistry of Cement. Washington DC, USA: Portland Cement Association, 1960: 577-613.

[2] DAVIS H E. Autogenousvolume changes of concrete[J]. Proceedings of ASTM. Atlantic City: American Society for Testing Materials, 1940, 32(4): 1103-1112.

[3] TAZAWA E, MIYAZAWA S. Autogenousshrinkage of concrete and its importance in concrete technology[C]. Proceedings of the 5thInternational RILEM Symposium on Creep and Shrinkage of Concrete. London, UK: Chapman & Hall, 1993: 159-168.

[4] 安明哲,覃维祖,朱金铨. 高强混凝土的自收缩试验研究[J]. 山东建材学院学报，1998(S1): 3-5.

[5] GRYSBOWSKI M, SHAH S P. Shrinkage cracking of fiber reinforced concrete[J]. ACI Materials Journal,1990, 87(2): 395-404.

[6] 中华人民共和国住房和城乡建设部. 普通混凝土长期性能和耐久性能试验方法标准: GB/T 50082—2009[S]. 北京:中国建筑工业出版社,2009.

[7] BRIFFAUT M, BENBOUDJEMA F, TORRENTI J, et al. A thermal active restrained shrinkage ring test to study the early age concrete behaviour of massive structures[J]. Cement and Concrete Research,2011, 41: 56-63.

[8] HE Z, LI Z G. Influence of alkali on restrained shrinkage behavior of cement-based materials[J]. Cement and Concrete Research,2005, 35: 457-463.

第5章 混凝土的气孔结构与性能

空气总是存在混凝土之中，在搅拌和浇筑过程中空气被有意或无意滞留在混凝土内部。新拌混凝土的气泡可以分为裹入气泡(entrapped air bubbles)和引入气泡(entrained air bubbles)。在搅拌过程中，搅拌机的剪切叶片会产生漩涡将气泡困在混凝土拌合物中。在没有引气剂的作用下，被困在浆体或砂浆中的气泡不稳定，易合并形成粗大的气泡。这些粗大气泡受到浮力向上的作用，可能在混凝土的上表面破灭消除。这种粗大气泡称为裹入气泡，是搅拌过程中滞留在混凝土内部的自然空气，当浇筑过程中的混凝土受到振捣时，一部分裹入的空气会被排出，仍滞留在拌合物中的空气形成了气孔。多数无须暴露在寒冷地区冻融环境的混凝土仅含有裹入气泡，因此，混凝土中最终被裹入的空气体积较小，通常小于3%，而这些被裹入的气泡直径通常大于0.3 mm。避免空气裹入的唯一方法是保证混凝土搅拌、运输和浇筑处于真空环境中。

引入气泡是利用化学外加剂提高混凝土内部的空气含量。引入的气泡通常是尺寸小、泡径均一的球形气泡，不会合并，其直径大小为20～200 μm。在设计和制备混凝土时，可以通过选择适当的引气剂的用量来控制引入空气的体积和气泡网络结构。这些气泡改善了混凝土的和易性，降低了拌合物的离析和泌水，特别是这些细小的气泡均匀地分布在混凝土中，有助于保护混凝土免受冻害。

含气量、孔隙率、气孔的孔径分布、气泡比表面积(或平均气泡直径)和气泡间距系数等都是表征混凝土气泡体系特征的重要参数，与混凝土强度和耐久性有一定的关系。含气量越高，混凝土抗压强度明显下降，但当引入气泡的尺寸较小时，混凝土的强度降低减缓。含气量一定时，气泡比表面积越小，气泡间距系数越小。当气泡比表面积一定时，含气量越大，气泡间距系数越小，这也代表混凝土的抗冻性越好。使用气泡体系特征参数方法评价混凝土抗冻性与快冻法相比，周期短、能耗低。因此，关于新拌和硬化混凝土气孔结构的研究日趋重要，本章主要介绍新拌混凝土中气孔结构的形成机理、影响因素、评价方法及对硬化混凝土性能的影响。

5.1 新拌混凝土中气孔的形成机理

由于空气和水不能互溶，滞留在新拌混凝土中的空气通常以气泡的形式被薄薄的液体薄膜包围，并悬浮在拌合物中。这些气泡的大小和形状各不相同，但这些气泡都可以在新拌的混凝土中移动，它们可以改变尺寸和形状，扩大或收缩，合并或破裂，或通过振动从新拌混凝土中去除。然而，一旦混凝土硬化，气泡就固定在适当的位置。由气泡的最后位置和形状所形成的中空空间称为气孔。在硬化混凝土试件中，这些中空空间的整个集合就是气孔体系。图5.1所示为硬化混凝土气孔尺寸范围。

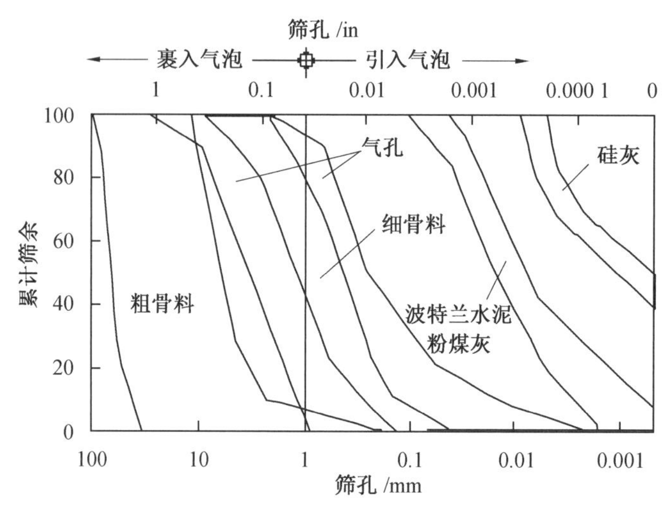

图 5.1 硬化混凝土气孔尺寸范围

5.1.1 裹入气泡

浇筑振捣后的硬化混凝土，总会有裹入的大气泡滞留在混凝土中。裹入的气泡远远大于引气剂引入的气泡，如图 5.2 所示。这些大气泡形状不规则，随机地分布在硬化的混凝土中。通常，经过充分振捣的混凝土可含有体积分数为 1%～2% 的裹入气泡，裹入气泡的体积取决于水泥砂浆的黏度、粗骨料的粒径、混凝土的坍落度、混凝土振动强度和振动持续时间。

不规则的裹入气泡既出现在混凝土内部，还会出现在混凝土浇筑面，这些孔洞或缺陷会严重影响表面的外观质量、材料表面性能和耐久性。混凝土内部或表面裹入气孔或缺陷通常归因于以下几个因素：脱模剂、混凝土配合比及搅拌振捣工艺等，有时是它们的联合作用。脱模剂在模具和混凝土本身之间充当“润滑剂”。当脱模剂喷涂适量时，混凝土表面不易产生气孔，但当脱模剂使用过量时，受重力影响它可能聚集在模板或模具的下部。当混凝土倒入模具中时，这些脱模剂会阻止混凝土密实填充。混凝土硬化后，混凝土构件的下部表面气孔、缺陷愈加明显。

与脱模剂类似，混凝土的水灰比较大时，表面泌出的水被困在模具的工作表面，随着混凝土固化和残余水分蒸发，混凝土表面会留下一些孔隙。混凝土内部粗骨料阻挡裹入气泡向上迁移形成的薄弱气孔结构，水泥颗粒因凝絮作用所包裹的水在后期蒸发以后所形成的水囊空腔等，与混凝土的配合比，特别是水泥的用量多少和水灰比的大小关系较大，在水泥用量较少的低标号混凝土中自由水相对较多，从而使泌水导致的气孔概率增大。

混凝土拌合、运输、下料过程中引入的气泡泡径大且极不稳定，极易聚合成更大的气泡。由于振捣后混凝土内部空气逸出至模具表面形成的空气滞留通常易出现在低坍落度混凝土中，也可以在不规则(非球形)形状的碎石下面被发现，这主要是由墙壁效应和界面过渡区的特点决定的。施工过程中，在欠振、漏振的情况下产生的表面气泡主要是这类空气泡。根据试验及实际施工总结的经验，混凝土中细砂质量分数在 35%～60%范围内，细砂的质量分数越大，混凝土在振捣过程中就会越不均匀，振捣造成混凝土分层，进而造成气泡向上迁移形成气泡的集中。

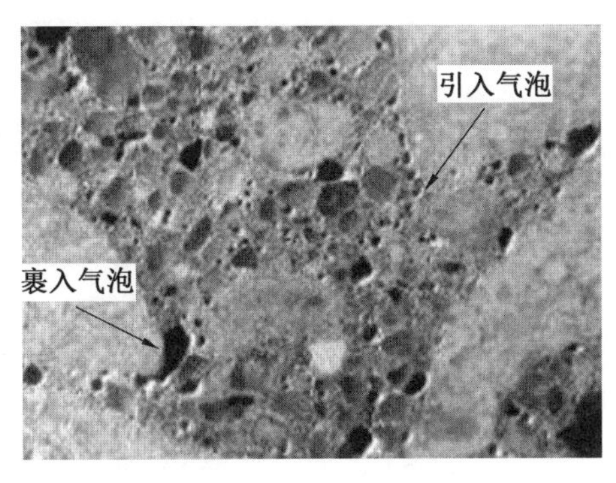

图 5.2　裹入气泡与引入气泡

5.1.2　引入气泡

为了在混凝土中获得细小、分散良好的气泡网络，需要使用外加剂。外加剂引入的气泡，一般可为减水剂和引气剂。减水剂引入了一定量的微细气泡，由于相同的电性斥力作用，这些气泡处于水泥颗粒之间如同滚珠轴承一样使水泥颗粒分散，从而增加了水泥颗粒间的滑动作用，起到了一定的减水作用。但这些气泡大小不均匀，形状不规则、不稳定。随着运输和振捣的进行，往往小气泡互相聚合成为大气泡，并最终向外溢出，到达混凝土表面形成气泡。因减水剂中的气泡介于稳定与不稳定之间，故称其为介稳气泡。引气剂引入的许多微细气泡，尺寸在 20～200 μm，均匀分布在混凝土内部，气泡表面的液膜比较牢固，从热力学的角度讲，即液膜的动电位较高，能阻止气泡聚结，气泡相对比较稳定，不易破灭，与减水剂引入的气泡有本质的区别，对混凝土的抗渗和耐久性都是有利的。因此，合格的引气剂被广泛用于有抗冻性要求的混凝土工程中。

引气剂主要是各种表面活性剂的混合物。表面活性剂的典型结构如图 5.3 所示。对溶剂(水)有强烈吸引力的化学单元称为亲水基(头部)，对溶剂(水)没有吸引力的化学单元称为疏水基(尾部)。表面活性剂常见的化学分类是基于亲水基的性质分为阴离子、阳离子、非离子和两性离子。在两性基团中，分子包含一个负电荷和一个正电荷。大多数现代的引气剂在性质上是阴离子的，因为它们产生的气泡具有较好的稳定性。

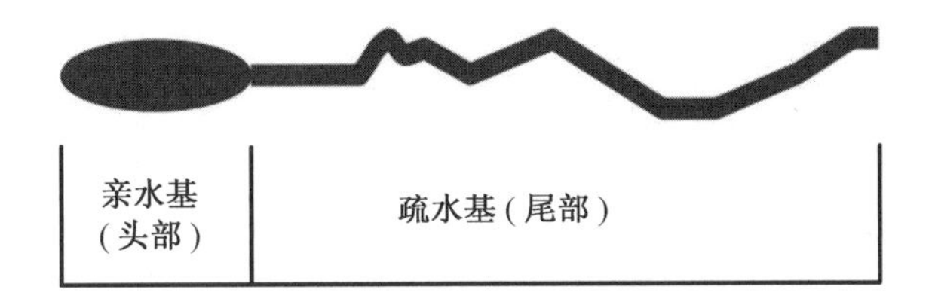

图 5.3　表面活性剂的典型结构

表面活性剂分子在溶液中的取向是随机的，然而表面活性剂分子的疏水性(尾部)会伸出溶液,以减少疏水性部分对水分子的扭曲,从而降低体系的整体自由能。表面活性剂分子的亲水基(头部)之间的斥力降低了液相的吸引力,从而降低了表面张力。由于静电组分对离子表面活性剂的斥力,其降低表面张力的效果比非离子表面活性剂更为显著。然而,被吸附的分子有首选的方向,这往往会减少液相和表面活性剂分子之间的不利相互作用。图 5.4 所示为表面活性剂分子在水一气界面的排列。表面活性剂的性质和浓度决定了气泡界面的物理和化学性质,包括表面张力(等于表面自由能)和稳定性。表面活性剂之间的静电和空间排斥作用有助于稳定浆体相中的气泡。溶液中的水、各种离子和聚合物也会通过与定向表面活性剂分子的复杂相互作用影响界面的性质。

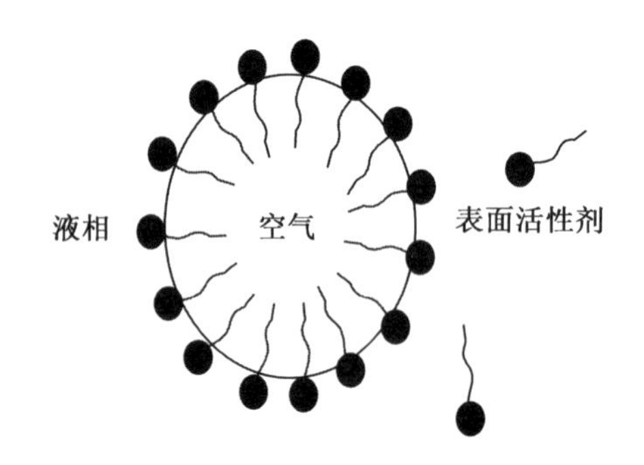

图 5.4　表面活性剂分子在水一气界面的排列

在混凝土系统中,与胶凝材料相比,骨料对固体表面积的贡献是微不足道的。水泥颗粒表面含电荷且表面自由能高,表面活性剂分子吸附于水泥颗粒表面和早期生成的水化产物上可以降低水化产物的表面自由能,如图 5.5 所示。引气剂通常是由不同分子质量和吸附能力的表面活性剂配制而成,水泥的水化是连续的,不断有新的水化产物生成,而旧的固相表面在不断改变其性质,因此在早期,液相中的离子类型和浓度随时间不断变化导致表面活性分子的吸附能力和气泡的稳定性变化。如何定量准确表征这一复杂变化过程困难重重。

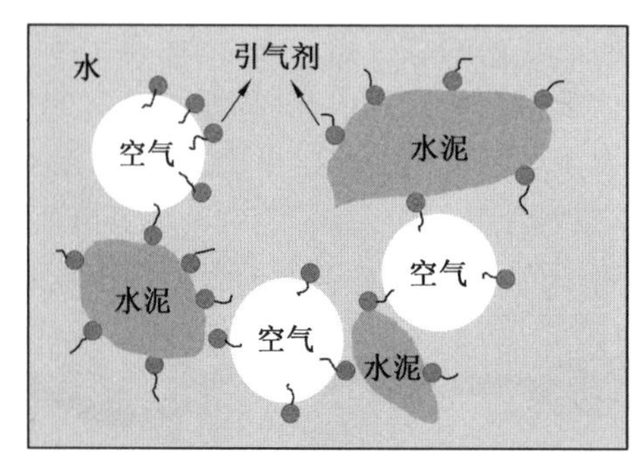

图 5.5　引气剂与水泥颗粒间的相互作用

人们常常注意到,较粗的气泡在形状上是不规则的,而较细的气泡接近球形。影响气泡形状更多的是气泡大小,而不是气泡性能或掺合剂使用情况。已有研究发现,水中的大多数气泡只有在直径小于 1 mm 时才能保持球形。新拌混凝土中的气泡和硬化混凝土中的气孔的特征取决于气孔的总体积、气孔数量、气孔大小级配以及气孔在整个混凝土中的分布。

5.2　新拌混凝土气孔结构的影响因素

新拌混凝土中，空气通过机械搅拌进入拌合物内部，对于液体一空气界面，表面张力值等于单位面积上的表面自由能。较高掺量的引气剂会降低系统的表面张力值，产生足够强的一层薄膜，容纳更大的空气容量和形成更稳定的气泡。这些气泡如果足够强大，可以在搅拌过程中抵抗破坏，且不会合并形成更大的气泡。然而，气泡的生成是一个新的气泡产生和旧气泡消失的动态过程，在搅拌过程中，不仅局部剪切、压缩、伸展、扭曲和压实作用直接影响气泡的生成，还会受到环境温度、操作时间的影响，特别是混凝土拌合物配比和引气剂的种类及掺量直接影响气泡数量与大小分布。

5.2.1　水泥品种及用量

水泥浆体属于宾汉姆流体，其性质由屈服剪切应力和表观黏度两个参数来表征。水泥浆体固相颗粒和屈服剪切应力对小气泡的逸出有阻碍作用，根据斯托克斯定律，水泥浆体的黏度和气泡的直径决定了气泡向上移动的速度。高黏度浆体可以吸收外界搅动给气泡带来的冲击作用，还可以作为一个屏障来减缓相邻气泡的联合。因此，水泥浆体的流变性能直接影响到生成和稳定气泡体系，而水泥浆体的流变性能直接受水泥品种、用量、水灰比及外加剂种类和掺量的影响。

水泥的品种会影响引气剂的掺量。在相同掺量引气剂的条件下，火山灰水泥混凝土相对于硅酸盐水泥混凝土而言引气量较低。而当引气量相同时，矿渣水泥混凝土相对于普通水泥混凝土所需的引气剂掺量而言将提高 30%～40%。这是由于较细颗粒对引气剂的强烈吸附作用引起的。例如，一些粉煤灰中含有大量未燃烧的碳颗粒，引气剂容易优先被粉煤灰中的碳颗粒所吸收，必须提高引气剂的掺量才能在混凝土中形成稳定的气泡网络。同样的道理，相同引气剂掺量下颗粒尺寸较小的水泥的含气量较小。混凝土中水泥用量的增加会使得混凝土的引气量减少。当水泥用量增加 90 kg/m^3 时，引气量大约减少 1%。

引气剂的推荐掺量是根据混凝土中水泥(或胶凝材料)的用量确定的。在相同水泥用量下，水泥细度的提高增加了表面活性剂在固体表面的吸附量，因此可用于气泡的形成和稳定的引气剂用量减少。水泥颗粒细度的提高也增加了水化速率，提高早期拌合物的水化温升，可以预见其含气量的损失加快。

5.2.2　粗细骨料

气泡的粒径分布也受到搅拌过程中系统剪切和冲击作用的影响。当其他条件相同时，石子粒径小时混凝土中的含气量较大，且石子上的棱角会有利于气泡的引入，因为混凝土拌合物中的碎石在搅拌过程中产生比卵石更大的冲击和剪切，容易形成更小的气泡。当水泥用量相同时，集料最大粒径的增大使普通混凝土和引气混凝土的含气量均呈下降趋势。试验表明，当集料最大粒径从 9.5 mm 增大到 19 mm 时，含气量的下降高达 50%，而从 19 mm 继续增大到 31.5 mm 时，含气量的降幅在 20%左右。

当用体积表示含气量时，含气量与粗骨料最大粒径的关系见表 5.1。

表 5.1 含气量与粗骨料最大粒径的关系

粗骨料最大粒径/mm	含气量/%
10.0	5.0～8.0
20.0	4.0～7.0
31.5	3.5～6.5
40.0	3.0～6.0
63.0	3.0～5.0

对于砂子而言，粗粒径的砂粒会使得气泡变大，而较小粒径的砂粒会引入较小的气泡，可能是细粒的剪切作用使气泡尺寸减小。试验证明，当引气量相同时，混凝土中砂粒大多分布在 0.3～0.6 mm 粒径时引气量较大。混凝土中所引入的空气被部分地包裹在砂浆中，因此混凝土含气量随着砂率的降低而减少。对于恒定的水泥和 AEA 用量，随着细骨料用量的增加，引入空气的体积增加。粒径在 160～630 μm 之间的砂粒有利于空气的引入，而粒径小于 160 mm 的砂粒比例的增加则显著降低了引入空气的体积。

5.2.3 引气剂种类和掺量

引气剂的主要品种包括松香树脂类、烷基和烷基芳烃磺酸类、脂肪醇磺酸盐类、皂苷类以及蛋白质盐、石油磺盐酸等。常用掺量是水泥质量的 0.005%～0.05%。引气剂在混凝土中形成细小稳定气泡可以从两个主要的机制来解释：第一个机制是指引气剂分子的亲水基可以固定存在于水泥颗粒表面的正电荷位点上，使气泡彼此保持一定的距离，并悬浮固定在水泥颗粒表面上；第二个机制涉及某些类型的分子在水一气界面产生不溶性疏水沉淀膜，这样空气被足够厚、强大的薄膜包覆，产生空间效应，有利于气泡的稳定形成，并避免其聚结。

有学者研究了不同引气剂品种对混凝土气泡结构的影响。试验采用了一种非离子型表面活性剂和三种阴离子型表面活性剂。对于新拌混凝土而言，掺加非离子型的引气剂经过一定时间的振捣后，其含气量保留值均高于阴离子型引气剂，但是对于硬化混凝土而言并非如此。

引气剂的掺量会影响气泡的数量、分布、大小和结构。适宜的引气剂掺量会使混凝土内的气泡细小而均匀，分布也比较均匀。而当掺量过少时，气泡数量减少且分布不均匀。掺量过多易使气泡聚集，大小不一，间距不等，从而导致混凝土气孔结构也不均匀，最终混凝土力学性能下降。试验证明，当引气量为 3%～6%时，混凝土的力学性能良好。在一定的引气剂掺量范围内，气泡间距系数随着含气量的增加而降低，从而有益于提高混凝土抗冻性。

引气剂还会与混凝土制备中使用的其他外加剂(减水剂、缓凝剂、促凝剂等)发生物理化学作用。这些相互作用通常与无机电解质或极性有机分子的存在有关。一些聚羧酸减水剂具有引气功能，通常气泡尺寸较大，当这类减水剂用于有抗冻性要求的混凝土时，会采用先消泡后引气的配制方案，实现引入混凝土内部的气泡均匀细小的目标。消泡剂和引气剂的复合使用可有效提升含气量的稳定性。而当这两者的掺量同时较高时，反而会破坏混凝土的气泡结构，对含气量稳定性不利。单独使用消泡剂时，混凝土的气泡间距系数增大，气泡平均孔径减小。当消泡剂含量较高时，随着引气剂掺量的增加，硬化混凝土的气泡间距系数与平均孔径均先减小后增大。

5.2.4　施工因素

坍落度越大，含气量越高，坍落度每增加 7～10 cm 时，含气量增加 1%。但是，当坍落度增加至某一数值后，含气量开始下降。机械搅拌时，含气量随着搅拌时间的延长而增加。当搅拌至一定时间后，含气量不再增加。

振捣不利于气泡的稳定，尤其是大气泡。振捣时间相同的情况下，振捣频率越高，含气量越小。周伟玲等人针对高频振捣对混凝土气泡结构的影响进行了系列研究。试验中混凝土拌合物先在低频振动台上振动约 20 s，然后用三相插入式高频振捣器分别振捣不同时间(0～30 s)，高频振捣器空载频率为 230 Hz，空载振幅 1.0 mm。试验结果表明，振捣时间的增加会增加含气量损失。当高频振捣时间控制在合理范围内时，不会使硬化混凝土的气泡间距系数产生显著变化，还能优化气泡结构。适度的高频振捣可以使大气泡溢出或者分裂成若干小气泡，虽然会造成含气量在一定程度上降低，但是浆体中小气泡的个数以及气泡总数大幅度的增加，对混凝土的抗冻性有利。高频振捣可以减小气泡平均直径，不同程度地增加气泡的比表面积。

新拌混凝土和硬化混凝土的含气量存在着一定的差异，这可能是因为振捣等使得混凝土入模时含气量发生了变化，因此不能仅将新拌混凝土的含气量作为唯一控制指标。

掺引气剂的混凝土进行泵送施工时，发现气泡间距系数增加，含气量减少。气泡间距系数的增加通常与小气泡的结合(几个小气泡结合形成较粗的气泡)和一些粗气泡的破灭有关。当泵送一些含高效减水剂的混凝土时，由于粗气泡的稳定存在，含气总量可能会增加，而间距系数不会增加。因此，为了泵送施工后获得一个良好的气泡间距系数，应该使用能生成稳定、非常细的气泡的引气剂，并增加其用量，可以有效防止泵送过程中小气泡会聚合并。

环境温度对引气剂发泡性能的影响取决于表面活性剂的性质。当表面活性剂的溶解度随温度变化显著时，其发泡能力随溶解度的增加而增加。例如，长链羧酸盐在室温下，在水中的溶解性有限，发泡性能差，但随着温度的升高，溶解性增强，泡径变大。随着混凝土温度的升高，引入的空气体积会因泡径变大易破灭而减小。因此，在冬季，当用热水加热混凝土时，引气剂会失去一些效率；在这种情况下，最好是开始加入热水，然后在热水提高了混凝土的温度后再掺入引气剂。否则，将需要增加引气剂的用量，保证设计的气泡间距系数。相反，如果考虑混凝土温度的下降而减小引气剂用量，则气泡间距系数会增大。有人提出了相对复杂的物理化学机理来解释混凝土温度升高时引气剂效率降低的原因。

5.2.5 其他因素

由于纤维的抗拉强度高、延伸率大,混凝土的抗拉、抗弯、抗冲击强度及延伸率和韧性得以提高。纤维混凝土越来越广泛用于混凝土工程中。通过对单掺玻璃纤维、单掺钢纤维、混杂纤维以及素混凝土的含气量进行了对比,研究发现,掺入单一纤维时,由于玻璃纤维的比表面积较大,缺乏足够的浆体来包裹或者填充,从而会使含气量增大,其掺量对含气量影响比较大。

也有研究发现单掺钢纤维、混杂纤维混凝土以及素混凝土的含气量差别不大。在搅拌过程中,纤维的存在减少了气泡旋涡的形成,从而大大降低了引气剂的效率。在这种情况下,需要增加50%的引气剂用量来补偿引气效率的降低。纤维对引入气泡的负面影响随纤维长度、刚度和掺量的增加而增大。因此,如果有可能,最好验证加入纤维后混凝土中是否已形成一个合理的气泡网络。

通过研究测试龄期对混凝土气孔结构的影响,发现当C30混凝土的试验龄期不早于28天,C50蒸汽养护混凝土试验龄期不早于7天时,由于试件强度较高不易损坏,试验结果的偏差不大,可满足要求。随着龄期的增长,混凝土含气量和气泡间距系数逐渐降低,气泡比表面积则逐渐增大。

对于新拌混凝土,其气泡间距系数随着含气量和坍落度的增加呈现先减小后增大的趋势,比表面积则呈现先增大后减小的趋势;矿物掺合料的掺入在一定程度上降低新拌混凝土的气泡间距系数;掺加能够引入微小气泡的引气剂可以降低新拌混凝土气泡间距系数。而对于硬化混凝土,随着含气量和坍落度的增加气泡间距系数呈现先减小后增大的趋势,比表面积则先增大后减小;矿物掺合料对硬化混凝土气泡参数影响效果不明显;引入微小气泡的引气剂可以显著降低硬化混凝土气泡间距系数,提高气泡比表面积。

5.3 新拌混凝土的气孔结构评价方法

含气量是混凝土中的气泡体积占混凝土总体积的百分数。未掺引气剂的混凝土含气量一般为1%~2%,而掺引气剂的混凝土的含气量有时候多达10%。无论是新拌混凝土,还是硬化后的混凝土,均可以测试其含气量。新拌混凝土的含气量测试方法较为方便快捷,适合于施工现场使用。因此,含气量是评价混凝土气孔结构最为广泛使用的评价指标。

目前,常用的测试新拌混凝土含气量的方法有压力法、重力法、体积法以及AVA(Air Void Analyser)法。

5.3.1 压力法

压力法是目前广泛使用的测试新拌混凝土和新拌砂浆含气量的方法。该方法目前不适用于使用轻骨料、气冷式高炉矿渣、多孔骨料的混凝土。压力法是根据新拌混凝土在给定压力下的体积变化来得到混凝土的含气量。这种方法的理论基础是,当对一个混凝土试样施加压力时,它的体积减小是气泡破碎压缩引起的,也就是说假设所有的固体组成和水均为不可压缩体。该方法用时较短，不需要知道混凝土的组成和密度，但是它不适用于最大公称粒径大于 31.5 mm 的集料、含气量大于 10%以及坍落度较小的混凝土含气量的测定。此类含气量测定仪一般主要由气体压力计、量钵和钵盖三部分组成。用该方法测试含气量的装置分为两种，一种是通过测试施加压力前后的体积差进行测试（A 型含气量测定仪），另一种是通过压强差来进行测试（B 型含气量测定仪）。这两种含气量的原理均是波义耳（Boyle）定律，即在给定温度下，理想气体的压力和体积的乘积为一定值。压力法测试含气量——A 型含气量测定仪如图 5.6 所示，其原理是在量钵中分层装填并密实混凝土后，将盖子密封固定在量钵上。用管子在混凝土上加水，轻敲量钵侧面去除混凝土试件上方夹住的气泡，将水位调至刻度管 0 点（刻度管的横截面积为 a），关闭上部通风口，如图 5.6(a)所示。通过一个小的手动空气泵对混凝土施加压力，当压力达到 p 时，读出此时水面高度 h_1，如图 5.6(b)所示。逐渐释放压力，记录此时的水平面 h_2，如图 5.6(c)所示。则此时的含气量为

$$A_1=\frac{(h_1-h_2)a}{V_b}\times 100\% \tag{5.1}$$

式中，A_1 为表观含气量，%；h_1 为压力为 p 时的水平面读数；h_2 为释放压力后，压力为 0 时的水平面读数；V_b 为混凝土试样体积。

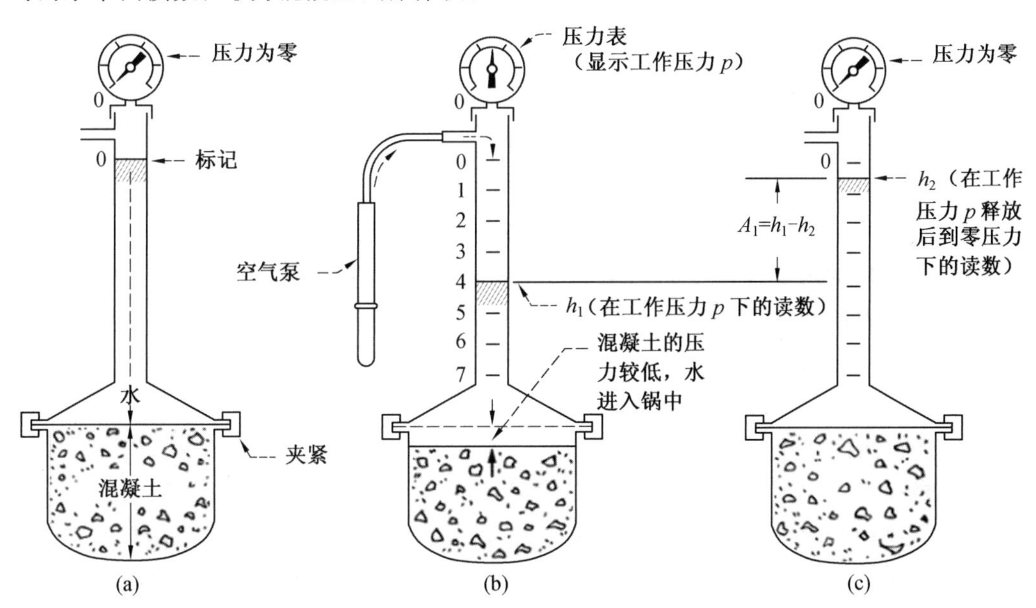

图 5.6　压力法测试含气量——A 型含气量测定仪

压力法测试含气量——B 型含气量测定仪如图 5.7 所示。B 型含气量测定仪是通过气压差来实现含气量的测量的。在量钵内装好体积为 V_b 的混凝土后，关闭气室和量钵的空气阀门，打开注水口灌满水。关闭气室的排气阀，向体积为 V_c 的气室内泵送空气直至压力计的指针达到初始压力线 p_1。关闭注水口的阀门并打开气室和量钵的阀门，待压

力表稳定后读出此时压力表上的刻度值 p_2，则

$$A_1=\frac{(p_1-p_2)V_c}{(p_2-p_{atm})V_b}\times 100\% \tag{5.2}$$

式中，p_{atm} 为大气压；V_b 为混凝土体积。实际测试过程中，有气体压力下降差值和含气量的标定曲线。

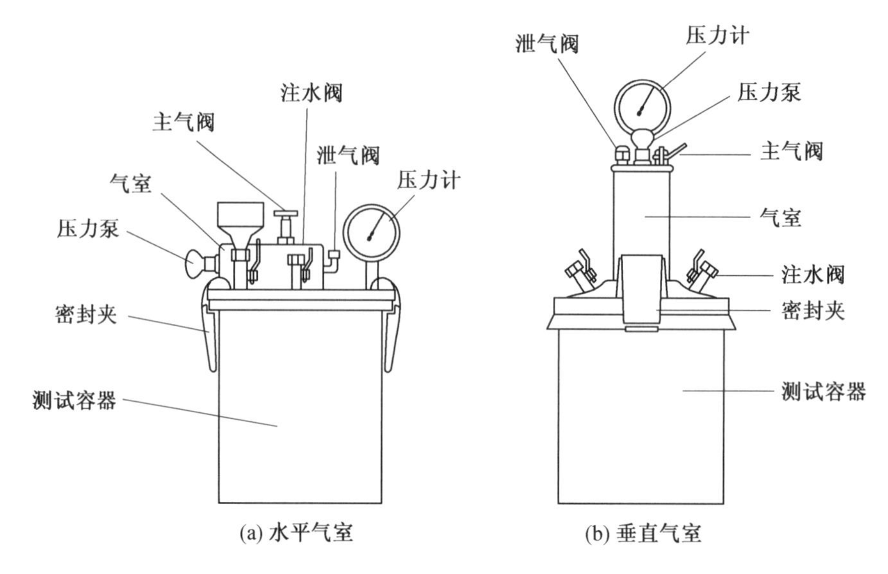

图 5.7　压力法测试含气量——B 型含气量测定仪

无论是 A 型含气量测定仪，还是 B 型含气量测定仪，在测试前应首先用同样的方法测定骨料的含气量 G。测量骨料含气量时，应先根据混凝土的配合比计算出相同试样体积的混凝土所用的粗骨料和细骨料的量，然后将相同质量的粗骨料和细骨料放入量钵中，加水至规定位置同时进行搅拌振捣，排除裹入的气泡。根据相应方法测试骨料含气量 G，则实际的混凝土含气量应为

$$A_s=A_1-G \tag{5.3}$$

式中，A_s 为被测试样的实际含气量，%。

引入的空气是由表面活性剂在混凝土中形成的。气泡尺寸越小，气泡强度越高。随着引入的气泡越来越小，混凝土能抵抗来自压力计的压力值增加。如果混凝土中引入了大量非常小的气泡，压力计就会给出一个错误的读数，因为很小的气泡不会反映压力的变化。

5.3.2　体积法

任何类型骨料的混凝土均可以用体积法进行测试，无论骨料是密实的，还是多孔的。体积法是将过量的水加入已知体积的混凝土中进行搅拌，以排除空气。新拌混凝土被加入至测试容器中，将水加入容器至一定刻度，翻转容器剧烈摇动直至混凝土内部的空气完全排出，混凝土的含气量可用装置中水的刻度变化表示。体积法测试含气量装置如图5.8所示，有三种典型的装置。测定仪装置主要由底部量钵和顶部容器带刻度尺组成。在量

钵中装满新拌混凝土并密实，将顶部容器连接到量钵上，并在顶部容器中插入漏斗，向漏斗中加入至少 0.5 L 的水和适量的异丙醇。通过顶部容器上水龙头来调控顶部容器内水的弯液面的位置，使顶部容器弯液面的底部在 0 刻度处。倾斜、摇晃并旋转测量仪，在这个过程中应听到骨料在测量仪中滑动。重新竖直测量仪，当液面稳定后，记录顶部容器弯液面底部的读数。重复这一过程直至弯液面底部的读数的变化足够小。如果在测试过程中发现混凝土的含气量足够大使得弯液面在可读数的刻度值范围之下，则向测量仪内加入足够的水使得弯液面回到刻度范围之内，记录加入的水量 W。由于最初混凝土内的孔隙所占据的空间被水所取代，被测试样的含气量为

$$A_s=\frac{A_0-C+W}{A_b}\times 100\% \tag{5.4}$$

$$A_0=h_0\times a \tag{5.5}$$

式中，h_0 为弯液面最终读数；a 为刻度管内横截面积；C 为与异丙醇含量有关的校正因子；W 为加入仪器中的水的量。

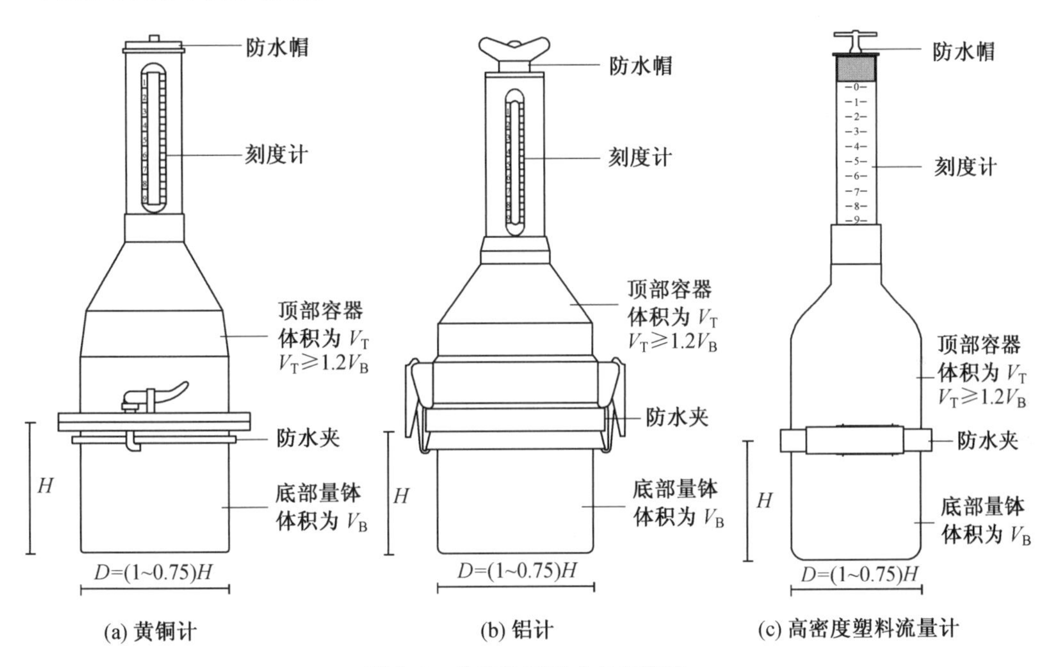

图 5.8　体积法测试含气量装置

与压力法相比，体积法不受骨料类型及其含水量的影响，与重力法相比，该方法不需要知道混凝土各组分的密度，也不需要对集料进行矫正。然而，这种方法操作起来较为烦琐，翻转摇动容器需要人工完成，与操作人员的熟练性紧密相关，耗时耗力且人为影响因素较大导致了这种方法精度较低。有研究表明，所测得的含气量比混凝土实际的含气量要低。相对混凝土而言，该方法更广泛使用于砂浆含气量的测量。

5.3.3 重力法

重力法是最简单、最古老的方法，假定混凝土中没有空气存在，依据混凝土中各组分

的绝对体积计算其单位质量(理论密度)与混凝土的实测单位质量(实际密度)的差值所占实际密度的百分比作为含气量。重力法的测试过程如下:根据粗骨料最大粒径选择相应体积的量筒,测试量筒的质量后,在量筒中分层装入搅拌好的混凝土并振捣密实,抹平量筒顶部并清理量筒上多余的混凝土,进行称重,则混凝土的含气量可以通过式(5.6)~(5.8)获得

$$A_s = \frac{T-D}{T} \times 100 \tag{5.6}$$

式中,T 为混凝土没有空气存在时的理论密度;D 为混凝土的实测单位质量,即实测密度。T 和 D 分别由式(5.7)和式(5.8)给出:

$$D = \frac{M_c - M_m}{V_m} \tag{5.7}$$

$$T = \frac{M}{V} \tag{5.8}$$

式中,M_c 为填满混凝土的量筒的质量;M_m 为空量筒的质量;V_m 为量筒容积;M 为混凝土所有原材料的总质量;V 为混凝土所有原材料的总绝对体积。

当使用重力分析法时,对混凝土各组分的密度测试值的准确度要求较高,只适用于实验室,且混凝土的组成材料的离散性较大,拌合物中各组分的比例以及粗细集料的含水量难以准确测定,影响试验精度。在测定配合比、材料特性或者单位质量很小的误差也足以造成含气量的较大误差。因此该方法不适用于现场,因为施工现场中混凝土原材料密度值波动较大。

5.3.4 AVA 法

20 世纪 90 年代初,由丹麦 DBT(Dansk Beton Teknik)发明的新拌混凝土气泡结构分析仪可以在 30 min 内测得新拌混凝土的含气量、气泡比表面积、气泡孔径分布、气泡间距系数等参数,克服了硬化混凝土气泡参数测试方法试样制备过程复杂和测试时间长的缺点,可在试配、输送到现场的过程中,或浇筑后立即进行检测。因此,可以快速监控气孔的特征参数,保证混凝土质量,一旦气泡间距系数不满足要求,可立即采取补救措施,此外还可用于混凝土抗冻性能快速评价。

AVA 测试方法确定新拌混凝土气孔结构的原理是:将给定的混凝土试样释放到已知黏度的释放液中,由于释放液具有一定的黏性,可以使混凝土试样中的气泡保留其原有的尺寸,既不会合并,也不会分解成小气泡。根据 Stokes 原理,气泡在液体中的上浮速度与气泡的尺寸有关,大气泡上升的速度快,小气泡上升的速度慢。释放液的黏度减慢了气泡的初始上升速度,为分别分析到达容器顶部不同大小的气泡提供了条件。被释放液包裹的不同孔径的气泡上浮速率不同,孔径大的气泡先上浮,孔径小的气泡后上浮。气泡进入释放液上层的水中,上浮后会被水面处挂有收集装置的精密天平捕捉到,浮力的变化用于判断质量的变化,并被记录为时间的函数。进而可根据气泡上浮的时间和天平测得的质量变化得到混凝土的气孔结构信息。据此可计算含气量、比表面积、孔径分布。

AVA 装置主要包括精密天平、取样注射器、收集装置、升浮管、恒温水箱等,如图 5.9 所示。

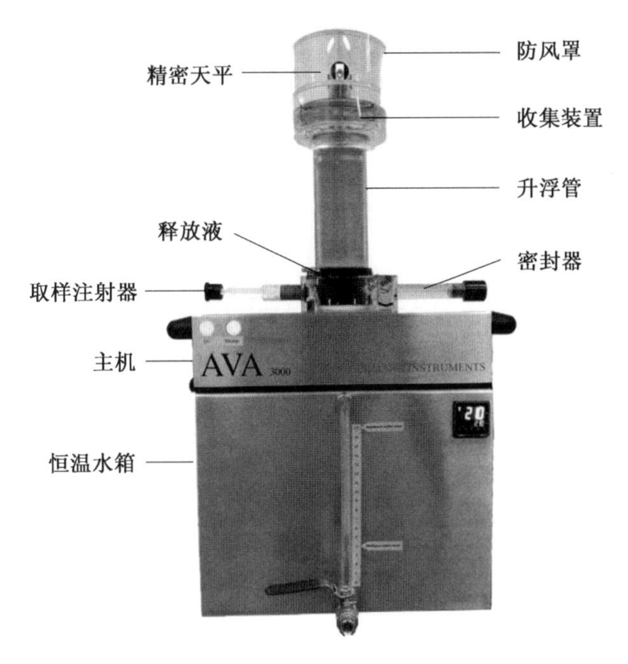

图 5.9　AVA 装置主要组成

测试时，先启动天平开关 30 min，保持天平稳定，向升浮管中注入不含气泡的水至超过上端宽口底部 1.5 cm 处，用刷子赶出筒壁上的黏附的气泡；将漏斗插入圆筒形容器，漏斗底端接触到圆筒形容器底部，倒入标准分析液至漏斗上部的刻度线处，打开漏斗阀门，让标准分析液（至少 200 mL）流入容器。将升浮管放到 AVA 分析仪上，带有直径40 mm 孔的树脂玻璃板放到新拌的混凝土表面；去掉针嘴的注射器卡到铝质保持器中，带上钢丝笼（钢丝间距 6 mm）；开启振动器，缓慢取样。取样时，钢丝笼应缓慢沉入至混凝土中，保持钢筋笼内的砂浆上表面与外面混凝土表面基本平齐，砂浆填满钢丝笼。注射器取样应略多于 20 mL，将提取出的砂浆注入释放液中，将砂浆通过注射器注入升浮管时，搅拌会释放出被包裹住的气泡，这些气泡通过液体上升到顶部的收集装置，该收集装置与精密天平相连，此时的精密天平相当于一个浮力记录器。当气泡聚集时，收集装置的浮力会随着时间而改变。记录浮力随着时间的变化曲线。根据 Stokes 原理和浮力通过计算机计算气泡比表面积、含气量、孔径分布等气孔结构信息。再根据 T. C. Powers 的气泡间距系数理论就可推断出气泡间距系数。

该方法可以实现快速的现场质量控制，进一步测试孔结构信息，而不局限于含气量。但是该方法限定被测试样的含气量需在 3.5%～10%。含气量过低将会影响测量的精确性，而含气量过高，有可能引起液体紊流。

5.4 硬化混凝土气孔结构评价方法

5.4.1 显微镜法

显微镜法可以测试硬化混凝土的含气量以及孔结构的比表面积、浆气比、间距系数、单位体积气孔数等多项参数。显微镜法包括面积法、直线导线法和改进计点法。面积法的基本测试原理为，记录被平面所截留的所有圆形孔洞的直径，以及这些孔洞所占的总表面积、水泥浆体和骨料。了解二维场中气孔分布之后，可以用一些简化的假设从数学上重建三维场的分布，这些数学方程是建立在体视学的基础上。体视学是研究分散在三维空间中的粒子系统的特性与该系统在曲面、直线或者一组离散点上的投影之间的数学关系的科学。该方法需要用投影屏幕或者方格网目镜，效率很低且由于网格呈方形而气孔呈圆形，偏差较大。如果手工记录这些气孔的直径将会十分耗时，因此一般显微镜法都会使用计算机辅助成像系统。直线导线法和改进计点法在相关标准规范中有详细的论述。直线导线法是在平面上按照一定距离分布多条直线，分别记录被孔隙截留的弦，被水泥浆体截留的弦和被集料截留的弦。通过对一维场中所截取的弦的分布进行分析，可以在简化假设的基础上对三维分布进行重构。改进计点法是对整个表面按照一定的间隔均匀地分布大量的点进行观测。观测时记录这些点是否位于孔隙、骨料或者水泥浆体上。

在硬化的混凝土试件上，沿垂直于浇筑面方向切取试样后，洗刷干净，仔细研磨抛光，然后置于显微镜下观测。当强光入射照在观测面上时，若观测到表面上除了气泡和骨料孔隙外，视域基本平整，气泡边缘清晰，并且能测出尺寸为 10 μm 的气泡，即可认为该观测表面已经处理合格。将抛光后的试件放置于光学显微镜的可移动支架上，放大倍数为 50～125 倍。观测前，用物镜测微尺校准目镜测微尺刻度，并在观测面两端附贴导线间距标志，使选定的导线长度均匀地分布在观测面范围内。调整观测面的位置，使十字丝的横线与导线重合，然后用目镜测微尺进行定量测量。移动支架可在两个垂直方向上进行平滑的移动。从第一条导线起点开始观察，分别测量并记录视域中气泡个数及测微尺所截取的每个气泡的弦长刻度值。根据需要，也可增加检测气泡截面直径。第一条导线测试完后再按顺序对第二、三、四……条导线进行观测，直至观测完规定的导线长度。本质上，这种方法是用显微镜的十字丝追踪一定数量的均匀间隔的横线，这些横线分布在试样的整个表面上，记录被拦截的孔洞数量 N，总弦长 L_t，气孔和水泥浆体中截获的累积弦长 L_v 和 L_p。当采用改进计点法时，需记录总点数 S_t，以及落在气孔上总点数 S_v 和水泥浆上的总点数 S_p。为了使精度能够符合要求，美国标准《硬化混凝土中气泡参数的显微镜法测试方法标准》(ASTMC 457—16)规定了相关检测观测面的表面积、导线的总长度和改进计点法计点数的最低要求，这些要求与骨料最大尺寸有关，见表 5.2。

表 5.2　直线导线法与改进计点法规定的最小观测面积

最大骨料尺寸/mm	最小观测面积/cm^2	导线最小长度/mm	最少计点数/个
150	1 613	4 064	2 400
75	419	3 048	1 800
38	155	2 540	1 500
25	77	2 413	1 425
19	71	2 286	1 350
13	65	2 032	1 200
10	58	1 905	1 125
5	45	1 397	1 000

一般而言，对于含有较大骨料的试样，单位面积的水泥浆体数量减少，因此所检查的面积必须相应地增加。

关于孔隙特征参数的计算方法，有一系列算法。平均孔径计算法用混凝土中单位体积含气量除以平均半径的气孔体积，得出每单位体积含有平均径长的气孔个数。本方法简便快捷且计算原理符合 T. C. Powers 理论，应用“平均径长”与整个气孔参数系列中的平均弦长、平均半径、平均比表面积及平均间距系数等相一致，有利于对一些问题的分析。系列孔径分布算法是由 C. W. Lord 和 T. F. Willis 所提出的，在直线法测试基础上应用概率论原理，计算出在单位体积内大小系列气孔的个数，并得出气孔的孔径分布。相关标准还给出了用直线导线法和改进计点法计算气孔结构的计算公式。混凝土的含气量的计算方法分别见式(5.9)(直线导线法)和式(5.10)(改进计点法)。

$$A_s=\frac{L_v}{L_t}\times 100\% \tag{5.9}$$

$$A_s=\frac{S_v}{S_t}\times 100\% \tag{5.10}$$

式中，L_v 为气孔中累计弦长截距；L_t 为导线长度；S_v 为落在气孔中的点数；S_t 为总点数。

气泡平均弦长计算公式见式(5.11)(直线导线法)。

$$L_a=\frac{L_v}{N} \tag{5.11}$$

式中，L_a 为气泡平均弦长；N 为被导线切割的气泡个数。气孔的比表面积，即气孔面积与气孔体积之比，其与气孔平均尺寸有关，大孔对应的比表面积较小，而小孔对应的比表面积较大。对于非引气混凝土而言，比表面积大约在 10 mm^{-1}，而对于引气混凝土而言，比表面积不超过 40 mm^{-1}。计算公式见式(5.12)(直线导线法)和式(5.13)(改进计点法)。

$$\alpha=\frac{4N}{L_v} \tag{5.12}$$

$$\alpha=\frac{4N}{S_v I} \tag{5.13}$$

式中，I 为规则排列的点之间的间距。气泡间距系数$\bar{L}$是指气孔边界平均距离的 1/2。其物理意义为水在水泥浆体中的任意一点想要到达最近的气孔所需要经过的最大平均距离。根据 T. C. Power 的理论，气泡间距系数的算法有两种。首先，可以通过用水泥浆体所占的体积除以气泡的总表面积得到气泡周围的平均水泥浆厚度，直线导线法和改进计点法的计算公式分别为

$$\bar{L}=\frac{L_p}{4N} \tag{5.14}$$

$$\bar{L}=\frac{S_p I}{4N} \tag{5.15}$$

式中，L_p 为水泥浆体中累积导线长度；S_p 为水泥浆体中累积的点数。

第二种方法认为所有的孔隙都具有相同的直径，并且均在水泥浆体中按照立方矩阵规则分布。基于这个假设，间距系数（即水泥浆体到最近孔隙的最大距离）等于立方体两个对角上的孔隙边缘距离的一半。计算公式为

$$\bar{L}=\frac{3}{\alpha}\left[1.4\left(\frac{p}{A}+1\right)^{1/3}-1\right] \tag{5.16}$$

式中，p/A 为浆气比（即 L_p/L_v 或者 S_p/S_v）。只有当浆气比为 4.342 时，式(5.15)和式(5.16)才是相等的。由于假设的条件在实际情况下是无法满足的，因此这二者测出的气泡间距系数与实际相比均是偏大的。ASTM 对公式的使用条件进行了限制，使得计算出来的气泡间距系数尽量小。当 $p/A<4.342$ 时，计算气泡间距系数应使用式(5.14)或者式(5.15)，当 $p/A\geqslant 4.342$ 时，应使用式(5.16)。

在过去的几年中，计算机辅助成像分析技术得到了飞速的发展，并在许多领域得以成功应用。目前，也开发了很多这样的程序来分析硬化混凝土的孔隙特征。摄像机放置在显微镜上并与计算机相连，通过程序将图像数字化，识别孔隙，测量平面并将结果记录下来。这个过程重复进行直至测试完成，达到目标精度。通常情况下，计算机很难区分孔隙与水泥浆体或者骨料，因此在进行图像分析之前，除了通常的研磨过程外，还需要对混凝土表面进行处理。通常会在混凝土试件表面进行黑色染色处理，用氧化铝、玉米淀粉或者其他材料组成的白色浆体填充孔隙。然后将会得到一个清晰的黑白图像，所有的孔隙都可以很轻易地识别。计算机辅助成像分析技术避免了烦琐的人工检测过程，并且可以自动地计算出孔隙特征参数，提高效率的同时避免了人工测试的主观性。然而，测试时如果试件表面有缺陷，比如破碎的浆体、裂缝或者界面过渡区的脱黏，也将会被计算机识别成孔隙从而影响测试结果，因此计算机辅助成像技术需要良好的试件表面处理。此外，使用该技术时，不能够直接获得水泥体积分数或者骨料体积分数。测试总含气量时不需要水泥体积分数，但是测试气泡间距系数时需要。浆体体积分数需要通过显微镜人工测量确定或者通过已知的配合比来计算，但是后者的精确度存在一定问题。不同的计算机辅助成像系统的精度不一样，因此应与人工显微镜检测的结果进行对比以确定程序的精确性。

岩相显微镜学测试硬化混凝土气泡的大小和数目。在适当的放大倍数下，即使非常小的气泡也能被计数。该测试还提供了平均气泡大小的测量，称为比表面积。比表面积是气泡的表面积除以体积，比表面积越大，气泡的平均尺寸越小。

5.4.2　压汞法

压汞法是目前最常用的测多孔材料内部孔隙结构特征的方法，该方法经常用于表征多种孔隙体系的内部结构，比如陶瓷、石头、黏土和水泥基材料等。该方法相对简单，结果具有可重复性。从压汞法测试结果中可以推导出总孔隙率、阈值孔径、最可几孔径或者最大连续孔径和平均孔径等参数。即便如此，人们也认为该方法不能真实地反映水泥基材料复杂孔隙体系的孔隙大小分布。该方法是基于许多假设而存在的，而且压汞法中采用的高压会显著地改变水泥浆体系的孔隙结构。大量的研究也表明，试样制备过程对测试结果有很大影响。

压汞法的基本原理是，对于一种非润湿且与水泥石无反应的液体，根据毛细管的原理，其表面张力将阻止液体浸入孔隙，只有对该液体施加一定的外界压力，外力才能克服这种阻力而使液体浸入孔隙中。一般最常用的非润湿液体为汞。在给定的多孔材料中，将汞压入多孔材料所需要的压力是固液接触角，液体表面张力和材料孔隙几何参数的函数。水泥基材料中的孔是复杂的无规则的，在压汞法中假设孔隙为圆柱形，则根据 Washburn 推导的式(5.17)，孔隙的大小与对汞施加的压力有关。

$$p=\frac{-4\sigma\cos\theta}{d} \tag{5.17}$$

式中，p 为可以使液体浸入孔的压力；σ 为液体表面张力，通常为 0.485 N/m；θ 为汞和圆柱孔壁的接触角，通常为 117°～140°。由式(5.17)可知，对于给定的液体表面张力和液体与孔壁之间的接触角，压力值和孔径值是一一对应的，相应的汞压入的量也对应着该孔径对应孔的体积。因此试验中只需测定各个压力值下的汞压入量即可求得孔径分布。

图 5.10 所示的膨胀计可用来测量汞压入量。根据测试原理不同，可分为电容法、高度法和电阻法三种方法。电容法和高度法的膨胀计主要由毛细管和试样室组成，样品放在试样室中。电容法测试时，在毛细管外镀一层金属膜，将该金属膜作为一个电极，将试样室内的汞作为另一个电极，试验过程中，汞被压入试样中，导致毛细管中的汞面下降，电容减小，可以通过电容的变化，计算压入汞的体积。高度法是用毛细管中汞面下降的高度来反映汞体积的变化，这种方法要求毛细管内径尺寸和高度变化值的测量精度很高。电阻法的膨胀计是由毛细管和张紧的铂丝组成，样品放在试样室中，试样室是一个玻璃泡，通过密封的磨口与毛细管连接。当毛细管中的汞体积变化时，铂丝的电阻值也会发生变化。则可通过铂丝电阻值的变化计算汞体积变化，从而得到孔径分布曲线。

采用压汞法进行测试时，主要分为取样/试样制备和压汞测试两个部分。

(1)取样/试样制备。

取样方法包括切割、钻孔取芯和压碎。相比于压碎，钻芯取样更能减小误差，压碎后取样会导致试样出现二次裂缝。

用于压汞测试的试样体积通常在几立方厘米到 15 cm^3 之间。最大压汞量为试样体积的 5%～10%。较多的试样量对获得代表性的结果更加有利。然而，在试验中，可以使用的最大样本尺寸主要被两个因素所控制：试样室的大小限制了试样的尺寸；另外为试样中可被浸入的孔隙体积不可超过压汞仪能够探测到的浸入的范围。试验表明，试样的大

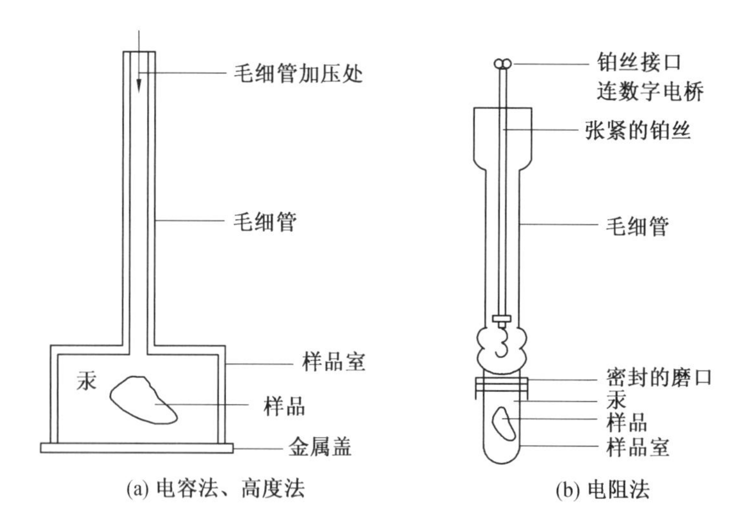

(a) 电容法、高度法　　(b) 电阻法

图 5.10　膨胀计示意图

小可以显著影响孔隙率的测试结果。因此,在一个系列的压汞试验中,应尽量保证试样的尺寸相似。

压汞法试验之前,试样必须完全干燥,试样内不可含有任何的液体,即使是吸附在孔壁上的也不可以,这是为了避免汞一固相界面的接触角由于液体的存在而发生变化。根据式(5.17),接触角的变化会影响汞浸入孔径和汞的压力关系。此外,吸附在孔壁上的液体也会降低许多小孔隙的孔隙直径。取样后立即用乙醇浸泡以停止水泥水化,并且对试件进行脱水。当浸泡时间超过 24 h 后,取出试件使乙醇在空气中挥发掉,然后将这些试样放在真空干燥箱中干燥 48 h。试样干燥的方法包括烘箱干燥、真空干燥、冷冻干燥、置换剂干燥、干冰干燥、除湿干燥等。其中,烘箱烘干试样的温度通常在 50～105 ℃,当烘箱的温度大于 60 ℃时,可能会有部分水化产物分解掉。Galle 等对比研究了将试样烘箱干燥、真空干燥及冷冻干燥等干燥方法对 MIP 测试结果的影响,经过研究得出了冷冻干燥是研究水泥基材料孔结构最好的干燥方法。置换剂干燥是用表面张力较小的有机溶剂置换孔隙水,从而降低毛细管压力,因为干燥时,液体去除会产生毛细管压力产生收缩,也会影响被测试样的孔隙结构。

(2)压汞测试。

将被测试样置于膨胀计中,并抽出膨胀计中的空气。一旦空气被抽离,汞就会在低压下涌入膨胀计中,汞浸入气孔的最小压力将决定孔径的上限。理论上孔径分布的上限可以扩展到 1 mm。在汞填充膨胀计之后,将汞的供应源和膨胀计分开。此时逐渐升高汞压,当压力从 0 上升到 0.1 MPa 时,会有从几百微米到几十微米直径的孔隙被汞浸入。加压的速率不能太快,因为汞浸入多孔材料是需要一定时间的。当达到足够的压力时,汞进入具有相应直径的孔隙。目前多数商用压汞仪的压力范围可达到 400 MPa,这种压力下可检测到直径为几纳米的孔径。但是如此的高压会使系统温度升高,改变汞进入孔隙中的体积,从而影响压汞试验的结果。

压汞法的试验结果通常表示为材料孔隙体积相对于孔隙大小的分布,用累计孔径分布曲线的形式表示,如图 5.11 所示。纵坐标为累计孔隙体积,表示每克干燥的多孔材料被浸入的汞体积，单位为 cm^3/g，横坐标为孔径，用对数表示，对数坐标是为了避免所有较小尺寸集中到坐标轴的一端。

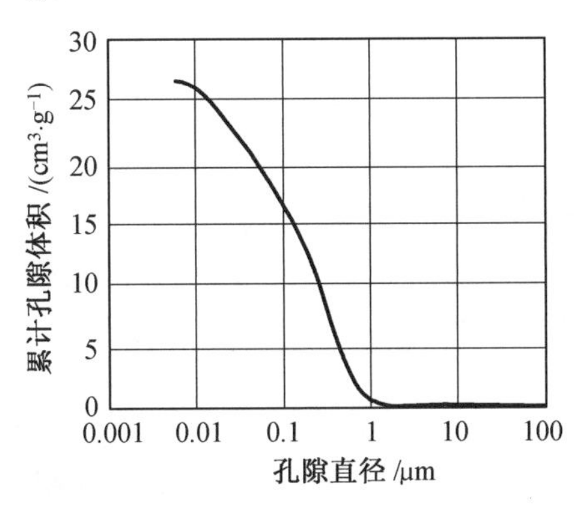

图 5.11　压汞试验典型结果

尽管压汞法是目前最常用的测孔方法，但是压汞法的孔隙率测量依然存在着许多问题。除了干燥过程和高压压汞过程中多孔材料的内部孔隙结构可能发生破坏，另外的主要问题是，Washburn 公式中汞压力和孔径的关系（式 5.17）是基于如下两种假设：①所有的孔隙均是圆柱形；②所有的孔隙均能延伸到试件的外表面，如此可以使汞浸入孔隙中。实际测试的试样往往不满足这两种假设，因而会导致误差存在。

实际上，多孔材料中的孔结构是复杂的，既有开口孔，又有闭口孔，如图 5.12 所示。压汞法无法检测闭口孔的存在，如图 5.12 中孔 1 所示。且在测试过程中，对于墨水瓶孔等复杂结构孔而言（图 5.12 中孔 3），压汞法测得的孔隙大小并不是真实的孔隙直径，而是孔隙的入口直径。当多孔材料含有大量如孔 3 一样的墨水瓶孔时，由于该孔的孔腔直径比孔喉径大得多，因此当压力升到孔 3 中孔腔直径对应的汞压力时，孔腔并不能被汞浸入，只有当压力升到相应与孔喉的半径时，汞才能浸入孔内。一旦到达此压力，整个孔才会被汞完全充满，这样就把浸入腔体内的汞体积也误算为孔喉径相应尺寸大小的孔体积。相反，在减压的过程中，孔喉径处的汞在较高的压力下先退出，而腔体内的汞在较低的压力下才退出，退汞时的压力－汞体积曲线不同于汞压入时的曲线，这种现象称为汞滞后现象。用压汞法测孔隙率时，所测到的孔隙率小于真实的孔隙率。这除了是由闭口孔隙造成的之外，还有一个重要的原因是有一些孔隙，无论在任何压力下汞都无法浸入，但是水和气体是可以浸入的，例如 C－S－H 层之间的微小的空间。

尽管试验过程中通过干燥试样尽量使得孔壁和汞的接触角保持稳定，但实际上，接触角还受试样外表面的粗糙程度、试样的几何形状、试样表面化学性质以及汞的洁净程度等多种因素的影响，这些因素均会使得真实的界面接触角发生较大的变化。此外，接触角、温度、汞的洁净程度等又会影响汞的表面张力，从而对测试结果造成影响。

5.4.3　X 射线计算机断层成像技术

X 射线计算机断层成像（X－ray Computed Tomography，X－CT）是以 X 射线为能量源，利用计算机重构获取物体内部结构图像的一种无损检测技术。X－CT 是一种具有

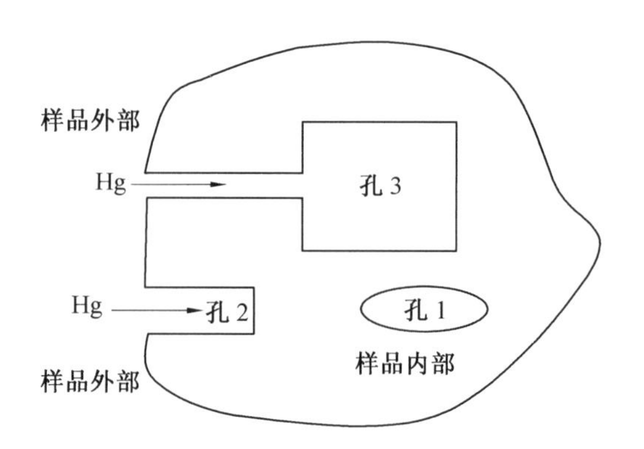

图 5.12　孔的形状对压汞法测试结果的影响

广泛应用前景的检测工具，能以二维断层图像或者三维立体图像的形式，清晰、准确、直观地展示被检测物体的内部结构、组成、材质及缺陷情况，被广泛地应用于医学、航空航天、精密器械、石油、地质、考古等多个领域。20 世纪 80 年代，Morgan 首次将 X－CT 技术应用于混凝土的研究中，通过对混凝土试件的扫描，获得了清晰的骨料、砂浆、裂纹等断面图像。

典型的 X－CT 系统由 X 射线系统、机械扫描系统、数据采集系统和数据处理系统四部分组成。将被检测物体置于 X 射线源和平板探测器之间，具有一定能量的 X 射线束穿过被测物体后会发生衰减，此时平板探测器可以测量穿过被测物体的 X 射线的强度，如图 5.13 所示，旋转被检测物体可以获得不同位置的 X 射线强度值。根据 Beer－Lambert 理论，入射与出射 X 射线强度的关系可以表示为

$$I=I_0\mu\Delta x \tag{5.18}$$

式中，I 为出射 X 射线强度；I_0 为入射 X 射线强度；μ 为试样对 X 射线的线衰减系数；Δx 为试样厚度。

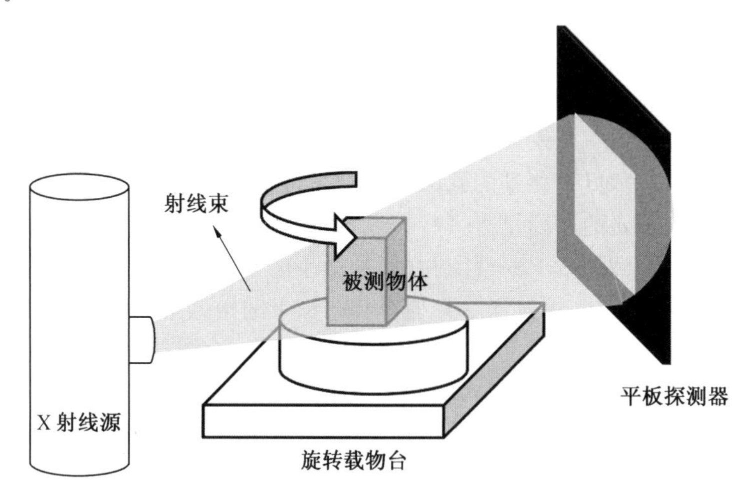

图 5.13　X－CT 扫描示意图

μ 并不是定值，而是一个与材料的等效原子序数 Z、密度 ρ 及 X 射线能量 E 相关的函数，式(5.18)可改写为

$$\mu \Delta x = (\mu / \rho) \cdot (\rho \Delta x) \tag{5.19}$$

定义 $\mu_m = \mu / \rho$ 为质量衰减系数。对于非均匀的物体，物体内部各处的质量衰减系数不等，X 射线穿透物体时总的衰减系数计算时，可将物体分割成小单元。当单元尺寸足够小时，每个单元均可以看成是均一的物质。前一单元的出射 X 射线是相邻单元入射 X 射线。对这些单元进行空间位置编码，通过实际测量的投影，获取的投影数值进行算法处理，得到不重叠的断层投影图像，也就是物体某个断面上对于特定能量 X 射线的线衰减系数的分布，即通常所说的 CT 图像。再按照 CT 值的定义把各个像素的 CT 值转换为对应像素的灰度，即可得到对应的图像灰度分布图。

采用 X－CT 测试水泥基材料孔结构时，对试样没有特殊的要求，试样的形状一般是圆柱或者立方体，但是试样的尺寸直接影响所测孔径的最小单元，因此在满足代表性的基础上尽可能减小测试试样的尺寸。一般而言，测试试样无须进行干燥处理。

图 5.14 所示为新拌泡沫混凝土及其硬化后的二维切片。根据切片图像，可以对某个切面上孔结构的直径、数量及分布进行测量与观察，还可借助 Vgstudiomax 软件对二维切片上的孔隙率进行统计。

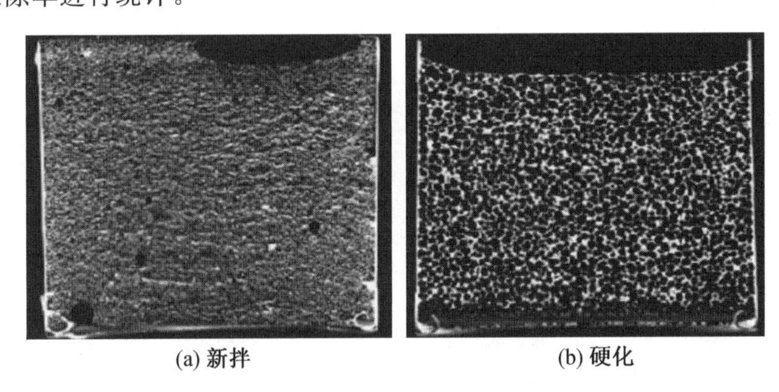

(a) 新拌　　(b) 硬化

图 5.14　新拌泡沫混凝土及其硬化后的二维切片

利用 X－CT 研究混凝土掺入引气剂提高混凝土抗冻性能的机理，获得混凝土的一系列气泡参数，如气泡尺寸、数量以及分布等。在混凝土的耐久性试验中，可研究试样在不同时间段的 CT 图像，获取其孔洞形态、孔隙率等孔隙特征，对其损伤程度和损伤机理进行分析。

X－CT 测试水泥基材料的孔结构，不需要对试样进行预处理，可以最大程度上保留孔结构的原始信息。因为无论是真空干燥、切割、研磨或者抛光，都会在一定程度上对孔结构造成损伤。此外，压汞法、扫描电镜等方法难以得到试样内部最真实、直观的孔信息，而 X－CT 可以“透视”水泥基材料，克服了这一缺点。此外，X－CT 可以无损地原位检测试样，得到同一个试样的孔结构随时间的演变过程。

5.4.4　气体吸附法

气体吸附法是指气体吸附在固体表面，随着相对气压的增加，会在固体表面形成单分子层和多分子层。固体中，细孔产生的毛细管凝结，可计算固体比表面积和孔径，所用的气体一般是氮气，也可以用水蒸气或者有机气体。

Brunauer、Emmett 和 Teller 提出了多层吸附理论，其原理是物质表面（颗粒外部和内部通孔的表面）在低温下发生气体分子物理吸附。假设物理吸附按照多层的方式进行，吸附可以同时发生在几个层中（第一层、第二层、第三层等），所有吸附点的能量假设都是相同的。吸附平衡时，测量平衡吸附压力和平衡吸附气体量。吸附法测得的表面积实质上是吸附质分子所能达到的材料的外表面和内部孔的总表面积之和。BET 吸附等温方程为

$$\frac{p}{V(p_0-p)}=\frac{1}{V_m c}+\frac{(c-1)p}{V_m c p_0} \tag{5.20}$$

式中，p 为蒸气压，kPa；p_0 为饱和蒸气压，kPa；V 为气体吸附体积，cm^3；V_m 为单分子层饱和吸附量；c 为常数，与单分子层平均吸附热有关。

由式(5.20)可知，$\frac{p}{V(p_0-p)}$ 与 $\frac{p}{p_0}$ 的数值呈线性关系，如图 5.15 所示。

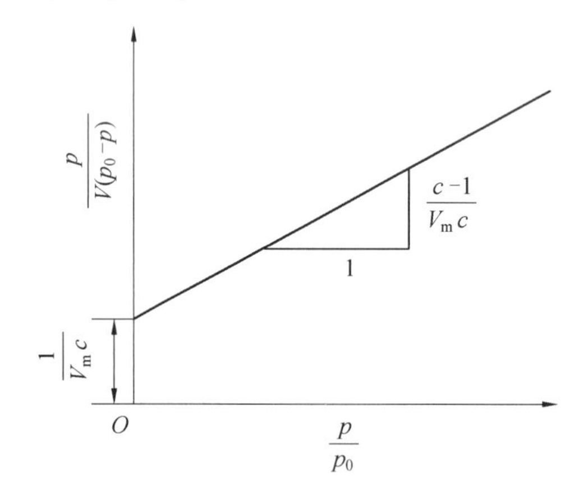

图 5.15 BET 图

单分子层饱和吸附量 V_m 和 BET 常数 c 可以从图 5.15 中的斜率和截距确定，则多孔材料的总表面积可通过式(5.21)进行计算。

$$S_{BET}=\frac{V_m \bar{N} A}{\bar{M}}\cdot 10^{-20} \tag{5.21}$$

式中，A 为吸附分子在表面的投影面积；M 为摩尔体积；N 为阿伏伽德罗常数。使用 BET 吸附理论时，在低压下，测得的表面积会偏低，而高压下测得的表面积会偏高。

气体吸附法不仅可以测得多孔材料的表面积，还可以测得多孔材料的孔径分布，利用的是毛细管冷凝现象和体积等效交换原理，即将被测孔中充满的液氮量等效为孔的体积。毛细冷凝指的是在一定温度下，对于水平液面尚未达到饱和的蒸汽，而对毛细管内的凹液面可能已经达到饱和状态或者过饱和状态，蒸汽将凝结成液体的现象。这个理论是由开尔文提出的，开尔文方程把孔隙的大小与孔隙内流体（吸附剂）发生毛细冷凝时的分压联系起来。吸附剂层在孔壁上的厚度随着相对压力的增大而增大，先在小孔中发生凝结，然后向大孔中发展。对于一定的相对压力，存在一临界孔半径 R_k，半径小于 R_k 的所有孔都会发生毛细冷凝，开始发生毛细冷凝的孔径 R_k 与相对压力的关系为

$$R_k = \frac{-0.414}{\log \frac{p}{p_0}} \tag{5.22}$$

通过测定试样在不同相对压力下的凝聚氮气量，可绘制出其等温脱附曲线。开尔文方程的精度随着孔径的减小而降低，不适用于吸附等温线的微孔区域。如果假设所有的孔均是圆柱形，当气体相对压力在 0.4～1 的范围内变化时，测定的等温吸附(脱附)曲线可根据毛细凝聚理论计算固体孔径分布，孔径测定的范围为 2～50 nm。

与压汞法相比，气体吸附法可以准确测量相对较小的孔隙，而对大孔的测定会有较大的误差，仪器相应的平衡时间会较长。

5.5　气孔结构与混凝土性能间关系

5.5.1　混凝土孔隙率与强度

水泥基材料的强度与孔径分布相关。Odler 等人提出，当水灰比在 0.25～0.31 时，25 ℃的水泥净浆的强度发展符合下式：

$$S = S_0 - a\varphi_1 - b\varphi_2 - c\varphi_3 \tag{5.23}$$

式中，S 为水泥浆强度；S_0 为孔隙率为 0 时的水泥浆强度；φ 为水泥净浆的孔隙率，φ_1、φ_2、φ_3 分别代表孔径小于 10 nm、10～100 nm 及大于 100 nm 的孔隙率；a、b、c 为常数。

这里的孔隙率是通过压汞法试验得到的，但当浆体的水灰比小于 0.4 时，压汞法并不能检测到浆体中所有的孔，因此式(5.23)的适用性受到了一定的质疑。

Atzeni 等人认为抗压强度 S 和 $S_0(1-\varphi)\sqrt{r_m}$ 呈线性关系，其中 r_m 为孔的平均半径。Yiun－Yuan 等人将孔隙比表面积引入强度方程，即

$$S = K_1 \frac{1-\varphi}{1+2\varphi}[K_2(1-\varphi)]^{K_3W+K_4} \tag{5.24}$$

式中，K_i 为通过试验确定的常数；W 为孔隙比表面积。

Evans 和 Tappin 进一步研究了多孔体系的孔隙率——抗拉强度的关系，他们认为材料中的孔隙相当于缺陷，孔隙的存在会引起应力集中现象。

Feldman 和 Beaudoin 深入分析了几种孔隙率不同的水泥体系的强度和弹性模量的关系。他们测试了在常温下水化的水泥浆和掺或不掺粉煤灰的蒸压处理过的水泥石的抗压强度和弹性模量。结合其他文献中的结果分析，提出了基于类似弹性模量方程和方程，即

$$E = E_0 e^{-B\varphi} \tag{5.25}$$

式中，E 为弹性模量；E_0 为完全密实材料的弹性模量；B 为与孔几何形状和应力方向有关的常数。

不同种类水泥基材料的强度差异是由于胶凝材料的密度和孔径分布差异很大，而强度和弹性模量与孔隙率和孔径分布有关。此外，强度也取决于材料内部的水化产物。Beaudoin 和 Feldman 的研究进一步表明，当孔隙率相同，结晶良好的水化产物和结晶度

较差的水化产物的比例适当时,此时的胶凝材料将显示出最大的强度和弹性模量。

当水泥浆体中存在无定形的物质较多,如C-S-H凝胶,有利于形成更大的颗粒接触面积和更多的化学键,也更容易形成小孔。这些无定形物质可以使得材料内部结晶良好的水化产物更好地与周围物质结合,从而降低孔隙率,提高强度。Ramachandran和Feldman的研究结果表明,当孔隙率较低时,C_3A和CA体系的强度主要来源于C_3AH_6,晶体间的接触面积会显著增加。

当混凝土中加入引气剂时,混凝土中含气量的变化会导致抗压强度的变化。气泡的引入不利于混凝土的强度,通常每增加1%的气泡量会导致5%的强度下降,但是含气量的增加可以增加混凝土的和易性。因此通过适当降低混凝土水灰比、降低水的用量、增加水泥用量等措施可以轻易地弥补混凝土抗压强度的损失,同时还能大幅度提高混凝土的抗冻性能。

随着水化的进行,水化产物的生成填充了原来被水占据的孔隙,改变了水泥体系浇筑时形成的原始孔隙结构,孔隙率降低。当混凝土中添加了外加剂后,外加剂将会改变水化程度和水化产物等,由此也会造成宏观性能的差异。Ramachandran等人通过试验观测,当浆体含有质量分数为0~3.5%的$CaCl_2$时,浆体的孔隙表面积、强度、微观结构特征等均有所不同。结果表明,不同掺量$CaCl_2$的试件,孔隙率和水化程度之间均线性相关。

5.5.2 混凝土孔结构与抗冻性

1. 含气量

含气量可以作为混凝土抗冻耐久性的评价指标之一。混凝土中的气泡由搅拌裹入的气泡和引气剂引入的气泡两部分组成。混凝土中所引入的空气实际上包含于水泥浆体的内部,当含气量为砂浆所占体积的9%时,混凝土的抗冻性最佳。当混凝土中掺入引气剂后,混凝土中的气孔除了原有的凝胶孔、毛细管和粗大的孔隙外,还增加了引气剂引入的微米气泡。引气剂的掺入可以大大地提高混凝土的抗冻性,因为细小封闭的气泡缓冲或者抵消水相变结冰造成局部压力增大。含气量与抗冻耐久性的关系如图5.16所示。此外,这些气泡可以堵塞细小的毛细管使得毛细管的吸力下降,减少水在混凝土中的传输。因此引气剂引入的气泡不与毛细管连通,相互独立封闭,不易吸水饱和。当混凝土受冻时,由于静水压和蒸气压使得受压迫的孔隙水就近排入气泡中,减少孔隙水的压力,从而提高抗冻性。黄智德认为混凝土中的引气剂也可以起到降低冰点的作用。

混凝土的含气量和强度均对其抗冻性能产生重要影响,而这两个因素又存在内部的相互作用。当混凝土水灰比、粗细集料比、坍落度相同时,强度随含气量增加而降低,低温下含气量对强度的影响更大,但抗冻性随着含气量的增大先增大后减小。胡江等人也发现,强度越高的混凝土,达到相同抗冻等级所需要的含气量越小,反之则越大。当含气量小于4.0%时,混凝土的强度对抗冻性影响显著;当含气量小于2.0%时,各种强度等级的混凝土的抗冻性能均偏低;而当含气量大于4.0%时,强度等级对混凝土的影响较小,混凝土的抗冻性较高。理论上应存在一个最佳含气量范围,使其对应抗冻性最佳而强度损失得较少。确定这个最佳含气量范围对控制混凝土抗冻耐久性至关重要。

通过大量的试验发现,当混凝土的水灰比高于0.4,硬化混凝土的含气量大于3.0%

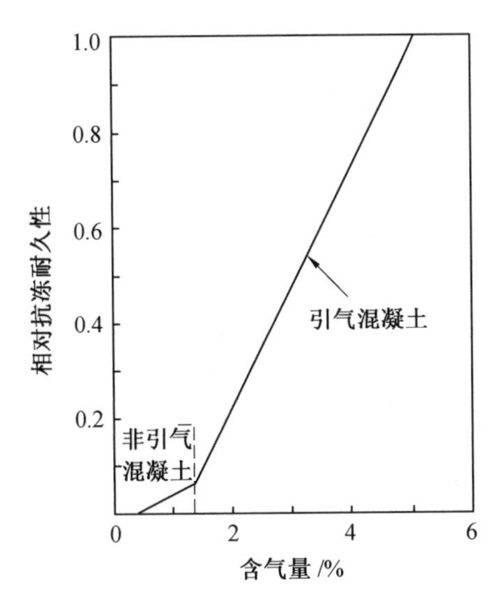

图5.16 含气量与抗冻耐久性的关系

时,其抗冻耐久性指数可达到80%;当含气量小于2.0%时,抗冻耐久性小于40%;当混凝土含气量为2.0%~3.0%时,抗冻耐久性与水灰比有关。对于非引气混凝土,由于其含气量很低,抗冻耐久性指数均在20%以下。

虽然目前也有其他外加剂可以引入气泡,增加含气量,改善混凝土的抗冻性,但是效果均不如引气剂明显。引气剂可与其他外加剂混合使用,以进一步提高混凝土的性能。例如,在引气剂和减水剂的双重作用下,混凝土的抗盐冻能力大大提高,同时也有利于混凝土抗氯离子渗透。而当混凝土中仅加了聚羧酸减水剂而未添加引气剂时,聚羧酸减水剂将会引入一些分布不均匀的大气泡。当气泡数量较多且气泡较大时,混凝土的渗透性被提高。减水剂三维消能效果远不如引气剂引入的大量均匀分布的细小封闭的气泡,因此单掺减水剂无法提高混凝土的抗冻性,需控制由减水剂引入的气泡掺量。Y. Takeuchi等人研究了玻璃纤维混凝土(GRC)中引气剂和防水剂与混凝土冻融能力的关系。试验中发现,当含气量低于3%时,GRC的抗冻融能力较差;含气量大于4%时,GRC的抗冻融能力才能明显提高。防水剂虽然可使引起冻胀的液态水减少,提高GRC的抗冻融能力,但是引气剂的改善效果更加明显。此外,引气剂可以大大改善GRC的流动性。

2. 气泡间距系数

1945年,T. C. Powers提出气泡间距系数的概念。气泡间距系数在物理意义上可表示为混凝土中可冻水在结冰膨胀时向气泡迁移的距离,其示意图如图5.17所示。因此,可用来评价混凝土的受冻能力。有人用模型描述了Powers静水压假说,认为结冰膨胀造成的静水压力反比于材料渗透系数,正比于气泡间距的平方,且正比于降温速度和毛细管含水量。因此混凝土的气泡间距系数越大,代表抗冻性越差。气泡间距系数可通过AVA法、显微镜法等方法获得。相对于通过冻融循环来评价混凝土的抗冻性,气泡间距系数评价混凝土抗冻性的方法较为快速,可以节省大量的时间。

气泡网络的平均比表面积(α)是气泡的表面积与体积的比值(单位为mm^{-1})。当使

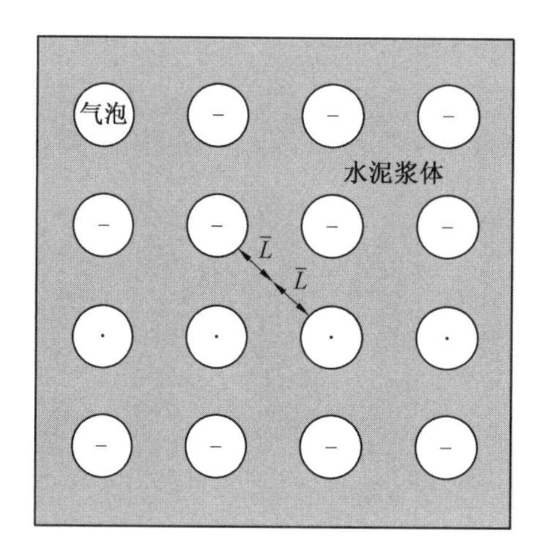

图 5.17　气泡间距系数示意图

用《硬化混凝土中气泡参数的显微镜法测试方法标准》(ASTMC 457—16)中标准程序计算气泡间距系数时，可以得到气泡平均比表面积。气泡平均尺寸减小时，其比表面积增大。使用适当剂量的引气剂获得的较好的气泡网络体系的比表面积通常大于 25 mm^{-1}。气泡比表面积与气泡间距系数的关系如图 5.18 所示，满足这一要求通常会导致间距系数低于 200 μm。

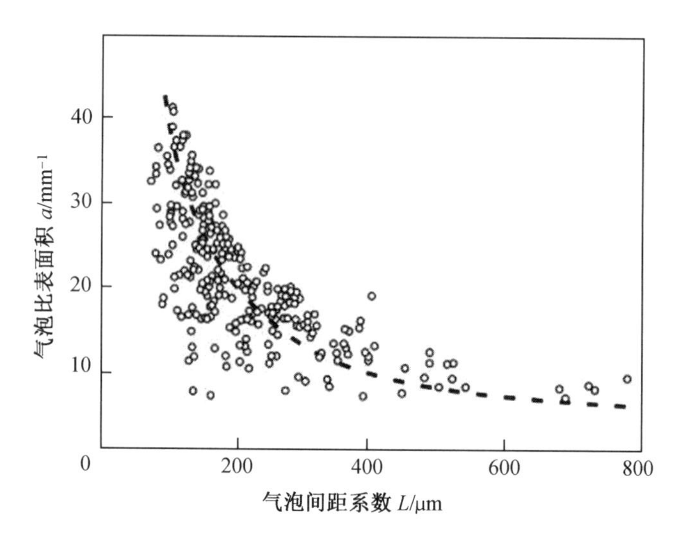

图 5.18　气泡比表面积与气泡间距系数的关系

目前关于气泡间距系数的临界值的研究结论并不统一，因此各个国家的标准规范也不统一。例如：T. C. Powers 认为当气泡间距系数小于 250 μm 时，混凝土具有理想的抗冻性，而美国相关标准中也规定极限平均气泡间距系数为 250 μm。美国、加拿大的一些学者在较早期的研究认为，当硬化混凝土中气泡间距系数 L 不超过 200 μm 时，混凝土经受 300 次快冻后相对动弹性模量值仍在 60%以上。丹麦的标准也规定，严酷环境条件下对硬化混凝土进行气孔分析，气泡的最大平均间距为 200 μm。然而 20 世纪 40 年代和 50 年代的相关研究指出，计算气泡间距系数的公式中的假设使得计算出的气泡间距系数比混凝土实际上的气泡间距系数要大。因此一些混凝土即使气泡间距系数大于 200 μm，混凝土的抗冻性良好。加拿大标准协会规定，对有除冰盐存在且暴露在冻融条件下的饱水混凝土，还应满足气泡间距的相关要求，即所有试验气泡的平均间距不应超过 230 μm；单个试验的气泡平均间距不超过 260 μm。中国土木工程学会标准《混凝土结构耐久性设计与施工指南》(CCES 01—2018)中规定，冻融环境下的引气混凝土，其气泡间距系数(平均值)在高度饱水、中度饱水和盐冻条件下宜不大于 250 μm、300 μm 和 200 μm。以上规定的差异是因为混凝土气泡间距系数的临界值严重依赖于混凝土的类型和配合比。

对于普通混凝土，耐久性指数 DF 与气泡间距系数的关系如图 5.19 和表 5.3 所示，此图和表不适用于水灰比低于 0.3 或者强度高于 80 MPa 的混凝土。此外，国外也有大量试验表明气泡间距系数与混凝土耐久性指数关系，如图 5.20 所示。从以上研究可以看出，气泡间距系数临界值在 0.200～0.250 mm，才能保证混凝土的耐久性。

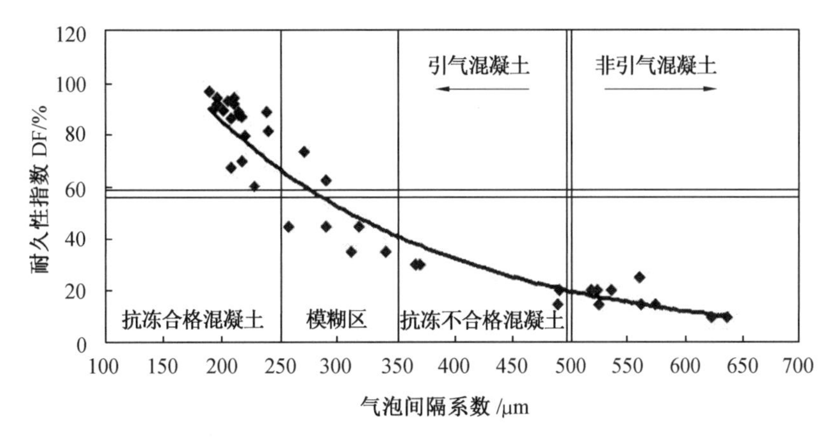

图 5.19　混凝土耐久性指数 DF 与气泡间距系数的关系

表 5.3　混凝土气泡间距系数与抗冻耐久性指数 DF 对照

<table>
<tr><th>气泡间距系数/μm</th><th colspan="2">抗冻耐久性指数 DF/%</th><th>抗冻性评价</th></tr>
<tr><td><200</td><td colspan="2">DF>80</td><td>抗冻性优良</td></tr>
<tr><td><250</td><td colspan="2">DF>60</td><td>抗冻性合格</td></tr>
<tr><td rowspan="3">250～350</td><td rowspan="3">40～80</td><td>W/C≤0.4，　DF>60</td><td rowspan="3">模糊区域</td></tr>
<tr><td>0.4<W/C≤0.6，　DF≈60</td></tr>
<tr><td>W/C>0.6，　DF<40</td></tr>
<tr><td>>350</td><td colspan="2">DF<60</td><td>抗冻性不合格</td></tr>
<tr><td>>500</td><td colspan="2">DF<20</td><td>非引气混凝土</td></tr>
</table>

混凝土中水灰比的不同代表着含水量的不同，直接影响到混凝土的受冻程度。Okada 等研究了气泡间距系数和水灰比对混凝土抗冻性的影响，气泡间距系数与混凝土耐久性指数的关系如图 5.21 所示。结果认为，所有水灰比低于 0.35 或者抗压强度高于 80 MPa时混凝土均满足抗冻性要求，尽管此时混凝土的气泡间距系数远远大于标准值。

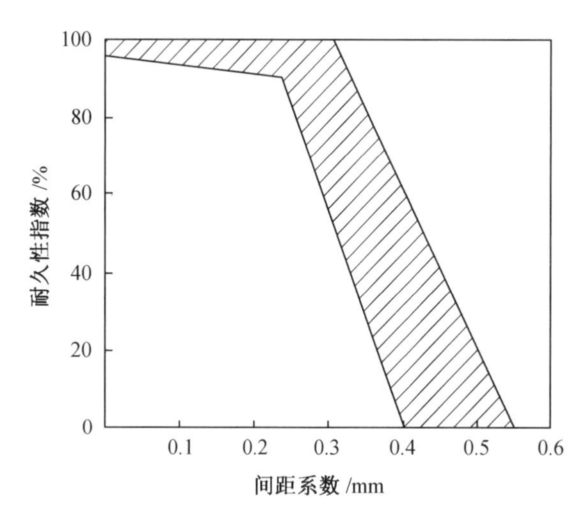

图 5.20　气泡间距系数与混凝土耐久性指数的关系

因此对于干硬性的道面混凝土，当含气量大于 3%，气泡间距系数小于 450 μm 时，可以达到 300 次抗冻要求；当含气量在 4%左右，气泡间距系数小于 350 μm 时，可以达到 500 次抗冻要求。当然，对于不同配合比和不同类型的混凝土，如果想要达到相同的抗冻性，则含气量和气泡间距的要求也应调整。而对于港工混凝土，李俊毅建议，若工程中有抗冻要求时，混凝土气泡间距系数的临界值取 230 μm。因此，当用气泡间距系数作为指标评价混凝土抗冻性时，应根据水灰比或者强度对其进行一定的调整。

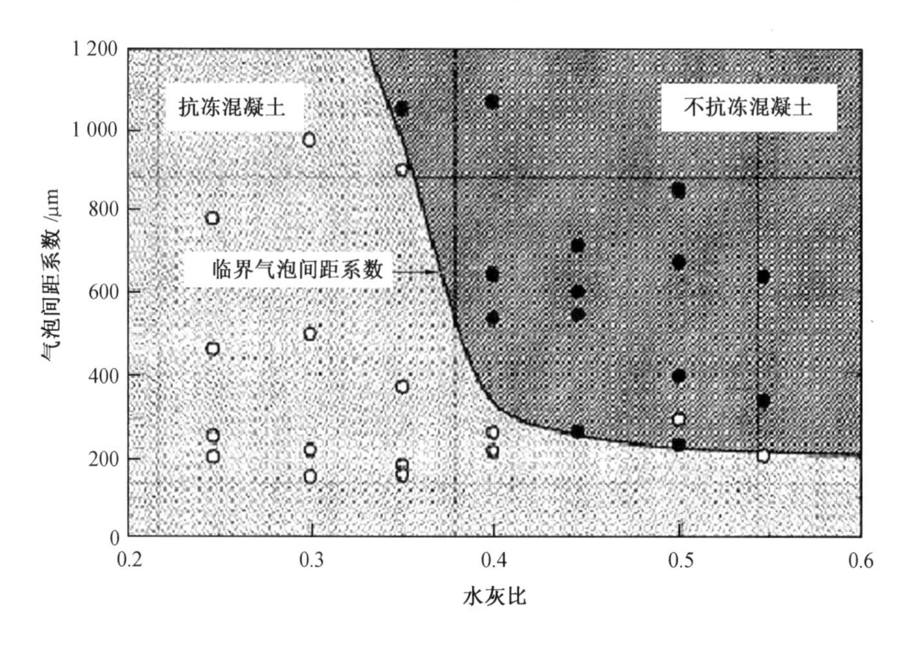

图 5.21　气泡间距系数和水灰比对混凝土抗冻性的影响

当混凝土中含有粉煤灰时，张德思等人的试验结果表明，强度等级为 C20 以上且气泡间距系数小于 450 μm 时，混凝土可以满足耐久性要求。严捍东等人研究认为，当平均气泡间距系数小于 500 μm 时，不论是普通混凝土，还是粉煤灰混凝土，抗冻性均较高。而在陆建飞看来，当研究混凝土的冻融循环过程时，应将平均气泡间距系数看成一个动态值。极限平均气泡间距系数随粉煤灰的掺量呈现先增长后减小的变化，其最高点对应的粉煤灰掺量随着水胶比的增大而减小。因此每个水胶比都对应一个粉煤灰最佳掺量。针对工程问题，当水胶比为 0.45 时，粉煤灰的最佳掺量取为 60%，此时所用的水泥量相对较少，抗冻性能可达到 F150，属于工程需要的一种配合比。

基于以上分析可以发现，当混凝土抗冻等级低，相对水灰比较大，强度较低时，气泡间距系数应适当减小。而对于抗冻等级高、相对水灰比小的混凝土，气泡间距系数可以适当放大。

5.5.3　混凝土孔结构与渗透性

根据 Hagen－Poiseville 定律，孔隙模型和渗透性的关系可以表示为

$$\frac{Q}{A}=K\frac{\Delta p}{\eta h} \tag{5.26}$$

式中，Q/A 为通过试件横截面积 A 的流体体积；K 为渗透性系数；Δp 为试件两端的压力差；η 为流体黏度；h 为试件厚度。

渗透性系数与平均孔径有关，即

$$K=w\varphi r_{\mathrm{m}}^{2} \tag{5.27}$$

式中，w 为形状参数(圆柱形孔取值为 1/8)；φ 为孔隙率；r_{m} 为平均孔径。

在分析渗透性时，如果将孔径分布也考虑进去，将会得到更精确的结果：

$$K=C\int r^{2}f(r)\mathrm{d}r \tag{5.28}$$

式中，C 为常数；r 为孔径。

由于水泥基材料中的孔隙是极其复杂的，很难严格满足以上方程。当流体经过并列的孔隙时，渗透性受最大孔隙的控制，而当经过串联的孔隙时，其渗透性受最小孔隙控制。

Nyame 和 Illston 也提出孔半径和渗透性的相关性，即

$$K=1.684r_{\mathrm{d}}^{3.284}\times10^{-22} \tag{5.29}$$

式中，r_{d} 为压汞差分曲线的最大值对应的孔半径。当 $r_{\mathrm{m}}>100$ nm 时，以上公式与试验结果偏差较大。

当混凝土处于中低强度(25～45 MPa)时，引气剂可以大幅度降低混凝土的气体渗透性，仅相当于普通混凝土的 1/3～1/2。随着强度的进一步增长，引气混凝土的气体渗透性系数进一步降低。由于水灰比的降低，混凝土的渗透性下降，因此可以提高混凝土的耐久性。

5.5.4　混凝土孔结构与其他性能

引气剂的加入使得道路混凝土中不规则的粗大空隙转变为大量稳定均匀分布的气泡，起到一定的滚珠轴承的作用，因此随着引气剂掺量的增加，道路混凝土的坍落度逐渐增大。此外，引气剂的加入也使得混凝土内部表面张力增加，混凝土黏聚性更好，因此维

勃稠度值也随着引气剂掺量的增加而增加。混凝土的振动黏度系数与维勃稠度值有着较好的相关性,因此被测道路混凝土的振动黏度系数也随着含气量而增加。此外,气泡可以使得混凝土获得较好的均匀性及和易性,促成混凝土较高的水密性。

工程中混凝土建筑物中的裂缝大多数是由于混凝土的收缩变形引起的。因此,减小混凝土的收缩变形可以有效降低大体积混凝土的裂缝数量。研究发现,引气混凝土所含的气泡数量显著影响混凝土的干燥收缩。随着气泡数量增加,引气混凝土的干燥收缩呈减小的趋势,且在后期这种趋势十分显著。气泡的引入能够缓解混凝土干燥收缩时由于表面张力的增大而对固相颗粒产生的压应力,有效缓解混凝土收缩变形。

气孔分布对混凝土的外观形貌有着重要的影响,有研究表明,混凝土外观气孔分布与内部气泡结构有着直接的联系。李炜等人定性研究了消泡剂和引气剂复合使用时对混凝土外观形貌的影响。单掺引气剂时,混凝土表面针眼状小孔增多,大孔不均匀分布。由于引气剂引入的微细气泡尺寸较小(20～200 μm),液膜牢固,不易聚结和破裂,因此大量小气泡稳定存在于混凝土中,硬化后形成针眼状小孔,而部分不稳定的大气泡受小气泡阻隔无法排出,形成不均匀分布大孔。而单掺消泡剂时,混凝土中各孔径气孔数量整体减小,尤其大孔数量减少明显,但混凝土局部存在形状不规则,缺陷空洞,色差与表面光洁度也变差。分析认为,消泡剂增加到一定程度会显著降低混凝土坍落度与和易性,当混凝土工作性较差时,浆体与气泡移动受阻,对局部缺陷与孔隙填充不足,且消泡剂过多时,浆体量降低,包裹骨料的浆体膜减薄,易造成色差。当同时掺加消泡剂和引气剂时,消泡剂通过破泡和脱泡作用减少硬化混凝土中较大气孔数量,引气剂引入优质小气泡改善混凝土工作性,两者复合使用下混凝土工作性与气泡结构达到合适的平衡时,混凝土外观质量最佳。

本章参考文献

[1] 郭明洋. 道路工程水泥混凝土材料抗冻耐久性研究[D]. 北京:北京工业大学, 2008.
[2] 杨楠. 玻璃纤维及混杂纤维高性能混凝土的试验研究[D]. 大连:大连理工大学, 2006.
[3] HOVER K. Why is there air in concrete[J]. Concrete and Construction, 1993,38(1):125-127.
[4] 田勇. 憎水与引气对混凝土的改性效应[D]. 沈阳:沈阳建筑大学, 2011.
[5] DU L, FOLLIARD K J. Mechanisms of air entrainment in concrete[J]. Cement and Concrete Research, 2005, 35(8):1463-1471.
[6] 魏恩良, 马景峰. 影响混凝土含气量的因素[J]. 山东建材, 2004,25(6):61-62.
[7] 邹晓翎. 道路水泥混凝土配合比设计参数与微观结构研究[D]. 西安:长安大学, 2007.
[8] 李俊毅. 硬化混凝土气泡间距系数的临界值[J]. 港口工程, 1997(03): 27-29.
[9] 周伟玲, 尚燕, 缪昌文, 等. 振捣方式和引气剂品种对混凝土气泡结构的影响[J]. 工业建筑, 2009(S1):958-960.

[10] 王立钢，施惠生，罗德龙，等. 北方微冻地区海工高性能混凝土耐久性研究[J]. 粉煤灰综合利用，2010(3):9-12.

[11] 李炜，陆加越，刘浩，等. 消泡剂和引气剂复掺对混凝土气泡参数及外观形貌的影响[J]. 混凝土，2016(8):103-106.

[12] 徐华轩. 测试龄期对混凝土气孔结构影响的研究[J]. 铁道工程学报，2010(05):67-71.

[13] 杨鲁. 新拌混凝土和硬化混凝土气泡参数研究[D]. 重庆:重庆大学，2012.

[14] ASTM International. Standard test method for air content of freshly mixed concrete by the pressure method: ASTM C231/231M-17[S]. West Conshohocken: ASTM Press, 2017.

[15] ASTM International. Standard test method for air content of freshly mixed concrete by the volumetric method: ASTM C173/C173M-16[S]. West Conshohocken: ASTM Press, 2016.

[16] KHAYAT K H, NASSER K W. Comparison of the air contents of freshly mixed and hardened concretes using different airmeters[J]. Cement Concrete and Aggregates, 1991, 13(1): 18-24.

[17] ASTM International. Standard test method for density(unit weight), yield, and air content(gravimetric) of concrete: ASTM C138/C138M-17[S]. West Conshohocken: ASTM Press, 2017.

[18] MAGURA D D. Evaluation of the air void analyzer[J]. Concrete international, 1996, 18(8): 55-59.

[19] 李俊毅，李晓明，许彩虹. 新拌混凝土气泡参数分析法评估混凝土抗冻性[J]. 水运工程,2005(11):11-14.

[20] ASTM International. Standard test method for microscopical determination of parameters of the air-void system in hardened concrete: ASTM C457/C457M-16[S]. West Conshohocken: ASTM Press, 2016.

[21] 梁天仁，吴菊珍，藏庆珊. 硬化混凝土气孔参数测定方法的探讨[J]. 混凝土与水泥制品，1984(04):2-6.

[22] MACINNIS C, RACIC D. The effect of superplasticizers on the entrained air-void system in concrete[J]. Cement and Concrete Research, 1986, 16(3): 345-352.

[23] 刘培生，马晓明. 多孔材料检测方法[M]. 北京:冶金工业出版社，2006.

[24] MOUKWA M, AITCIN P C. The effect of drying on cement pastes pore structure as determined by mercury porosimetry[J]. Cement and Concrete Research, 1988, 18(5): 745-752.

[25] 廉慧珍，董良，陈恩义. 建筑材料物象研究基础[M]. 北京：清华大学出版社，1996.

[26] KUMAR R, BHATTACHARJEE B. Study on some factors affecting the results in the use of MIP method in concrete research[J]. Cement and Concrete Research, 2003, 33: 417-424.

[27] HEARN N,HOOTON R D. Sample mass and dimension effects on mercury intrusion porosimetry results[J]. Cement and Concrete Research,1992(22):970-980.
[28] STROEVEN P,HU J,KOLEVA D A. Concrete porosimetry:aspects of feasibility, reliability and economy[J]. Cement and Concrete Composites,2010, 32(4):291-299.
[29] KORPA A, TRETTIN R. The influence of different drying methods on cement paste microstructures as reflected by gas adsorption: comparison between freeze-drying(F-drying), D-drying,P-drying and oven-drying methods[J]. Cement and Concrete Research, 2006, 36: 634-649.
[30] GALLE C. Effect of drying on cement-based materials pore structure as identified by mercury intrusion porosimetry:A comparative study between oven-,vacuum-, and freeze-drying[J]. Cement and Concrete Research,2001,31(10):1467-1477.
[31] BEAUDOIN J J. Porosity measurements of some hydrated cementitious systems by high-pressure mercury-microstructural limitations[J]. Cement and Concrete Research, 1979, 9: 771-781.
[32] 张朝宗，郭志平，张朋，等. 工业 CT 技术和原理[M]. 北京：科学出版社，2009.
[33] MORGAN I L,ELLINGER H,KLINKSIEK R,et al. Examination of concrete by computerized tomography[J]. Journal of the American Concrete Institute,1980,77(1):23-27.
[34] 张萍，秦鸿根，万克树. X-CT 技术在水泥基材料孔结构分析中的应用[J]. 商品混凝土，2011,11:27-29.
[35] 史才军，元强. 水泥基材料测试分析方法[M]. 北京：中国建筑工业出版社，2018.
[36] ASTM International. Standard test method for single-point determination of specific surface area of catalysts and catalyst carriers using nitrogen adsorption bycontinuous flow method: ASTM D4567-19[S]. West Conshohocken: ASTM Press, 2019.
[37] ODLER I, RÖBLER M. Investigations on the relationship between porosity, structure and strengthof hydrated Portland cement pastes. II. Effect of pore structure and of degree of hydration[J]. Cement and Concrete Research,1985,15(3):401-410.
[38] EVANS A G,TAPPIN G. Effects of microstructure on the stress to propagate inherent flaws[J]. Proceedings of the British Ceramic Society,1972,20:275-297.
[39] FELDMAN R F, BEAUDOIN J J. Microstructure and strengthof hydrated cement [J]. Cement and Concrete Research, 1976, 6(3):389-400.
[40] BEAUDOIN J J,FELDMAN R F. A study of mechanical properties of autoclaved calcium silicate systems[J]. Cement and Concrete Research, 1975,5:103-118.
[41] YUDENFREUND M, HANNA K M, SKALNY J P, et al. Hardened portland cement pastes of low porosity V. compressive strength[J]. Cement and Concrete Re-

search, 1972, 2(3):731-743.

[42] BEAUDOIN J J,FELDMAN R F. Microstructure and strengthof hydrated cement [J]. Cement and Concrete Research, 1976,6(3): 103-119.

[43] BEAUDOIN J J,FELDMAN R F. Partial replacement of cement by fly ashin autoclaved products:theory and practice[J]. Journal of Materials Science, 1979, 14(7): 1681-1693.

[44] RAMACHANDRAN V S,FELDMAN R F. Significance of low water/solid ratio and temperature on the physico-mechanical characteristics of hydrates of tricalcium aluminate[J]. Journal of Applied Chemistry and Biotechnology,1973,23(8): 625-633.

[45] RAMACHANDRAN V S, FELDMAN R F. Time-dependent and intrinsic characteristics of portland cement hydrated in the presence of calcium chloride[J]. Cemento,1978,75(3): 311-321.

[46] 黄智德. 北方冰冻海域 C35 混凝土的配制与抗渗试验方法对比研究[D]. 重庆:重庆大学, 2009.

[47] 王庆石, 王起才, 张凯, 等. 3 ℃下含气量对混凝土强度、孔结构及抗冻性的影响[J]. 硅酸盐通报, 2015,34(3):615-620.

[48] 胡江, 黄佳木, 李化建, 等. 掺合料混凝土抗冻性能及气泡特征参数的研究[J]. 铁道建筑, 2009(06):124-127.

[49] POWERS T C. A working hypothesis for further studies of frost resistance of concrete[J]. Journal of the Aci,1945,16(4):245-272.

[50] GAGNÉ R. 17-Air entraining agents[J]. Science and Technology of Concrete Admixtures, 2016: 379-391.

[51] 岑国平, 蒋小伟, 王金华, 等. 道面混凝土气孔结构与抗冻性的研究[J]. 公路, 2012(11):1-4.

[52] MICHEL P, MARTIN L. Critical air void spacing factors for concretes submitted to slow freeze-thaw cycles[J]. Journal Proceedings, 1981, 78(4): 282-291.

[53] PIGEON M,GAGNE R,FOY C. Critical air-void spacing factors for low water-cement ratio concretes withand without condensed silica fume[J]. Cement and Concrete Research, 1987, 17(6): 896-906.

[54] PIGEON M. Durability of concrete in cold climates[M]. Boca Raton: CRC Press, 2014.

[55] SAUEIER F,PIGEON M,CAMERON M. Air-void stability - part V:temperature, general analysis,and performance index[J]. ACI Materials Journal,1991,88(1):25-36.

[56] 中国土木工程学会. CCES 01 混凝土结构耐久性设计与施工指南:CCES 01—2004 [S]. 北京:中国建筑工业出版社, 2018.

[57] KORHENON C J. Effect of highdoses of chemical admixtures on the strengthde-

velopment and freeze-thaw durability of portland cement mortar[D]. City of West Lafayette: Purdue University, 2003.
[58] 张德思，成秀珍. 硬化混凝土气孔参数的研究[J]. 西北工业大学学报，2002，20(1):10-13.
[59] 严捍东，孙伟，李钢. 大掺量粉煤灰水工混凝土的气泡参数和抗冻性研究[J]. 工业建筑，2001(8):46-48.
[60] 陆建飞. 大掺量粉煤灰混凝土冻融循环作用下的力学性能研究[D]. 杨凌:西北农林科技大学，2011.
[61] 黄孝蘅，许彩虹，王丽文. 硬化混凝土中气泡性质对抗冻性影响的试验研究[J]. 中国港湾建设，2003(3):14-17.
[62] GRAF H, SETZER M. Influence of water/cement ratio and curing on the permeability and structure of hardened cement paste and concrete[J]. MRS Proceedings, 1988, 137:337-347.
[63] NYAME B K, ILLSTON J M. Capillary pore structure and permeability of hardened cement paste[J]. Proceeding of 7th International Congress of Cement Chemistry, 1980, 3: 181-185.
[64] 孟祥龙. 道路水泥混凝土施工流变性能研究[D]. 西安:长安大学，2009.
[65] 杨华全，周世华，苏杰. 气泡参数对引气混凝土性能的影响[J]. 水力发电，2009，35(1):18-19.

第 6 章　混凝土早期热性能

水和水泥混合搅拌，水泥中的熟料、石膏等组分开始与水发生反应，其产生的水化产物交叠重合，使得水泥浆体逐渐失去塑性并最终产生强度。由于水泥与水之间的反应多为放热反应，因此，水泥水化过程中可以观察到明显的温度上升。水泥水化热是水泥水化过程的一个重要标志，水泥的水化热以及水化放热速率可以一定程度上反映水泥水化的具体进程。

此外，工程应用中，水泥水化热的存在有其两面性，这主要是由工程要求决定的。当面临冬季施工时，较高的水泥水化热可以在一定程度上减小环境低温对混凝土强度发展的影响。而对于一些大体积混凝土，由于混凝土较大的体积以及较差的导热性能，大量水化热量造成混凝土中心温度大幅度提高，膨胀速度加快，表芯温度差距增大，提高了混凝土的温度应力。如此一来，很容易在混凝土中形成温度裂缝，对混凝土力学性能以及长期耐久性造成负面影响。因此，大体积混凝土施工过程中应格外注意混凝土水化温升的问题。本章主要介绍水泥水化热、混凝土水化温升、混凝土早龄期热学参数以及混凝土早期热性能与工程应用。

6.1　水泥水化热

6.1.1　水泥水化热的概念

由于水泥所包含的各种矿物是高温反应形成的不平衡产物，因此这些矿物处于高能态。水泥水化时，水泥所含的矿物与水发生反应，从而向稳定的低能态过渡，即水泥水化过程伴随着能量的释放。因此水泥的水化反应是一个放热反应。

水泥与水反应放热，单位质量水泥所放出的热量被称为水泥水化热，单位为 kJ/kg。水泥水化放热是水泥水化过程的基本特征之一。

6.1.2　水泥水化反应阶段

水泥水化反应存在明显的几个阶段，一般按照水化放热速率与时间的关系，把水泥水化过程分为五个反应阶段：①诱导前期；②诱导期；③加速期；④减速期；⑤继续缓慢反应期（即稳定期）。各种反应阶段的化学过程和动力学行为见表 6.1。

硅酸盐水泥的水化过程分为以上五个阶段，其水化放热、速率曲线如图 6.1 所示，主要是由以下三个阶段来决定的。第一阶段：当水泥与水拌合后，立即出现迅速放热（起始期的上升段），这或许是铝酸盐和硫酸盐的溶解热。溶解过程是通过 C_3A 结合石膏产生钙矾石所释放出的热量，这是第一个峰出现的主要原因。由于钙矾石的形成抑制了 C_3A 的水化，因此水化速率降低，表现为进入诱导期。第二阶段：C_3S 的水化阶段，C_3S 的水化预示着诱导期的结束，生成 C—S—H 和 $Ca(OH)_2$，同时 C_2S 和 C_4AF 也会加入水化，生成相应的水化产物。第三阶段：结构的形成和发展时期，伴随水化的进行，水化产物相继形成，填充原先被水占据的空间，并交织形成网状结构，最后形成硬化结构。

表 6.1　各种反应阶段的化学过程和动力学行为

时期	反应阶段	化学过程	动力学行为
早期	诱导前期	开始水解，释放离子	反应很快，受化学反应控制
	诱导期	继续水解，水化硅酸钙开始形成	反应慢，受核化或扩散控制
中期	加速期	大量的水化产物快速形成	反应快，受化学反应控制
	减速期	水化产物继续生长，显微结构发展	反应适中，受化学反应控制
后期	稳定期	显微结构逐渐致密	反应慢，受扩散控制

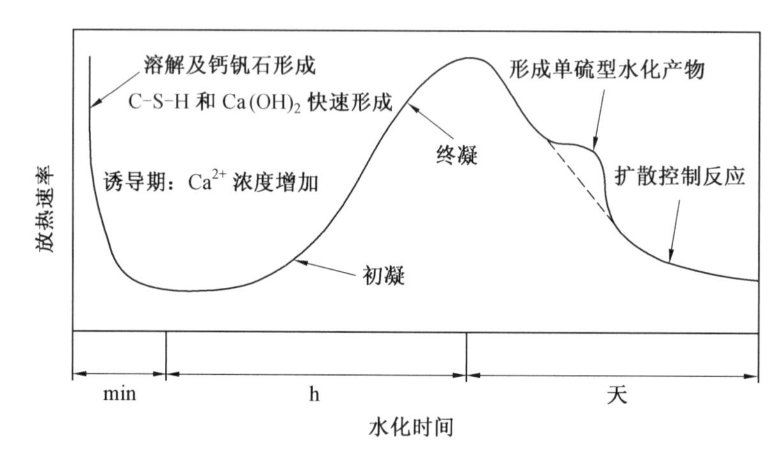

图 6.1　硅酸盐水泥水化放热速率曲线

在这三个阶段中，前两个阶段（即早期水化，从加水拌合到水化 3 天这段时间）是水化反应最剧烈、反应过程最复杂的过程。而恰恰是这个时期，水泥水化反应的程度和水化产物的生成情况又对水泥混凝土的最终强度和耐久性有着很大的影响。所以水泥早期水化过程的研究也成为水泥混凝土研究的重点和难点。

6.1.3　水泥水化影响因素

水泥水化反应存在多种影响因素，一般可以影响水化反应速度的，基本都会影响水泥的水化热。可以说，水泥水化放热主要取决于水泥熟料的成分、质量分数，其影响因素可以细分为水泥本身性质（即矿物组成与细度）、水灰比、温度、矿物掺合料以及外加剂等。

1. 矿物组成与细度

（1）水泥品种与矿物组成。

水泥基材料的水化放热行为因水泥品种不同而异。水化放热量及水化放热速率均有所不同。例如，与普通硅酸盐水泥相比，以氯氧镁水泥为代表的镁水泥水化早期放热量相对较大；而铝酸盐水泥则水化放热速率较快，但总放热量比普通硅酸盐水泥少。矿渣水泥和火山灰水泥由于分别以矿渣和石灰石或粉煤灰等代替水泥熟料，则水化放热量及水化放热速率降低(表 6.2)；其他水泥的水化放热速率及放热量也各有不同。

表 6.2　掺合料对水泥水化热影响

品种	水泥掺量/%	粉煤灰掺量/%	硅灰掺量/%	外加剂掺量/%	加水量/mL	水化热/(J·g^{-1})			
						2 天	3 天	5 天	7 天
中热水泥	100	0	0	—	40	192	208	239	260
	70	30	0	—	40	138	147	158	166
	70	30	0	0.6	30	133	137	171	184
	68	30	2	0.6	30	135	146	178	202
	67	30	3	0.6	30	138	179	189	208
	65	30	5	0.6	30	164	186	196	214
	65	30	5	—	40	147	160	173	203
低热水泥	100	0	0	—	40	170	186	200	217
	65	30	5	0.6	30	139	153	166	179
	65	30	5	—	40	113	124	135	145

实际上，水化热的大小和放热速率主要决定于水泥的矿物成分，不同研究者得出的各种水泥矿物水化热见表 6.3。可见，各熟料矿物成分完全水化时产生的热量，最大的是 C_3A，其次是 C_3S，再次是 C_4AF。C_3A 与 C_3S 含量高的水泥，水化热大，放热速率快。因此波特兰水泥标准明确限制 C_3A 和 C_3S 之和小于 58%，在我国相关标准中规定，熟料的 C_3A 不得超过 6%，C_3S 不得超过 55%。水泥熟料的矿物组成、水灰比、养护温度、混合材掺量与质量都会影响水化热，降低 C_3A 对限制水化热是有利的，一般通过增加 Fe_2O_3 与 Al_2O_3 之比使 C_3A 变成放热量较低的 C_4AF 来降低水化热，如要求进一步降低水化热可降低 C_3S 的含量。

表 6.3　不同研究者得出的各种水泥矿物水化热　　kJ/kg

矿物名称	伍茨、斯泰诺尔等	勒奇与鲍格	维尔巴克与福斯特
C_3A	836	866	1 372
C_3S	569	502	489
C_4AF	125	418	464
$\beta-C_2S$	259	259	222

以硅酸盐水泥为例。水泥水化热的大小与放热速率首先取决于熟料的矿物组成，一般认为熟料中四种主要矿物的水化速率顺序为 $C_3A>C_3S>C_4AF>C_2S$，而水化放热量的一般规律为：单位物质的量 C_3A 的水化放热量最大，C_3S 和 C_4AF 次之，C_2S 的水化放热量最小。

(2)水泥细度与级配。

大量研究表明,同种矿物组成,细度较高的水泥水化热明显升高,并且各龄期的水化热都有所提高。除此之外,水泥的水化过程及微观结构的演变过程受水化初始堆积形态的影响,而水泥的粒径分布对初始水泥浆体的堆积密度、堆积孔隙率以及比表面积有着直接的影响;同时粒径分布还将影响颗粒的水化活性和组成成分,进而影响水化过程和水化速率。对于同种水泥不同粒径分布的水泥水化放热量研究也证明水泥中细颗粒含量增加,水泥比表面积增大,水化反应速率增大,水化放热速率增大。增加粉磨时间,水泥中3.30 μm 颗粒含量基本不变,而0~3 μm 颗粒含量增加,水化放热量增大。试验表明,熟料颗粒的水化程度,0~10 μm 7 天可达75%,10~30 μm 7 天可达50%,30~60 μm 28 天仅为50%,而大于60 μm 者水化90 天尚达不到50%,水泥基材料的微细化有助于提高单位时间内水泥的水化速率。

此外,相比于球形水泥颗粒,真实颗粒形状的水泥可以增加水化程度,因为真实颗粒的比表面积较大,第二是提高了产物和颗粒的渗透网络,因此水化程度较高。真实水泥颗粒可以近似用八面体结构形貌代替。

2. 水灰比

Taylor 指出,硅酸盐水泥充分水化的理论最小水灰比为0.23,但是在水泥水化的过程中,考虑到水泥颗粒表面的润湿、水泥石孔隙间水,吸附水等水分,只有实际水灰比大于0.4,才能使水泥充分水化。而根据 Powers 的研究,当水灰比低于0.38 时,水泥基材料将不能被完全水化,即水灰比还会影响水泥的最终水化程度。

水灰比对水泥水化放热的影响可以概括为两个方面:水灰比大于等于0.4 和小于0.4。水灰比小于0.4 时,水泥水化放热速率稍有降低,这时影响水化热的主要因素是材料的比表面积大小;水灰比大于0.4 时,随着水灰比的增加,水泥水化速率明显加快,水化放热也明显加快。水灰比为0.5 时,水泥水化放热速率比水灰比为0.4 增加0.55 倍,这时水灰比的影响也降低,主要是通过矿物掺合料来影响水泥的水化放热。水灰比为0.6 时,水化放热速度比水灰比为0.4 增加1.26 倍。

此外,在低水灰比($W/C<0.38$)的体系中,水泥的水化与普通水灰比体系不同,主要是水分的供给和扩散迁移均受到限制,外界水分的渗入和水分在体系内的扩散都比高水灰比条件下困难和缓慢,所以水化放热也会变慢,并且放热总量减少。

Wang 和 Dilger(1995)曾试图估算混凝土的水灰比对其最终总水化放热量及水化速度的影响。他们的研究表明,对于低水灰比的硬化水泥浆体,其单位质量水泥的最终水化放热量远远低于普通水灰比的硬化水泥浆体的相应值。随着水化进程的发展,低水灰比的水泥水化速度也迅速降低,可以采用估算公式(6.1),即普通水泥的水化放热总量是水灰比(W/C)的函数。

$$Q=[0.26+1.55(W/C)-1.07(W/C)^2]\times 450 \tag{6.1}$$

3. 温度

温度对水化放热速率的影响遵循一般的化学反应规律,即温度升高,水化反应加速,水化放热速率加快。温度对水泥早期水化放热速率影响较大,后期影响渐趋减小。从

表 6.4可以看出，提高反应温度对 C_2S 的水化反应影响最大，而对 C_3A、C_4AF 影响较小。对 C_3S 来说，温度的影响主要表现在水化的早期阶段，对水化后期影响不大。温度对水泥水化速度的影响也表现出与对 C_3S 的影响相似的规律。水化温度越高，水泥的初始水化程度越高，其初始水化热也就越高。但是这对于最终水化热却不一定正确。许多研究也表明养护温度越高，初始水化反应程度越快，但最终反应却变慢。

表 6.4 温度对不同熟料的水化程度的影响

矿物	温度/℃	不同水化龄期的水化程度/%					
		1 天	3 天	7 天	28 天	90 天	180 天
C_3S	20		36	46	69	93	94
	50	47	53	61	80	89	
	90	90					
C_2S	20		7	10		29	30
	50	20	25	31	55	86	92
	90	22	41	57	87		
C_3A	20		83	82	84	91	93
	50	75	83	86	89		
	90	84	90	92			
C_4AF	20		70	71	74	89	91
	50	92	94				

硅酸盐水泥在－5 ℃的低温环境下仍能继续水化，但低于－10 ℃时，水化则趋于停止；当反应体系环境温度升高至 100 ℃时，在水化放热曲线上表现为诱导期缩短，第二放热峰提前，最大水化放热速率峰值增加，在高温度的水化反应过程中，体系内部的水分很快被大量消耗，生成的水化产物包裹住未水化颗粒，增加了扩散迁移势垒，使水化反应进度很快受到阻碍，水化放热速率迅速下降，形成第二放热峰值大、峰形很窄的状况。在水化反应过程进入由扩散过程控制的阶段后，反应缓慢进行，但是仍有明显的放热效应。环境温度越高，24 h 后的放热量增加的幅度越大。温度降低，水化热峰值降低，水泥水化热亦降低，并延后了放热峰出现的时间。

4. 矿物掺合料

矿物掺合料的添加也会改变水泥的水化放热行为，常用的矿物掺合料包括粉煤灰、硅灰和矿渣等物质。

(1)粉煤灰。

粉煤灰是人工火山灰质混合材，其直接和水反应的水化作用十分缓慢，产生的水化放热量也很小，但是在水泥水化产生的氢氧化钙的作用下，粉煤灰的水化反应速率加快。在胶凝材料水化的最初的几分钟，当水泥与水接触时，会立即出现一个短暂而激烈的水化反应，水化放热速率值迅速达到最大，此时出现第一峰值，且会因为粉煤灰增大有效水灰比和成核的共同作用，水泥一粉煤灰体系的水化第一放热峰速率随粉煤灰掺量的增加显著增大。在水化的第二和第三阶段(诱导期和加速期)，由于水泥浓度被粉煤灰稀释，水化放热速率随着粉煤灰掺量的增加而降低。在水化反应的第四阶段，当粉煤灰掺量较大时，水化反应很快就进入反应稳定期，在总体上表现为水化放热量降低。

粉煤灰的氧化钙(CaO)含量对于水泥材料的水化放热速率及水化放热量影响很大。粉煤灰按 CaO 含量不同可分为高钙灰(CaO 质量分数大于或等于 10%)和低钙灰(CaO 质量分数小于 10%)两类。高钙灰的 CaO 含量相对较高，碱激发效果相对比较明显，水化反应相对较快，放热速率也较快，相应粉煤灰参与反应的量大，则水化放热量也相应变大，且高钙粉煤灰中硅酸盐阴离子团聚合度较低，所以较普通的低钙粉煤灰具有更高的火山灰活性，作为混合材掺合料使用时具有更好的效果。

(2)硅灰。

硅灰又称为硅微粉或二氧化硅超细粉，硅灰是冶炼硅铁合金和工业硅时 SiO_2 气体和硅气体与空气中的氧气迅速氧化并冷凝形成的一种超细硅质粉体材料。水泥体系中硅灰的掺入吸附了大量的水，降低了水泥的有效水胶比，使水泥的水化诱导期延长，第二水化放热峰的放热速率增加，峰值增高，水化减速期的放热速率和总的水化放热量减小，其整个水化历程的总放热量在第二放热峰附近要比纯水泥的高。表 6.5 给出了硅灰和粉煤灰的掺量对水泥水化热的影响。

表 6.5 硅灰和粉煤灰的掺量对水泥水化热的影响 kJ/(h · kg)

编号	水胶比	0～0.5 h	0.5～2.0 h	2.0～8.0 h	8.0～24 h	1 天	3 天
S0A0	0.35	10.9	1.7	49	131	192	238.1
S10A0	0.35	13 (−11.7)	1.7 (−1.7)	36.4 (−32.6)	144.3 (−130.1)	195 (−175.3)	234.7 (−211.3)
S0A20	0.35	13.4 (−10.9)	1.7 (−1.2)	37.2 (−29.7)	148.1 (−133.5)	200.4 (−160.2)	247.3 (−198)
S10A20	0.35	10 (−7.1)	1.2 (−0.8)	13 (−9.2)	155.2 (−109)	179.5 (−125.5)	222.6 (−155.6)
S0A0	0.4	10.9	2.1	49.3	133	195.4	
S10A0	0.4	13.4 (−12.1)	1.7 (−1.7)	43.1 (−38.9)	140.6 (−126.3)	198.3 (−178.6)	
S0A20	0.4	11.7 (−9.2)	1.2 (−0.8)	32.6 (−25.9)	149.8 (−119.7)	195 (−156.1)	
S10A20	0.4	7.9 (−5.4)	2.1 (−1.7)	15.5 (−10.9)	163.6 (−114.6)	188.7 (−132.2)	

注：①S 代表硅灰，A 代表粉煤灰，后面数字代表质量分数；②括号中的数据是水泥和混合材的水化热值之和，括号外的数据是假设混合材在该龄期内没有参与水化，即纯水泥熟料水化的热量除以纯水泥的份额折算出的热值。

此外，硅灰在参与水泥基材料水化反应的时候，能迅速扩散到氢氧化钙的溶液中，形成一种新的硅灰物相颗粒，这是一个多硅少钙的颗粒层，这种包裹层可以成为普通 C—S—H凝胶形成的基层。与此同时，从水泥化合物中快速释放出了 Ca^{2+} 和 OH^-，Ca^{2+} 的减少增加了水化放热的速率和放热量，硅灰加速了水泥的水化放热。硅灰颗粒在高水胶比的情况下吸附水泥水化释放的钙离子，加速了扩散反应，但是在低水胶比的情况下，因为硅灰颗粒很细，导致水被大量硅灰颗粒包裹，使水泥颗粒不能接触到水，水泥水化不能顺利进行。

(3)矿渣。

铁矿石经过冶炼后的残余物称为矿渣。胶凝材料的放热总量和水化放热峰值一般情况下随矿渣粉掺量的增加而降低，并且水化放热峰值的延后效果比粉煤灰好。对于降低胶凝材料水化放热的总热量，粉煤灰较矿粉明显。同时，随着矿粉掺量的增加，水化放热总量降低的趋势规律性较差。表 6.6 给出了不同矿渣和粉煤灰对水泥水化热的影响。

表 6.6　矿渣和粉煤灰对水泥水化热的影响

试样	掺量/%					不同时间段的水化热/($kJ \cdot kg^{-1}$)								
	煅烧石膏	石灰石	粒化高炉矿渣	粉煤灰	熟料	0.5 天	1 天	1.5 天	2 天	3 天	4 天	5 天	6 天	7 天
1	5	5	30	10	50	95.1	192.7	211.5	224.2	239	244.8	249.5	251.8	254.4
2	5	5	30	20	40	35.5	119.4	168.2	189.8	207.8	219.7	229.4	238.1	243.5
3	5	5	40	20	50	31.2	90.9	139.4	168.6	190.9	198.9	205.6	208.4	210.2

矿渣粉只有达到一定的细度时才能充分参与水化反应。大于 601 μm 的矿渣颗粒基本上在水化反应过程中作为填充组分，小于 30 μm 的矿渣颗粒水化速率影响作用较大。矿渣在碱激发或复合激发下能与水泥水化所产生的 $Ca(OH)_2$ 进行水化反应，形成低钙型 C—S—H 凝胶和相应的水化反应产物，增加了 C—S—H 的含量，消耗了对水化反应有不利影响的 $Ca(OH)_2$ 晶体，$Ca(OH)_2$ 的减少又进一步促使单矿 C_3S 和 C_2S 的水化，从而形成了一个有利于水泥和矿渣水化的良性循环，从化学角度改善了水泥浆体的宏观性能。此外，用矿渣代替一部分水泥，还可减少水泥矿物的有效含量，降低水泥水化放热量，进而可降低混凝土内部温度，减小热应力。

5. 外加剂

随着水泥混凝土的发展，外加剂成为水泥混凝土的最重要的组成部分，化学外加剂在水泥混凝土行业中显示了越来越重要的作用。化学外加剂起到的作用主要包括缓凝、速凝、减水、早强、防冻、防水、消泡、膨胀、阻锈、减缩等。不同工程对混凝土性能的要求不尽相同，再加上特殊环境以及施工条件的不同，对水泥的水化速率要求也各不相同。为了调节水泥的水化速度和凝结时间，通常需要缓凝剂、促凝剂等化学外加剂。

(1)缓凝剂。

水泥中缓凝剂的种类较多，按照化学组成进行分类主要可以分为无机和有机两种。

①无机类。对于无机类缓凝剂而言，其大多数为电解质盐类物质，以磷酸盐为主要成

分的缓凝剂就是其中的主要代表。早在20世纪60年代，苏联和西德的科研人员展开了磷酸盐类缓凝剂的研究。三聚磷酸钠是十分常用的磷酸盐类缓凝剂，可以与Ca^{2+}、Mg^{2+}、Fe^{2+}等离子形成络合物，对于石膏和水泥的缓凝效果非常好。同时，三聚磷酸钠与水泥浆体中钙离子络合生成磷酸钙，难溶性的磷酸钙延缓了水泥颗粒的水化。对于三聚磷酸钠的缓凝的机理，有的学者认为可能是因为改变水泥颗粒表面的电位，通过研究不同掺量的三聚磷酸钠对水泥颗粒ζ电位的影响，发现三聚磷酸中的$[P_3O_{10}]^{5-}$离子与Ca^{2+}离子发生以下反应：

$$[P_3O_{10}]^{5-} + Ca^{2+} \longrightarrow [CaP_3O_{10}]^{3-}$$

上述反应中，形成了具有很强负电荷的络合物$[CaP_3O_{10}]^{3-}$，络合物因为吸附作用，增加水泥颗粒表面的ζ电位，延缓了水泥的水化反应。

②有机类。对于有机外加剂的缓凝机理可能是由于外加剂吸附在水泥颗粒表面，进一步阻碍传输性。或者是有机外加剂中的官能团，例如羟基，与Ca^{2+}形成钙盐络合物，抑制水化。

a. 羟基羧酸、氨基羧酸及其盐。羟基羧酸类缓凝剂分子结构中含有羟基和羧酸基团，这些基团的吸附和螯合性能较强。常用的羟基羧酸盐类缓凝剂有葡萄糖酸(钠)、葡萄糖酸钠、酒石酸、柠檬酸、苹果酸等。

对于羟基羧酸及其盐的缓凝作用，国内外的学者大多用络合理论或是络合与吸附相协同来解释。学者Milestone认为羟基羧酸基团与水泥浆体中的阳离子形成稳定的五元环或六元环螯合结构，在水泥颗粒表面吸附，抑制水化产物成核。国内学者则认为葡萄糖酸钠和柠檬酸钠的缓凝效果主要是由于其吸附和络合等作用，抑制了C_3S的水化和CH的生成。

b. 多元醇及其衍生物。多元醇及其衍生物的缓凝作用可以用吸附理论来解释，羟基可以在水泥颗粒表面吸附，并与O^{2-}形成氢键；其他的羟基也可以和水分子形成氢键，这两种作用都在水泥表面形成了稳定的水膜，延缓了水泥的水化反应。

c. 糖类化合物。糖类缓凝剂主要包括蔗糖、麦芽糖、山梨糖、葡萄糖及其衍生物等，因为其来源广泛、价格低廉、缓凝作用较好，得到了比较成熟的应用。

对于糖类缓凝剂的作用机理，国内外学者也展开了大量的研究。早在20世纪70年代，有学者提出了蔗糖首先在铝酸盐相上形成吸附，并结合络合作用促进了C_3A水化的理论，同时这个反应抑制了C_3S的水化。

d. 纤维素类。纤维素类缓凝剂在水泥浆体的碱性环境下比较稳定，分子中含有羟基，能够吸附在水泥颗粒表面形成水化膜，减缓了水泥的水化速度。如羟乙基甲基纤维素掺加到水泥中，使得水泥浆体孔溶液的黏度增加，离子移动速率受到抑制，从而延迟了水泥浆体的电化学反应。

e. 有机磷酸及其盐。有机磷酸及其盐类缓凝剂分子结构稳定，具有耐盐、耐高温等优良性能，常被用在高温油井水泥中。

目前，对于该类缓凝剂的作用机理的解释还不统一。国外学者认为有机磷酸及其盐类缓凝剂是通过磷酸基团的吸附来达到缓凝效果的。国内学者则通过有机磷酸盐的螯合作用来解释其缓凝机理，认为氨基三亚甲基磷酸可以与水泥液相中的Ca^{2+}形成螯合物

$Ca_{3.5}(C_3H_7O_{10}NP_3)$，此螯合物是微溶性的，能够在水泥表面形成一层保护膜，对 C_3S 的水化和 $Ca(OH)_2$ 等水化产物的形成起到抑制作用。

(2)促凝剂。

目前，在水泥浆体中使用的促凝剂类型很多，促凝剂按照供应形式可以分为粉状和液体两类。粉状促凝剂主要分为铝氧熟料、碳酸盐型和铝氧熟料、明矾石型两类，液体促凝剂有硅酸钠型、铝酸钠型、硫酸铝型、硫酸铝钾型等，因此促凝剂的机理也不尽相同。但是从本质上来看，促凝剂的促凝本质都是加快混凝土内部的水泥水化进程。加快水化产物的生成。促凝剂的机理如下。

①铝氧熟料、碳酸盐型促凝剂作用机理。

$$Na_2CO_3 + CaSO_4 = CaCO_3\downarrow + Na_2SO_4$$

$$NaAlO_2 + H_2O = Al(OH)_3 + 2NaOH$$

$$2NaAlO_2 + 3Ca(OH)_2 + 3CaSO_4 + 30H_2O = 3CaO \cdot Al_2O_3 \cdot 3CaSO_4 \cdot 32H_2O + 2NaOH$$

Na_2CO_3 与水泥中的石膏发生反应，生成难溶的 $CaCO_3$，大大减弱了石膏对水泥浆体的缓凝作用，加上液相中未水解的 $NaAlO_2$ 与 $Ca(OH)_2$、石膏反应生成钙矾石，再次消耗了水泥中起缓凝作用的石膏，使 C_3A 迅速水化，生成水化铝酸钙，浆体迅速凝结，同时由于 Ca^{2+} 的大量消耗，液相中 $Ca(OH)_2$ 浓度下降，打破了 $Ca(OH)_2$ 浓度平衡，促进了 C_3S 的水化，生成大量的 C—S—H 凝胶，进而提高水泥石的早期强度。

②铝氧熟料、明矾石型促凝剂的作用机理。掺有铝氧熟料、明矾石型的促凝剂水泥浆体中发生的化学反应如下：

$$Al_2(SO_4)_3 + 3CaO + 5H_2O = 3CaSO_4 + 2H_2O + 2Al(OH)_3$$

$$2NaAlO_2 + 3CaO + 7H_2O = 3CaO \cdot A1_2O_3 \cdot 6H_2O + 2NaOH$$

$$3CaO \cdot A1_2O_3 \cdot 6H_2O + 3CaSO_4 \cdot 2H_2O + 25H_2O = 3CaO \cdot Al_2O_3 \cdot 3CaSO_4 \cdot 31H_2O$$

因此，在水泥—促凝剂—水的体系中，液相中的硫酸根离子浓度由于 $Al_2(SO_4)_3$ 的溶解等原因而突然增加，同时硫酸根离子迅速地与溶液中的 $A1_2O_3$、$Ca(OH)_2$ 等组分发生反应，生成了大量呈针柱状的钙矾石，并在水泥浆体中生长发展，交叉搭接在水泥颗粒之间形成网络结构，从而起到促凝作用。同时，促凝剂的加入提高了水泥的水化放热量，使整个体系处在有利于水泥水化的 40 ℃左右的反应温度，加速了水泥矿物的水化以及水化产物的形成。

③水玻璃型促凝剂的作用机理。水玻璃型促凝剂在水泥浆体中发生的化学反应如下：

$$Na_2O \cdot nSiO_2 + Ca(OH)_2 = (n-1)SiO_2 + CaSiO_3 + 2NaOH$$

$$2NaOH + CaSO_4 = Ca(OH)_2 + Na_2SO_4$$

水泥浆体中的硅酸盐相与水接触后，水化生成 $Ca(OH)_2$，水玻璃能与 $Ca(OH)_2$ 迅速反应，生成硅酸钙和二氧化硅凝胶，同时产生大量的氢氧化钠。水泥浆体中氢氧化钠的大量生成可以消除石膏的缓凝作用，这就为 C_3A 的快速水化提供了条件。

6.1.4　水泥水化热测试方法

目前水化热测试方法主要有等温量热法（简称 TAM—AIR 方法）、溶解热法和半绝热法。三种方法的原理不同,因此优缺点也不同。

1. 等温量热法

(1)工作原理。

对于这类仪器,等温量热仪测量池周围是一个维持在恒温状态的散热装置。水泥浆试样放入测量池后,因水化反应的进行而产生一定的热效应,从而使其自身的温度发生改变,试样和散热片之间存在一定的温差,使热量从试样流向散热片,温差的大小与热量流动的速率成正比。高灵敏度的热电元件分布在反应容器的周围,可测出试样与环境之间的温差并转化为一定的电压,经过放大后输出。如果试样的反应终止,那么它就与环境保持相同的温度,不再有热效应输出,热电元件所产生的电压为0。

(2)试验步骤。

①仪器。进行水化热测定时,应注意以下步骤:a. 根据试验的精度、试样数量、温度测量范围和稳定性等需要,选择合适的水化热量热仪;b. 校准量热仪的恒温器温度;c. 有必要的话,测量装试样的安瓿瓶水蒸气蒸发产生的误差;d. 如果需要长时间进行水化热测试,外界环境温度应稳定;e. 如果测量低温水化热(5~10 ℃),宜将量热仪放置于相似温度环境下,否则,仪器容易出现冷凝问题,甚至损毁仪器。

②校准。在使用仪器前,应对仪器做以下校准:a. 在试验过程中,校准系数和基线应保持稳定;b. 应每隔3个月对仪器进行校准;c. 当试验条件发生变化,比如安瓿瓶类型、温度和试样数量等,应重新校准仪器;d. 基线测量应不小于10 h,建议测量48 h的基线。

③搅拌。搅拌过程影响水泥的水化动力学,测量水泥水化热应注意以下问题:a. 根据拌合物的流动性,选择合适的搅拌方式;b. 当量热仪外部搅拌并取样时,应保持试样的代表性;c. 黏度大的拌合物不适合在量热仪内部搅拌;d. 注水搅拌时,应尽可能快速完成搅拌;e. 由于量热仪内部温度和室温存在差异,注水搅拌可能会带来额外的热量,应在量热仪内部稳定原材料的性能;f. 测量拌合物的初始水化速率和放热量,应取较少的试样,测量拌合物的后期活性时,应取较多的试样;g. 由于难以保证仪器恒温,取样不宜过多。

④测量。在测量过程中,需要注意以下问题:a. 选取合适的参照试样,尽可能和试样的比热容接近,石英砂和水是比较理想的参照材料,硬化后的水泥浆体不适宜作参照物材料,因为它仍然可以产生能量;b. 当测量长期水化热时(7~14天),稳定的基线、合适的参照物、合适的试样数量和稳定的室温是十分必要的。

⑤评价。水化热试验结束后,在处理试验时应注意以下几个问题:a. 应明确热功率的主体是水泥还是砂浆;b. 对于外搅拌测量水化热,应在搅拌半小时后开始测量;c. 测量快速水化过程时,应采用Tian方程进行校正,需确定量热仪的时间常数。

(3)数据采集和处理。

为了测试试样水化过程中的热量变化,量热仪应尽量避免环境的影响,宜放在恒温环境中。尽管量热仪有自己的温度控制系统,但由于仪器的密封性问题,稳定的实验室温度有利于提高量热仪的精度。

当用量热仪进行定量测试时,应对其参数进行校准,其中包括校准系数、基线和时间常数,校准系数称为ε(单位:W/V),通常通过电子校准,将量热仪中的热流传感器的电压转化成热功率。当装试样的安瓿瓶中没有任何热量产生对应于基线 U_0。当测量 7 天水化热时，应先测量 1～2 天的基线，消除试样中惰性物质的影响，当测量到热流传感器的电压 U，热功率 P 可由下式计算：

$$P=\varepsilon(U-U_0) \tag{6.2}$$

式中，P 是热功率，W；ε 是校准系数，W/V；U 是电压，V；U_0 是基准电压，V。

在式(6.2)的基础上，也可计算热功率，即

$$P=\frac{\varepsilon(U-U_0)}{m} \tag{6.3}$$

式中，m 是试样中水泥(胶凝材料)的质量，g。

第三个校准参数是时间常数，可用 Tian 方程式校正时间常数，等温量热仪的时间常数是 100～1 000 s，相对于水泥水化来说可忽略 Tian 方程式，但测试水泥水化早期时应考虑时间常数。

等温量热仪相对比较稳定，其校准参数可保持较长时间的恒定，人们常常会跳过校准这个步骤。然而，当机器出现故障时，应对机器进行校准，否则将带来试验误差。因此，建议每隔 3 个月对等温量热仪进行一次常规校准。当安瓿瓶的温度或类型发生变化，试样质量或类型发生变化时，应重新对基线进行校准。

采用等温量热仪时，要同时准备试验组和参照组，参照组应采用和试样比热容相似且不产生热的物质，水和石英砂是比较理想的材料。硬化水泥浆不能作为参照组试样，因为它们可能仍然产生热量，影响试验数据。

室温稳定性、参照组、校准系数、基线等均影响试验的精度，例如，校准系数的误差对 1 天和 7 天的测试结果产生同样的误差，基线误差对于 30 min 内的早期反应影响不大，时间常数和 Tian 方程式对试验结果影响较大。据统计，同一实验室的理想标准偏差为 5～7 J/g，不同实验室的试验标准偏差为 13.6 J/g。

2. 溶解热法

(1)基本原理。

根据热化学盖斯定律得到的化学反应的热效应只与体系的初态和终态有关，而与反应途径无关。在热量计周围一定的条件下，用未水化的水泥与水化一定龄期的水泥分别在一定浓度的标准酸溶液中溶解，测得溶解热之差，作为该水泥在该龄期内所放出的水化热。

(2)仪器组成。

仪器组成由恒温水槽、内筒、广口保温瓶、贝氏温度计或热量计、搅拌装置等主要构件组成，另配一个曲颈玻璃加水漏斗和一个直颈加酸漏斗。设备应连同天平、高温炉、试验筛、坩埚、研钵、低温箱、水泥水化试验瓶和其他构件同时使用。溶解热测定仪如图 6.2 所示。

(3)试验步骤与计算过程。

①热量计热容量的标定。标定热量计前将保温瓶放入内筒内，酸液搅拌棒放入保温瓶内，再将内筒置于恒温水槽内。打开循环水并保证水槽内的水温恒定在(20±0.1)℃。

打开循环水并观察温度，从安放贝氏温度计孔插入直颈加酸漏斗，用 500 mL 耐酸的塑料杯称取(13.5±0.5) ℃的(2.00±0.02) mol/L 硝酸溶液约 410 g，量取 8 mL 质量分

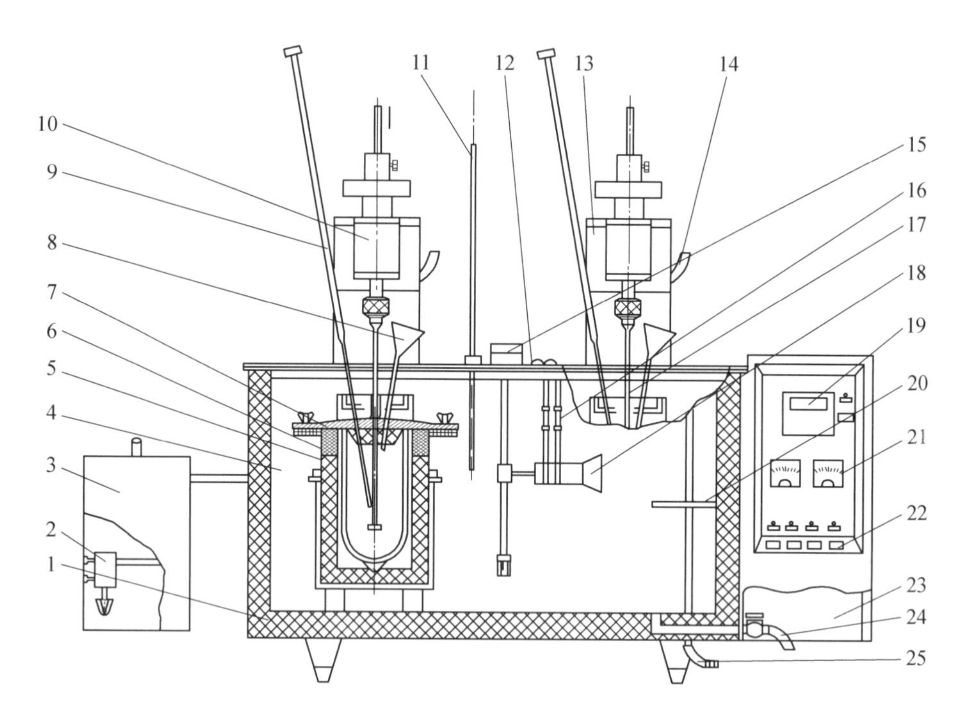

图 6.2　溶解热测定仪

1—水槽壳体；2—电动机冷却水泵；3—电动机冷却水箱；4—恒温水槽；5—试验内筒；6—广口保温瓶；7—筒盖；8—加料漏斗；9—贝氏温度计或量热温度计；10—轴承；11—标准温度计；12—电动机冷却水管；13—电动机横梁；14—锁紧手柄；15—循环水泵；16—支架；17—酸液搅拌棒；18—加热管；19—控温仪；20—温度传感器；21—控制箱面板；22—自锁按钮开关；23—电气控制箱；24—水槽进排水管；25—水槽溢流管

数为 40％的氢氟酸加入耐酸塑料量杯内，再加入少量剩余的硝酸溶液，使两种混合溶液总质量达到(425±0.1) g，用直颈加酸漏斗加入到保温瓶内，然后取出加酸漏斗，插入贝氏温度计或量热温度计，中途不应拔出，避免温度散失。

开启保温瓶中的酸液搅拌棒，连续搅拌 20 min 后，在贝氏温度计或热量计上读出酸液温度，此后每隔 5 min 读一次酸液温度，直至连续 15 min，每 5 min 上升的温度差值相等时(或三次温度差值在 0.002 ℃内)为止。记录最后一次酸液温度，此温度值即为初测读数 θ_0，初测期结束。

初测期结束后，立即将事先称量好的(7±0.001) g 氧化锌通过加料漏斗徐徐地加入保温瓶酸液中(酸液搅拌棒继续搅拌)，加料过程须在 2 min 内完成，漏斗和毛刷上均不得残留试样，加料完毕盖上胶塞，避免试验中温度散失。

从读出初测读数 θ_0 起分别测读 20 min、40 min、60 min、80 min、90 min、120 min 时贝氏温度计或热量计的读数，这一过程为溶解期。

热量计在各时间内的热容量按式(6.4)计算，计算结果保留至 0.1 J/ ℃：

$$C=\frac{G_0[1\ 072.0+0.4(30-t_a)+0.5(t-t_a)]}{R_0} \tag{6.4}$$

式中，C 为热量计热容量，J/℃；G_0 为氧化锌的质量，g；t 为氧化锌加入热量计时的室温，℃；t_a 为溶解期第一次测读数 θ_0 加贝氏温度计 0 ℃时相应的摄氏温度(如使用热量计时t_a的数值等于 θ_0 的读数)，℃；R_0 为经校正的温度上升值，℃；1 072.0 为氧化锌在 30 ℃时溶解热，J/g；0.4 为溶解热负温比热容，J/(g·℃)；0.5 为氧化锌的比热容，J/(g·℃)。

R_0 值按式(6.5)计算，计算结果保留至 0.001 ℃：

$$R_0=(\theta_a-\theta_0)-\frac{a}{b-a}(\theta_b-\theta_a) \tag{6.5}$$

式中，θ_0 为初测期结束时(即开始加氧化锌时)的贝氏温度计或热量计读数，℃；θ_a 为溶解期第一次测读的贝氏温度计或热量计的试数，℃；θ_b 为溶解期结束时测读的贝氏温度计或热量计的读数，℃；a、b 分别为测读 θ_a 或 θ_b 时距离测初读数 θ_0 时所经过的时间，min。

为了保证试验结果的精度，热量计热容所对应 θ_a、θ_b 的测读时间 a、b 应分别与不同品种水泥所需要的溶解期测读时间对应，不同品种水泥的具体溶解期测读时间见表 6.7。

表 6.7　不同品种水泥的具体溶解期测读时间

水泥品种	距初测期温度 θ_0 的相隔时间/min	
	a	b
硅酸盐水泥	20	40
中热硅酸盐水泥		
低热硅酸盐水泥		
普通硅酸盐水泥		
矿渣硅酸盐水泥	40	60
低热矿渣硅酸盐水泥		
火山灰硅酸盐水泥	60	90
粉煤灰硅酸盐水泥	80	120

注：在普通水泥、矿渣水泥、低热矿渣水泥中掺有大于 10%(质量分数)火山灰质或粉煤灰时，可按火山灰质水泥或粉煤灰水泥的测读期。

热量计热容量应平行标定两次，以两次标定值的平均值作为标定结果。如果两次标定值相差大于 5.0 J/℃时，应重新标定。

在下列情况下，热容量应重新标定：重新调整贝氏温度计时；当贝氏温度计、保温瓶、搅拌棒更换或重新涂覆耐酸涂料时；当新配制的酸液与标定热量计热容量的酸液浓度变化大于±0.02 mol/L 时；对试验结果有疑问时。

②未水化水泥溶解热的测定。按①中进行准备工作和初测期试验，并记录初测温度 θ_0'。

读出初测温度后，立即将预先称好的四份(3±0.001) g 未水化水泥试样中的一份在 2 min 内通过加料漏斗缓缓加入酸液中，漏斗、称量瓶及毛刷上均不得残留试样，加料完毕盖上胶塞。然后按表 6.7 规定的各品种水泥测读温度的时间，准时读记贝氏温度计读数 θ_a'和 θ_b'。第二份试样重复第一份的操作。

余下两份试样置于(900～950) ℃下灼烧 90 min，灼烧后立即将盛有试样的坩埚置于干燥器内冷却至室温，并快速称量。灼烧质量 G_1 以两份试样灼烧后的质量平均值确定，如两份试样的灼烧质量相差大于 0.003 g 时，应重新补做。

未水化水泥的溶解热按式(6.6) 计算，计算结果保留至 0.1 J/g：

$$q_1=\frac{R_1C}{G_1}-0.8(T'-t'_a) \tag{6.6}$$

式中，q_1 为未水化水泥试样的溶解热，J/g；R_1 为经校正的温度上升值，℃；C 为对应测读时间的热量计热容量，J/℃；G_1 为未水化水泥试样灼烧后的质量，g；T' 为未水化水泥试样装入热量计时的室温，℃；t'_a 为未水化水泥试样溶解期第一次测读数 θ'_a 加贝氏温度计 0 ℃时相应的摄氏温度(如使用量热温度计时，t'_a 的数值等于 θ'_a 的读数)，℃；0.8 为未水化水泥试样的比热容，J/(g・℃)。

R_1 值按式(6.7)计算，计算结果保留至 0.001 ℃：

$$R_1=(\theta'_a-\theta'_0)-\frac{a'}{b'-a'}(\theta'_b-\theta'_a) \tag{6.7}$$

式中，θ'_0、θ'_a、θ'_b 分别为未水化水泥试样初测期结束时的贝氏温度计读数、溶解期第一次和第二次测读时的贝氏温度计读数，℃；a'、b' 分别为未水化水泥试样溶解期第一次测读时 θ'_a 与第二次测读时 θ'_b 距初读数 θ'_0 的时间，min。

未水化水泥试样的溶解热以两次测定值的平均值作为测定结果，如两次测定值相差大于 10.0 J/g 时，应进行第三次试验，其结果与前试验中一次结果相差小于 10.0 J/g 时，取其平均值作为测定结果，否则应重做试验。

③部分水化水泥溶解热的测定。在测定未水化水泥试样溶解热的同时，制做各部分水化水泥试样。测定两个龄期水化热时，称 100 g 水泥加 40 mL 蒸馏水，充分搅拌 3 min 后，取近似相等的浆体：两份或多份，分别装入 15 mL 的水化试样瓶中，置于(20±1) ℃的水中养护至规定龄期。

按①进行准备工作和初测期试验，并记录初测温度 θ''_0。

从养护水中取出一份达到试验龄期的试样瓶，取出水化水泥试样，迅速用金属研钵将水泥试样捣碎，并用玛瑙研钵研磨至全部通过 0.60 mm 方孔筛，混合均匀放入磨口称量瓶中，并称出(4.200±0.050)g(精确至 0.001 g)试样四份，然后存放在湿度大于 50%的密闭容器中，称好的试样应在 20 min 内进行试验。两份做溶解热测定，另两份进行灼烧。从开始捣碎至放入称量瓶中的全部时间应不大于 10 min。

读出初测期结束时的温度 θ''_0 后，立即将称量好的一份试样在 2 min 内通过加料漏斗缓缓加入酸液中，漏斗、称量瓶及毛刷上均不得残留试样，加料完毕盖上胶塞，然后按表 6.7 规定不同水泥品种的测读时间，准时读记贝氏温度计或量热温度计读数 θ''_a 和 θ''_b。第二份试样重复第一份的操作。

余下两份试样进行灼烧，灼烧质量 G_2 按②中所述方法进行计算。

经水化某一龄期后水泥的溶解热按式(6.8) 计算，计算结果保留至 0.1 J/g：

$$q_2=\frac{R_2\cdot C}{G_2}-1.7(T''-t''_a)+1.3(t''_a-t'_a) \tag{6.8}$$

式中，q_2 为经水化某一龄期后水化水泥试样的溶解热，J/g；R_2 为经校正的温度上升值，℃；C 为对应测读时间的热量计热容量，J/℃；G_2 为某一龄期水化水泥试样灼烧后的质量，g；T'' 为水化水泥试样装入热量计时的室温，℃；t''_a 为水化水泥试样溶解期第一次测

读数 θ''_a 加贝氏温度计 0 ℃时相应的摄氏温度，℃；t'_a 为未水化水泥试样溶解期第一次测读数；θ'_a 加贝氏温度计 0 ℃时相应的摄氏温度；1.7 为水化水泥试样的比热容，J/(g·℃)；1.3 为温度校正比热容，J/(g·℃)。

R_2 值按式(6.9)计算，计算结果保留至 0.001 ℃：

$$R_2=(\theta''_a-\theta''_0)-\frac{a''}{b''-a''}(\theta''_b-\theta''_a) \tag{6.9}$$

式中，θ''_0、θ''_a、θ''_b、a''、b'' 与前述相同，但在此代表水化水泥试样。

部分水化水泥试样的溶解热测定结果按相应的规定进行。

每次试验结束后，将保温瓶中的耐酸塑料筒取出，倒出筒内废液，用清水将保温瓶内筒、贝氏温度计或量热温度计、搅拌棒冲洗干净，并用干净纱布擦干，供下次试验用。涂蜡部分如有损伤、松裂或脱落应重新处理。

部分水化水泥试样溶解热测定应在规定龄期的±2 h 内进行，以试样加入酸液时间为准。

④水泥水化热结果。水泥在某一水化龄期前放出的水化热按式(6.10)计算，计算结果保留至 1 J/g：

$$q=q_1-q_2+0.4(20-t'_a) \tag{6.10}$$

式中，q 为水泥试样在某一水化龄期放出的水化热，J/g；q_1 为未水化水泥试样的溶解热，J/g；q_2 为水化水泥试样在某一水化龄期的溶解热，J/g；t'_a 为未水化水泥试样溶解期第一次测读数 θ'_a 加贝氏温度计 0 ℃时相应的摄氏温度，℃；0.4 为溶解热的负温比热容，J/(g·℃)。

3. 半绝热法

(1)试验原理。

半绝热法是根据热量计在恒定温度环境中，直接测得热量计内水泥胶砂(因水泥水化产生)的温度变化，通过计算热量计内积蓄和散失的热量总和，求得水泥水化 7 天的水化热。这个方法是通过自制热量计来测定水化热，内部配件包括广口保温瓶、带盖锥形圆筒、长尾温度计、软木塞、铜套管、衬筒。散热误差无法避免，故需要计算热容量、散热常数再进行水化热的修正计算。

① 热量计热容量计算。

$$C=0.84\times\frac{m}{2}+1.88\times\frac{m_1}{2}+0.4\times m_2+1.78\times m_3+2.04\times m_4+1.02\times m_5+3.3\times m_6+1.92\times V \tag{6.11}$$

式中，C 为不装水泥胶砂时热量计的热容量，J/℃；m 为保温瓶质量，g；m_1 为软木塞的质量，g；m_2 为铜套管的质量，g；m_3 为塑料锥形筒的质量，g；m_4 为塑料锥形筒盖的质量，g；m_5 为衬筒的质量，g；m_6 为软木塞底下的蜡质量，g；V 为温度计伸入热量计的体积，m^3；各系数为相对应物质的比热容。

②热量计散热常数的测定。将热量计浸入恒温水槽进行水浴加热，通过温度计测量 6 h 的温度 T_1(一般 34 ℃)和 44 h 温度 T_2(一般 21.5 ℃)。

散热常数 K 按照下式进行计算，结果保留至 0.01 J/(h·℃)：

$$K=(C+W\times 4.1816)\frac{\lg(T_1-20)-\lg(T_2-20)}{0.434\Delta t} \tag{6.12}$$

式中，K 为散热常数，J/(h·℃)；C 为热量计的热容量，J/℃；W 为加水质量，g；T_1 为试验开始后 6 h 读取热量计的温度，℃；T_2 为试验开始后 44 h 读取热量计的温度，℃；Δt 为读取 T_1 至 T_2 所经历的时间(38 h)。

③热量计常数的规定。热量计散热常数应测定两次，两次差值小于 4.18 J/(h·℃)，取平均值。

热量计的散热常数应该小于 167.00 J/(h·℃)时允许使用。

热量计常数每年重新测量。

已经标定好的热量计如更换了任意部件应重新测定。

④试验用水泥质量按下式计算，计算结果保留至 1 g：

$$G=\frac{800}{4+(P+5\%)} \tag{6.13}$$

式中，G 为试验用水泥质量，g；P 为水泥净浆标准稠度，%；800 为试验用水泥胶砂总质量，g；5%为加水系数。

⑤试验用水量(M_1)按下式计算，结果保留至 1 mL：

$$M_1=G\times(P+5\%) \tag{6.14}$$

式中，M_1 为试验用水量，mL；P 为水泥净浆标准稠度，%。

⑥总热容量计算 C_P。

$$C_P=[0.84\times(800-M_1)]+4.1816\times M_1+C \tag{6.15}$$

式中，C_P 为装入水泥胶砂后的热量计的总热容量，J/℃；M_1 为试验中用水量，mL；C 为热量计的热容量，J/℃。

⑦总热量计算 Q_x。

$$Q_x=C_P(t_x-t_0)+K\sum F_{0\sim x} \tag{6.16}$$

式中，Q_x 为某个龄期时水泥水化放出的总热量，J；C_P 为装水泥胶砂后热量计的总热容量，J/℃；t_x 为龄期为 x h 的水泥胶砂的温度，℃；t_0 为水泥胶砂的初始温度，℃；K 为热量计的散热常数，J/(h·℃)；$\sum F_{0\sim x}$ 为在 $0\sim x$ h 水槽温度恒定与胶砂曲线间的面积，单位为 h·℃。

近似矩阵法如图 6.3 所示。

⑧水泥水化热计算 q_x。

$$q_x=\frac{Q_x}{G} \tag{6.17}$$

式中，q_x 为水泥某一龄期的水化热，J/g；Q_x 为水泥某一龄期放出的总热量，J；G 为试验用水泥质量，g。

每个水泥试样水化热试验用两套热量计平行试验，两次试验结果相差不到 12 J，取平均值作为该试验的水化热，若超过 12 J 应重做试验。

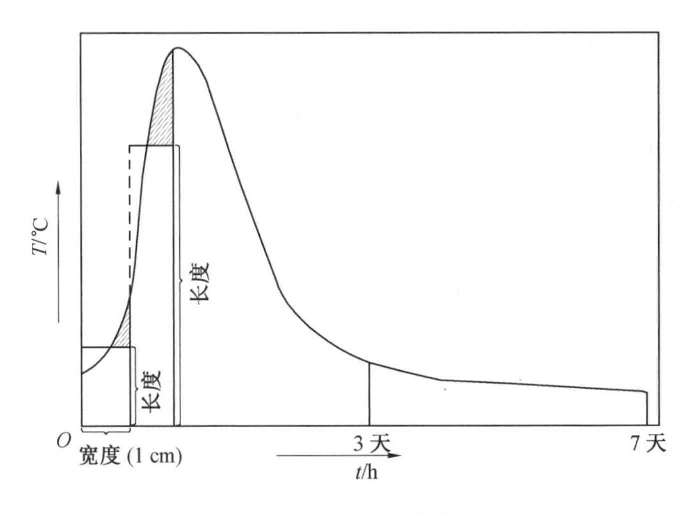

图 6.3　近似矩阵法

6.2　混凝土水化温升及影响因素

6.2.1　概述

混凝土水化温升的实质是由水泥的水化放热引起的。混凝土中的水泥熟料矿物是高温反应下的不平衡产物，在混凝土的新拌阶段，当处于较高能态的水泥熟料与水相接触后，两者之间发生了水泥水化反应，从而达到了稳定的较低能态。这一过程伴随着大量的热量释放，释放出的热量即为水泥的水化热。而水泥混凝土的传热性能在各个时期均是较差的，这会导致大量的水化热在混凝土内部积聚，无法及时地释放到环境当中，从而引起了混凝土温度的逐渐升高。混凝土的水化温升对于其性能的影响是非常大的。一方面，对于大体积混凝土来说，在浇筑完成后，水泥的水化在大体积混凝土内部产生了大量的热量，所以使得混凝土内部大量的热量无法释放而温度急剧升高，有的温度甚至高达几十度，加上大体积混凝土的结构尺寸较大，热量无法散发就会在混凝土内外层形成很大的温度梯度和温度应力，从而很容易产生大量的裂缝。随着温度逐渐降低，混凝土产生收缩变形，但此时混凝土弹性模量较大，降温引起受基础约束的变形会产生相当大的拉应力，当拉应力超过混凝土的抗拉强度时，就会产生温度裂缝，对混凝土结构产生不同程度的危害。另一方面，水化温升对于混凝土冬季施工又是有利的，冬期施工中的混凝土常常会因为环境温度低下导致水泥水化硬化过程延缓，并且低温也会引起拌合水发生结冰冻胀，这些都会对混凝土的早期强度形成造成较大的负面影响。而混凝土的水化温升能够很好地抵御寒冷环境对混凝土结构性能的不利影响。基于上述两个方面可以看出，混凝土的水化温升现象与大体积混凝土结构的温度裂缝产生与冬季施工的开展均密切相关。因此，为了保证混凝土结构早期强度的形成与长期结构的安全性，对于早期混凝土的水化温升的测定与其影响因素一直是人们关注的重点。

6.2.2 混凝土水化温升的影响因素

混凝土水化温升的主要原因是水泥水化放热。同时水泥混凝土又是一种多组分非均质的材料，因此水化放热产生温度梯度而导致的混凝土破坏原因，应包括以下几个因素：水泥品种及用量、掺合料种类、外加剂种类、骨料的选择和水灰比的选择。通过从各方面来控制温度变形、收缩变形等初始变形引起的裂缝是增强混凝土耐久性的可行之策。

(1)水泥品种及用量。

水泥型号、矿物组成和细度对混凝土内部水化升温有直接的影响。由于矿物组成可在较大范围内变化，细度也会有很大差别，因此同样强度等级水泥的水化热也会有差异，按照同一配比得出的水化放热量将会有较大的变化。一般来说，大体积混凝土使用水泥中 C_3A 与 C_3S 的含量较低，C_2S 含量高。高细度水泥早期水化放热速率集中，所以不宜选用高细度水泥，优先选用矿渣水泥、粉煤灰水泥、火山灰水泥或热稳定性能好且水化放热低的高贝利特水泥。选用早强水泥或强度等级较高的水泥则必须在配合比中降低水泥用量及大量掺加矿物掺合料。图 6.4 是通过对 1 m^3 结构进行模拟得出水泥用量对水化热的影响。

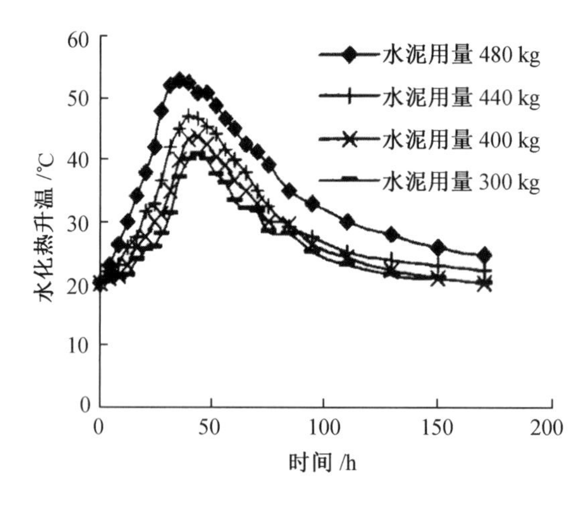

图 6.4 水泥用量对水化热的影响

(2)掺合料种类。

工程中常用混凝土掺合料主要有粉煤灰、沸石粉、高炉矿渣、增钙液态渣粉与硅灰等。使用这些掺合料，相对降低了单位水泥用量，且掺合料与水泥相比，放热量几乎可以忽略。因此掺合料的使用可以降低混凝土内部水化温升值，但不同种类掺合料的影响情况各异。

在新拌混凝土中，粉煤灰微珠既有独特的“滚轴”“轴承”和“解絮”扩散行为，能提高混凝土拌合物的和易性，又能与水泥和细砂共同发挥混凝土颗粒级配中的微集料作用，有助于新拌混凝土和硬化混凝土均匀性的改善，也有助于混凝土中孔隙和毛细管的充填和“细化”，产生致密作用，从而增强硬化浆体的结构强度和抗渗透能力。同时，粉煤灰的加入对降低混凝土的水化热是有效的。对大体积混凝土而言，大量掺加粉煤灰可以减少混凝土内外温差，是从根本上避免过大的温度应力的最经济有效的措施。

随着掺合料用量的增加，混凝土内部的水化温升值呈现降低趋势。针对粉煤灰进行研究发现，等量替代 10%的水泥时，可使水化温升值下降 6%左右；替代 20%的水泥，可使水化温升值下降 10%～15%；替代 30%的水泥时可下降 20%～25%。掺加钙液态渣粉水泥混凝土的温升值基本与掺粉煤灰相同。

(3)水灰比(*W*/*C*)。

W/*C* 变化对于混凝土水化温升的影响也是存在的。当 *W*/*C* 较大时，水化温升随用水量增加而降低，在低 *W*/*C* 条件下相反。研究表明，对于低 *W*/*C* 的单位质量水泥最终水化放热峰值远远低于高 *W*/*C* 的相应值，随着水化进程的发展，低 *W*/*C* 的水泥水化速度也迅速降低。以前，人们总忽略了 *W*/*C* 的影响，国外学者对边长为 1 m 混凝土柱内的水化热进行测试，发现水泥用量为 470 kg/m^3(*W*/*C* 为 0.31)和 540 kg/m^3(*W*/*C* 为0.25)的最高温升相同。因此，水灰比对混凝土的放热量有较大的影响。忽视水灰比的影响可能会过大地估计总的水化放热量。

(4)缓凝剂。

缓凝剂是一种水泥混凝土常用的外加剂，可以延缓水泥混凝土的水化进程。缓凝剂的加入可以延缓水泥水化而非降低水泥的水化速率和水化总放热量。缓凝剂使得混凝土热性能发生了改变，它延缓了水化热升温峰值出现的时间，从而延长了水化放热的时间，使得混凝土内部的水化热在此期间得以充分地向外部释放。在总放热量不变的条件下，混凝土内部热量积聚得越少，则产生的升温峰值便越低。试验表明，配合比相同的混凝土在准绝热情况下，掺 0.2%木钙的混凝土的升温曲线峰值比基准混凝土的升温曲线峰值低近 3 ℃。糖钙对混凝土有明显的缓凝作用，延缓了早期水化热的释放。因此，缓凝剂对大体积混凝土降低升温峰值有很大作用。

(5)混凝土结构尺寸的影响。

大体积混凝土是根据结构断面最小尺寸来定义的，当混凝土的厚度超过 1 m 时，混凝土内部受到外界的影响已不十分显著，类似于准绝热状态，仅沿最小尺寸方向一维散热。可以看出，在大体积混凝土中热量的散失主要依靠混凝土裸露表面且散热能力很低。

有学者通过试验的方法来研究不同尺寸的试件对水化温升的影响。相同条件下，随着结构尺寸的增加，混凝土的温升峰值在不断地升高，并且不同龄期时水化热温升与浇筑块厚度的关系是不同的，其热阻系数 ξ 随着厚度的增加而不断地加大，见表 6.8。

表 6.8 混凝土浇筑 9 天时热阻系数 ξ 与厚度的关系

厚度/m	1	1.5	2.5	3	4	5
系数 ξ	0.17	0.38	0.59	0.63	0.72	0.98

(6)浇筑温度对水化温升的影响。

浇筑时拌合物温度即混凝土起始温度，对水化温升有很大影响。浇筑温度越高，混凝土内部的水化温升值越高。初始温度的高低，对混凝土内部热量计算的影响很大，不应仅是简单地累加计算，因浇筑温度高会加速促进水泥水化进程，从而导致热量加速释放，增加水化热峰值。

在春、秋与冬季进行的混凝土施工，相同尺寸条件的混凝土内部温升峰值出现的时间较夏季推迟，峰值的大小也低许多。图 6.5 所示为不同季节施工时浇筑龄期对水化热的影响，可明显地看出其影响规律。如果条件允许，应尽量避免夏季或避开炎热气候下进行施工作业。

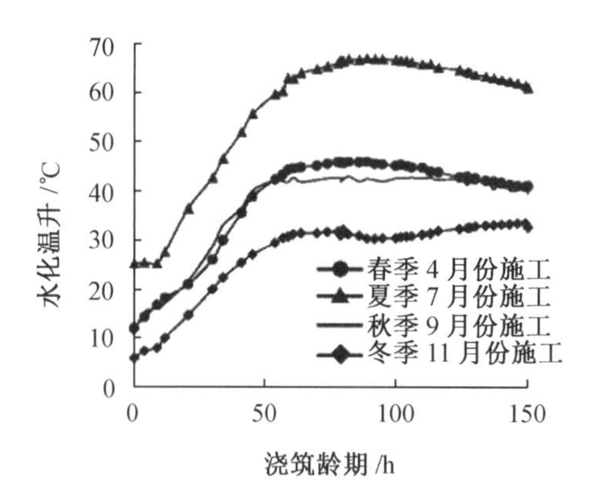

图 6.5 不同季节施工时浇筑龄期对水化热的影响

(7)其他环境因素对水化温升的影响。

其他几种环境因素的影响，如结构所处位置、太阳辐射热、风速会使同样气温条件下混凝土结构的散热受到影响，太阳辐射越强，风速越小，则大体积混凝土的内部温峰值越高。但必须注意不同风速带走的热量是导致大体积混凝土温度梯度过大、产生开裂的重要因素之一。

(8)施工工艺的影响。

施工工艺直接影响浇筑温度与浇筑速度，它们又间接地影响水泥水化进程，因此对水化热温升峰值产生影响。在炎热天气下施工时，可采用管道通水冷却、冰屑或采用液氮进行骨料冷却等方法，降低浇筑温度，以达到降低水化温升的目的。

浇筑方式也有较大影响，采用分层或分块进行浇筑时，可以有效地降低水化热峰值。使用内部冷却水管循环水冷，可带走大量的热，降低热峰值。另外，可采用加入石块，减少单位体积内的水泥实际量进行降温。

(9)保温措施的影响。

保温的目的在于给大体积混凝土创造一个温度稳定的环境，此时在升降温阶段混凝土内部形成稳定的温度场后，不会产生过大温度梯度，这一点在冬季施工中尤为重要。

6.2.3 混凝土绝热温升的测试方法

混凝土绝热温升受单位质量水泥水化放热量、单位体积混凝土水泥用量、所掺加拌合物的种类以及用量、混凝土入模温度等因素共同影响，其中每立方米混凝土水泥用量以及粉煤灰或矿渣粉掺量等外掺剂用量为主要影响因素。混凝土是一种导热系数较低的材料，传递热量的能力较弱，大体积混凝土结构浇筑初期，产热量大于散热量，导致结构温度上升，当水泥水化反应达到一定阶段，产生的热量逐渐减小并等于散热量时，结构内部绝热温升达到最大值，随后产热量小于散热量，此时结构进入降温阶段。混凝土结构内部水泥水化温度峰值一般有以下三种简化估算方法。

(1)用混凝土结构核心点的温升曲线作为平均温升曲线。

$$T_{max}=T'k_1k_2k_3k_4 \tag{6.18}$$

式中，T_{max}为混凝土内部最高温度，℃；T'为不同混凝土厚度、不同入仓温度下水泥水化热温度峰值，℃；k_1 为与水泥标号有关的系数；k_2 为与水泥品种有关的系数；k_3 为与水泥用量有关的系数；k_4 为与模板有关的系数。

此方法未考虑混凝土龄期对水泥水化的影响，仅能估算混凝土温升最大值，不能计算出不同龄期时混凝土结构内部温升最大值。

(2)《高层建筑施工手册》给出基于混凝土浇筑温度、水泥标号、单位体积混凝土中水泥用量以及结构尺寸有关的混凝土内部温度峰值的计算方法。

$$T_{max}=T_j+\frac{W}{\eta} \tag{6.19}$$

式中，T_{max}为混凝土内部最高温度，℃；T_j 为混凝土施工浇筑时温度，℃；W 为单位体积混凝土中水泥用量，kg/m^3；η 为与混凝土最小尺寸和混凝土标号有关的系数。

此方法考虑了混凝土标号、入模温度、结构尺寸等对混凝土结构绝热温升的影响，但未考虑混凝土施工方法、外掺料的种类、外掺料用量、混凝土的龄期对混凝土结构绝热温升的影响。

(3)《建筑施工计算手册》中不考虑混凝土结构施工过程中的热量散失，即水泥水化产生的热量全部用于结构升温。

混凝土水化热绝对温升值、最大值、混凝土结构内部以及表面最高温度的估算公式：

$$T_t=\frac{M_cQ}{c\rho}(1-e^{-mt}) \tag{6.20}$$

$$T_{max}=\frac{M_cQ}{c\rho} \tag{6.21}$$

式中，T_t 为混凝土浇筑一段时间后，混凝土的绝热温升值，℃；M_c 为每立方米混凝土中水泥用量，kg/m^3；Q 为每千克水泥水化热总量，kJ/kg，由表 6.9 查得；c 为混凝土比热容，范围内 0.84～1.05 kJ/(kg・K)，一般取 0.96 kJ/(kg・K)；t 为龄期，天；ρ 为混凝土的质量密度，取 2 400 kg/m^3；e 为常数，取 2.718；m 为经验系数，由表 6.10 查得，一般取0.2～0.4；T_{max}为混凝土最大水化热温升值。

表 6.9　每千克水泥的水化热总量

品种	水化热总量 Q/(kJ・kg^{-1})				
	225 号	275 号	325 号	425 号(32.5 级)	525 号(42.5 级)
普通硅酸盐水泥	201	243	289	377	461
矿渣硅酸盐水泥	188	205	247	335	

表 6.10　计算水化热温升时 m 值

浇筑温度/℃	5	10	15	20	25	30
m/天$^{-1}$	0.295	0.318	0.34	0.362	0.384	0.406

《建筑施工计算手册》中混凝土内部的中心温度按下式计算：

$$T_{max}=T_0+T_t \cdot \xi \tag{6.22}$$

式中，T_{max}为内部中心温度，℃；T_0 为混凝土浇筑时入模温度，℃；T_t 为在龄期 t 时混凝土的绝热温升，℃；ξ 为不同浇筑块厚度的温降系数，$\xi=T_m/T_n$，由表 6.11 查得；T_m 为混凝土的最终绝热温升，℃；T_n 为混凝土因水化热引起的实际温升，℃。

表 6.11　不同龄期水化热温升与浇筑块厚度的关系

浇筑块厚度/m	不同龄期的 ξ 值									
	3 天	6 天	9 天	12 天	15 天	18 天	21 天	24 天	27 天	30 天
1	0.36	0.29	0.17	0.09	0.05	0.03	0.01			
1.25	0.42	0.31	0.19	0.11	0.07	0.04	0.03			
1.5	0.49	0.46	0.38	0.29	0.21	0.15	0.12	0.08	0.05	0.04
2.5	0.65	0.62	0.59	0.48	0.38	0.29	0.23	0.19	0.16	0.15
3	0.68	0.67	0.63	0.57	0.45	0.36	0.3	0.25	0.21	0.19
4	0.74	0.73	0.72	0.65	0.55	0.46	0.37	0.3	0.25	0.24

《建筑施工计算手册》中混凝土表面水化热温升温度按下式估算：

$$T_b(t)=T_h+\frac{4 \cdot h' \cdot (H-h') \cdot \Delta T_t}{H^2} \tag{6.23}$$

式中，$T_b(t)$为龄期 t 时混凝土表面温度，℃；T_h 为龄期 t 时大气的平均温度，℃；H 为混凝土的计算厚度，$H=h+2h'$，h 为混凝土的实际厚度；h'为混凝土的虚厚度，$h'=K\dfrac{\lambda}{\beta}$；$\lambda$ 为混凝土的导热系数，取 2.3 W/(m·K)，K 为折减系数，可取 0.666，β 为模板及保温层的传热系数，W/(m^2·K)。

考虑了混凝土龄期、浇筑温度、浇筑厚度、环境温度等对于水泥水化热的影响，公式涉及参数比较多，但忽略了胶凝材料(掺合料)的影响。

《大体积混凝土温度测控计算规范》(GB/T 51028—2015)中同样采用《建筑施工计算手册》中的计算方法计算混凝土结构绝热温升，但不仅考虑大体积混凝土中水泥所产生的水化热，亦同时考虑其他胶凝材料(掺合料)水化放热量，并采用一定的折减系数。单位体积混凝土发热量估算式如下：

$$Q_{C0}=k \cdot Q_0 \cdot W \tag{6.24}$$

式中，Q_{C0}为混凝土的总发热量，kJ/m^3；Q_0 为水泥的水化热，kJ/kg；W 为单位立方米混凝土胶凝材料用量，kg/m^3；k 为调整系数，取值见表 6.12。

《大体积混凝土施工标准》(GB 50496—2018)中对混凝土采用不同掺量掺合料水化热调整系数有如下规定及计算方法。

①若水泥中掺合料为粉煤灰或矿渣粉中的一种，不同掺量掺合料水化热调整系数按表 6.12 取值。

②若水泥中掺合料中有粉煤灰及矿渣粉时，不同掺合料水化热调整系数可按下式计算。

$$k=k_1+k_2-1 \tag{6.25}$$

式中，k_1 为掺合料是粉煤灰的水化热调整系数按表 6.12 取值；k_2 为掺合料是矿渣粉的水化热调整系数按表 6.12 取值。

表 6.12　不同掺量掺合料水化热调整系数

掺量	0	10%	20%	30%	40%
粉煤灰	1	0.96	0.95	0.92	0.82
矿渣粉	1	1	0.93	0.92	0.84

《大体积混凝土温度测控计算规范》(GB/T 51028—2015)中混凝土绝热温升可按下式计算：

$$T_t=\frac{W \cdot Q_{C0}}{c_{C0} \cdot \rho}(1-e^{-mt}) \tag{6.26}$$

式中，T_t 为龄期 t 时混凝土绝热温升值，℃；W 为单位立方米混凝土胶凝材料用量，kg/m^3；c_{C0} 为混凝土比热容，0.92～1.0 kJ/(kg・K)；ρ 为混凝土的质量密度，kg/m^3；m 为与水泥品种比表面、浇筑时温度有关的经验系数，一般取 0.3～0.5；t 为混凝土龄期，天；Q_c 为胶凝材料水化热，kJ/kg。

《建筑施工计算手册》中仅考虑水泥水化放热，忽略了掺合料的影响，但把掺合料作为水泥考虑，将导致绝热温升计算值过大，《大体积混凝土施工标准》(GB 50496—2018)中考虑了掺合料的影响，考虑其放热以及折减，计算值更加准确，考虑更加周全。

6.3　早期混凝土的热学参数

早期混凝土的温度场是其结构开裂的重要原因，也是其在不同养护条件与环境下，混凝土性能演化的关键因素。而对于混凝土温度场的研究中，诸如比热容、导热系数、热扩散系数以及热膨胀系数等热学参数的确定是不可或缺的。这些热学参数的测定为早期混凝土温度场和应力场的理论计算或数值模拟提供帮助。

6.3.1　比热容

比热容是单位质量的材料在温度升高或降低 1 ℃时所需要的热量，是能够直接反映混凝土储热能力与保温性能的热学参数。混凝土的比热容越大，就意味着在一定的范围内的温升或温降下所存储或释放的热量越多，对于建筑的温度调控能力越强，保温性能也越好。因此，混凝土的比热容是一个重要的热学参数。

1. 混凝土比热容的测试方法

混凝土比热容与其密度、热扩散率及导热系数之间的关系见式(6.27)。一般情况，通过测定混凝土导热系数、热扩散系数及静观密度来推算混凝土的比热容。

$$c_p=\frac{k}{\rho\alpha} \tag{6.27}$$

式中，c_p 为混凝土比热容，kJ/(kg・K)；k 为混凝土导热系数，W/(m・K)；ρ 为混凝土表观密度，kg/m³；α 为混凝土热扩散系数，m²/s。

混凝土比热容的测量也可以通过测量在某一能量供应的条件下，引起热量计的温升情况来确定，计算公式如式(6.28)所示。具体的测量步骤如下：第一次测量是在没有水泥浆体试件的情况下进行测试，对热量计进行校准，能够得出在一个已知的能量供给量 E_1 引起的温度升高 ΔT_1；第二次测量有水泥浆体试件的情况下进行测试，能够得出一个已知的能量供给量 E_2 引起的温度升高 ΔT_2。最后通过计算式(6.28)得出混凝土试件的比热容。

$$c_p=\frac{1}{m}\left(\frac{E_2}{\Delta T_2}-\frac{E_1}{\Delta T_1}\right) \tag{6.28}$$

式中，c_p 为混凝土比热容，kJ/(kg・K)；m 为物质的质量，kg；E_1 为没有水泥浆体试件情况下的能源供给功率，kW；E_2 为有水泥浆体试件情况下的能源供给功率，kW；ΔT_1 为没有水泥浆体试件情况下的温度升高值，℃；ΔT_2 为有水泥浆体试件情况下的温度升高值，℃。

利用热量计测量混凝土比热容的原理图如图 6.6 所示。将热量计放置于恒温水浴锅中，采用部分庚烷代替水浴锅中的水。这是由于庚烷的比热容较低，可以更准确地测得混凝土试件的比热容。

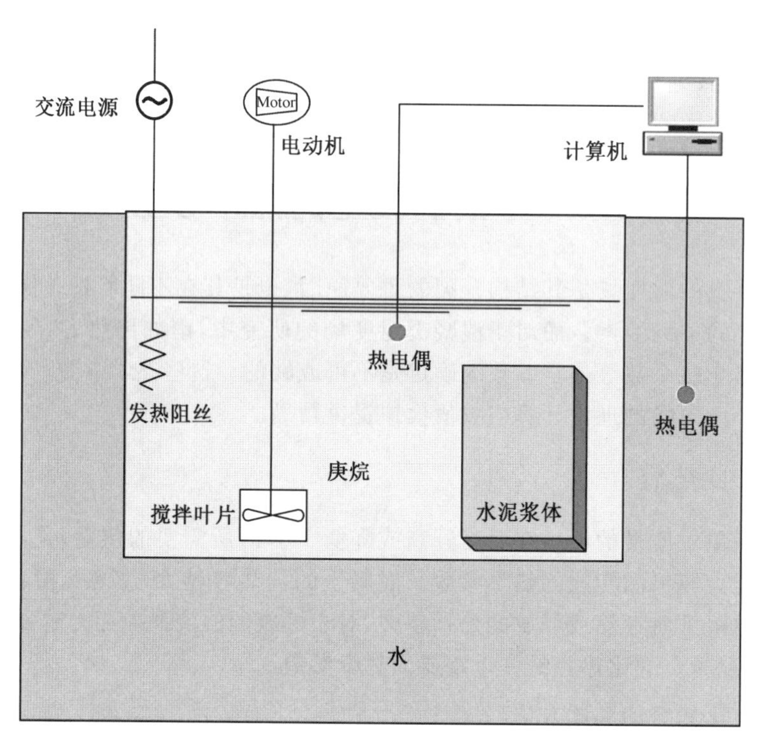

图 6.6　利用热量计测量混凝土比热容的原理图

2. 影响因素

室温下，普通混凝土的比热容受骨料类型、温度以及其他参数的影响较小，其值一般为 0.9～1.0 kJ/(kg・K)，也有研究认为，混凝土的比热容显著受到混凝土含水率、骨料类型及其密度的影响。高温下，高强混凝土的比热容在 400 ℃前基本保持不变，高于 400 ℃后有所增加，主要由于释放内部的化学结合水需要吸收更多热量。自密实混凝土比热容随温度变化的趋势与前述报道基本一致，但后者总体高于前者，这主要归因于其内部更加密实，需要更多热量将其中的水分转化为蒸汽。高温下的混凝土比热容随温度变化而变化，在 500 ℃前，比热容随温度升高而增加，在 700～900 ℃则呈下降趋势。可见，测定方法、混凝土内部组成等的差异对比热容均有一定影响。

6.3.2　导热系数

人们大部分时间均在室内，因此建筑能源转化与居住热舒适是一个重要的议题。而这两方面与建筑结构材料如混凝土的热学性能着直接的关系，并且随着我国相继发布了一系列的建筑节能相关政策，建筑节能设计标准也在不断提升，导热系数作为建筑保温材料的重要参数，影响并决定建筑内部温度。

导热系数是指稳定传热条件下，1 m 厚的材料(两侧表面温度差为 1 K 或 1 ℃)，在 1 h内通过 1 m^2 传递的热量(单位为 W/(m・K)，此处 K 可用℃代替)。通常把导热系数较低的材料称为保温材料，而把导热系数在 0.05 W/(m・K)以下的材料称为高效保温材料。

1. 混凝土导热系数的测定方法

一般测定混凝土导热系数的方法有稳态法和非稳态法两种。稳态是一种恒定的传热，温度或热流与时间无关。非稳态也称瞬态，依赖于时间的变化。根据这两种基本的传热条件，所选择的导热系数测量的方法不同。

(1)稳态热箱法。

稳态热箱法是一种根据系统能量来评价确定混凝土导热系数的一种稳态方法。具体的装置包含一个热箱和一个冷箱，混凝土试件放置于冷箱和热箱之间。根据热力学第二定律，能量会从热箱一侧向冷箱一侧传递。通过计算混凝土试样面与热面之间的温度差可以计算得出导热系数。稳态热箱法装置的示意图如图 6.7 所示。

$$\lambda=\frac{Q}{A(T_i-T_e)} \tag{6.29}$$

式中，λ 为导热系数，W/(m・K)；Q 为通过试件的功率，W；A 为热箱开口面积，m^2；T_i 为热箱空气温度，K 或℃；T_e 为冷箱空气温度，K 或℃。

(2)瞬态平面热源法。

瞬态平面热源法参照《绝热材料稳态热阻及有关特性的测定防护热板法》(GB/T 10294—2008)的规定进行，取尺寸 40 mm×40 mm×20 mm 两块试件，一般采用瑞典 Hot Disk 公司生产的热导率分析仪(图 6.8)进行测试。测试前将试样表面依次用 80 目、120 目、180 目砂纸进行打磨，并使用大功率吹风机将打磨面吹干净，最后放入电热鼓风干燥箱烘干至恒重。测试过程为首先放置试样，将聚酰亚胺薄膜上的镍螺旋探针夹在两个试样之间，固定好探头。测试温度为 25 ℃，测试功率为 30 mW，测试时间为 40 s，测试深度为 10 mm。每个试样测试三次，每次测量时应间隔 10～20 min，其目的在于将探头以及试样温度降至室温，尽量减少误差的出现。最终结果取三次测试的平均值为该组试样

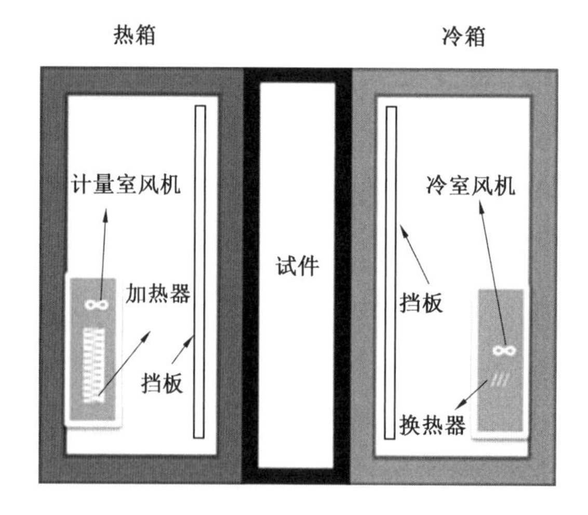

图 6.7　稳态热箱法装置示意图

的导热系数值。

本方法的优点是试样不需要干燥，可以测试饱水混凝土的导热系数，而且对于试样的尺寸要求也较小，便于制样。

图 6.8　瑞典 Hot Disk 公司生产的热导率分析仪

2. 影响混凝土导热系数的因素

导热系数与材料的组成结构、密度、含水率、温度等因素有关。非晶体结构、密度较低的材料，导热系数较低。材料的含水率、温度较低时，导热系数较低。对于混凝土来说，导热系数主要受以下几个因素影响。

(1)温度。

大量研究表明，室温下混凝土导热系数基本不变，但随温度的升高而变化。低于 120 ℃，导热系数随温度升高而缓慢增加；超过 120 ℃后，由于水分的流失，导热系数急速下降；在 120～140 ℃，导热系数趋于稳定；随着温度的继续升高，导热系数随温度的升高而下降，在 400～500 ℃，由于水化产物 $Ca(OH)_2$ 受热分解失水而略微升高，之后持续下降；到 800 ℃时，导热系数为室温时的一半。

(2)配合比。

随着水灰比的增大,混凝土孔隙率增大,而孔隙中空气的导热系数要远小于水泥砂浆基质或粗骨料的导热系数,导致混凝土导热系数降低。在混凝土中掺加钢纤维可以小幅提高其导热系数。

(3)骨料。

骨料占混凝土体积的 50%～80%,不同种类的骨料导热系数不同,选择不同的骨料会对混凝土的导热系数产生很大的影响。例如,干燥状态下石灰岩的平均导热系数略大于花岗岩,而通过铁矿砂 50%取代普通砂可以提高混凝土的导热系数 42.5%,100%取代普通砂可以使导热系数提高 113%。

(4)含水率。

饱水时混凝土的导热系数一般为 1.4～3.6 W/(m·K)。随着含水率的不断增加,混凝土孔隙内的空气越来越多地被导热系数更大的水分而取代,使混凝土导热系数不断增大。从完全干燥到完全饱和,混凝土导热系数升高 49.6%。这是因为水的导热系数是空气的 25 倍左右,所以饱水状态下的混凝土的导热系数比干燥状态下的混凝土的导热系数大。

(5)混凝土的密度。

混凝土的密度与其导热系数之间存在显著的对应关系,引入气泡会明显降低混凝土的导热系数。泡沫混凝土泡沫掺量与导热系数的关系如图 6.9 所示,对于泡沫混凝土,当泡沫掺量从 60%增加到 75%时,导热系数持续下降到 0.058 W/(m·K),使得泡沫混凝土的导热系数远小于普通混凝土,与有机保温材料 EPS 泡沫的导热系数接近,如图6.10 所示。

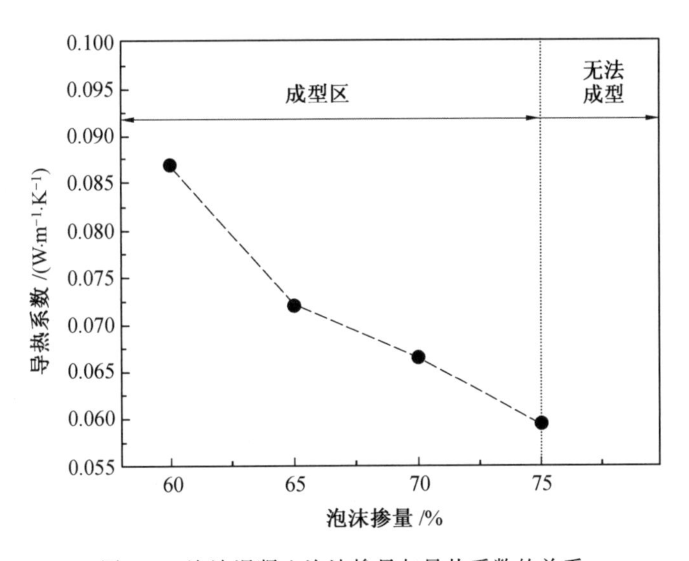

图 6.9　泡沫混凝土泡沫掺量与导热系数的关系

6.3.3　热扩散系数

热扩散系数也称为热扩散率,热扩散系数的概念类似于导热系数和传热系数,能反映

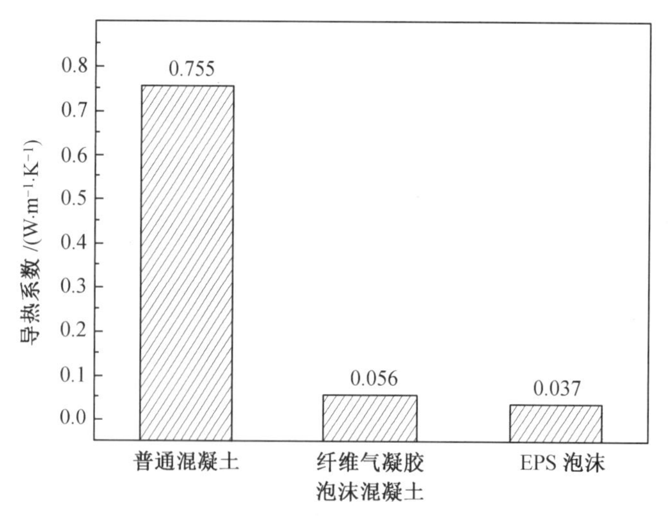

图 6.10 不同材料得导热系数对比

材料传热性能的参数,单位为 m^2/s。热扩散系数是表达物质内部温度变化传播速率的量度,直接表示温度变化的快慢。举例来说,在某一物质受热的过程中,物质内部的受热升温是一种非稳态热传导过程,热能从外界逐渐进入物质的内部,热能在所经过之处不断被吸收,从而使得局部温度渐渐升高,这个过程一直持续到物质内部的温度达到均匀平衡为止。也就是说,在相同的加热条件下,对于具有高导热系数的材料的加热一侧感受到表面开始热了以后,不一定很快就能感受到非加热一侧的表面也热。而对于具有高热扩散系数的材料来说,就能很快地感觉到热量从加热一侧传导到非加热一侧。因此,热扩散系数相较于导热系数在反映传热性能上更加的直观。

1. 混凝土热扩散系数的测试方法

混凝土热扩散系数的定义式如下:

$$\alpha=\lambda/\rho c \tag{6.30}$$

式中,α 为混凝土的热扩散率或热扩散系数,m^2/s;λ 为混凝土的导热系数,W/(m·K);ρ 为混凝土的密度,kg/m^3;c 为混凝土的比热容,J/(kg·K)。

测试混凝土热扩散系数最常见的方法为激光闪光法,是一种瞬态模式的测试方法。这种方法的主要原理是在圆形或者方形的试样表面施加一个短时且强烈的激光能量脉冲,同时检测试样表面的温度变化,基于温度升高情况的时间依赖特征,混凝土的热扩散系数可以通过式(6.31)计算得出:

$$\alpha=\frac{138x^2}{t_{1/2}} \tag{6.31}$$

式中,α 为混凝土的热扩散率或热扩散系数,m^2/s;x 为混凝土试件的厚度,m;$t_{1/2}$ 为试件表面温度达到其最大值的 50%所需要的时间。

目前,对于混凝土传热性能的研究主要集中在对其导热系数的测定上,而对于热扩散系数的测试是比较少的。Howlader 等研究人员测试了圆柱形混凝土试件的热扩散系数,在试件中心放置一个热电偶检测混凝土试件的中心温度,随后将混凝土试样放置于沸水浴中，直至混凝土试件中心达到所设定的温度。在那之后，将混凝土试件悬挂置于恒温冷水浴锅中，每间隔 1 min 改变一次恒温冷水浴锅的温度，进而确定出温度一时间的半对数曲线，通过公式(6.32)计算出混凝土试件的热扩散系数。

$$\alpha=\frac{60\ln\frac{T_1}{T_2}}{(t_2-t_1)\left(\frac{5.783}{r^2}+\frac{\Omega^2}{r^2}\right)} \tag{6.32}$$

式中，α 为混凝土试件的热扩散率或热扩散系数，m^2/s；T_1 为混凝土试件在时间 t_1 时的温度，℃；T_2 为混凝土试件在时间 t_2 时的温度，℃；(t_2-t_1) 为混凝土试件温度从 T_1 变化到 T_2 所经历的时间，s；r 为混凝土试件的半径，m；Ω 为冷水浴锅筒体半径，m。

2. 影响混凝土热扩散系数的因素

根据热扩散系数的定义可以发现，混凝土热扩散系数的大小是由混凝土自身的导热系数和密度与比热容乘积之比决定的。

6.3.4　早龄期热膨胀系数

热膨胀系数是混凝土的一个重要的基本属性，它对于评估水泥基材料早期开裂风险起到了至关重要的作用。准确地测量混凝土的热膨胀系数以及厘清其影响因素，能够帮助研究人员更好地预测不同混凝土的热膨胀系数，以便更加准确地评估混凝土构件的早期开裂风险。

1. 热膨胀系数原理

物体由于温度改变而具有胀缩现象，热膨胀系数指的是物体在等压条件下，单位温度变化所导致的长度量值的变化，其单位为(1/℃)。对于混凝土材料来说，其热膨胀系数是一个能够用来表征混凝土热变形敏感度的混凝土基本属性。热膨胀系数包括线膨胀系数和体膨胀系数。线膨胀系数可由式(6.33)计算得到。

$$\alpha_t=\frac{1}{L_0}\cdot\frac{\Delta L}{\Delta T} \tag{6.33}$$

式中，α_t 为材料的平均线膨胀系数，$℃^{-1}$；L_0 为材料的初始长度，mm；ΔL 为温度变化 ΔT 后的长度变化量，mm；ΔT 为温度的变化量，℃。

根据式(6.34)，则材料在温度 T 时的长度 L_t 为

$$L_t=L_0+\alpha_t\times\Delta T \tag{6.34}$$

与线膨胀系数类似，体膨胀系数的计算公式如式(6.35)所示。

$$\beta_t=\frac{1}{V_0}\cdot\frac{\Delta V}{\Delta T} \tag{6.35}$$

式中，β_t 为材料的平均体膨胀系数，$℃^{-1}$；V_0 为材料的原始体积，mm^3；ΔV 为温度变化 ΔT 后的体积变化量，mm^3。

一般地，材料的体膨胀系数是线膨胀系数的 3 倍。对于混凝土来说，热膨胀系数在很大程度影响着养护过程中混凝土结构内部温度的分布情况。混凝土属于一种典型的多相孔材料，其热膨胀效应主要由以下几个基本部分相互叠加。

(1)晶体角度,晶体热振动引起的热膨胀,即水泥水化形成的胶凝颗粒受热膨胀。

(2)基体内部凝胶孔内部的水分受热膨胀。

(3)基体内部毛细管水产生的湿胀压力。

由此可知,混凝土的热膨胀系数与其微结构演化密切关联。对于硬化后处于成熟期的混凝土来说,通常认为其热膨胀系数比较固定,而且介于水泥石的热膨胀系数与骨料的热膨胀系数之间。然而早龄期混凝土的热膨胀系数由于其组织结构随着水泥水化发生剧烈变动,导致其热膨胀系数也有着较大的变化。早龄期混凝土的热膨胀系数也因此表现出较强的时间依存性。

2.热膨胀系数测量方法

目前研究人员已经提出大量测量热膨胀系数的方法,主要包括直接测长法、温度一应力试验机系统测量法、传感器测量法、体积变形法等。

(1)直接测长法。

直接测长法是测量混凝土热膨胀系数最简单的方法,即直接测出试件在不同温度条件下的长度,然后根据热膨胀系数计算公式计算出结果。直接测长法用到的仪器种类很多,但是原理却相同,即利用通电加热来控制试验温度,再利用由已知材料做成的导杆把试件在试验过程中的热变形数据导出,最后采用数显千分表测量试件的热变形,该方法的原理图如图6.11所示。

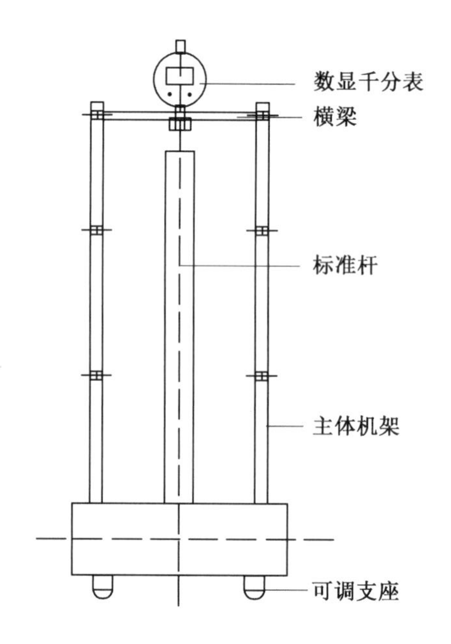

图6.11　直接测长法原理图

直接测长法用于测量热膨胀系数,操作方法十分简单,适用于测量体积比较小的硬化水泥浆体,但是不能用于测量早龄期混凝土的热膨胀系数,而且试验精度受到千分表精度的限制。

(2)温度—应力试验机系统测量法。

温度—应力试验机系统由清华大学材料研究所提出，用于测量水泥基材料的热膨胀性能。该试验机总共由六个部分组成，分别是机械部分、位移控制机构、传感设备、温控系统、测控机箱和虚拟仪器系统。温度—应力试验机系统原理图如图6.12所示。

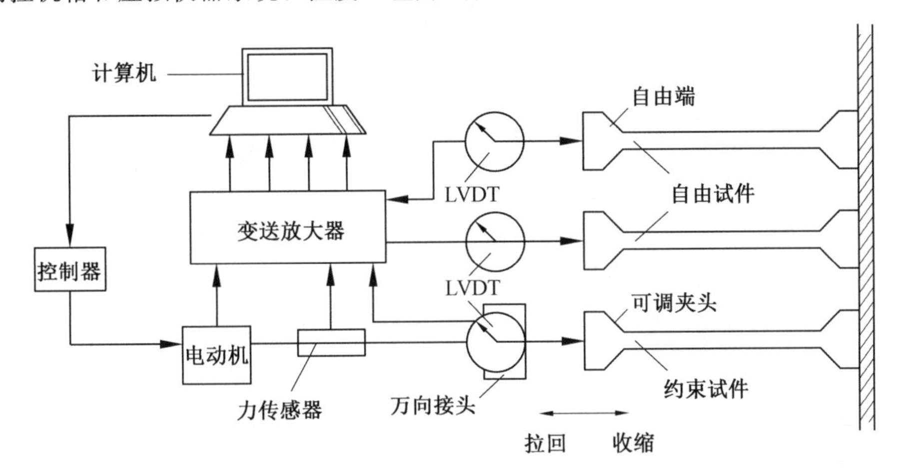

图6.12 温度—应力试验机系统原理图

温度—应力试验机在测量水泥基材料的热膨胀性能方面主要有三个功能：控制温度条件，提供轴向约束，同时测量轴向应力。该设备通过在有约束的条件下测量水泥基材料在温度变化时产生的应力和微小变形，计算出试件的热膨胀系数和弹性模量等重要物理参数，可以根据这些试验数据来评价混凝土的开裂敏感性。

该设备可以用于测定早龄期混凝土在不同温度条件下的自由变形，通过数据分析得到的热膨胀系数能够比较系统地评价混凝土的抗裂性能，而且该设备的开发成本比较低，工作量比较少。但是，在研究混凝土早期变形对试件开裂敏感性的影响时，考虑的影响因素较少，而且设备的温度控制范围也比较窄(0～100 ℃)，控制精度也较低±1 ℃。

(3)传感器测量法。

传感器测量法是一种十分常见的用于测量混凝土热膨胀系数的方法，主要包括LVDT法、布拉格光纤光栅测量法、非接触式传感器测量法等方法。其中，布拉格光纤光栅测量法理论研究十分成熟，在传感领域取得广泛的应用。布拉格光纤光栅传感器测量混凝土热膨胀系数原理图如图6.13所示。

布拉格光纤光栅测量法用于测量混凝土热膨胀系数的优点较多，比如抗干扰能力好、耐腐蚀性能好以及测试范围广等。但是也存在一些缺点，一方面，在光纤光栅传感应用系统中，必须采用宽带大功率光源，才能提高系统的信噪比，实现可靠的信号检测；另一方面，想要提高检测灵敏度和分辨率必须采用高性能的单色仪或光谱仪，这样一来，势必增加整个系统的造价，降低其实用性。这两个问题在今后光纤光栅传感应用方面将成为重点。

(4)体积变形法。

体积变形法利用阿基米德原理，主要通过测量硬化过程中的水泥净浆或水泥砂浆的

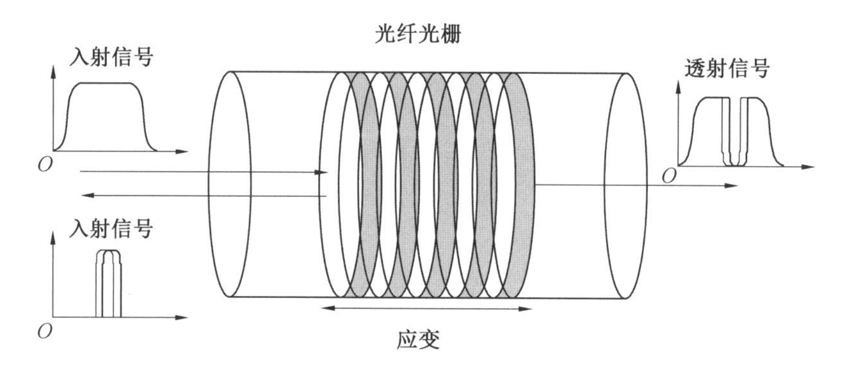

图 6.13　布拉格光纤光栅传感器测量混凝土热膨胀系数原理图

体积变化来计算其体热膨胀系数。方法原理：将新拌水泥净浆或水泥砂浆装入薄弹性套内，然后将弹性套浸入液体中，试件在温度 T 时的体积可以根据式(6.36)计算。

$$V_{S}(T)=\frac{m_{S,A}-m_{S,L}(T)}{\rho_{L}(T)} \tag{6.36}$$

式中，$m_{S,A}$为试件在空气中测得的质量，g；$m_{S,L}(T)$为试件在液体中测得的质量，g；$\rho_{L}(T)$为液体在温度 T 时的密度，g/mm^3。

试件的温度将随着液体温度的改变而改变，而试件的体积也将因此而发生改变，由此产生的浮力差是通过天平测得质量的改变所体现的。然而，质量的变化也依赖于液体密度的变化。因此，当温度从 T_1 变化到 T_2 时，为了计算质量变化引起的体积变化 ΔV_S，也需要知道液体的温度相关性 $\rho_L(T)$。

$$\Delta V_{S}(T_1,T_2)=V_{S}(T_1)-V_{S}(T_2)=\frac{m_{s,A}-m_{s,L}(T_1)}{\rho_{L}(T_1)}-\frac{m_{s,A}-m_{s,L}(T_2)}{\rho_{L}(T_2)} \tag{6.37}$$

根据体积变形，体膨胀系数 β_t 能够根据公式(6.38)计算得到：

$$\beta_t=\frac{\Delta V_{S}(T_1,T_2)}{V_{S}(T_1)(T_1-T_2)} \tag{6.38}$$

根据体膨胀系数与线膨胀系数之间的关系能够得到：

$$\alpha_{T}=\frac{1}{3}\cdot\frac{\Delta V_{S}(T_1,T_2)}{V_{S}(T_1)(T_1-T_2)} \tag{6.39}$$

体积变形法已经被广泛地应用到测量水泥基材料热膨胀系数中去，但是在试验过程中，试件的密封问题需要关注。

3. 热膨胀系数影响因素

混凝土是一种复合材料，在温度变化时，其内部各组分都会发生不同程度的膨胀。而混凝土内部各组分之间相互约束，导致变形不能自由发生，因此混凝土性能受其组成成分的影响很大。能够影响混凝土热膨胀系数的因素也有很多，主要包括骨料对热膨胀系数的影响、配合比对热膨胀系数的影响、养护龄期对热膨胀系数的影响，以及温度和湿度对热膨胀系数的影响等。

(1)骨料对混凝土热膨胀系数的影响。

在混凝土材料中，骨料的体积约占总体积的 3/4 ，因此骨料的性质对混凝土的热膨胀系数有着很大的影响。一般来说，骨料的热膨胀系数要低于水泥浆体和水泥砂浆的热膨胀系数。因此，骨料对水泥浆体的热膨胀有一定的限制作用。从骨料原材料的角度来说，采用白云石作为骨料对混凝土热膨胀系数的影响最小，而采用辉绿岩、玄武岩、花岗岩作为骨料的混凝土表现出了相近而且相对较小的热膨胀系数，采用石英岩的混凝土具有最大的热膨胀系数。而钱春香等人指出，在相同粗骨料体积分数的情况下，粗骨料的粒径对于混凝土的热膨胀系数来说也有显著影响，对于密实度高粗骨料粒径大于 20 mm 的混凝土来说，随着骨料粒径的增加，混凝土的热膨胀系数表现出降低的趋势；而对于坍落度比较低，骨料粒径小于 20 mm 的混凝土来说，混凝土的热膨胀系数会随着骨料粒径的增加而增加。

(2)配合比对混凝土热膨胀系数的影响。

混凝土自身组分性质对其热膨胀系数同样有很大的影响。目前大量掺合料被添加到混凝土中去保证混凝土的不同性能要求，比如粉煤灰、粒化高炉矿渣、硅灰等。这些掺合料由于自身性质的不同，对混凝土热膨胀系数的影响也不尽相同。钱春香等人在研究中指出粉煤灰和粒化高炉矿渣对混凝土的热膨胀系数的影响效果是不同的。掺有矿渣的混凝土的热膨胀系数与正常混凝土的热膨胀系数十分接近，而掺有粉煤灰的混凝土表现出了低于正常混凝土的热膨胀系数。随着粉煤灰取代水泥体积分数的增加，混凝土的热膨胀系数显著降低。通常认为，掺合料对混凝土热膨胀系数的影响主要是根据其反应活性决定的，活性较大的掺合料会促进水化反应的发生，使材料的热膨胀系数变大，而活性较小的掺合料对水化进程有抑制作用，因此有着降低材料热膨胀系数的效果。水灰比同样对混凝土的热膨胀系数有着显著的影响。随着水灰比的提高(胶凝材料用量的减少和骨料用量的增加)，混凝土的热膨胀系数表现出明显的下降趋势。

(3)养护龄期对混凝土热膨胀系数的影响。

混凝土随着龄期的增长具有不同的性质，对其热膨胀系数也有比较大的影响。沈德建等通过研究指出，水泥基材料早期的热膨胀系数在初凝时刻出现最大值，然后迅速下降直到在终凝时刻附近出现最小值，之后会逐渐回升并趋于稳定。这是由于混凝土在水化初期，液相占据主导地位，而液相的热膨胀系数往往大于固相的热膨胀系数，因此在养护初期混凝土的热膨胀系数会发生激增。而随着水化过程的推进，液相逐渐参与反应，固相成分越来越多，混凝土的热膨胀系数也出现下降的趋势。

(4)温湿度对混凝土热膨胀系数的影响。

温度作为水泥水化的关键影响因素，对混凝土的热膨胀系数有着显著的影响。李清海等对水泥石从室温(20 ℃)升到 600 ℃和从室温加热到 180 ℃热循环后再从室温升至 600 ℃的热膨胀率进行了研究，结果表明，两种条件下水泥石热膨胀率均呈现随温度的升高先提高而后再降低的趋势，热循环可以提高水泥石在受热时出现收缩的温度值。而通过微观分析说明，水泥石的热膨胀在常温到 150 ℃时主要为其中各组分受热体积膨胀的物理变化；在 150～560 ℃范围内主要为水化硅酸钙(C－S－H)凝胶、$Ca(OH)_2$ 等水化产物脱水收缩的物理－化学变化；而在 560～600 ℃时，主要为凝胶水的排出，而凝胶水从较小尺寸的凝胶孔中逃逸困难，蒸发缓慢。Meyers 指出硬化水泥基材料的热膨胀系数取决于相对湿度。相对湿度的变化值与温度变化值之比 $\Delta RH/\Delta T$ 随着相对湿度的降低而增大。当相对湿度从100%下降到50%左右时，$\Delta RH/\Delta T$ 比值显著增加。由于外部环境的干燥导致相对湿度的下降，会使得 $\Delta RH/\Delta T$ 比值增加，热膨胀系数增大。在封闭状态下养护的低水灰比水泥净浆试验中发现其热膨胀系数为相对湿度100%时的2倍；而对于高性能混凝土来说，其热膨胀系数较相对湿度100%时增加30%～60%。相对湿度随水化程度的降低能够使混凝土的热膨胀系数变大从而增加开裂风险。

综上所述，混凝土的热膨胀系数与其自身组分以及环境条件密切相关。胶凝材料在水化过程中释放热量的同时生成水化产物，不同掺合料、环境条件对水泥进程和水化产物的影响使得水泥石的热膨胀系数发生改变，进而影响到混凝土的热膨胀系数。而环境条件对混凝土的水化进程同样有着显著影响，因此对混凝土的热膨胀系数造成影响。

6.4 混凝土早期热性能与工程应用

混凝土的早期热性能的关注重点是水泥的水化温升，因为它容易造成早期混凝土结构温度裂缝的产生，特别是大体积混凝土，在浇筑和运行期间经常受到结构荷载（例如，地震作用、结构自重等）和由大体积混凝土自身体积变化引起的荷载（例如，温度作用、徐变作用、干燥收缩作用等），在这些荷载形式中，温度应力对混凝土结构的影响最为显著。因此，对于大体积混凝土结构的温控需要提高认识。而对于寒区的混凝土冬季施工来说，其常常受到低温甚至负温的严重影响。在较低的温度环境下，水泥的水化速率会显著降低，从而引起强度和耐久性不足等质量问题。而水泥的水化温升可以有效地抵抗外界的低温环境，从而使混凝土内部温度能够保持正常的水化反应进行。因此，与预防大体积混凝土控制温升不同的是，对于混凝土的冬期施工，关注的重点是如何保留住水泥水化所释放的热量。

6.4.1 大体积混凝土温升及控制

大体积混凝土是指结构尺寸非常大的混凝土结构，这类混凝土结构常常应用于重力坝、大型桥墩、建筑基础等重要结构。这类大体积混凝土结构主要面临的问题是暴露在环境外部的表面与内部的温差过大从而导致裂缝的产生。由于水泥的水化过程是一种放热的化学反应，同时混凝土是一种传热性能较低的材料，这会导致水化所释放出的大量热能汇聚在混凝土的内部无法快速地传导到环境当中，造成混凝土的内部处于一种较高温度范围，尤其是对于大体积混凝土结构，这种积聚的热能是十分巨大的，在早期温度可达到70 ℃，如果没有有效的降温措施，大体积混凝土结构的内部温度会长期处于较高的温度区间，随着时间的推移，温度才会慢慢降低至环境温度。这种温度的演变过程对大体积混凝土结构的长期和短期的耐久性与结构损害的风险性造成了严重的负面影响，这主要体现在温度裂缝的产生上。温度裂缝的生成主要是由于大体积混凝土中的水泥释放大量水化热，在大体积混凝土的表面和内部产生较大温度梯度，导致内部和外部产生变形差异，进而形成温度裂缝。

大体积混凝土温度裂缝的种类主要分为两类：内约束裂缝与外约束裂缝。

(1)内约束裂缝。

浇筑初期的混凝土处于塑性状态，此时混凝土的弹性模量较低，水泥水化放热产生的温度应力较小，对于混凝土结构通常不会引起裂缝的产生。随着时间的推移，水泥水化作用逐渐减弱，所释放的热量渐渐地小于释放到环境中的热量。或者遭遇气温骤降，且没有采取有效的保温措施，造成大体积混凝土结构的表面快速散发热量，表面温度陡然降低，从而形成在大体积混凝土的内部和外部之间的温度差值过大。而对于混凝土材料来说，温度降低会引起收缩，温度升高会导致膨胀。大体积混凝土结构的外部温度降低引起了体积收缩，进而约束了内部的膨胀，这就导致了大体积混凝土结构表层区域的拉应力的骤增。但是，众所周知，混凝土的抗拉强度是很低的。当拉应力持续提升，超过了当前龄期混凝土的极限抗拉强度和应变极限，在大体积混凝土结构的表面会产生裂缝。这种由于混凝土表面与内部温度差异引起裂缝称为内约束裂缝。内约束裂缝的产生通常会发生在混凝土强度形成的较早时期，裂缝的形状通常是不规则排布的，裂缝深度也较浅。

(2)外约束裂缝。

当大体积混凝土结构处于降温阶段，所产生的水化热逐渐传递到周围环境，大体积混凝土结构的温度渐渐下降，由于混凝土热胀冷缩的材料属性，温度的降低导致体积逐渐收缩。同时，硬化过程中的混凝土也会发生沉缩、化学收缩、干燥收缩、碳化收缩等现象，进一步扩大了自身体积的收缩程度。当大体积混凝土结构受到了来自于边界、地基、垫层等外部的约束作用，将会产生较大温度应力，而这种温度应力为拉应力。同样，当拉应力持续提高，超过了当前龄期混凝土的极限抗拉强度和应变极限，则会在大体积混凝土结构的底面交界处附近或者在其结构内部中产生收缩裂缝，这种裂缝称为外约束裂缝。外约束裂缝的程度主要取决于大体积混凝土结构内外部的降温差，降温差越大，所形成体积收缩也就越大，对大体积混凝土结构也越不利。外约束裂缝的特征通常是由交界面向上延伸发展，裂缝的宽度在靠近底部较大，在上部较小，严重的情况下产生贯穿裂缝，严重威胁大体积混凝土结构的力学性能与建筑结构的安全性。

可以看出，大体积混凝土的温升所造成的温度裂缝会严重降低混凝土的耐久性和使用性，当出现深层的贯通裂缝时，会严重影响其结构的安全性能。同时，由于裂缝的产生，在处于水分较大的服役环境下或者是直接与水接触的结构形式，也会严重降低其抗渗性能。因此，在工程应用当中，对于大体积混凝土结构温升的控制是十分有必要的，以确保结构的安全使用。

目前，对于大体积混凝土结构的温度控制主要包括两个方面，一是混凝土降温优化处理，二是大体积混凝土养护时期的温度控制。

1. 混凝土降温优化处理

(1)水泥的选择。

可以选择水化热较低的水泥品种，同时避免采用硅酸三钙 C_3S 和铝酸三钙 C_3A 含量高的水泥品种以及早期强度高的水泥品种。硅酸三钙 C_3S 和铝酸三钙 C_3A 含量高的水泥品种的水化反应放热量较高，同样早期强度较高的水泥水化放热量也很高。因此，为了降低大体积混凝土结构的温度升高，从而减小温度梯度过大造成的体积收缩和温度应力，大体积混凝土结构可以采用低热水泥。这样可以从水泥水化放热根源上降低放热量，从而控制混凝土温度的升高。

(2)减小水泥的用量。

大体积混凝土结构的水化温升除了由水泥的品种决定，还主要由水泥的用量决定，水泥的用量越多，水化放热量越大，会造成更多的热量聚集在大体积混凝土结构内部不易散发出去，造成内外部温度梯度的产生，从而导致温度应力形成和温度裂缝的生成。因此，在满足强度设计要求的前提下，可以通过降低水泥用量控制温度的升高。

(3)拌合水的预冷却处理。

为了达到降低浇筑温度，减小混凝土内部的温度峰值，可以对原材料进行预冷却的处理方式。具体的实施方法是将拌合水提前进行制冷，甚至可以冷却至形成冰晶或冰屑，再进行拌合。在需要大型混凝土浇筑的工程中，例如水利工程中的重力坝浇筑，在施工现场通常设置专门的制冰机来解决制造冰屑的问题。但是含有冰屑的拌合水在搅拌的过程中需要注意使冰屑搅拌过程中完全熔化。否则，如有残留的冰屑保留在浇筑完成的大体积混凝土结构中，后续所在冰屑的位置再融化成水，就会造成该位置的混凝土结构形成孔隙，从而影响混凝土的强度。

(4)骨料的预冷却处理。

骨料在混凝土结构中所占据的体积非常大，因此对于骨料进行预冷却处理，从而达到控制大体积混凝土结构温升的作用是十分显著的。对骨料的预冷却方法主要有三种形式，即湿法、干法及真空气化法。湿法冷却骨料是通过将骨料与冷水进行直接接触，以达到骨料降温的作用，具体可以采用混合浸渍和喷溅的方法。湿法的优势是工艺简便，适合大量骨料同时降温处理。但是，由于和冷水直接接触，在骨料的孔隙和表面容易造成水分聚集，这就造成了混凝土配合比的改变，提高了水灰比，因此在实际操作中存在局限性。干法冷却骨料是冷气对骨料进行冷却降温，但是这种方法需要大型冷吹风机器对骨料进行长时间吹扫，工艺复杂且成本高，在实际应用效果中也有一定局限性。真空气化法冷却骨料是对骨料采用真空处理，大大加速骨料中水分的蒸发，而众所周知，水分的蒸发是一个吸热过程，这就会导致骨料温度骤降，达到降温的作用。这种方法对于骨料的冷却效果通常是较好的，处理的时间也不长。但是，采用这种方法通常需要有能够放置大体积骨料的冷却装置，价格一般很昂贵。

(5)相变材料的添加。

相变材料是指在温度不变的情况下，发生状态改变的材料，而这一物理性质转变的过程称为相变过程。当相变材料发生相变时，可以从周围环境吸收大量的热量或者释放大量的热量到周围环境，并且在这个过程中，温度几乎是恒定的，这个温度被称为相变材料的相变温度。凭借相变材料对于热能吸收和释放的特性，将相变温度点合适的相变材料添加到大体积混凝土当中，可以有效地抑制其内部的温度快速上升，缓解大体积混凝土结构的内外部温度梯度。根据文献的研究内容，图 6.14 给出了不同掺量相变材料混凝土的温度一时间曲线，可以看出在相变材料的质量分数为 5%时，混凝土的绝热温升相较于普通混凝土的绝热温升下降了 6.43 ℃；而相变材料的质量分数增加到 10%时，绝热温升的下降幅度进一步扩大至 13.55 ℃。这意味着相变材料的添加能够有效控制大体积混凝土的温升。

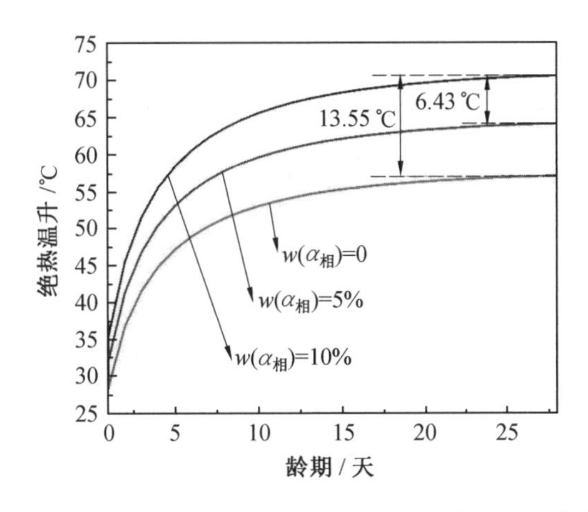

图 6.14　不同掺量相变材料混凝土的温度—时间曲线

2. 大体积混凝土养护时期的温度控制

在混凝土的养护时期，为了防止混凝土内外部温度梯度过大造成的温度应力和温度裂缝，采用的温度控制方法通常有降温法和保温法。

(1)降温法。

降温法的具体措施是在大体积混凝土结构的内部预埋水管，通入冷却循环水，从而降低大体积混凝土结构内部的温度峰值。此方法在国内外大型水利工程中应用比较广泛，这是由于大型水利工程如混凝土重力坝的建设，所采用的混凝土用量是巨大的，而对混凝土温度的控制也通常需要长达数十年的时间。因此，采用预埋水管的方法可以达到一劳永逸的冷却效果。对于水利工程的预埋水管冷却主要分为两个时期：一期冷却阶段是在混凝土刚刚浇筑完成甚至在浇筑过程中就开始进行的，这样在水泥水化放热初期就可以达到削弱内部温度峰值的作用，以满足允许温差范围的要求；二期冷却阶段是在混凝土内部的水泥水化放热基本完成以后，在后续的接缝灌浆处理上，也要考虑接缝处的温升控制。

(2)保温法。

保温法是指在大体积混凝土结构物的四周安装保温材料，从而防止外界寒冷环境造成大体积混凝土结构的表面温度迅速降低。在大体积混凝土结构中，裂缝多数是在表面产生的，且裂缝深度各有不同，而这些裂缝的出现又多发生在早期。这主要是由于大体积混凝土结构在拆模之后，表面气温陡然降低，与其内部形成了较大的温度梯度，从而导致产生较大的拉应力，早期混凝土极限拉应力较低会导致裂缝的开展。这种现象在冬季施工中尤为显著，例如在我国的东北、华北、西北等地区，在冬季时期的温度常常处于 0 ℃以下，这会使刚浇筑完成的大体积混凝土结构的表面温度急剧下降，与其内部快速形成较大的温度梯度，造成裂缝的形成。而地处于寒区气候的建筑施工中，这种温度裂缝不仅仅会在浇筑初期对大体积混凝土结构产生影响，而且由于一年四季温度变化频繁，温度变化范围很大，在浇筑完成的很长时间后，依然存在出现温度裂缝的风险。因此，针对寒区的大体积混凝土施工，保温法是一种普遍采用的控制混凝土温度的措施。

6.4.2 混凝土的冬季施工

在我国《建筑工程冬期施工规程》(JGJ/T 104—2011)中规定，根据施工所在地的多年气象资料统计结果，当室外温度的日平均气温连续超过5天低于5 ℃时，表示进入了冬季施工；相反，当室外温度的日平均气温连续超过5天高于5 ℃时，表示解除了冬季施工。我国是一个幅员辽阔、国土面积大的国家，60%以上的国土面积处于冬季施工的时间高达全年的30%以上，在部分东北和西北地区，处于负温环境的时间长达6个月，每年有近3 000万 m^3 的混凝土施工需要在冬季进行。但是，众所周知，冬季的现场混凝土浇筑和施工难度巨大。混凝土在浇筑振捣以后，强度的形成需要满足一定的温度和湿度环境条件。在冬季施工中，当温度长时间低于5 ℃会造成水泥水化速率的严重下降甚至出现停止水化的现象，从而对混凝土的强度增长造成极大的负面影响。除此之外，当环境温度降低至0 ℃以下，混凝土中的自由水会受气温的影响，由液体状态转变成固态状态，同时伴随着约9%的体积增加，从而在混凝土内部产生很大的冻胀体积应力。所以，在冬季施工中，如果养护措施不当会造成混凝土裂缝快速开展、强度不足以及耐久性下降等问题的出现，从而导致工程事故的风险显著提升。

1. 冬季施工的混凝土负温养护过程

冬季施工的混凝土养护过程中，如图6.15所示，混凝土内部的温度演变规律分为以下四个阶段：预养期、降温期、负温期及升温期。

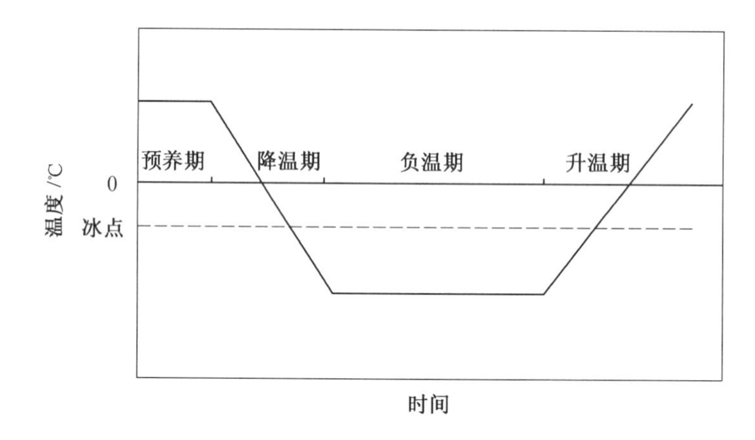

图6.15　混凝土负温养护过程中温度随时间的变化规律

(1)预养期。

混凝土的预养期是指混凝土在浇筑成型后，在温度没有显著降低之前，即受冻前，混凝土可以凭借初始温度和自身的水泥水化放热量，再配合以保温措施辅助保持温度，可以在负温的环境下营造出正温的养护条件。预养期在冬季施工中的作用是十分重要的，在这个时期，混凝土中水泥水化速率能够得到保持，延缓混凝土温度降低至负温的时间，这为混凝土在遭受冻害之前，形成临界受冻强度提供了有利的条件。

(2)降温期。

当混凝土过了预养期，由于热量逐渐散去，混凝土的温度会渐渐降低，从而进入降温期，降温期的时长受保温措施效果和混凝土结构表面系数的影响。降温期分为冰点前和冰点后两个阶段。预养时间加上混凝土温度降低至冰点之前的时间统称为混凝土负温养护过程中的安全预养期。对于冬季混凝土施工，安全预养期的长短，直接决定了混凝土结构早期受冻害影响的程度，为了预防混凝土发生早期冻害，可以根据热工计算确定安全预养期的时间长度，进而对混凝土结构的强度发展进行预测。

(3)负温期。

当混凝土的温度继续下降至冰点以后，混凝土即进入了负温冻结状态，直至温度未回升之前，混凝土所处的时期称为负温期。负温期的时间长度取决于施工所在地的冬季时间、施工条件及环境温度。负温期对于混凝土强度发展的影响是非常大的，同时也会造成混凝土的性能损害。换句话说，混凝土一旦受冻，无论时间长短，都会对混凝土本身的性能造成损害。

(4)升温期。

混凝土在经过了负温期之后，由于天气的回暖，混凝土的温度会逐渐升高至冰点以上，直至提升到正温，在混凝土的温度开始高于冰点以后，冬季施工中的混凝土就开始进入了升温期。在升温期的混凝土可以通过观察其外观形貌和测试其力学性能，从而检验混凝土是否在安全预养期内形成了足够的抵御冻害能力。此外，升温期也是评价冬季施工混凝土结构的负温养护效果的阶段。

2.安全预养护期的延长方法

对于冬季施工中的混凝土负温养护方法的关注点主要放在如何延长安全预养护期上，具体方法包括蓄热法、综合蓄热法、电加热养护法、蒸汽养护法等。当前在国内冬季施工中，所采用的最普遍的方法还是较为传统的蓄热法和综合蓄热法。

(1)蓄热法。

蓄热法是指采用保温材料将混凝土结构进行覆盖处理，有效阻隔与外界环境的接触，从而降低混凝土在负温条件下的热量损失，通过拌合物在浇筑阶段的初始热量与强度形成过程中的水泥水化反应放热，混凝土结构中的温度始终处于冰点之上，甚至长期处于正温，混凝土的强度能够得到充分的增长，并达到临界受冻强度之上，从而达到抵御冻害的效果。

(2)综合蓄热法。

单凭保温材料对混凝土结构进行包覆隔热处理用来延长其内部温度的效果是存在局限性的。如何在蓄热法上进行改进，从而进一步延长安全预养期的时间，仍然是解决冬季混凝土施工的关键。因此，综合蓄热法应运而生。综合蓄热法是指将早强剂添加到混凝土中，从而使水泥的水化反应速率大大提升，在早期释放出更多的热量，同时再辅助以保温材料对混凝土进行隔热处理，使混凝土强度在温度达到冰点之前尽快达到临界受冻强度的一种负温养护方法。

在一些全年均处于负温环境的极寒条件下，无论是蓄热法还是改进的综合蓄热法，可能都无法保证混凝土的强度达到临界受冻强度。这时还可以采取外界主动供热的方法进一步给混凝土进行短时加热，例如蒸汽加热、电热暖棚、电磁感及红外线等，从而使混凝土能够在极寒的环境下依然保持处于正温养护条件，这种方法也可以称为广义综合蓄热法。

3. 冬季施工的混凝土冷却温度计算

冬季施工的养护方法的目的是让处于低温甚至负温环境下的混凝土能够逐渐或快速地达到设计强度，从而避免遭受冻害，满足混凝土结构的安全性要求。通过对于采用冬季施工蓄热养护的混凝土温度和强度发展关系的计算，可以对混凝土结构何时达到拆模强度进行预测，以及在多次冻融循环过后，负温养护下的混凝土是否能够免受冻害侵袭。因此，冬季施工条件下的混凝土冷却温度计算是解决混凝土冬季施工的关键科学问题。

1981年，湖南大学的吴震东教授建立了一个新的混凝土动态热平衡方程式(6.40)，同时也给出了基于不稳定传热理论的严格数学解析解(式(6.41))，即

$$C\gamma \mathrm{d}t = mWQ_0\mathrm{e}^{-mz}\mathrm{d}z - \alpha KM(t-t_\mathrm{w})\mathrm{d}z \tag{6.40}$$

$$t = D\mathrm{e}^{-fmz} - E\mathrm{e}^{-m} + t_\mathrm{w} \tag{6.41}$$

式中，t 为混凝土的温度，℃；Q_0 为混凝土最终的累计放热总量，kJ/kg；m 为水泥水化速率系数，天$^{-1}$；W 为 1 m^3 的混凝土中的水泥用量，$\mathrm{kg/m^3}$；γ 为混凝土的容重，$\mathrm{kg/m^3}$；α 为修正系数，又称通风系数；t_w 为室外平均气温，℃；K 为混凝土保温层总传热系数，$\mathrm{W/(m^2 \cdot K)}$；M 为结构表面系数，$\mathrm{m^{-1}}$；z 为时间，天。

吴震东建立的式(6.40)的物理意义是指混凝土在蓄热冷却过程中的温度一时间变化规律是由两项指数函数叠加而成的，随着时间的推移，逐渐降温至与外界环境温度相平衡。该式在后续的推广中逐步受到广大研究者们的认同，后来经过研究者们的不断修正，最终将式(6.40)纳入了新修订的国家标准《混凝土结构工程施工质量验收规范》(GB 50204—2015)，为混凝土冬季施工中的冷却降温计算提供了重要的参考依据。

但是，式(6.40)本身也是有局限性的，在计算方法和精度上都有待改进。其不足主要包括以下6个方面：①公式中的透风系数是通过经验给出的修正公式来替代混凝土与空气之间的换热影响，但由于没有具体的计算公式，因此在科学性上是不足的；②混凝土中的水泥水化速率和温度条件有关，但在原有的公式中，水泥水化速率取为常数，并没有考虑温度的影响；③目前的计算仅限于手动计算，计算过程烦琐，计算量大，费时费力，而对于养护方案的设计、优化及确定通常需要大量重复的试算与调整；④对于混凝土强度的预测需要依靠等效系数；⑤实际的自然环境温度转变为负温环境温度这一变化没有得到考虑，目前综合蓄热法的计算中常常把环境温度当作一个恒温考虑；⑥计算的精确度不够，仅精确到日平均温度。在改进这些不足的过程中，研究者们首先对于式(6.40)的简化计算进行处理。可以通过式(6.40)进行计算绘图，以简洁的图算法免去了冷却时间的计算过程。掺加化学防冻剂和电气加热的蓄热计算中，可以将原公式中复杂的指数隐函数曲线转化为显函数表示。但如需求解，只能迭代逼近，计算过程仍然烦琐，并且仅限于一维简化。

目前，国外较为常用的混凝土温度预测方法主要有 ACI 图解法、施密特方法。ACI 图解法是通过给出混凝土的最低浇筑温度和养护时间的图表，从而保证混凝土的冷却温度。施密特方法是建立了一种简化计算的傅里叶变换传热规律的数值解法，大大降低了手动计算的工作量。除此之外，随着有限元商用软件的普及，可以采用数值模拟的方法对混凝土温度场进行计算。与传统的计算方法相比，能够大大地降低手动计算工作量，并且

可以处理更为复杂的实际工程情况。

本章参考文献

[1] 龚英，丁晶晶. 水泥水化热测试方法的分析研究[J]. 中国水能及电气化，2015(1)：65-68.

[2] 张旭龙. 水泥基材料水化热动力学研究[D]. 武汉：武汉理工大学，2011.

[3] 汪澜. 水泥混凝土：组成性能应用[M]. 北京：中国建材工业出版社，2005.

[4] 张利平，陆华山，陈婷婷，等. 不同水泥、硅粉掺量对水化热的影响[J]. 水电施工技术，2011(1)：100-102.

[5] 施惠生，黄小亚. 硅酸盐水泥水化热的研究及其进展[J]. 水泥，2009(12)：4-10.

[6] 蔡跃波，石泉，丁建彤，等. 水泥细度对碾压混凝土性能的影响[J]. 水利水电科技进展，2010，30(2)：75-78.

[7] BULLARD J W，GARBOCZI E J. A model investigation of the influence of particle shape on portland cement hydration[J]. Cement and Concrete Research，2006，36(6)：1007-1015.

[8] HE H，STROEVEN P，PIRARD E，et al. Shape simulation of granular particles in concrete and applications in DEM[C]//Brittle Matrix Composites 10. Woodhead Publishing，2012：275-283.

[9] 董继红，李占印. 水泥水化放热行为的温度效应和水灰比效应[C]. 南京：中国硅酸盐学生委员会，2008.

[10] 重庆建筑工程学院. 混凝土学[M]. 北京：中国建筑工业出版社，1981.

[11] 杨立军. 矿渣超细粉在水泥中的应用研究[D]. 长沙：中南大学，2005.

[12] PAPO A，PIANI L，RICCERI R. Sodium tripolyphosphate and polyphosphate as dispersing agents for kaolin suspensions：rheological characterization[J]. Colloids and Surfaces A：Physicochemical and Engineering Aspects，2002，201(1-3)：219-230.

[13] 何春芳，叶近婷，高阳，等. 三聚磷酸钠与柠檬酸钠钙螯合机理和螯合能力的对比分析[J]. 分子科学学报(中英文版)，2015，31(3)：198-202.

[14] 杨平. 三聚磷酸钠在水泥颗粒表面的吸附行为及缓凝剂机理[J]. 硅酸盐通报，2013，32(6)：1212-1216.

[15] MILESTONE N B. The effect of glucose and some glucose oxidation products on the hydration of tricalcium aluminate[J]. Cement and Concrete Research，1977，7(1)：45-52.

[16] 马保国，谭洪波，许永和，等. 葡萄糖酸钠对水泥水化微观结构的影响[J]. 武汉理工大学学报，2008，30(11)：50-53.

[17] 马保国，代柱端，谭洪波，等. 柠檬酸钠对普通硅酸盐水泥水化调控机理研究[C]. 武汉：混凝土与水泥制品学术讨论会，2013.

[18] 王振军，何廷树．缓凝剂作用机理及对水泥混凝土性能影响[J]．公路，2006(7)：149-154.

[19] YOUNG J F. A review of the mechanisms of set-retardation in portland cement pastes containing organic admixtures[J]. Cement and Concrete Research，1972，2(4)：415-433.

[20] RAMACHANDRAN V S，LOWERY M S，WISE T，et al. The role of phosphonates in the hydration of portland cement[J]. Materials and Structures，1993，26(7)：425-432.

[21] 李北星，吕兴栋，魏运权，等．氨基三亚甲基磷酸对水泥水化的影响[J]．建筑材料学报，2016，19(3)：417-423.

[22] 江守恒，李家和，朱卫中，等．大体积混凝土水化温升影响因素分析[J]．低温建筑技术，2006(2)：7-9.

[23] SHIN K Y，KIM S B，KIM J H，et al. Thermo-physical properties and transient heat transferof concrete at elevated temperatures[J]. Nuclear Engineering and Design，2002，212(1-3)：233-241.

[24] SHAFIGH P，ASADI I，MAHYUDDIN N B. Concrete as a thermal mass material for building applications-a review[J]. Journal of Building Engineering，2018，19：14-25.

[25] SCHUTTER G D，TAERWE L. Specific heat and thermal diffusivity of hardening concrete[J]. Magazine of Concrete Research，1995，47(172)：203-208.

[26] 内维尔，刘数华．混凝土性能[M]．北京：中国建筑工业出版社，2011.

[27] KHALIQ W，KODUR V K R. Effect of high temperature on tensile strengthof different types of high-strength concrete[J]. ACI Materials Journal，2011，108(4)：394-402.

[28] KHALIQ W，KODUR V. Thermal and mechanical properties of fiber reinforced highperformance self-consolidating concrete at elevated temperatures[J]. Cement and Concrete Research，2011，41(11)：1112-1122.

[29] SHIN K-Y，KIM S-B，KIM J-H，et al. Thermo-physical properties and transient heat transfer of concrete at elevated temperatures[J]. Nuclear Engineering and Design，2002，212(1)：233-41.

[30] ASADI I，SHAFIGH P，HASSAN Z F B A，et al. Thermal conductivity of concrete—a review[J]. Journal of Building Engineering，2018，20：81-93.

[31] 付平．纤维气凝胶泡沫混凝土的制备及热工性能研究[D]．广州：广州大学，2019.

[32] 阎蕊珍，杜红秀．高温对 C40 高性能混凝土导热性能的影响[J]．太原理工大学学报，2013，44(6)：718-721.

[33] 张仁波，金浏，杜修力．混凝土温度相关热传导行为细观分析[J]．北京工业大学学报，2018，44(12)：1503-1512.

[34] PARKER W J，JENKINS R J，BUTLER C P，et al. Flashmethod of determining

thermal diffusivity, heat capacity, and thermal conductivity[J]. Journal of Applied Physics, 1961, 32(9): 1679-1684.

[35] HOWLADER M K, RASHID M H, MALLICK D, et al. Effects of aggregate types on thermal properties of concrete[J]. ARPN Journal of Engineering and Applied Sciences, 2012, 7(7): 900-906.

[36] 李青海. 硬化水泥基材料热膨胀性能的研究[D]. 北京:中国建筑材料科学研究总院, 2007.

[37] 丁士卫, 钱春香, 陈德鹏. 水泥石热变形性能试验[J]. 东南大学学报(自然科学版),2006(1): 113-117.

[38] CHILDS P, WONG A, GOWRIPALAN N, et al. Measurement of the coefficient of thermal expansion of ultra-highstrengthcementitious composites using fibre optic sensors[J]. Cement and Concrete Research, 2007, 37(5): 789-795.

[39] 张风臣,程沁灵,赵云,等. 一种温度作用下水泥基材料体积变形测试方法及装置[P]. 江苏:CN107064471A,2017-08-18.

[40] NAIK T, ASCE F, KRAUS R, et al. Influence of types of coarse aggregates on the coefficient of thermal expansion of concrete[J]. American Society of Civil Engineers, 2011, 23(4): 467-472.

[41] 钱春香,朱晨峰. 骨料粒径对混凝土热膨胀性能的影响[J]. 硅酸盐学报, 2009, 37(1): 18-22.

[42] GAO G, QIAN C, WANG Y, et al. Effect of fly ashand slag powder on coefficient of thermal expansion of concrete[J]. Advanced Materials Research, 2011, 374-377: 1230-1234.

[43] 沈德建,申嘉鑫. 早龄期及硬化阶段水泥基材料热膨胀系数研究[J]. 水利学报, 2012,43:153-160.

[44] 李清海, 姚燕, 孙蓓, 等. 水泥石热膨胀性能的研究[J]. 建筑材料学报, 2007, 10(6): 631-635.

[45] MEYERS S. Thermal coefficient of expansion of portland cement-long-time tests[J]. Industrial and Engineering Chemistry,1940, 32: 1107-1112.

[46] 丁晗. 适用于大体积混凝土控温的复合相变材料的制备与性能研究[D]. 舟山:浙江海洋大学, 2019.

[47] 中华人民共和国住房和城乡建设部. 建筑工程冬期施工规程:JGJ/T 104—2011[S]. 北京:中国建筑工业出版社, 2011.

[48] 付士雪. 冬期施工混凝土温度优化计算及强度预测[D]. 哈尔滨:哈尔滨工业大学, 2019.

[49] 吴震东. 非大体积混凝土蓄热冷却计算理论的研究[J]. 建筑技术, 1981, 10: 39-43.

[50] 中华人民共和国住房和城乡建设部. 混凝土结构工程施工质量验收规范:GB 50204—2015[S]. 北京:中国建筑工业出版社, 2011.

第7章 混凝土其他早期性能与评价方法

混凝土早期性能涉及面较为广泛，除了前面论述的新拌混凝土流变性、混凝土强度、收缩变形开裂、气孔结构和热学性能等以外，还有其他很多方面。因此，本章将从混凝土早期缺陷与评价方法、传输性能与评价方法以及硬化混凝土原始配合比的回推方法等方面展开论述。

7.1 混凝土早期缺陷与评价方法

7.1.1 混凝土早期缺陷种类及形成原因

混凝土是一种气、液、固多相复合材料，是一种多孔隙、存在内部原生缺陷的不均匀、不连续体。原材料质量、施工工艺、外力作用、化学侵蚀及自然灾害等因素，使得混凝土结构在建造以及服役过程中会引起浇筑结构内部及外观的质量缺陷。混凝土结构的典型早期缺陷可包括孔隙、开裂、龟裂、起泡、分层、起粉、返霜等，图7.1所示为常见混凝土缺陷。

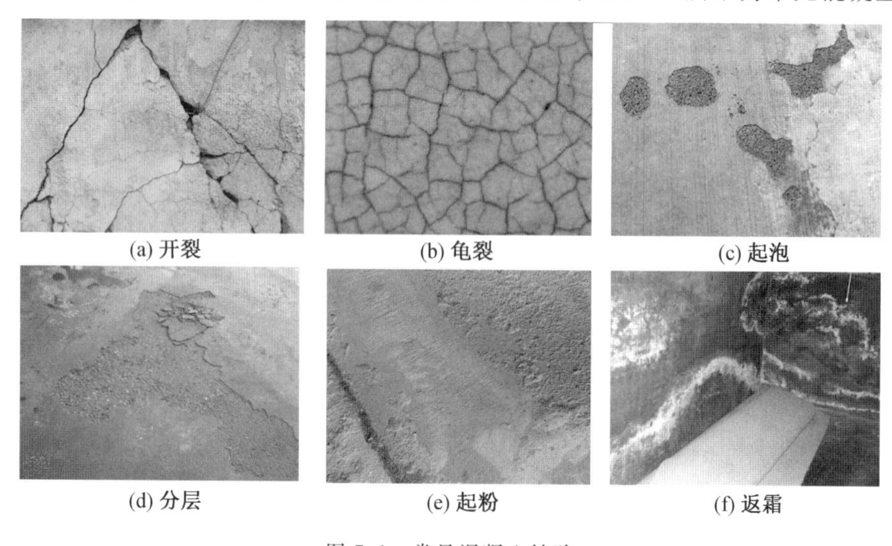

图7.1 常见混凝土缺陷

(1)孔隙。

混凝土中的孔隙包括凝胶孔、层间孔、毛细管、气泡粗孔和裂缝等。

(2)开裂。

混凝土的裂缝分为表面裂缝和贯通裂缝。混凝土结构中微细的原生裂缝是允许存在的，对结构和使用影响不大。但是当混凝土中出现非常深的裂缝时，就会造成混凝土结构使用安全的问题。常见的裂缝类型包括收缩裂缝、温度裂缝、应力裂缝、荷载裂缝、沉缩裂缝及冷缝裂缝。裂缝产生的原因很多，如原材料使用不当、混凝土配合比不合适、养护条件不足、外加剂使用不当、环境过于干燥等均可造成混凝土的开裂。

(3)龟裂。

混凝土表面形成的不均匀且密集的浅裂纹，也称为网状裂纹。混凝土表面网状裂纹的形成通常是因为高温导致的表面混凝土硬化速度过快，或者是混凝土配合比中用水量过多以及养护不充分导致的。

(4)起泡。

混凝土起泡是指由于裹入的气体在混凝土表面形成的不同尺寸的空心隆起。通常是由于混凝土过度振捣、裹入气体过多以及表面处理不当导致的。混凝土表面水分的大量蒸发也会导致起泡现象的发生。

(5)分层。

混凝土分层现象与起泡相似，都是上层混凝土与下层混凝土分离造成的。上层混凝土硬化较快，下层混凝土尚未硬化就容易导致分层。上层混凝土硬化后，水分和气体持续渗出冲击两层混凝土的界面，使得两层之间形成间隙，导致分层。

(6)起粉。

混凝土表面起粉是指在硬化混凝土表面形成松散细粉的现象。这种现象主要是混凝土泌水导致的，泌水过程中水泥等细小颗粒上升到表面，硬化后磨损作用导致混凝土表面起粉。

(7)返霜。

混凝土表面返霜是由于盐类等物质在混凝土表面沉积形成的，沉积的盐类物质通常是白色的。混凝土表面返霜通常是由于混凝土制备过程中掺入了可溶性盐类物质，在毛细静水压力的作用下渗透至混凝土表面，混凝土表面水分蒸发后形成盐类物质沉积。

7.1.2　混凝土早期缺陷评价方法

混凝土早期缺陷检测及评价方法包括超声波法、超声回弹综合法、冲击回波法、超声波 CT 法、探地雷达法、红外成像法等。

1. 超声波法

(1)基本原理。

采用超声波检测混凝土结构缺陷的基本原理是利用超声波在技术条件相同(混凝土原材料、配合比、龄期等)的混凝土中传播的时间或速度、接收波的振幅和频率等声学参数的相对变化来判断混凝土的缺陷。超声波的传播速度与混凝土的密实程度有直接关系，对于原材料、配合比、龄期及测试距离一定的混凝土来说，声速高则混凝土密实，相反则混凝土不密实。当有空洞或裂缝存在时，便破坏了混凝土的整体性，超声波只能绕过裂缝或空洞传播到接收换能器，因此传播路程增长，测得的声时偏长或声速降低。此外，由于空气的声阻抗率远小于混凝土的声阻抗率，超声波在混凝土中传播时，遇到蜂窝、空洞或裂缝等缺陷，在缺陷界面发生反射和散射，声能衰减，而频率较高的成分衰减更快，因此接收信号的波幅明显减少。经过缺陷反射或绕过缺陷传播的超声信号与直达波信号之间存在声程和相位差，叠加后互相干扰，致使接收信号的波形发生畸变。根据上述原理，可以利用混凝土声学参数测量值的相对变化综合分析、判别其缺陷的位置和范围，或者估算缺陷的尺寸。

(2)检测方法。

超声波检测混凝土缺陷的方法主要依据《超声法检测混凝土缺陷技术规程》(CECS 21:2000)，根据不同缺陷的种类可采用不同的检测方法，见表 7.1，其中常用的超声波检测方法为对测法和斜测法。

表 7.1 混凝土不同缺陷超声波检测方法

缺陷类型	检测方法	测试要求及限制
裂缝	单面平测法	裂缝深度不大于 500 mm
	双面斜测法	裂缝部位具有两个相互平行的测试表面
	钻孔对测法	大体积混凝土，预计深度 500 mm 以上
不密实和空洞	对测法	构件具有两对相互平行的测试面
	对测和斜侧相结合法	构件只有一对相互平行的测试面
	钻孔对测法	测距较大
表层损伤	单面平测法	选用低频率厚度振动式换能器

①对测法。当混凝土构件具有两对相互平行的测试面时，可采用对测法，其测试方法如图 7.2 所示。在测试部位两对相互平行的测试面上分别画出等间距的网格(网格间距为 100～300 mm)，并编号确定对应的测点位置。

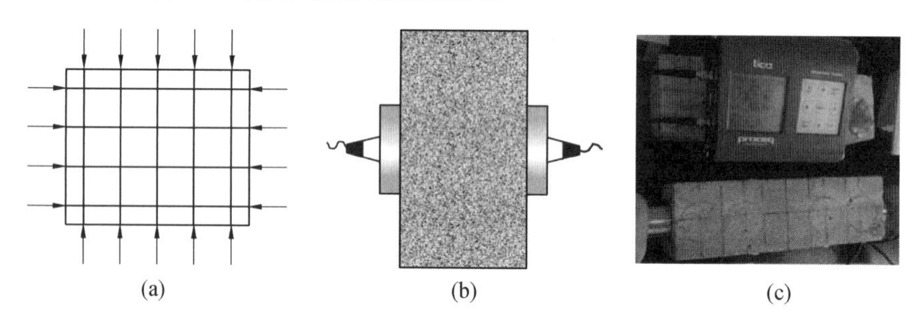

图 7.2 对测法平面图、原理示意图及实际操作图

②斜测法。当构件只有一对相互平行的测试面时，可采用斜测法，即在测区的两个相互平行的测试面上，分别画出交叉测试的两组测点位置，如图 7.3 所示。

(3)数据处理及判定。

测区采集的混凝土波速、波幅、频率测量值的标准值和标准差应按下式计算：

$$m_x = \frac{1}{n}\sum_{i=1}^{n} X_i \tag{7.1}$$

$$S_x = \sqrt{\left(\sum_{i=1}^{n} X_i^2 - n m_x^2\right)/(n-1)} \tag{7.2}$$

式中，m_x、S_x 为波速、波幅、频率的平均值和标准差；X_i 为第 i 点的波速、波幅、频率的测量值；n 为一个测区参与统计的测点数。

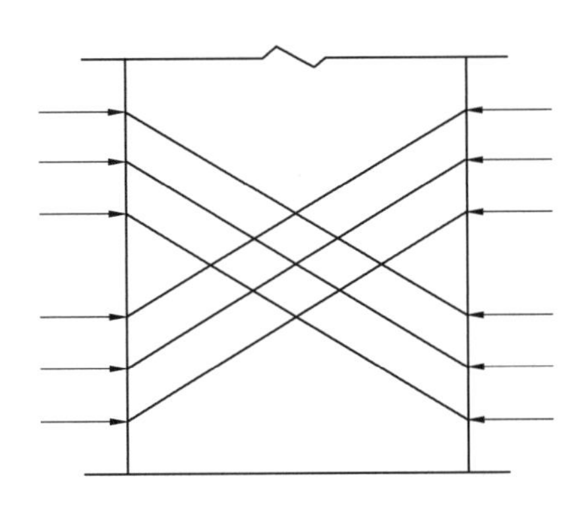

图 7.3　斜测法立面图

测区中的异常数据可按以下方法判定：将一个测区内各测点的波速、波幅或频率测量值由大到小按顺序排列，将排在后面明显小的数据视为可疑，再将这些数据中最大的一个（假定为 X_n）连同其前面的数据按式（7.1）和式（7.2）计算出 m_x 及 S_i 并代入式（7.3），计算出异常情况的判断值 X_0。

$$X_0 = m_x + \lambda_1 S_i \tag{7.3}$$

式中，λ_1 为异常值判定系数，可按照《超声法检测混凝土缺陷技术规程》（CECS 21:2000）取值。

把 X_0 值与 X_n 值比较，当 $X_n \leqslant X_0$ 时，则 X_n 及排列在其后的数据均为异常值；当 $X_n > X_0$ 时，再将 X_{n+1} 放进去重新进行统计计算和判别，直至不出现异常值为止。

当测区中判别出异常测点时，可根据异常测点的分布情况，按式（7.3）进一步判别其相邻测点是否异常。

当测位中某些测点的声学参数（声速值、频率值）被判为异常值时，可结合异常测点的分布及波形状况确定混凝土内部存在不密实区和空洞的位置及范围。

2. 超声回弹综合法

回弹法只能测得混凝土表层的强度，内部情况无法得知，尤其在早龄期混凝土强度较低时，塑性变形较大，回弹值与混凝土表层强度之间的对应关系不明显；超声波在混凝土中的传播速度可以反映混凝土内部的强度变化，但对强度较高的混凝土，波速随强度的变化不明显。超声回弹综合法将上述两种方法结合，采用非金属超声仪和回弹仪，在结构混凝土的同一测区分别测量声时值和回弹值，通过试验建立超声波波速－回弹值－混凝土强度之间的相互关系，推测混凝土强度，也是间接反映混凝土内部缺陷程度的评价方法。实践证明该方法是一种较为成熟、可靠的非破损检测混凝土强度的方法。

超声回弹综合法需要同时使用回弹仪和非金属超声仪。回弹仪测强度的基本原理是撞击弹击杆，将力传于混凝土表面，使重锤反弹，重锤反弹的距离以回弹值标识，作为与混凝土强度相关的指标推定混凝土的强度。超声仪是通过两个声波换能器，一个发射，一个接收，其中发射换能器是将声波仪发射输出的具有一定功率的电信号转换成声信号，发射到混凝土中，它的工作原理是利用晶体的逆压电效应；接收换能器是将混凝土中传播的声信号转换成电信号，传输到声波仪接收机的输入系统中，其工作原理是利用晶体的压电效应。超声仪发射换能器发射的声信号传入混凝土介质中，由接收换能器接收，测出超声波在混凝土中的传播时间和距离，从而计算出超声波在混凝土中的传播速度。传播速度的大小与混凝土的密实度有着密切的关系。具体操作方法在前面章节已经叙述，这里不再赘述。

3. 冲击回波法

(1)基本原理。

冲击回波法的工作原理基于由弹性波冲击造成的瞬时应力波纹理论，受混凝土内部材料组成和结构影响较小。当混凝土表面受冲击锤敲击时，共有三种形式的应力波产生，分别为纵波(P 波)、横波(S 波)及表面波(R 波)，如图 7.4 所示。前两者以球面波的形式进行传播，后者主要从扰动处沿混凝土结构表面进行传播；剪切应力传播与横波有密切联系，而法向应力传播与纵波有密切联系。

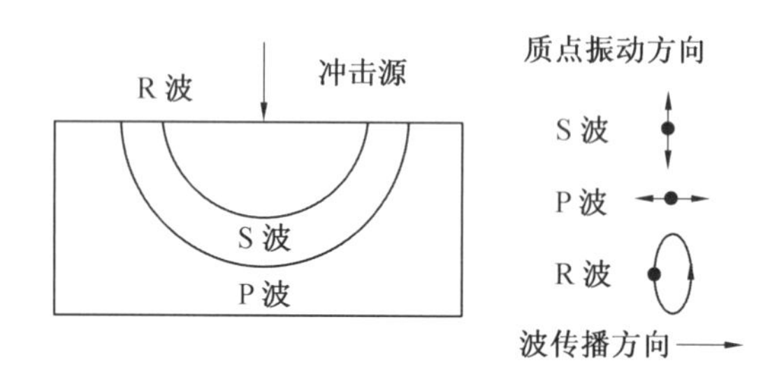

图 7.4　混凝土表面应力波产生的示意图

冲击锤在混凝土表面用振动源施加一瞬时冲击，产生的低频应力波传播至混凝土结构中，被混凝土内部缺陷表面(如孔洞、蜂窝、分层)或底部边界反射到混凝土内，从而再次被混凝土内部缺陷表面或底部边界反射。因此，冲击回波在混凝土表面、内部缺陷表面或混凝土表面、底部边界之间多次来回反射产生了瞬态共振条件，其共振频率能在振幅谱中反映出来。P 波和 S 波被内部缺陷或外部边界反射，反射波或回波返回到上表面时所产生的典型振动位移被传感器记录，进而产生相应的电压一时间信号波。得到信号波后，借助快速傅里叶变换，即可得到相应的振幅一频率曲线，即频域图。此时，混凝土的厚度或缺陷的深度可用下式表示，即

$$T=b\frac{C_{\mathrm{p}}}{2f_{\mathrm{t}}} \tag{7.4}$$

式中，T 为反射面到测试面的距离；C_{P} 为 P 波通过试件厚度方向的波速；f_{t} 为频域图中最大波峰对应的厚度频率；b 为几何结构形状系数，若为板状混凝土结构物，则 b 取 0.96。

在冲击回波测试中，产生的应力波与三个重要参数有关，即冲击持续时间、冲击锤直径和冲击锤冲击动能。在冲击过程中，冲击锤的一部分动能转化为在混凝土内部传播的弹性波能，产生应力波的质点位移与冲击力成正比。冲击持续时间 t_{c} 是冲击锤直径的线性函数，与动能关系不大。设冲击锤从高度为 h 处自由下落到平整的混凝土板上，则冲击持续时间近似为

$$t_{\mathrm{c}}=\frac{0.004\ 3D}{h^{0.1}} \tag{7.5}$$

通常,h 为 0.2～4 m,则 $h^{0.1}$ 为 0.85～1.15。下落高度 h 对冲击持续时间 t_c 的影响不大,可以忽略。因此冲击持续时间 t_c 与冲击锤直径 D 之间存在简单的线性关系,具体关系为

$$t_c = 0.004\ 3D \tag{7.6}$$

由冲击产生的应力波含有丰富的频率成分,而这些频率成分取决于冲击力一时间函数。经验表明,对于冲击回波测试,频率在 $1.25/t_c$ 以内,应力波的振幅即可满足要求。定义最大有效频率 $f_{max} = 1.25/t_c$,将式(7.6)代入得到 f_{max} 与冲击锤直径之间的关系为

$$f_{max} = \frac{291}{D} \tag{7.7}$$

式中,f_{max} 的单位是 Hz;D 的单位是 m。

由式(7.7)可知,冲击锤的直径越小,最大有效频率越高,但此时测深也越小,且混凝土内部不均匀引起的高频应力波散射也会越严重,影响测试效果。因此,在实际测试中应根据被测结构物的情况合理选择冲击锤直径。

(2)仪器设备。

图 7.5 所示为便携式冲击回波测试仪,主要由冲击锤、接收传感器、信号采集系统及分析软件构成。

图 7.5　便携式冲击回波测试仪

(3)冲击回波法相对于超声波法的优点。

①冲击回波法只需一个测试面,而超声波法需要两个测试面,这在很多情况下很难实现。

②冲击回波法使用比超声波更低频的声波,频率范围通常在 2～20 kHz,这使得冲击回波法避免了超声波测试中遇到的高信号衰减和过多杂波的干扰。

③冲击回波法不需要耦合剂,单手即可操作,标定后每个测点可以直接得出结构厚度或缺陷位置、深度信息。超声波法需要耦合剂,两个探头加大了操作的难度,同时需要大量数据对比才能确定缺陷的位置,但不能确定缺陷的深度。

④冲击回波法最深可测厚度为 180 cm 的结构,超声波法测试同样的厚度非常困难,特别是在两个测试面不易接触的情况下。

此外,目前已研制出扫描式冲击回波系统,解决了普通冲击回波方法测试速率低的局

限性，普通冲击回波法每小时可测 30～60 个点，扫描式冲击回波法每小时可以测试 2 000～3 000个点，该方法也可以沿直线以数厘米的间隔进行快速测试。扫描式冲击回波法是在冲击回波法的基础上，将固定的单个传感器变为滚动传感器，采用螺线管冲击器进行连续冲击，极大地提高了检测效率。

4. 超声波 CT 法

(1)基本原理。

超声波 CT 法是计算机层析成像技术的一种，是一项快速发展的现代无损检测技术，其理论基础来自医学 CT 成像技术，即通过物体外部检测到的超声波数据重建物体内部(横截面)信息的技术。它是把被检测对象离散分割成小的单元，分别给出每一单元上的物体图像，然后把这一系列图像叠加起来，得到物体内部的图像。它是一种由数据到图像的重建技术，可以通过伪彩色图像反映被测材料或试件内部质量，对缺陷进行定性、定量分析，从而提高检测的可能性。

超声波 CT 法的要点是测试穿过检测剖面上的超声波声时，采用适当的算法反演检测剖面上超声波速的分布状况，再根据超声波速与材料的关系确定检测剖面上不同材料的分布，从而显示检测对象的内部缺陷。由于超声波的波长较短，超声波 CT 检测的分辨率高，合理布置测线密度和反演网格单元就可以保证在测试区域内有足够的分辨率。假设测区共有 I 条测线(发射换能器 T 到接收换能器 R 之间)通过，由 Radon 公式可得从激发点到接收点的实测声时。

$$\tau_i = \int_{\mathrm{L}i} \frac{1}{V_j(x,y)} \mathrm{d}l = \int_{\mathrm{L}i} f_j(x,y) \mathrm{d}l \tag{7.8}$$

式中，$V_j(x,y)$为第 j 个成像单元的超声波速；$f_j(x,y)$为第 j 个成像单元的慢度。若成像单元足够小，则可将每个单元的 $f_j(x,y)$视为常数，则式(7.8)可以写成如下的级数形式：

$$\tau_i = \sum_{j=1}^{J} a_{ij} f_j \tag{7.9}$$

式中，a_{ij} 为第 i 条射线在第 j 个成像单元内的线段长。

(2)超声波 CT 法的实施。

超声波 CT 法的实施主要包括测线布置、网格划分以及数据处理和图像重建。

①测线布置。根据被探测结构物的具体情况，测线布置有如下四种情况。

a. 当结构物具有两个相对的测试侧面时，在一侧面上某点发射，另一侧面所有点接收。该观测方式为剖面探测定点观测方式，图 7.6 所示为观测系统及 CT 测试剖面。

b. 当结构物有四个测试面时，可按两个平行测试面及相邻测试面布置测线，以上三种测线可以任意组合布置，并可最终组合，图 7.7 所示为有四个测试面的测线布置示意图。

c. 如果测区高度过大、部分测距太长，影响声时测量，则可从一边某点发射，另一边邻近的点接收，成为扇形测量，如一边某点发射，另一边最多错开四点接收，则最大测距 $L=\sqrt{d^2+16h^2}$(图 7.8)。

d. 以上三种测线布置均为发射点间距等于接收点间距的情况，发射点间距与接收点间距不等如图 7.9 所示。

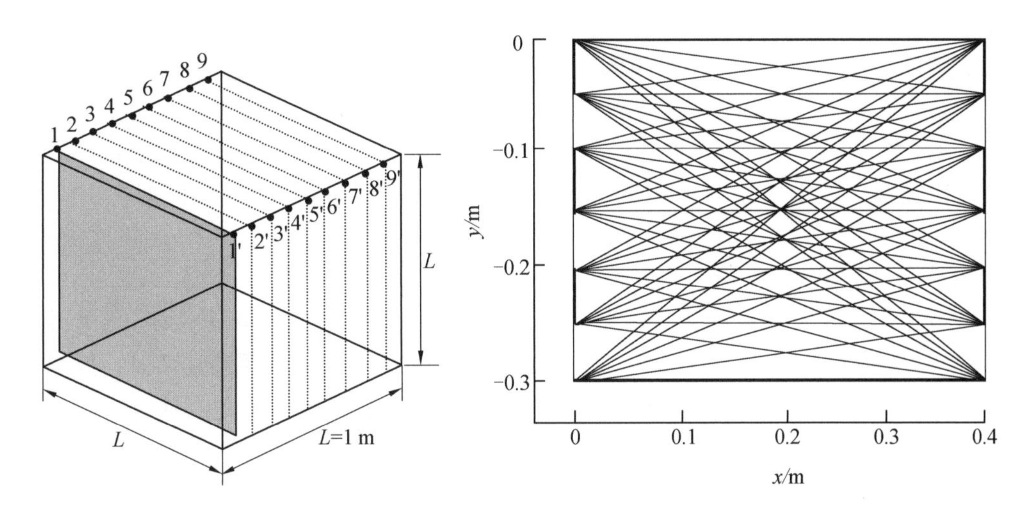

图 7.6　观测系统及 CT 测试剖面

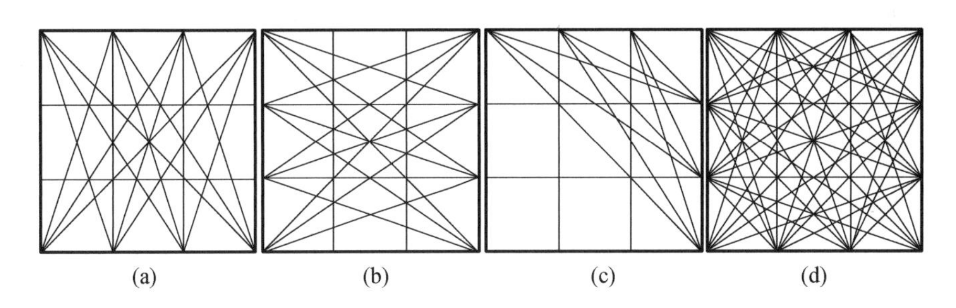

图 7.7　有四个测试面的测线布置示意图

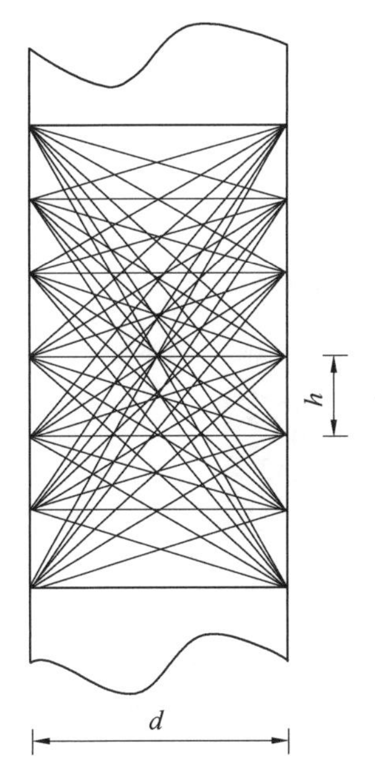

图 7.8　一点发射，部分点接收

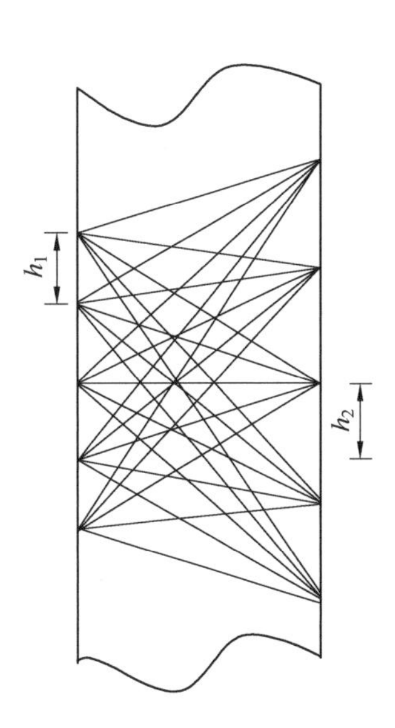

图 7.9　发射点间距与接收点间距不等

②网格划分。从理论上讲，测区网格划分得越小，反演的精度越高，相应的计算成本增加。实际混凝土结构工程中出现的缺陷尺寸往往不会太小，故网格划分没有必要过小。目前，超声波 CT 采用的是“直线重构模型”，近似认为超声波是直线传播，根据实际检测经验表明，当网格尺寸短边长度为波长的 2～5 倍即可满足工程上对于检测精度的要求。如当超声波在混凝土中的传播速度为 4 500 m/s，超声波频率为 60 kHz 时，则波长为 7.5 cm，网格尺寸为 15～37.5 cm，考虑接收的超声波频率小于发射频率，超声波波长将大于 7.5 cm，故实际测量使用中取 $L=20\sim40$ cm。

③数据处理和图像重建。超声波 CT 数据处理共分为 6 部分：正演模型、分类排序、反射投影、几何交汇、代数重建和联合迭代。主要处理步骤有：a. 创建文件、编辑数据、输入工程名称、测线编号、记录编号、发射接收点坐标、每点直达波初至走时；b. 检查观测系统、用射线示意发射点到接收点路径、检查数据曲线、进行拟合分析；c. 选择成像方法、迭代次数，进行成像反演，采用插值圆滑、直接圆滑、细化图像得出成像剖面图。超声波 CT 成像图输出形式包括超声波速二维分布图、波速三维分布图、波速等值线、波速色谱图和强度分布图等。

5. 探地雷达法

(1)基本原理。

探地雷达法主要是利用不同介质在电磁特性上的差异会造成雷达反射回波在波幅、波长及波形上有相应的变化这一原理。物体的电磁特性主要由相对介电常数和电导率决定。混凝土与金属和空气间均存在明显的电磁性能差异，因此雷达法探测混凝土中的空洞、裂缝是可行的。由雷达的发射天线向被探测介质的内部发射高频电磁波，在电磁特性有变化的地方，雷达波一部分被反射回来，部分则发生散射，剩下的继续向内透射，反射回波由接收天线接收。接收到的雷达信号经计算机和雷达专用软件处理后形成雷达图像，以此对介质的内部结构进行描述。如图 7.10 所示为探地雷达工作原理示意图。

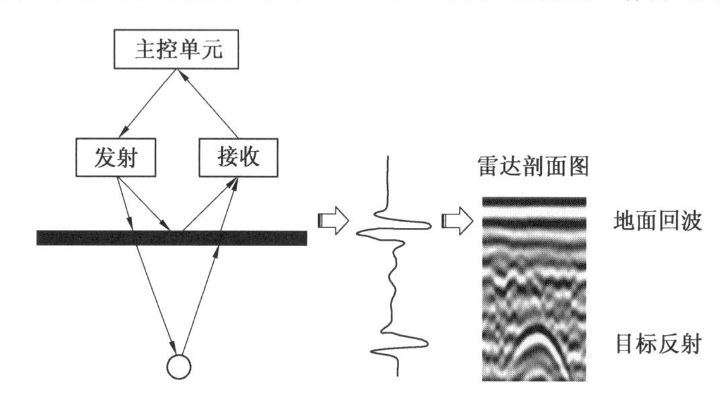

图 7.10 探地雷达工作原理示意图

(2)仪器设备。

探地雷达系统主要由发射机、发射天线、接收机、接收天线、主机控制单元及配件组成。图 7.11 所示为 RD1000 探地雷达系统。发射及接收信号的频率主要由天线决定，天线的中心频率越高，分辨率越好，但是探测深度越小。因此，选择合适的天线是雷达探测成功与否的关键。用于无损检测的探地雷达系统中心频率通常可以达到几千兆赫兹，主机控制单元一般需要控制一个或几个通道的天线同时工作，数据采集频率主要由主机控制单元决定，通常可以达到每秒几百次数据采集，数据存储以及实时显示也由主机控制单元实现。其他配件主要包括定位系统及后期数据分析软件等。

图 7.11　RD1000 探地雷达系统

(3)测量方式。

①剖面法。剖面法是最常用的探地雷达观测方式，类似于地震勘探中共偏移采集方式，即发射天线和接收天线以固定天线间距、按一定测量步距(测点距)沿测量剖面顺序移动并采集数据，从而得到整个剖面上的雷达记录。这是目前大多数雷达系统常用的观测方式，只需要发射和接收两个通道，系统设计相对简单。剖面法的优点是剖面结果不需要或只需进行简单的处理就可用于解释，能直观得到测量结果，非常适合于急需快速提供测量结果的场合。

②宽角法。宽角法有两种工作方式：一种方式是一个天线在某点固定不动(不论发射或接收天线)，另一个天线按等间隔沿测线移动并采集数据，得到的记录相当于地震勘探中共炮点记录(CSP)；另一种方式是以地面某点为中心点，发射天线和接收天线对称分置于中心点两侧，按一定间隔沿测线向两侧顺序移动并采集数据，得到的记录类似于地震勘探中共中心点记录(CMP)，当地下界面水平时类似于共深度点记录(CDP)。

采用宽角法测量的目的：一是求取地下介质的雷达波速度，为时深转换和数据解释提供资料；二是实现水平多次叠加，提高信噪比。采用这种测量方式沿剖面进行多点测量，与地震勘探类似，可以通过动、静校正和水平叠加处理获得高信噪比雷达资料，同时可以增加勘探深度。

③透射波法。透射波法主要测量穿透过测量对象的直达波到达时间进而计算出雷达波速度，通过穿透过测量对象的雷达波速度差异判断测量对象的质量。因此，透射波法要求发射和接收天线分立于测量对象的两侧。由于只解释和计算最早到达的直达波，所以波形识别和计算相对简单。透射波法主要用于工程中墙体、柱体、桥墩、桩的质量检测以及井中雷达测量。井中雷达测量需要预先布置两个井孔，类似于地震跨孔测量。透射波法也可采用层析成像的观测方式工作，从而获得更精细的孔间介质速度成像。

随着勘探目标要求的提高，二维剖面测量所能给出剖面上异常目标的埋深、范围等信息已不能满足业界对探测目标延伸走向、空间变化等详细信息的要求，开始出现了三维测量方式。例如：考古目标的规模相对较小，二维剖面法很难使测线正好跨过探测对象，剖面异常的解释也是问题。因此开展三维雷达勘探是考古地球物理应用的趋势和方向，一些商用雷达系统从硬件设备到处理软件都能够支持三维雷达勘探。

(4)信号处理及分析。

探地雷达信号属于电磁波信号，信号处理过程与地震信号处理过程相似，信号处理的目的包括增强信噪比、去除系统误差以及修正信号采集过程引起的几何效应等。具体的信号处理过程包括低频分量的扣除以及带通滤波；基于时间的测量偏移校正；时间零点校正，也可称为除零漂；背景处理，减少杂波，以及增益处理等。

6. 红外成像法

(1)基本原理。

红外成像法是将不可见的红外辐射转化为可见图像的技术，利用这一技术研制成的红外装置称为热成像装置或热像仪。热像仪(图 7.12)是一种二维平面热成像的红外系统，它将红外辐射能量聚集在红外探测器上，并转换为电子视频信号，经过电子学处理，形成被测目标的红外热图像，该图像用显示器显示出来。与可见光的热成像不同，它是利用目标与周围环境之间由于温度与发射率的差异所产生的热对比度不同，而把红外辐射能量密度分布图显示出来，称为热像图。

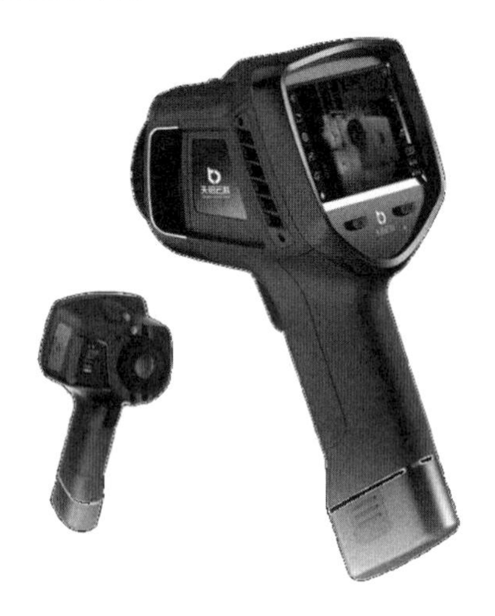

图 7.12　典型的红外热像仪

将一个固定热量 Q 加在试样表面时，热流均匀地注入试样表面，并扩散进入试样内部，其扩散速度由试样内部性质决定。如果试样内部有缺陷(如裂纹、空洞等)存在，则均匀热流会被缺陷阻挡，经过时间延迟会在缺陷部位发生热量堆积，在其表面产生过热点，也就是热斑，表现为温度异常。用红外热像仪扫描试样表面，测量试样表面温度分布情况，当探测到过热点即可断定出现过热点的部位存在缺陷。使用这种方法可以探测固体材料中的裂纹、空洞、夹杂、脱黏等缺陷。

(2)热成像检测方法。

热成像检测方法主要有两种类型：被动式红外热成像检测和主动式红外热成像检测。

①被动式红外热成像检测。自然界任何高于绝对零度的物体都能产生红外辐射，由

斯忒藩一玻耳兹曼定律可知物体的辐射度与温度的四次方成正比，当温度有很小的变化时就会引起辐射功率较大的变化，即

$$W=\varepsilon\sigma T^{4} \tag{7.10}$$

式中，σ 为斯忒藩一玻耳兹曼常数，$5.66\times10^{-8}\ \mathrm{W/(m^{2}\cdot K^{4})}$；$T$ 为黑体的绝对温度；ε 为物体表面的发射率，是表征物体红外辐射能力的参数。

利用热像仪通过测定目标和背景之间的红外线差异即可得到不同的红外图像，热红外线形成的图像称为热图。目标的热图反映的是目标表面温度的分布图像，红外热成像将人眼不能直接看到的目标表面温度分布变成人眼可见的代表目标温度分布的热图像。被动式红外成像是利用被探测物体自身的温度场变化或被探测物与环境存在辐射温差来成像，不需要任何激励源，被动式红外热成像检测主要是指由明显温差或超过环境温度的物体进行成像及分析，通常可直接测量，但当被测物自身处于热平衡状态或与其存在环境没有辐射温差时，仅靠热像仪常常无法获得所需的温度场信息。

②主动式红外热成像检测。主动式红外热成像检测是通过加载如闪光灯、超声波、激光、热风、电流、机械振动等多种激励方式，使热像仪能够实时监测材料表面的温度场变化，进而获取材料的均匀性信息以及其表面下面的结构信息，达到无损检测和探伤的目的。

a. 闪光灯/脉冲热加载成像。利用短时高能量脉冲及需要检测的试件或物体，考察材料表面发生的温度变化，在计算机控制下，利用红外热像仪进行时序热波信号的探测和数据的采集，根据热传导理论反求缺陷的定量化信息。

b. 超声波激励红外成像。利用超声控制器对试件进行激励，试件内部有缺陷的区域受到激励后会吸收耦合的超声能量产生热量，使其温度升高，从而影响整个试件表面的温度场分布，利用热像仪监控材料表面的温度场并采集数据，利用软件进行数据处理，可以得到材料中缺陷的位置等特征信息。

c. 锁相热激励红外成像。利用谐波调制源在被测物内部产生正弦波形热波，由材料内部缺陷所产生的反射波受到入射波的干扰而在物体表面形成一个可被红外热像仪记录的波形，通过热像仪记录的序列热图像可以得到相关幅值和相位的信息，通过这两个物理量的考查得到缺陷的信息。

(3)红外热成像技术在混凝土缺陷检测方面的应用。

当混凝土内部存在某种缺陷时，将改变混凝土的热传导，使混凝土表面的温度场分布产生异常，用红外成像仪测出表示这种异常的热像图，根据热像图中异常的特征可判断出混凝土缺陷的类型及位置特征等。这种方法属于非接触无损检测方法，可对检测物进行上下、左右的连续扫测，且白天、黑夜均可进行，可检测的温度为 −50～2 000 ℃，分辨率可达 0.1～0.02 ℃，是一种检测精度较高、使用较方便的无损检测方法，并具有快速、直观、适合大面积扫测的特点，可用于检测混凝土遭受冻害或火灾等损伤的程度以及建筑物墙体的剥离、渗漏等。

在混凝土缺陷检测方面的应用包括：①利用缺陷与完好混凝土比热容与导热性能的差异，对混凝土裂缝、疏松、空洞等缺陷进行检测；②渗漏处混凝土含水量较高，利用水对混凝土比热容和导热性能的影响，对隐蔽的渗漏点进行探查；③利用过火后混凝土热学参

数的变化来检测混凝土的过火温度;④利用空气导热系数较混凝土低,检测混凝土梁与钢板、碳纤维布或建筑外墙饰面层之间的粘贴质量;⑤通过检测热量泄出点评价建筑节能效果。

(4)信号分析。

在信号分析方面,经过了三个阶段的发展。

第一阶段是直观判断法,该方法利用热图像的直观属性,直接判断图像中的高温或低温区为缺陷区域。表面缺陷等简单检测主要采用直观判断法。

第二阶段是经验分析法,该方法一般建立在试验研究的基础上,利用试验总结的规律分析判断缺陷。

第三阶段是数值反演法,对被测构件热激励和热量传播过程进行数值仿真,利用采集到的红外热图像反演出缺陷。经验分析法和数值反演法一般用于较复杂的内部缺陷检测。

7.2 混凝土传输性能与评价方法

处于各种场合的混凝土结构都不同程度地受到外部环境的作用,在其内部发生着传输过程。水坝和桥梁混凝土结构长期处于淡水浸泡或冲刷中,混凝土中某些组分持续地浸出将逐渐导致其表面的劣化。海洋和海岸工程混凝土结构物长期受到海水的作用,特别是受到氯盐、镁盐和硫酸盐的侵蚀,也存在发生毁坏的危险。其他混凝土结构也可能受到 CO_2、SO_2 等有害气体和固体介质的侵蚀而发生破坏。由于混凝土内部不同组分之间的化学反应以及混凝土组分与外界侵蚀性介质的相互作用,混凝土材料的劣化已经成为十分普遍的事实。传输过程是在一定的条件下由不同的动力(如压力差、浓度差等)所引起的,混凝土的渗透性与不同介质在混凝土中的传输行为密切相关。各种介质在混凝土中的传输不是单一的过程,首先是介质有不同的状态,如气相、液相及离子;其次是传输方式不同,如渗透、扩散和迁移。混凝土中的介质传输可以分为水分传输、离子传输及气体传输。

7.2.1 水分传输及其评价方法

1. 水分传输机理

混凝土劣化过程(物理、化学和生物)和钢筋或预应力钢筋发生劣化的主要原因有冻融循环、碱骨料反应、硫酸盐侵蚀、收缩开裂和钢筋锈蚀等。对于任何一种劣化而言,膨胀和开裂的原因都与水有关,同时水也是侵蚀性介质(如氯盐、硫酸盐等)迁移进入混凝土内的载体。水既是破坏物质的传递介质,又是破坏发生的必要条件和许多失效机理与模型建立的基础。外界水分及有害离子主要通过混凝土的孔隙以渗透、毛细吸附、扩散、对流等形式进行迁移传输。

水在多孔材料中的传输分为七个阶段,如图 7.13 所示。第一阶段湿度较低,水分仅通过吸附和表面扩散缓慢而少量地进入材料孔隙。第二阶段湿度相对有所增加,但水分依旧只能在孔壁上形成吸附层,水分通过蒸汽扩散进入材料内部。因为此时毛细管的压

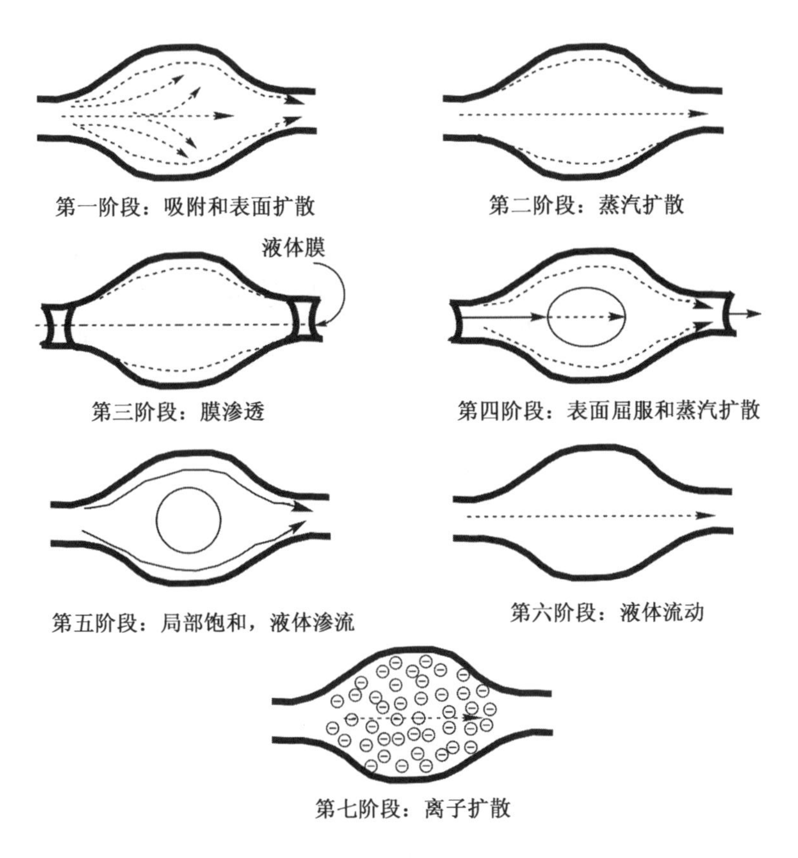

图 7.13　水在多孔材料中传输的不同阶段

力大于水分子运动的力，所以水分子只能吸附于表面或者通过扩散进入材料内部。如果此时的扩散是稳定扩散，即可采用菲克第一定律进行计算(式(7.11))，但如果是非稳定扩散，则可采用菲克第二定律进行计算(式(7.12))。第三阶段随着内部湿度的增加，蒸汽冷凝形成水膜，但水膜间出现水压差，所以通过水膜之间渗透进行传输。第四阶段孔壁水层屈服，液相水渗透和气相蒸汽扩散共同传输。第五阶段孔内局部水饱和，形成液体渗流。第六阶段孔完全饱和，呈液体状态流动传输，符合达西定律。第七阶段是离子的扩散传输，氯离子等在浓度差和流动水存在的条件下极易发生离子扩散传输。

菲克第一定律表达式：

$$J=-D\frac{\partial C}{\partial x} \tag{7.11}$$

式中，J 为离子扩散量；D 为扩散系数；C 为离子浓度；x 为深度。

菲克第二定律表达式：

$$\frac{\partial C}{\partial t}=D\frac{\partial^2 C}{\partial x^2} \tag{7.12}$$

式中，D 为扩散系数；C 为离子浓度；x 为深度；t 为时间。

由上述不同阶段传输方式可知，水是物质和离子在混凝土中传输的必要条件。按照混凝土内部湿度与外部环境条件变化，通常有三种水分传输状态。

(1)干燥状态,即混凝土内部湿度高于外部环境湿度。

干燥又有两种形式,第一种是当混凝土内部孔隙以液态水形式存在,干燥时液态水先蒸发,然后以水蒸气的形式扩散;第二种是混凝土内部孔隙直接以水蒸气的形式存在,干燥时直接以水蒸气形式扩散。

(2)湿润状态,即混凝土内部湿度低于外部环境湿度。

主要表现为非饱和混凝土的吸水过程。湿润也有两种形式:第一种是吸附试验,即把干燥的混凝土置于密闭的高湿度环境中,通过气体扩散平衡混凝土内部湿度和外界环境湿度;第二种是毛细吸附试验,即把非饱和混凝土的部分或全部表面与液态水接触,通过混凝土内部的毛细管间的毛细管力将水吸入混凝土内部。

(3)饱和状态,即混凝土内部孔隙充满水。

水分是通过外部压强作用进行传输,即常说的渗透性。

混凝土干燥过程实质是一种不稳态材料发生的局部气一液热动力学平衡过程,采用扩散理论作为描述水分扩散的方法,由于混凝土结构复杂,所以该扩散理论基于一系列假定而成立。根据菲克第一定律与质量守恒方程得如下扩散微分方程:

$$\frac{\partial W}{\partial t}=\mathrm{div}(\bar{D}\mathrm{grad}\ W) \tag{7.13}$$

式中,W 表示汽化水密度;$\bar{D}$ 表示混凝土渗透性能的系数,当扩散系数是常数时,$\bar{D}=\bar{D}_0$ 是常数。当式(7.13)表示为二次微分方程形式时,即为菲克第二定律:

$$\frac{\partial W}{\partial t}=D_0\ \nabla^2 W \tag{7.14}$$

式中,W 表示汽化水密度;D_0 表示混凝土的湿度扩散系数;∇^2 是拉普拉斯算符。

湿润状态即混凝土在非饱和状态与外界水通过毛细管力作用进入混凝土的传输过程。在不同饱和程度下,混凝土因自身孔结构引起的毛细管流动,能很好地用 Darcy 方程来描述。

非饱和流体理论用扩展的 Darcy 方程表达为

$$q=K(\theta)F_c(\theta) \tag{7.15}$$

式中,q 为矢量流体速度;K 为水力传导率;F_c 为毛细力。K 与 F_c 均取决于含水量 θ。饱和状态下的水力传导率为传统的饱和渗透率。另外,毛细作用力等于毛细势能(浸润)梯度 ψ:

$$F_c=-\Delta\psi(\theta) \tag{7.16}$$

在一维情况以及各向同性条件下,传导率 $K(\theta)$ 可通过非饱和流体理论的扩展 Darcy 方程得到,即

$$q=-K(\theta)\frac{\mathrm{d}\psi}{\mathrm{d}x} \tag{7.17}$$

式(7.17)通常写为

$$q=-D(\theta)\frac{\mathrm{d}\theta}{\mathrm{d}x} \tag{7.18}$$

式中,$D(\theta)$ 为水分扩散系数,是含水量 θ 的函数,$D(\theta)=k(\theta)\frac{\mathrm{d}\psi}{\mathrm{d}\theta}$。这样可把非饱和流体方

程表达为水分吸附方程，在非饱和吸水状态下，应用式(7.18)可以得到一维情况下初始干燥混凝土的水吸附性能。需要强调的是，该方程处理的是混凝土中的毛细作用，而不是水分子扩散引起的吸水性，这与混凝土的实际情况相符合。

当混凝土处于饱和状态时，不存在毛细管力，水分只能在外界压力或重力的作用下移动，此时水分是靠混凝土渗透性进行传输的。渗透是评价混凝土耐久性的一个重要指标。通常渗透性较好的材料采用渗透深度法求渗透系数，普通混凝土通常采用稳定流动法求得渗透系数。完全饱和混凝土扩散的微分方程可写成如下形式：

$$\frac{\partial p}{\partial t}=D_s \nabla^2 p \tag{7.19}$$

式中，p 为超过大气压的液体压力；D_s 表示在饱和混凝土中孔隙水的扩散系数。从测量渗透性的数据中可计算扩散系数。Murata 在 1965 年提出这个等式，认为 D_s 值的范围为 $10^{-8}\sim10^{-4}\ m^2/s$，比非饱和混凝土正常扩散系数高几个数量级。这意味着在饱和与非饱和混凝土的交界面预计存在着 D 与 D_s 间的间断跳跃。在大体积混凝土结构中另一重要方面是由水化作用造成的水分不足，这会导致实际水分的扩散系数远远小于饱和状态下的理论扩散系数。当混凝土完全处于水压力的情况下，水分迁移为典型的水分渗透情形，符合水分渗透方程。

2. 水分传输的评价方法

混凝土水分传输的评价方法主要包括抗渗等级法、渗透高度法、相对渗透系数法以及最新发展的试验方法，如低场核磁法(LF－NMR)和中子散射照相法。

(1)抗渗等级法。

抗渗等级法也称为逐级加压法，试验龄期宜为 28 天，试验采用符合现行行业标准的混凝土抗渗仪，试验方法参考《水运工程混凝土试验检测技术规范》(JTS/T 236—2019)。试验所采用的试件需要进行密封处理，共计 6 个试件。试验时水压从 0.1 MPa 开始，每隔 8 h 增加 0.1 MPa，并随时观察试件端面渗水情况，当 6 个试件中有 3 个试件表面出现渗水时，或加至设计抗渗等级时，在 8 h 内表面渗水试件少于 3 个时，可停止试验，记录此时的水压力，评定混凝土的抗渗等级。

当试验停止时，6 个试件中有 2 个试件表面出现渗水，该组混凝土抗渗等级按下式计算：

$$P=10H \tag{7.20}$$

式中，P 为混凝土抗渗等级；H 为停止试验时的水压力，MPa。

当停止试验时，6 个试件中少于 2 个试件表面出现渗水，该组混凝土抗渗等级按下式计算：

$$P>10H \tag{7.21}$$

式中，P 为混凝土抗渗等级；H 为停止试验时的水压力，MPa。

(2)渗透高度法。

渗透高度法所采用的仪器及试件制备方法与渗透等级法相同。试验过程中，使水压在 24 h 内恒定控制在(1.2±0.05) MPa，且加压时间不大于 5 min，以达到稳定压力的试件作为试验记录的起始时间，在稳压过程中随时观察试件端面的渗水情况，当有一个试件端面出现渗水时，停止该试件的试验并记录时间，并以试件的高度作为该试件的渗水高度，对于试件端面未出现渗水的情况，在试验 24 h 后停止试验，及时取出试件，使用压力机将试件沿纵断面劈裂为两半，用防水笔描出水痕，用钢尺沿水痕等间距测量 10 个测点的渗水高度值，精确到 1 mm。

试件渗水高度按照下式进行计算：

$$\bar{h}_i = \frac{1}{10}\sum_{j=1}^{10} h_j \tag{7.22}$$

式中，$\bar{h}_i$ 为第 i 个试件的平均渗水高度，mm；h_j 为第 i 个试件第 j 个测点处的渗水高度，mm。

一组试件的平均渗水高度按下式计算：

$$\bar{h} = \frac{1}{6}\sum_{j=1}^{10} \bar{h}_i \tag{7.23}$$

式中，$\bar{h}$ 为一组 6 个试件试件的平均渗水高度，mm；$\bar{h}_i$ 为第 i 个试件的平均渗水高度，mm。

(3)相对渗透系数法。

相对渗透系数法试验过程与渗透高度法完全相同。其中，相对渗透系数按照下式进行计算：

$$S_k = \frac{\alpha \bar{h}^2}{2TH} \tag{7.24}$$

式中，S_k 为相对渗透系数，mm/h；α 为混凝土的吸水率，一般为 0.03；$\bar{h}$ 为一组 6 个试件的平均渗水高度，mm；T 为恒压经过的时间，h；H 为水压力，以水柱高度表示，1 MPa 水压力相当于 10 200 mm 水柱高度。

(4)低场核磁法。

自 1945 年美国物理学家 Bloch 和 Pureell 发现核磁共振现象以来，核磁共振作为一种重要的现代分析手段已广泛应用于多个领域，如物质结构分析、医学成像和油气资源的勘探等。低场核磁共振分析仪采用价格低廉的钕铁硼永磁材料作为场源，大大降低了仪器制造成本和运行成本，进一步拓展了核磁共振技术的应用。

低场核磁共振指具有特定核磁矩的原子核(常用的为 H 原子核)在恒定磁场和变化磁场(磁场强度 $B<0.5$ T)的共同作用下发生能量交换，并发生能级跃迁，从而产生共振信号。该方法可在不破坏试样的前提下，通过监测试样中氢原子核在磁场中的弛豫特性来获得试样水分信息，其中横向弛豫时间(T_2)的变化可从微观角度解释试样内部水分的分布状态及变化规律，具有准确、快速、连续和无损、非侵入的技术优势。

大致试验步骤可以确定为首先对试样进行低场核磁试验，获得试样中心频率，再测定试样的 T_2，连续测量 3 次后，取平均值，然后利用特殊算法迭代数万次进行反演得到 T_2 谱(T_2 的信号幅度具有变化范围大、对多相态敏感、检测时间短等优势)。通过分析 T_2 的弛豫反演图谱就可以得出内部水分分布以及变化规律。氢原子核的 LF－NMR 信号二维分布(MRI)通过图像颜色、明暗的变化可以直观反映试样内部水分迁移过程。

近年来，核磁共振技术的应用已经逐步从生命科学、地球物理等领域扩展到水泥基材料领域。此处简要介绍一下采用低场核磁研究硬化水泥浆体中水分扩散行为的原理和方法。由扩散引起的弛豫对横向弛豫时间的贡献可以用式(7.25)和式(7.26)表示：

$$\frac{1}{T_2}=\frac{1}{T_{2\text{bulk}}}+\frac{1}{T_{2\text{diff}}}+\frac{1}{T_{2\text{surf}}} \tag{7.25}$$

$$\frac{1}{T_{2\text{diff}}}=\frac{D}{12}(nG)^2T_{\text{E}}^2 \tag{7.26}$$

式中，T_2 为横向弛豫时间；$T_{2\text{bulk}}$ 为流体自身贡献的弛豫时间；$T_{2\text{diff}}$ 为扩散贡献的弛豫时间；$T_{2\text{surf}}$ 为表面效应贡献的横向弛豫时间；T_{E} 为回波时间；D 为水的扩散系数；n 为核的旋磁比；G 为磁场梯度。

采用低场核磁共振研究水分的扩散通常采用脉冲梯度场核磁共振，因为水泥浆体中水的 T_1 远大于 T_2，所以采用受激回波代替自旋回波，但是由于硬化水泥浆体孔壁上会聚集一定量的铁离子，产生较强的内部磁场，采用 Cotts 等人提出的改进的受激回波，可以降低内部磁场的影响。二维谱的发展为研究水分的迁移提供了更大的空间。自 2005 年 T_1-T_2 和 $T_2-\text{store}-T_2$ 二维谱被首次报道应用于硬化水泥浆体以来，McDonald 等人对其展开了大量研究，观察到水在毛细管和凝胶孔之间扩散，也计算了水分在 C－S－H 凝胶孔间的扩散系数，结果与采用分子动力学模拟的数据接近；通过研究含铁量很低的 C－S－H凝胶的 T_1-T_2 谱，水泥浆体中水的扩散被认为是发生在不同孔径的孔之间，与孔壁上铁离子的聚集程度无关。

一些早期的研究是基于水分在干燥浆体中的一维迁移，Pel 等人在这个方面进行了大量的研究，采用自制的低场核磁共振仪（磁场为 0.78 T，磁场梯度为 0.3 T/m）获得了黏土砖吸收水分的一维分布曲线：采用步进电动机精确控制探头的移动，并在探头的 LC 电路和试样之间加上了法拉第屏蔽装置以减少由于试样各部分湿度不同而导致的介电常数的改变，最终图像的分辨率达到 1 mm，证明了这种方法的有效性。他们采用上述装置研究了经烘箱和丙醇干燥后的砂浆试样一维吸水后的水分分布随时间的变化。经过波耳兹曼转换之后，得到渗透因子 λ 与水分含量的关系，并且发现采用烘箱干燥后的浆体的渗透因子最大值 $\lambda_{\max}$ 是经丙醇干燥后的 4 倍，说明经烘箱干燥后的水泥浆体形成了大量连通的毛细管，因此干燥破坏了硬化浆体的微观结构。2002 年，他们采用同一装置进一步研究了砂浆毛细管吸水的动力学过程，提出水通过毛细管的扩散过程满足一个基于扩展的 Darcy 定律的非线性方程：

$$U=-K(q)\nabla j(q) \tag{7.27}$$

式中，U 是液相中水的流量；K 是水的传导系数；j 是弯月面形成的毛细管压力；K 和 j 均是水含量 q 的方程。水在砂浆中的扩散系数 $D(q)$ 与试样中的水分含量密切相关，且满足一个双指数方程：

$$D(q)=D_{1\exp}(\beta_1 q)+D_{2\exp}(\beta_2 q) \tag{7.28}$$

式中，$D_{1\exp}$、$D_{2\exp}$、β_1、β_2 为拟合系数，均可以采用计算机模拟。

（5）中子散射照相法。

目前，有不同的无损检测方法来测定多孔材料中的水分含量，它们可以细分为两种：一种是基于与多孔材料中水的电磁相互作用的 NMR 方法，前面提到的低场核磁法就属于这种方法；另一种则是基于辐射通过材料的减弱特性发展起来的射线照相方法，如 X 射线、γ 射线和中子都可以被用来显示建筑材料中含有不同水量的区域。由于同 X 射线相比，中子吸收系数比 X 射线小 3～4 个数量级，且中子有更强的穿透能力，故针对实际混凝土结构中的大试样、厚试样，中子散射的适用性更强。此处对中子散射照相法研究多孔建筑材料中的水分运动原理和方法做简要介绍。

中子照相是基于射线穿过物体时会发生衰减的基本原理。当中子入射到待照的试样后，由于中子与试样中的原子核发生相互作用（散射和核反应），透射中子的强度和空间分布将发生变化，利用中子射线穿过被检验物体在强度上的衰减变化获得被检物体内部结构或缺陷的图像。中子照相与 X 射线照相类似，不同在于 X 射线的衰减系数与材料原子序数有一定的关系，材料的原子序数越大，核外电子数越多时，X 射线的衰减系数越大。而中子不带电，它能轻易穿透物质的电子层与原子核发生反应，其衰减系数取决于原子核与中子发生的核反应。

中子散射照相法的试验原理如图 7.14 所示，中子散射照相系统主要由中子源、准直器、探测器三部分组成。由中子源发出的中子束经由准直器定义几何特性后，通过物体到达探测器，通过物体后的中子发生衰减，衰减后的中子空间分布被探测器接收形成被检物体的投射投影图像。中子射线衰减规律遵循指数衰减规律，即

$$I = I_0 e^{-\mu_x} T \tag{7.29}$$

式中，I 为投射中子强度；I_0 为入射中子强度；T 为试样在辐射方向上的厚度；μ_x 为试样对中子的衰减系数。

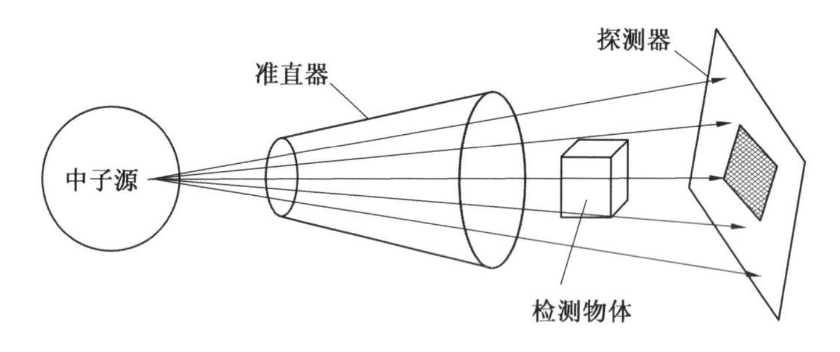

图 7.14　中子散射照相法的试验原理

如果试样不均匀或者有缺陷，则投射中子的强度就会发生变化，利用特定的技术和相关影像技术记录这些变化即可显示试样内部的情况。由于被发射出来的中子既可以在没有相互作用的情况下通过物体，也可以从另一个区域散射出去，故为了获得真实的水分分布，获得图像后还必须通过透射分析对获得的图像进行处理。值得注意的是，水的中子截面远大于一般多孔建筑材料的相应值，因此该方法对水分含量的测定非常精准，比如在厚度为 20～30 mm 的混凝土板上，中子散射照相法可以观察到很微量（mg/cm^3）的水，其空间分辨率可达 1 mm，甚至更低。

在实际混凝土工程中，如果混凝土或砂浆等多孔材料的表面与水或任何其他湿润液体接触，液体将通过毛细作用被吸收。在最简单的情况下，例如半径为 r 的单个毛细管，水的吸收量随时间的变化可以通过等式（7.30）来描述：

$$\Delta W = A\sqrt{t} \tag{7.30}$$

式中，A 为毛细管吸力系数，$kg/(m^2 \cdot s^{1/2})$。可以证明 A 具有以下物理意义：

$$A = yr\sqrt{\frac{r_{\mathrm{eff}} s\cos\theta}{2h}} \tag{7.31}$$

式中，y 为材料的吸水容量，m^3/m^3，代表多孔空间内可以通过毛细管吸力来填充的体积；r 为被吸收液体的密度，kg/m^3；r_{eff} 为指定的有效半径，m，表示给定材料的孔径分布；s 为表面张力$(N \cdot m)/m^2$；θ 为液体的润湿角；h 为液体的黏度，与温度有关，$(N \cdot s)/m^2$。

通过式(7.31)可以预测被吸收液体的渗透深度随时间的变化关系 $x(t)$：

$$x(t) = B\sqrt{t} \tag{7.32}$$

式中，B 为毛细管渗透系数，$m/s^{1/2}$，并有以下含义：

$$B = \frac{A}{yr} \tag{7.33}$$

用式(7.33)可以把式(7.31)和式(7.32)联系起来。如果毛细吸收系数 A 和水容量 y 已通过试验测定，则毛细渗透系数 B 可由式(7.33)计算。显然，式(7.30)到式(7.33)严格层面上来说仅对单个毛细管或平行的毛细血管束有效。但在一定范围内，这些方程也可以作为一个近似函数，描述具有复杂多孔系统的实际材料(如水泥基材料)的毛细吸收和渗透随时间的变化情况。

如上述几个方程所示，中子散射照相法通过测量水随时间变化的渗透深度，并绘制渗透深度随时间的关系曲线后，即可对渗透速率、渗透距离、主要渗透区位置(裂缝区)和宽度以及吸水量等数据进行分析，具有高精度和高空间分辨率的特点。

综上，中子散射照相法在跟踪混凝土或砂浆等多孔材料中水分运动方面具有独特的潜力，是观察混凝土、砂浆、木材或砖砌体等多孔材料中水的吸收和移动现象的有效方法。

7.2.2　离子传输及其评价方法

1. 离子传输机理

混凝土中离子的传输过程主要有渗透、扩散和毛细管吸附三种不同的方式。在渗透过程中，离子以水为载体，在水压作用下随渗滤液流动而迁移，其驱动力为水压差，迁移速度取决于混凝土渗透系数；在扩散过程中，离子通过液相自高浓度向低浓度方向迁移，其驱动力为浓度差，迁移速度取决于离子扩散系数。在某些情况下，这三种传输机制可能共同发挥作用。

随着混凝土耐久性研究的发展，氯离子对混凝土结构的腐蚀研究也越来越受到重视。由于氯离子在混凝土结构中传输方式复杂多变，因此混凝土结构针对氯盐腐蚀的研究一直是关注的重点。因为混凝土是孔隙结构复杂的多孔介质材料，所以氯离子在混凝土中是一个复杂的离子在孔隙溶液中迁移的过程，目前主要研究以下几种传输方式。

(1)扩散。

扩散发生在饱和或含自由水多的混凝土中，氯离子在浓度差的驱动下，由高浓度一侧向低浓度一侧迁移。

(2)毛细管吸附。

毛细管吸附指当混凝土表面与溶液接触后会形成界面能，液体分子在界面能的表面张力作用下发生迁移。

(3)渗透。

渗透指混凝土内部孔隙溶液在压力差作用下发生定向运动。

(4)电化学迁移。

混凝土孔溶液由于带电离子不同而产生不平衡分布的电化学势能,氯离子在电场势能的影响下发生迁移。

以上传输方式是混凝土在上述各种条件下易发生的传输,通常在复杂环境下,氯离子在混凝土中的传输可能是几种传输方式的耦合作用。

如果假设扩散过程中各离子浓度不随时间变化,仅随距离变化,此时适用稳态下的菲克第一定律表示。对菲克第一定律求导就可以得到菲克第二定律,但需要假定混凝土材料是各向均质同性且氯离子不与混凝土材料发生化学反应产生结合,扩散过程是一维方向上的。1970 年,Callepari 等首先将上述菲克定律引入混凝土氯离子传输研究中,其扩散方程为

$$\frac{\partial C}{\partial t}=\frac{\partial}{\partial x}\left(D\frac{\partial C}{\partial x}\right) \tag{7.34}$$

式中,C 是扩散浓度;t 是扩散时间;D 是扩散系数;x 是扩散深度。边界条件 $C(x=0,t=0)=C_0$,这就是经典的菲克定律模型。

氯离子扩散系数是氯离子在混凝土中传输能力的一种表征,也是混凝土抗氯离子侵蚀能力的反映。求解氯离子扩散系数的模型有很多,从最初的菲克第二定律到以菲克定律为基础修正的公式、数学模型等。经典的菲克第二定律模型为

$$\frac{\partial C}{\partial t}=D\frac{\partial^2 C}{\partial x^2} \tag{7.35}$$

式中,t 是扩散时间;x 是侵入深度;D 是氯离子扩散系数;C 是氯离子浓度。

当初始条件为 $x=0,t>0$ 时,$C=C_s$;当 $x>0,t>0$ 时,$C=C_0$。由上述边界条件和初始条件得到以下菲克第二定律的解析解:

$$C=C_0+(C_s-C_0)\left(1-\operatorname{erf}\frac{x}{2\sqrt{D_t}}\right) \tag{7.36}$$

式中,C_0 是初始氯离子浓度,即混凝土初始时材料或水等含有的氯离子浓度;C_s 是表层混凝土的氯离子浓度;erf 是误差函数,$\operatorname{erf}(u)=\frac{2}{\sqrt{\pi}}\int_0^u e^{-t^2}\,dt$。

菲克第二定律常用于非稳态饱和混凝土的纯扩散中,虽然该方程是在一些假定条件下成立,但在一定程度上仍能反映混凝土一维方向上氯离子的扩散情况,故被很多学者引用。典型的氯离子扩散试验除上述菲克第二定律外,还有稳态扩散试验所用的菲克第一定律和加速扩散试验所用的 Nernst Planck 方程。以上三种典型扩散试验所用的经验方程都适用于饱和混凝土一维方向的传输,而实际工程中混凝土常处于非饱和状态下工作。非饱和状态下,氯离子在混凝土中的传输过程主要是孔隙溶液中氯离子浓度扩散和氯离子随孔隙溶液的对流过程。

2. 离子传输的评价方法

离子传输方法(主要为氯离子传输评价方法)包括电通量法、电迁移法、快速迁移法、

电导率法等。

(1)电通量法。

电通量法是利用外加电场来加速试件两端溶液离子的迁移速度，此时外加电场成为氯离子迁移的主要驱动力，以区别于浓度梯度导致的驱动力，在直流电压作用下，溶液中离子能够快速渗透，透过混凝土试件向正极方向移动，测定一定时间内通过的电量即可反映混凝土抵抗氯离子渗透的能力。测量流过混凝土的电荷量电导，即可反映透过混凝土的氯离子量，并根据 Nernst Planck 方程式可以推算出氯离子的电迁移扩散系数。电通量法试验装置示意图如图 7.15 所示。

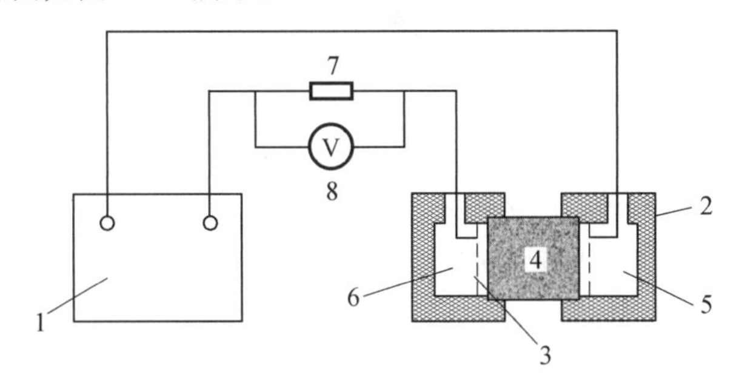

图 7.15　电通量法试验装置示意图

1—直流稳压电源；2—试验槽；3—铜网；4—混凝土试件；5—3.0% NaCl 溶液；6—0.3 mol/L 的 NaOH 溶液；7—1 Ω 标准电阻；8—直流数字式电压表

电通量试验规定：混凝土试件的直径为 95～102 mm，厚度为 48～64 mm，两端水槽所用的溶液分别为质量分数为 3.0% 的 NaCl 溶液(负极)和 0.3 mol/L 的 NaOH 溶液(正极)，在60 V外加电场作用下，每隔 30 min 记录一次电流，持续 6 h，由电流一时间函数曲线计算通过的总电量，用来评价混凝土的氯离子渗透性。

电通量法虽然简便快捷，但是随着研究的深入发展，普遍认为该方法存在一定缺陷。首先，随着混凝土品种以及组成的不同，试验结果的相关性不同。其次，混凝土电阻率不仅与孔结构有关，还与孔溶液中离子种类和浓度有关，因此试验反映的不仅是氯离子的运动，还包含其他离子的运动。最后，对于抗氯离子扩散性较差的混凝土，较大的外加电压会使混凝土产生较高的温升，导致结果失真。

(2)电迁移法。

典型的电迁移法为加速氯离子迁移法(ACMT)，该方法采用比电通量法更低的外加电压来测定氯离子的迁移。ACMT 法包括三个测试步骤：①试件准备，包括真空、保水及安装测试；②测试试件室中的电流和温度值；③定期对阴极溶液的氯离子浓度进行监测。

图 7.16 所示为 ACMT 法试验装置示意图。该方法采用外加 24 V 电场，每隔5 min记录一次通过电流，测试时间为 9 h。试件的厚度约为 30 mm，溶液室的容积为 4 750 mL，较大的溶液体积可以减少焦耳热效应对试验结果的影响。

(3)快速迁移法。

快速迁移法也称为 RCM 法，是我国相关标准规范推荐使用的方法，也是欧洲众多标准所采纳的方法。图 7.17 所示为 RCM 法试验装置示意图。该方法试件的标准尺寸为直径(100±1)mm，高度(50±2)mm。试件需要在标准养护水池中浸泡 4 天，然后进行试

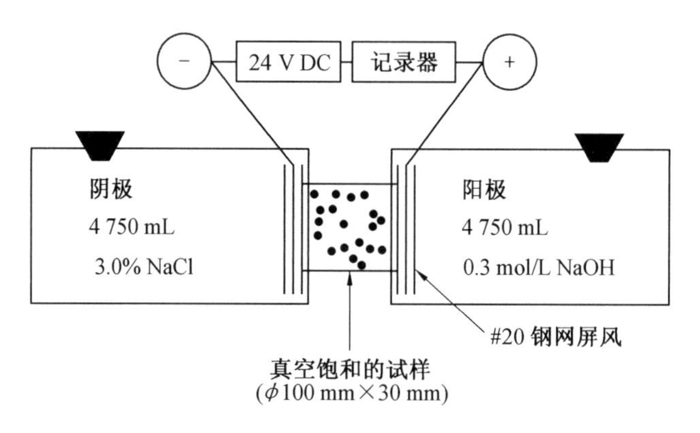

图 7.16 ACMT 法试验装置示意图

验。在橡胶筒中注入约 300 mL 的 0.3 mol/L 的 NaOH 溶液，使阳极板和试件表面均浸没于溶液中。在试验槽中注入 10%的 NaCl 溶液，直至与橡胶筒中 NaOH 溶液的液面齐平。测试开始，记录时间并立即同步测定并联电压、串联电流和电解液初始温度，试验需要的时间按测得的初始电流确定。通电测试完毕取出试件，将其劈成两半，利用 0.1 mol/L的硝酸银滴定氯离子的扩散深度。混凝土的氯离子扩散系数按照下式计算：

$$D_{\mathrm{RCM},0}=2.872\times10^{-6}\times\frac{Th(x_{\mathrm{d}}-\alpha\sqrt{x_{\mathrm{d}}})}{t} \tag{7.37}$$

式中，$D_{\mathrm{RCM},0}$ 为 RCM 法测定的混凝土氯离子扩散系数，$\mathrm{m^2/s}$；T 为阳极电解液初始和最终温度的平均值，K；h 为试件高度，m；x_{d} 为氯离子扩散深度，m；t 为通电试验时间，s；α 为辅助变量，$\alpha=3.338\times10^{-3}\sqrt{Th}$ 。

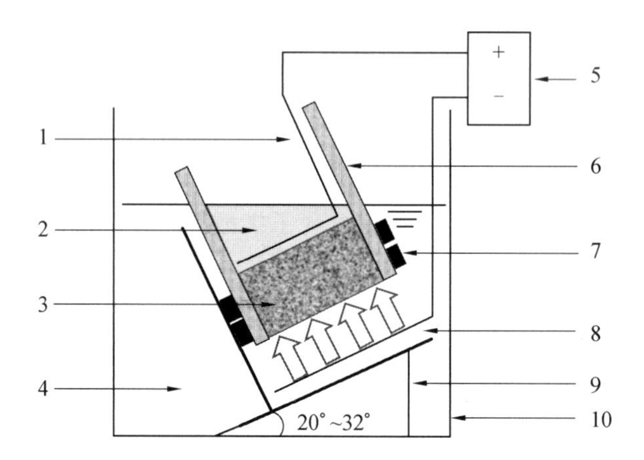

图 7.17 RCM 法试验装置示意图

1—阳极；2—阳极溶液；3—试件；4—阴极溶液；5—直流稳压电源；6—橡胶桶；7—环箍；8—阴极；9—支架；10—试验槽

(4)电导率法。

直流电导率法也称为 NEL 法，该方法是利用 Nernst－Einstein 方程，通过快速测定混凝土中氯离子扩散系数来评价混凝土渗透性的新方法。图 7.18 所示为 NEL 法氯离子扩散系数测试装置示意图。

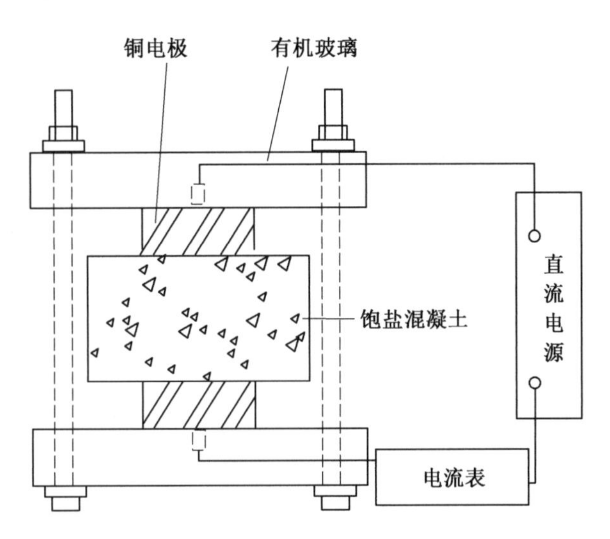

图 7.18　NEL 法氯离子扩散系数测试装置示意图

NEL 法用真空抽吸的方法加速混凝土试件饱盐，然后用 Nernst－Einstein 方程确定混凝土中的氯离子扩散系数。将标准养护或水中养护 28 天的混凝土试件表面切去 2 cm，然后切成 100 mm×100 mm×50 mm 或 ϕ100 mm×50 mm 的试件，上下表面应平整；取其中三块试件在 NEL 型真空饱盐设备中用 4 mol/L 的 NaCl 溶液真空饱盐。擦去饱盐试件表面盐水并置于试样夹具上尺寸为 ϕ50 mm 的两个紫铜电极之间，利用离子扩散系数测试系统在低电压下(1～10 V)对饱盐混凝土试件的氯离子扩散系数进行测定，饱盐完成后，可在 15 min 内得到结果。

NEL 法采用小的电压可大大减少电极反应的不良影响，巧妙解决了 Nernst－Einstein 方程中离子迁移系数难以确定的问题，测试结果可转化为自由和表观氯离子扩散系数值，对于预测氯盐环境中混凝土结构的使用寿命十分有用。NEL 法尤其适用于评价高性能混凝土的渗透性，它计算得到的氯离子扩散系数与混凝土的孔隙率有很好的相关性。

7.2.3　气体传输及其评价方法

目前，混凝土渗透性测试介质主要是水和气体，与以水为介质的测试方法相比，以气体为介质的测试方法的优点是不会改变测试试件微观结构和组成。混凝土气体渗透性有如下评价方法。

1. Cembureau 法

Cembureau 法由国际材料与结构研究实验联合会推出，并获得国际的广泛接受，该方法的试验装置示意图如图 7.19 所示。

Cembureau 法试件为直径 150 mm，高 50 mm 的圆盘，在(50±5) ℃的烘箱中烘至恒重。试验时，试件一端通大气，另一端施加恒定压力的气体，30 min 后(为保证试件内气体流速达到恒定状态)测定气体的流速，然后根据式(7.37)计算试件在该压力下的气体渗透系数：

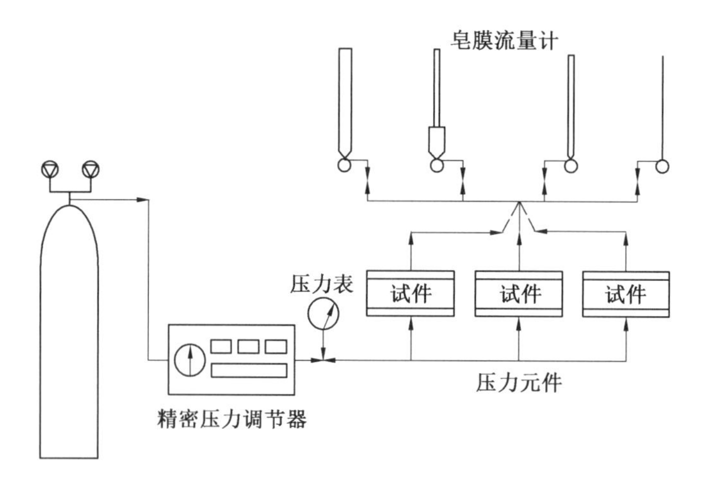

图 7.19　Cembureau 法试验装置示意图

$$K_g = \frac{Q}{t}\frac{L}{A}\mu \frac{2p_a}{(p^2 - p_a^2)} \tag{7.38}$$

式中，K_g 为试件的气体渗透系数，m^2；Q/t 为气体流速，m^3/s；p 为测试气体压力，Pa；p_a 为大气压力，Pa；L 为试件厚度，m；A 为试件截面积，m^2；μ 为气体黏度，$s \cdot N/m^2$。

2. Figg 法

Figg 法测定混凝土密实性属于半破损的方法，测试时，在混凝土表面钻直径 10 mm 的小孔，深度约 40 mm，将孔中的浮灰清除后打入一个紧贴孔壁的橡胶塞子，在孔的下部形成一个密封的区域，再在橡胶塞的中心穿上一根细针管。该针管外接一个带阀门的真空泵，试验时将密封区域抽真空，区域内的绝对压力值要小于0.45 MPa，关闭真空泵，由于混凝土微孔的泄漏，真空度将随时间逐步减小，其测量的指标为密封区域内的绝对压力从0.45 MPa变到 0.50 MPa 所要花费的时间，单位为 s。此方法虽然所需设备简易，但密封效果不理想。试验结果的重复性和可靠性受到学术界的质疑。Figg 法试验装置示意图如图 7.20 所示。

试件在(55±5) ℃的烘箱中烘至恒重。试验时，试件一端抽真空，由于试件两端压力差的作用，空气不断从试件另一端通过混凝土试件渗透到抽真空的一端，从而使真空试验槽内的真空度不断下降。测定规定的真空度下降所需的时间，然后按式(7.38)计算试件的气体渗透系数：

$$K_g = \frac{V}{t}\frac{L}{A}\mu \frac{p_1 - p_0}{p_a - \frac{p_0 + p_1}{2}} \tag{7.39}$$

式中，p_0、p_1 分别为试验开始和结束时真空试验槽内的真空度，MPa；t 为测试时间，s；V 为真空试验槽及连接管路、阀门体积的总和，m^3。

3. 规范方法

《水运工程混凝土试验检测技术规范》(JTS/T 236—2019)中给出的混凝土透气性试验装置如图 7.21 所示。

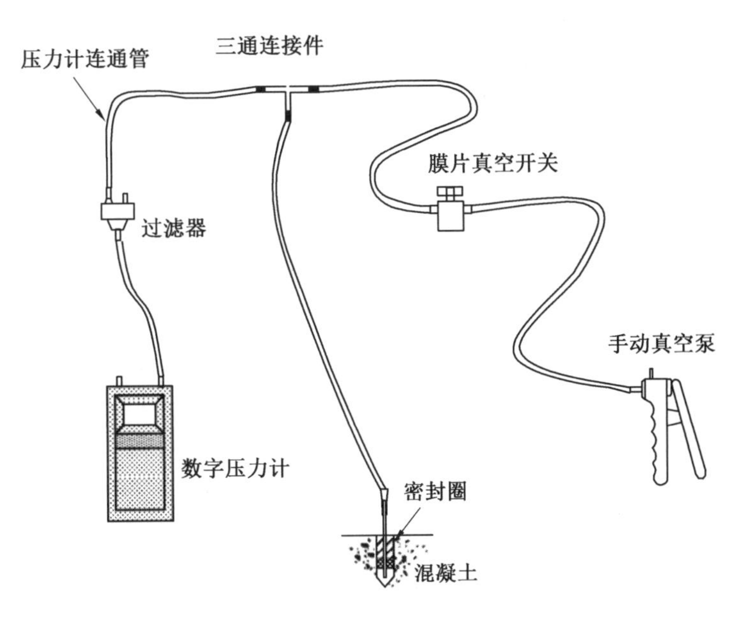

图 7.20　Figg 法试验装置示意图

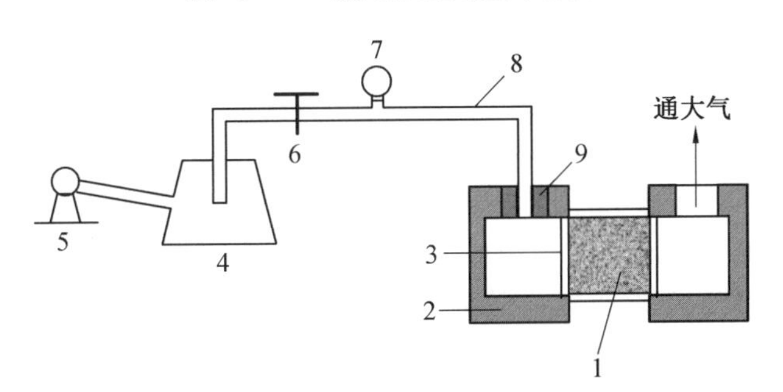

图 7.21　混凝土透气性试验装置

1—试件；2—试验槽；3—真空橡皮垫圈（两层）；4—真空瓶；

5—真空泵；6—阀门；7—真空表；8—真空橡皮管；9—橡皮塞

混凝土透气性试验的基本原理为将混凝土试件一边抽真空，一边通入空气。由于试件两边气体压差的作用，空气不断从通空气一边透过混凝土试件，使抽真空试验槽内的真空度下降。测定真空度由 0.056 MPa 下降至 0.05 MPa 所需的透气时间 t_d。根据 t_d 算出混凝土的气体扩散系数，以此来比较混凝土的透气性。气体扩散系数按下式计算：

$$K=0.113\frac{V_s}{t_d}\cdot\frac{L}{A} \tag{7.40}$$

式中，K 为气体扩散系数，m^2/s；t_d 为所测的透气时间，s；V_s 为抽真空试验槽体积与连接阀门、试验槽皮管的体积之和，m^3；L 为试件厚度，m；A 为试件透气截面积，m^2。

7.3　硬化混凝土原始配合比的回推方法

混凝土以原料来源广泛、成本低廉、制备方便和性能优异等特点成为全世界应用最广泛的工程材料，其品质直接影响到工程结构的质量和功能。但在实际工程应用中，经常由于多方面原因导致混凝土结构在建成不久、交付使用前便出现明显的局部结构受损或破坏现象。为了确定事故原因和判定事故责任方，通常需要分析工程中硬化混凝土各原材料组成，进一步推定出混凝土的原始配合比，从而为工程加固和后续施工过程预防发生类似情况提供科学依据。

7.3.1 硬化混凝土配合比推定的目的和意义

混凝土是由胶凝材料、骨料、水和外加剂等组分组成，经振捣、浇筑、养护等工艺后形成的多相非均质材料。制备具有一定性能要求的混凝土，第一步是选择组分材料，第二步则是配合比设计。尽管有可靠的技术原理来指导配合比的设计，但由于各种原因，混凝土配合比设计的过程并不完完全全属于科学的范畴。因此，为保证混凝土的品质和性能，各个国家都制定了混凝土配合比规程、混凝土生产与施工的质量标准及验收规范。我国已制定了有关混凝土结构配合比设计、混凝土生产与施工的质量标准及验收规范，例如《普通混凝土配合比设计规程》(JGJ 55—2011)、《混凝土泵送技术规程》(JGJ/T 10—2011)、《混凝土质量控制标准》(GB 50164—2011)、《混凝土结构工程施工规范》(GB 50666—2011)等规范。这些规范的制定主要为规范混凝土配合比设计方法，使其满足设计和施工要求，保证混凝土质量之外，还能兼顾经济合理、技术先进、节约资源、保护环境等方面。

这些标准及规程对确保混凝土生产、安全施工起到了巨大的作用，但由于近年来我国混凝土生产消耗大、应用范围广，掺合料和外加剂种类繁多、质量各异，选用难度较大，再加上生产和施工监管水平参差不齐等原因，工程质量问题及事故还是大量出现，一旦出现问题，涉及各方面的因素，对事故原因的分析和责任认定变得非常复杂。而从硬化混凝土阶段追溯至配合比设计阶段可以有效分析出导致事故的原因或可能导致质量问题的因素，在后续施工进程中能够预防隐患，规避风险。因此，推定硬化混凝土的配合比在事故分析、配合比检查、混凝土质量及耐久性诊断方面意义重大。

7.3.2 相关研究成果和测试技术

硬化混凝土配合比推定及相关技术标准有：美国的《硬化混凝土中波特兰水泥含量的检测方法标准》(ASTM C1084－19)，英国的《硬化混凝土分析方法》(BS1881－124：2015)，北欧的《硬化混凝土：水灰比》(NT Build 361－1999)，日本的《葡萄糖酸钠法检测硬化混凝土中单位水泥用量试验方法》(NDIS 3422：2002)等。

考虑到混凝土主要组成部分为水、水泥和骨料三部分，所以对硬化混凝土原始配合比的推定从混凝土中单位水泥用量、单位用水量及单位骨料量三方面着手，采用的方法主要有化学分析法、强热分析方法、不溶物量法和图像分析方法。其中，对于水泥用量的推定主要采用化学分析法，通过对混凝土中的钙质和硅质组分进行定量推得用水量，主要通过强热分析方法推得，而骨料量可以通过不溶物量或者图像分析法推定。

对于硬化混凝土从纳米到厘米的不同级别的组成和结构，可划分为宏观和微观两个层次，硬化混凝土组成结构测试技术见表 7.2。

表 7.2　硬化混凝土组成结构测试技术

<table>
<tr><td rowspan="5">宏观</td><td>组成</td><td>元素分析</td><td>主成分：化学分析法（包含重力法、滴定法两种）、比能法、吸收光度法、电分析法（电解法）、X 射线荧光分析法、等离子体发射光谱法；
微量成分：吸收光度法、原子吸收法、液体荧光法、火焰光度法、发射光谱法、等离子体发射光谱法、固体质谱法、电分析法（极谱法、伏安法）、X 射线荧光光谱、放射分析法</td></tr>
<tr><td rowspan="4">结构</td><td>物质判定</td><td>粉末 X 射线衍射法、红外光谱法、热分析法（DTA、TG、DSC、EGA、MTA）、拉曼光谱法、色谱法（气相色谱、液体色谱、超临界流体色谱）</td></tr>
<tr><td>表面结构</td><td>肉眼观察、光学显微镜</td></tr>
<tr><td>组合状态</td><td>单结晶 X 射线法、X 射线吸收法、X 射线荧光光谱法、核磁共振法、电子自旋共振法、穆斯堡尔分析法</td></tr>
<tr><td>本体结构</td><td>单结晶 X 射线衍射法、X 射线、CT 法、电子衍射法、中子衍射法、汞压入测孔法</td></tr>
<tr><td rowspan="5">微观</td><td rowspan="2">组成</td><td>元素分析</td><td>二维：分析电子显微镜、X 射线微区分析法、激光微区分析等低速电子散射谱法；
三维：二次离子质谱法、俄歇电子能谱法</td></tr>
<tr><td>物质判定</td><td>微观傅里叶转换红外光谱法</td></tr>
<tr><td rowspan="3">结构</td><td>表面结构</td><td>扫描电子显微镜法、原子力显微镜法、质子显微镜法、扫描透射电子显微镜法、电场离子显微镜法、透射电子显微镜法、场发射扫描电子显微镜法、场发射透射镜法、扫描隧道显微镜法</td></tr>
<tr><td>组合状态</td><td>俄歇微束电子能谱法</td></tr>
<tr><td>本体结构</td><td>质子显微镜法、电场离子显微镜法、扫描透射电子显微镜法、透射电子显微镜法、高速电子衍射法、科塞尔（Kossel）法、反射高速电子衍射法微区、X 射线衍射法、气体吸附测孔法</td></tr>
</table>

7.3.3　硬化混凝土配合比推定方法及原理

1. 化学分析法

化学分析法主要用于硬化混凝土中水泥用量的推定，由于水泥中的主要成分 SiO_2 和 CaO 能溶于部分酸溶液，同时骨料中 SiO_2 和 CaO 不溶或较少溶于酸溶液，可以通过化学分析法测定 SiO_2 和 CaO 的量来推定水泥用量，因此通常化学分析法分为钙质法和硅质法。

（1）钙质法。

除石灰石骨料外其他骨料的含钙量较少，因此可以认定混凝土中的钙质主要来源于水泥，常见酸溶液如盐酸、甲酸等溶液均可溶解水泥中的钙质，同时骨料中的钙质含量和在酸溶液中的溶解量较少。值得注意的是，石灰石骨料中的钙却能与普通酸溶液进行反应，需要特别对待。

美国规范《硬化混凝土中波特兰水泥含量的检测方法标准》（ASTM C1084—19）中提到两种方法：①酸化物溶解法（盐酸）；②马来酸（顺丁烯二甲酸）抽出法。这两种方法都是

以溶解混凝土中的钙质来推定水泥量的，反应式为

$$2HCl+Ca(OH)_2 \xlongequal{} CaCl_2+H_2O \tag{7.41}$$

$$C_4H_4O_4+Ca(OH)_2 \xlongequal{} C_4H_2O_4Ca+H_2O \tag{7.42}$$

日本水泥协会提出用盐酸作溶解酸，《葡萄糖酸钠法检测硬化混凝土中单位水泥用量试验方法》(NDIS 3422:2002)中用葡萄糖酸钠作溶解酸，反应式为

$$C_6H_{11}NaO_7+Ca(OH)_2 \xlongequal{} C_6H_{10}CaO_7+NaOH+H_2O \tag{7.43}$$

氢氟酸法是用氢氟酸作溶解酸，反应式为

$$2HF+Ca(OH)_2 \xlongequal{} CaF_2+2H_2O \tag{7.44}$$

甲酸法是用甲酸作溶解酸，反应式为

$$2HCOOH+Ca(OH)_2 \xlongequal{} (HCOO)_2Ca+2H_2O \tag{7.45}$$

(2)硅质法。

砂石骨料中的硅质以晶体为主，比较稳定，一般不与常见酸溶液进行反应，而混凝土中的硅质可以通过酸的溶解量推定水泥用量。日本学者吉田八郎、近藤英彦等人曾采用甲酸溶解混凝土试样中的硅质来推定硬化后混凝土中的水泥用量。

综上所述，化学分析法的基本原理是利用化学试剂溶解混凝土试样中可溶性 SiO_2 和 CaO 的量作为水泥中的 SiO_2 和 CaO 的量，再通过计算可测定混凝土中的水泥用量。化学分析法都是通过首先用酸溶解混凝土粉末试料，过滤后滤液经凝聚、灼烧、称重的方法测定可溶性 SiO_2 含量，CaO 则通过 EDTA 滴定法、ICP 分析法或其他分析方法来测定。因为骨料中的部分 SiO_2 和 CaO 也溶解在试剂中，计算时需要用溶解总量减去骨料中可溶解的，溶解百分率没有实测值时采用经验值。

可溶性 SiO_2 和 CaO 分析法测定混凝土中水泥用量的计算方法：

$$C=X\times W/100\times(1-\rho_1) \tag{7.46}$$

$$X=(b-A\times a)\times 100/c \tag{7.47}$$

式中，C 为单位水泥用量，kg/m^3；X 为水泥百分率，%；W 为混凝土表干容重，kg/m^3；b 为混凝土中可溶解的 SiO_2 或 CaO 的质量分数，%；A 为骨料质量分数，%；a 为骨料中可溶解的 SiO_2 或 CaO 的质量分数，%；c 为水泥中的 SiO_2 或 CaO 的质量分数，%；ρ_1 为混凝土的吸水率，%。

若不考虑骨料中的可溶性 SiO_2 和 CaO 含量，则骨料中的可溶性 SiO_2 和 CaO 含量为 0，即 a 为 0，式(7.47)可简化为

$$X=b\times 100/c \tag{7.48}$$

若能提供混凝土水泥原料试样，c 值为水泥中的 SiO_2 或 CaO 的质量分数，可通过分析水泥试样中的 SiO_2 和 CaO 质量分数得出。若不能得到原始试样，可设定 c 值为当地水泥中 SiO_2 和 CaO 质量分数的一般值或平均值，如《硬化混凝土中波特兰水泥含量的检测方法标准》(ASTMC 1084—19)中指定 SiO_2 和 CaO 质量分数为 63.5%和 21%，《硬化混凝土分析方法》(BS 1881—124:2015)中指定 SiO_2 和 CaO 质量分数为 64.5%和 20.2%。骨料中的 SiO_2 和 CaO 质量分数与水泥中的 SiO_2 和 CaO 质量分数确定方法类似。

分析酸洗溶液中的钙质和硅质，除了用 EDTA 滴定法、称重法外还可以采用 X 射线荧光光谱分析仪(XRF)、电感耦合等离子体质谱仪(Inductively Coupled Plasma，ICP)与

光谱分析仪(AAS)。我国规范《水泥化学分析方法》(GB/T 176—2017)中也提到除了分析 SiO_2 和 CaO 的基准法和代用法外，还可以采用X射线荧光分析法。

X射线荧光光谱分析仪(XRF)与电感耦合等离子体质谱仪(ICP)、光谱分析仪(AAS)测试原理较为相近，前者是用物理方法，用原子表层电子结合能反映表面的化学成分，属于半定量测试；后两者是用化学方法，利用不同元素的光谱波长及强度进行定性和定量分析。XRF的优势是测试成本低，不破坏被测试样，操作简便，较适合测试均质材料或表面镀层材料，缺点是数据稳定性与精确度不及AAS及ICP。AAS及ICP类仪器是用化学方法进行测试，测试前需要进行化学溶解，物品表面需干净光滑，会破坏物品表面，优势是数据精确度高，重复性佳，第三方检验一般都是以此种方法进行，缺点是测试效率低、污染大、成本高。

2.强热分析法

强热分析法技术流程包括干燥、测烧失量和热分析三部分，主要用于硬化后混凝土配合比中单位用水量的推定。

混凝土是非均质三相复合体系，包括固、液和气三相。混凝土在凝结硬化过程中，三相所占的体积会不断地发生变化，但终凝后变化幅度减小，表现为总体积和液相在减少，而气相却在增加，这一现象主要是液相流失、蒸发和被固相所吸收造成的。

硬化后混凝土中水的存在形式如下。

(1)吸附水。

吸附水存在于表面或毛细管内，不参与混凝土结构组成，含量不定，常压下脱水温度为100～110 ℃。

(2)结晶水。

结晶水存在于结构中，其数量与其他组分存在一定的比例关系，结晶水受到晶格的束缚，结合牢固，不与其他单元形成化学键，脱水温度为200～250 ℃。

(3)结构水。

结构水存在于结构中，与其他单元形成化学键，失水后晶格崩溃，脱水温度为600～1 000 ℃。

(4)过渡水。

过渡水主要是层间水和沸石水。层间水是以中性分子的形式存在于矿物中，分布于层间，并参与晶格构成，但是数量不定，其脱水温度为100～250 ℃，脱水后层间距离减小，相对密度和折射率增高；沸石水是以中性水分子存在于沸石族矿物晶格中，其性质与层间水类似，水分子存在于晶格的通道之中，含量在一定的范围内变化，脱水温度为80～400 ℃，脱水后晶格不发生变化，只是一些物理性质发生变化，并且失水后重新吸水能恢复原来的物理性质。

本书将吸附水简称为自由水，将结晶水、结构水和过渡水统称为结合水，通过干燥可以让混凝土失去自由水，通过加强热或灼烧的方式可以让混凝土失去结合水，自由水和结合水相叠加就组成了硬化混凝土中的单位用水量。

国内外学者利用热分析方法在水泥浆体水化性能方面做了大量研究，通过测定物质加热或冷却过程中物理性质的变化来研究物质的性质及其变化，或者对物质进行分析鉴别。热分析主要手段包括热重分析(Thermogravimetry，TG)和差热分析(Differential

Thermal Analysis,DTA)两种,其中热重分析主要表现为在加强热的过程中试样质量的变化,而差热分析主要表现为热量的变化。

3. 图像分析法

图像分析法的原理是通过电子显微镜观察混凝土切片,根据图像分析砂石、孔隙和胶凝材料的比例来推定混凝土配合比。但由于切片的随机性,产生的推定结果也会出现较大的离散性。目前,荧光显微镜和扫描电子显微镜在测定混凝土成分的研究中应用较多。这两种方法较为相似,其原理是利用在完全水化的水泥浆体中的毛细管与水灰比存在一定的关系,通过配备的光学检测仪器及数字成像系统的电子显微镜,根据图像的颜色强度来区分混凝土的不同组分。而在扫描电镜中低水灰比试样其毛细管的像素面积小,通过与已检测到的已知水灰比的混凝土参照试样做对比,可大致获知试样的水灰比。此方法的优点是简单快速,检测的试样通常被切成薄片即可测定,较化学分析方法省略了大量复杂的分析步骤;缺点是得到的结果比较粗略,并且试样的完整程度、均匀性、碳化和水泥浆体劣化程度等各个因素都会对试验结果产生较大影响。

7.3.4 硬化混凝土配合比推定综合方法

对于硬化混凝土配合比的推定,通常包括单位水泥用量推定、单位用水量推定、单位骨料用量推定三部分,对于每部分的推定方法及原理前文也有所述及,本节内容将依次从常规推定部分展开,详述各方法的推定过程及其优劣势。

1. 单位水泥用量推定

推定单位水泥用量的方法主要以化学分析法为主。

美国规范《硬化混凝土中波特兰水泥含量的检测方法标准》(ASTM C1084－19)中用酸化物溶解法和马来酸(顺丁烯二甲酸)抽出法这两种方法推定单位水泥用量。酸化物溶解法是将混凝土粉末试样在盐酸溶液中溶解,残留部分经过碳酸钠溶液处理后,对 CaO 和 SiO_2 进行定量,利用两者中的较小值推定水泥量,并且在使用材料不明确的情况下,假定水泥中的 SiO_2 质量分数为 21.0%,CaO 质量分数为 63.5%。此种方法在有掺合料的情况下计算出的推定值偏高,并且调制试样溶液时温度必须维持在 3~5 ℃,使得分析过程较为烦琐。马来酸抽出法则通过试验求出试样在马来酸(马来酸＋甲醇溶液)中溶解后的残留量和结合水量(520 ℃强热分析计算减量),用 100%减去上述各值后推定水泥量,由于未水化水泥中的铝相和铁相不溶于马来酸,因此初凝时的水泥量推定值明显变小。上述两种方法均不适用于推定石灰石骨料混凝土的配合比。

日本《葡萄糖酸钠法检测硬化混凝土中单位水泥用量试验方法》(NDIS 3422:2002)中提到用葡萄糖酸钠法推定水泥用量,其原理是将混凝土试样在一定浓度葡萄糖酸钠的酸性环境下溶解,测得不溶残留物量,并测出试样在 500 ℃的强热质量损失量,即可求出单位水泥量。由于葡萄糖酸钠溶液可以溶解水泥,较难溶解碳酸钙,因此可以利用这个原理来推定硬化混凝土的单位水泥量,并且此方法同样适用于推定石灰岩质骨料和含贝壳的海砂硬化混凝土原始配比。

氢氟酸法也是现在常用的方法之一,是将混凝土切成薄片,利用偏光显微镜观察细骨料的长度、岩石种类和矿物种类，试样经过氢氟酸(高氯酸＋氢氟酸)溶解后，计算出全部 CaO 质量分数，再做成砂浆薄片确定岩石和矿物种类，由平均化学组成推定细骨料中的 CaO 质量分数，用与混凝土中取出粗骨料相同的方法取出总 CaO 质量分数中粗骨料中的 CaO 质量分数，最后对骨料中的 CaO 质量分数修正后推定出单位水泥量。

甲酸法是将混凝土试料在质量分数为 0.5%的甲酸中溶解，利用 ICP 对 SiO_2 定量，另外根据试样的热分析求出强热质量损失量，再用试料中的 SiO_2 质量分数减去骨料中溶解的 SiO_2 质量分数为水泥中的 SiO_2 质量分数，根据使用水泥的 SiO_2 质量分数换算出单位水泥用量。在使用材料不明的情况下，水泥中的 SiO_2 质量分数假定为 21.5%，骨料中的甲酸溶解 SiO_2 的质量分数假定为 0.1%。

2. 单位骨料用量推定

关于硬化混凝土中单位骨料用量的推定，研究成果提出了 F－18 法、氢氟酸法和甲酸法等。

F－18 法是将混凝土试料在盐酸中溶解，测出不溶解物的残留量，从而用试样的不溶解残留部分作为骨料的不溶解残留部分来计算。在使用材料不明的情况下，骨料中的不溶解残留量假定为 0.3%(质量分数)。

氢氟酸法是将混凝土做成砂浆部的薄片，利用偏光显微镜观察细骨料的长度、岩石种类和矿物种类。从混凝土试样断面中取出粗骨料，求出相对密度和吸水率。单位粗骨料量先从混凝土试样的断面画像处理中求出容积占有率，再根据取出的粗骨料实测饱和面干时的相对密度计算得到。单位细骨料量先由砂浆部薄片的测定中求出细骨料的容积占有率，再通过粗骨料的容积占有率换算出细骨料在混凝土中的容积占有率，由相对密度和假定吸水率(1%)计算出单位细骨料量。

甲酸法是将混凝土试样在质量分数为 0.5%的甲酸中溶解，利用 ICP 对 SiO_2 定量。利用关系：结合含水量(650 ℃质量损失量)＋水泥量＋骨料量＝100，混凝土试样的强热质量损失量＝结合水量＋骨料的强热质量损失量，混凝土试料的 SiO_2＝水泥的 SiO_2＋骨料的 SiO_2，从上述关系式中求出骨料量。在使用材料不明的情况下，骨料的强热质量损失量假定为 1.0%，骨料吸水率假定为 1.8%。

3. 单位用水量推定

单位用水量推定的方法主要以强热分析法为主，研究成果提出了 F－18 法、F－23 法、氢氟酸法和甲酸法等。

F－18 法、F－23 法是通过求出混凝土试样的结合水量和骨料的吸水率来确定单位用水量，骨料的吸水率由混凝土试料的吸水量和单位容积质量来推算，或由 1 m^3 减去单位水泥量/水泥相对密度、单位骨料量/骨料相对密度和空气量/1 来推定。在使用材料不明的情况下，水泥相对密度假定为 3.15，骨料相对密度假定为 2.62，空气量假定为 3.5%。

氢氟酸法推定单位用水量是由混凝土试料表干时的单位容积质量减去水泥用量、细骨料量、粗骨料量来确定的。

甲酸法推定用水量则根据结合水量、单位容积质量、混凝土的吸水率和骨料的吸水率求出。

在上述方法的基础上，对硬化混凝土配合比推定的规范、方法原理及其适用性的总结，见表7.3。通过表中各方法的原理、适用性对比，可以快速了解各种方法的优劣势，便于选用较为适宜的方法进行配合比推定。

表7.3　硬化混凝土配合比推定的标准规范及方法的原理与适用性

标准规范/方法	推定项目	方法原理	适用性
BS 1881—124:2015	单位水泥用量	试样在盐酸中溶解，残留部分经过碳酸钠溶液处理后，对 CaO 和 SiO_2 定量，利用水泥中的 CaO 和 SiO_2 的量推定水泥量	石灰石骨料混凝土不适用
ASTM C 1084—19	单位水泥用量	试样在盐酸中溶解，残留部分经过碳酸钠溶液处理后，对 CaO 和 SiO_2 定量，利用水泥中 CaO 和 SiO_2 的量推定水泥量，采用两者之间较小的值推定。在使用材料不明的情况下，水泥中的 SiO_2 质量分数假定为21.0%，CaO 质量分数假定为63.5%	①石灰石骨料混凝土不适用； ②含有混合材料的情况下推定值较高
	单位水泥用量	马来酸抽出法： $C_4H_4O_4+Ca(OH)_2 = C_4H_2O_4Ca+H_2O$ 试样放入(马来酸+甲醇)溶液中溶解，求出残留量和结合水量(520 ℃强热质量损失量)，用100减去上述各值得到水泥量	石灰石骨料混凝土不适用
NDIS 3422:2002	单位水泥用量	将试样在一定浓度的葡萄糖酸钠溶解，测得不溶解残留物的量。求出试样500 ℃的强热质量损失量和葡萄糖酸钠溶液的不溶解残留量，然后可求出单位水泥用量。由于葡萄糖酸钠溶液可以溶解水泥，较难溶解碳酸钠，利用这个原理来进行硬化混凝土的单位水泥用量推定。单位水泥用量误差为±10%	使用石灰岩质骨料和含贝壳的海砂硬化混凝土也适用于本方法，中性化混凝土不适用
日本水泥协会提出的F—18、F—23法	单位水泥用量	盐酸溶解试样，测出 CaO 质量分数和不溶物量。试样中 CaO 质量分数减去骨料中的 CaO 质量分数为水泥中的 CaO 质量分数，由使用水泥的 CaO 质量分数换算出水泥量。在使用材料不明的情况下，骨料中的 CaO 质量分数假定为0.3%，水泥中的 CaO 质量分数假定为64.5%	①需要对使用材料进行分析，对结果进行修正，无材料使用假定值推定时，会产生误差； ②石灰岩质骨料不适用
	单位骨料量	试样的不溶物作为骨料的不溶物来计算骨料量。在使用材料不明的情况下，骨料中的不溶解残留量假定为0.3%	
	单位用水量	由1 m^3 减去(单位水泥量/水泥相对密度)，(单位骨料量/骨料相对密度)和(空气量/1)来推定。在使用材料不明的情况下，水泥相对密度假定为3.15，骨料相对密度假定为2.62，空气量假定为3.5%	

续表 7.3

标准规范/方法	推定项目	方法原理	适用性
氢氟酸法	单位水泥用量	将混凝土切片，利用偏光显微镜观察骨料的长度、岩石种类和矿物种类。从混凝土试料断面中取出粗骨料，求出相对密度、吸水率和 CaO 质量分数。试料用氢氟酸溶解，求出全 CaO 质量分数，对骨料中的 CaO 质量分数修正后推定出单位水泥量	①无使用材料资料时也可以推定； ②石灰岩质骨料也适用。而且，由于不对不溶解残留部分定量，骨料的溶解度不会引起误差； ③操作较多，需要一定的试验时间，而且还要有一定的矿物学的知识和经验
	单位粗骨料量	单位粗骨料量由从混凝土切片画像处理中求出容积占有率，由取出粗骨料的实测表干相对密度求得	
	单位细骨料量	单位细骨料量从砂浆部薄片的测定中求出细骨料的容积占有率，从粗骨料的容积占有率换算出细骨料在混凝土中的容积占有率，从相对密度和假定吸水率(1%)计算出单位细骨料量	
	单位用水量	混凝土试料的表干时的单位容积质量减去上述三个单位量	
甲酸法	单位水泥用量	试样中的 SiO_2 质量分数减去骨料中 SiO_2 的溶解质量分数为水泥中的 SiO_2 质量分数，由水泥的 SiO_2 含有率换算出水泥量。在使用材料不明的情况下，水泥中的 SiO_2 质量分数假定为 21.5%，骨料中的甲酸溶解 SiO_2 质量分数假定为 0.1%	①石灰岩质骨料适用； ②中性化混凝土、铝硅反应性混凝土不适用
	单位骨料量	结合水量(650 ℃强热质量损失量)＋水泥量＋骨料量＝100，混凝土试样的强热质量损失量＝结合水量＋骨料的强质量损失量，混凝土试样的 SiO_2＝水泥的 SiO_2＋骨料的 SiO_2，从上述关系式中求出骨料量。单位量由单位容积质量、混凝土的吸水率、骨料吸水率求出。在使用材料不明的情况下，骨料的强热质量损失量假定为 1.0%，骨料吸水率假定为 1.8%	
	单位用水量	由结合水量，单位容积质量，混凝土的吸水率，骨料的吸水率求出	
电镜方法	大致水灰比	基于在完全水化的水泥浆体中存在的毛细管与水灰比存在着一定的关系，然后通过配备的光学检测器及数字成像系统的电子显微镜，根据图像的颜色强度来区分混凝土的不同组分。此方法的优点是简单快速，检测的试样通常被切成薄片即可测定，较化学分析方法省略了大量复杂的分析步骤，适合快速测定，缺点是得到的结果比较粗略，且试样的完整程度、均匀性、碳化和水泥浆体的劣化程度会影响结果的测定	需通过与已检测到的已知水灰比的混凝土参照试样做对比，可大致获得试样的水灰比

注：表中的“试样”指的是混凝土粉碎后粉末状 105 ℃干燥后的样品。

本章参考文献

[1] 申永利,孙永波.基于超声波 CT 技术的混凝土内部缺陷探测[J].工程地球物理学报,2013,10(4):560-565.

[2] 张迪,李家存,蒋瑞波,等.地面激光与探地雷达相互结合应用研究进展[J].地球物理学进展,2016,31(6):2767-2776.

[3] ROSE D A. Water movement in porous materials: Part 2-the separation of the components of water movement[J]. British Journal of Applied Physics, 1963, 14: 491-496.

[4] 吴建华,张亚梅.混凝土抗氯离子渗透性试验方法综述[J].混凝土,2009(2):38-41.

[5] LU X. Application of the Nernst-Einstein equation to concrete[J]. Cement and Concrete Research, 1997,27(2): 293-302.

[6] FIGG J W. Methods of measuring the air and water permeability of concrete[J]. Magazine of Concrete Research, 1973, 25(85): 213-219.

[7] 张中.测试技术的新进展及其在水泥混凝土材料研究中的应用[J].中国建材科技,1995,6(4):1-6.

名词索引